内 容 简 介

　　高淀粉玉米是一类重要的特用玉米。东北地区是中国高淀粉玉米的主要产区，种植面积大、产量高、品质好。本书以整个东北地区为覆盖面，全面撰述了高淀粉玉米的研究成果和成就，是理论与实际相结合的科技书籍。全书由12章组成。包括东北地区玉米品种布局和高淀粉玉米品质特点；高淀粉玉米品质概述（籽粒形成和结构、营养品质、籽粒淀粉的分布和种类）；高淀粉玉米品种选育（种质资源和品种沿革、遗传基础、育种途径和成就）；包括水分代谢和碳代谢在内的高淀粉玉米物质代谢；环境条件对高淀粉玉米淀粉含量的影响；从种植方式、高产栽培技术、超高产栽培等方面介绍高淀粉玉米的高产栽培技术体系；在水分胁迫、温度胁迫、盐碱胁迫几个方面，阐述环境胁迫及其对策；有害生物的防治与防除，包括病害、虫害、草害与鼠害；灾害性天气防御；高淀粉玉米的综合利用与加工；种子生产、加工与贮藏；东北地区高淀粉玉米优良新品种简介。全书内容丰富而完整。可供玉米科研工作者、高等院校有关专业师生、农技推广人员及其他读者阅读参考。

中国东北高淀粉玉米

魏　湜　王玉兰　杨　镇　主编

中国农业出版社

图书在版编目（CIP）数据

中国东北高淀粉玉米/魏湜，王玉兰，杨镇主编·—北京：中国农业出版社，2010.1
ISBN 978-7-109-14269-5

Ⅰ.中…　Ⅱ.①魏…②王…③杨…　Ⅲ.玉米－品种－东北地区　Ⅳ.S513.029.2

中国版本图书馆 CIP 数据核字（2009）第 227781 号

中国农业出版社出版
（北京市朝阳区农展馆北路 2 号）
（邮政编码 100125）
责任编辑　舒　薇

中国农业出版社印刷厂印刷　新华书店北京发行所发行
2010 年 3 月第 1 版　2010 年 3 月北京第 1 次印刷

开本：787mm×1092mm　1/16　印张：16.75
字数：376 千字　印数：1～1 600 册
定价：45.00 元
（凡本版图书出现印刷、装订错误，请向出版社发行部调换）

编 委 会

前　言

在世界粮食作物中，玉米总产量第一，贸易量第二。全世界玉米种植面积1.3亿 hm² 以上，总产量7亿 t 左右，约占全球粮食总量的35%。玉米生产主要集中在美国、中国、巴西、阿根廷，四国总产量约占全球总产70%以上，其中美国占40%以上，中国占20%左右。中国是真正的玉米生产大国。

进入21世纪，随着生物技术的发展和世界能源危机的加剧，世界玉米生产与贸易形势产生了深刻变化。首先，玉米用途产生了巨大变化，玉米已被用来开发新能源、新材料及各种化工产品，已由粮、饲兼用作物发展成为名副其实的三元作物。其次，世界玉米供应偏紧的趋势开始显现。近年由于受气候条件影响，欧盟27国和独联体国家玉米收获面积和产量下降，进口需求增长1倍多。而此前，这些国家（地区）玉米产量已经下降，库存明显减少。这与美国玉米用量大增相互作用，造成世界玉米供应偏紧。第三，玉米价格进入高价时代。2000年以来，玉米价格一直处于上涨态势。2006年1月，玉米价格开始突破100美元/t。2007年，玉米价格突破历史高位，年初165美元/t，至12月已达180.3美元/t，全年保持高位震荡上行。2008年以来，玉米在国际市场一直保持高价位运行。有分析认为，"玉米价格低廉的时代已经过去了"。这对以玉米为原料的传统生产行业将产生深远影响。

近年来，玉米已成为中国第二大粮食作物，是中国主要饲料粮和工业加工原料，在粮食生产中占有重要地位。2008年玉米种植面积已达0.30亿 hm²，和水稻持平；玉米产量占粮食总产的30%左右，仅次于水稻。中国又是世界上仅次于美国的第二大玉米生产国和消费国，对世界玉米市场供需产生重要影响。

玉米生产直接关系到国家粮食安全和畜牧业的稳定发展。玉米消费结构的变化，既带来了玉米种植业本身的挑战，也带来了对国家玉米消费政策的挑战，面对挑战，进行玉米种植业发展的评估及发展政策的选择已迫在眉睫。在大力发展玉米产业经济的今天，高淀粉玉米的发展在整个国民经济中有着十分重要的作用。

当今世界发展趋势已经表明，玉米资源的产业链越来越延长，开发的产品越来越多，创造的价值越来越高。玉米已不只是"养畜喂禽"的饲料，也是生产燃料乙醇和精细化工产品的重要原料。以高淀粉玉米为原料的燃料乙醇工业在美洲和亚洲的迅猛兴起，将影响甚至转变世界玉米的产销格局。中国作为世界玉米生产大国、加工大国和消费大国，既要充分发挥本国玉米资源的优势，又需要有全球的视野，从两种资源、两个市场出发制定开发玉米资源的战略和策略，以振兴"玉米黄金产业经济"。

中国玉米播种面积和玉米总产量都处于世界第二位，但玉米单产同世界其他农业发达国家相比仍处于中游水平，未来中国播种面积扩大的可能性较小，因此依靠农业科技，努力提高玉米单产将是中国未来玉米生产的方向。在国际市场玉米贸易量缩减的背景下，中国将进一步提升玉米在国家粮食安全问题上的战略地位。

中国东北地区是世界三大黑土带之一，东北三省是国内最大的玉米优势种植区，是国家重要的商品粮生产基地，对国内粮食市场影响巨大。全国粮食生产大县前10名中有8个分布在东北，突显了国家东北粮食主产区的潜力和优势。玉米是这个地区主栽的粮食作物之一，黑龙江省和吉林省是中国玉米栽培面积最大的两个省份。黑龙江省近年播种面积均超过333.3万 hm^2，吉林省300万 hm^2 以上，辽宁省约180万 hm^2 以上。而随着玉米用途的扩展和功能的改变，特别是玉米淀粉加工业的兴起和规模的扩大，高淀粉玉米的育种和栽培技术也有了较大进展，各地科研和生产单位都做了大量工作，取得了一些重大的科研成果，在理论创新方面也有一定突破。

为及时反映这些成果和成就，为有关领域科研和生产提供参考，由中国农业科学院作物科学研究所曹广才研究员等人提议策划，特邀中国农业科学院、东北农业大学、吉林农业大学、辽宁省农业科学院、沈阳农业大学、黑龙江省农垦科研育种中心、哈尔滨市农业科学院有关玉米研究人员编撰此书。通过编委会的集体讨论确定了写作提纲、各章节的编写范围和内容，分头撰写，按期汇总统稿。

　　全书共分十二章，定点东北地区，围绕高淀粉玉米，分章节介绍了东北高淀粉玉米品种布局、品种类型、品质特点、生产现状和发展趋势，阐述了高淀粉玉米品质特点、品种选育途径和方法及物质代谢规律，分析了环境条件对玉米淀粉含量的影响，概括了高淀粉玉米高产栽培技术环节、环境胁迫与对策、有害生物防治与防除以及灾害性天气防御。考虑到高淀粉玉米主要用于加工，本书还介绍了高淀粉玉米的综合利用与深加工技术，介绍了高淀粉玉米种子生产技术和东北地区近年生产上主要应用的高淀粉玉米优良新品种。

　　此书是集体编著的科技著作，在统稿过程中尽量做到全书文体的统一。

　　参考文献按章编排。编委会名单以作者姓名的汉语拼音字母顺序和国外作者的字母顺序排列，同一作者的文献则按发表或出版年代先后为序。

　　此书面向广大农业科技工作者、农业管理干部和技术员，也可作为农业院校相关专业师生的教学参考书。希望此书的出版能对推动高淀粉玉米生产和利用起到积极作用。

　　此书的出版得到了中国农业出版社的大力支持，仅致谢忱！

　　由于编著者水平有限，书中可能存在疏漏和谬误之处，望同行专家和读者指正。

目　录

前言

第一章　中国东北玉米品种布局与品质现状 ·················· 1

第一节　东北地区环境特征和生态条件特点 ·················· 1

第二节　东北地区玉米分布与生产布局 ·················· 6

第三节　东北地区高淀粉玉米及其特点 ·················· 11

第二章　玉米籽粒品质概述 ·················· 18

第一节　玉米籽粒的形成和结构 ·················· 18

第二节　玉米籽粒的营养品质 ·················· 22

第三节　玉米籽粒淀粉的分布和种类 ·················· 26

第三章　高淀粉玉米品种选育 ·················· 29

第一节　东北地区高淀粉玉米种质资源和品种沿革 ·················· 29

第二节　高淀粉玉米遗传基础 ·················· 37

第三节　高淀粉玉米育种基本途径 ·················· 41

第四节　东北地区高淀粉玉米育种成就 ·················· 46

第四章　高淀粉玉米的有关物质代谢 ·················· 50

第一节　水分代谢 ·················· 50

第二节　碳代谢 ·················· 61

第五章　环境条件对玉米淀粉含量的影响 ·················· 77

第一节　自然生态因子对玉米淀粉含量的影响 ·················· 77

第二节　灌溉和施肥对玉米淀粉含量的影响 ·················· 82

第六章　高淀粉玉米高产栽培 ·················· 90

第一节　种植方式 ·················· 90

第二节　高产栽培技术体系 ·················· 97

第三节　超高产栽培关键措施 ·················· 111

第七章　环境胁迫与对策 ·················· 115

第一节　水分胁迫与对策 ·················· 115

第二节　温度胁迫与对策 ……………………………………………… 122

第三节　盐碱胁迫与对策 ……………………………………………… 129

第八章　有害生物防治与防除 ………………………………………… 137

第一节　东北地区玉米主要病害与防治 ……………………………… 137

第二节　东北地区玉米主要虫害与防治 ……………………………… 154

第三节　东北地区玉米杂草与防除 …………………………………… 163

第四节　东北地区玉米鼠害与防治 …………………………………… 173

第九章　灾害性天气防御 ……………………………………………… 181

第一节　中国东北地区灾害性天气的类型 …………………………… 181

第二节　灾害性天气对玉米的影响与防御措施 ……………………… 194

第十章　高淀粉玉米的综合利用与深加工 …………………………… 200

第一节　高淀粉玉米的综合利用 ……………………………………… 200

第二节　高支链淀粉玉米的利用与深加工 …………………………… 211

第三节　高直链淀粉玉米的利用与深加工 …………………………… 217

第十一章　高淀粉玉米种子生产 ……………………………………… 220

第一节　种子生产 ……………………………………………………… 220

第二节　种子加工与贮藏 ……………………………………………… 226

第十二章　东北地区高淀粉玉米优良新品种简介 …………………… 238

作 者 分 工

前言 ·· 魏湜（东北农业大学农学院）

第一章 ··

    第一节 ··························· 魏湜、赵东旭（东北农业大学农学院）
    第二节 ····························· 李伟忠（黑龙江省农垦科研育种中心）
    第三节 ································· 张林（东北农业大学农学院）

第二章 ······························· 闫洪奎、姜海鹰（沈阳农业大学农学院）

第三章 ··················· 王玉兰、赵仁贵、赵佃英（吉林农业大学农学院）

第四章 ··

    第一节 ············· 赵洪亮、刘喜波、丛巍巍（沈阳农业大学农学院）
    第二节 ····························· 衣莹、张雯（沈阳农业大学农学院）
    ·································· 曹霞（丹东市蔬菜研究所）

第五章 ··

    第一节 ················ 李刚、马骏（辽宁省农业科学院作物研究所）
    第二节 ················ 那桂秋、杨镇（辽宁省农业科学院作物研究所）

第六章 ··

    第一节 ······································· 杨猛（哈尔滨市农业科学院）
    第二节 ····························· 李伟忠（黑龙江省农垦科研育种中心）
    第三节 ································· 张林（东北农业大学农学院）

第七章 ··

    第一节 ····················· 李晶、商文楠（东北农业大学农学院）
    第二节 ······································· 杨猛（哈尔滨市农业科学院）
    第三节 ································· 李晶（东北农业大学农学院）

第八章 ··

    第一节 ································· 高洁（吉林农业大学农学院）
    第二节 ································· 王志明（吉林农业大学农学院）
    第三节 ····················· 许允成（吉林农业大学资源与环境学院）
    第四节 ····················· 许允成（吉林农业大学资源与环境学院）

第九章 ……………………………… 徐方（中国农业科学院农业资源与区划研究所）

第十章 …………………………………………………………………………………

第一节 ……………………… 刘晓丽、王金艳（辽宁省农业科学院作物研究所）
第二节 ……………………… 刘晓丽、李 刚（辽宁省农业科学院作物研究所）
第三节 ……………………… 刘晓丽、王金艳（辽宁省农业科学院作物研究所）

第十一章 ………………………………………………………………………………

第一节 ……………………… 李茉莉、杨镇（辽宁省农业科学院作物研究所）
第二节 ……………………… 杨镇、李茉莉（辽宁省农业科学院作物研究所）

第十二章 ……………… 钱程、何文安、赵仁贵（吉林农业大学农学院）

统稿 ……………………………… 曹广才（中国农业科学院作物科学研究所）

中国东北玉米品种布局与品质现状

第一节　东北地区环境特征和生态条件特点

一、中国东北的行政区域范围

东北，古称辽东、关东、关外等，中国东北方向国土的统称，以山海关和乌兰察布市为分界。平时所说的东三省或东北三省是指辽宁、吉林、黑龙江三省的行政区域范围。有时也将内蒙古东部［即"东四盟（市）"，呼伦贝尔市、兴安盟、通辽市、赤峰市］划入中国东北范围，此时东北则包括辽宁、吉林、黑龙江三省和内蒙古东部。本书所指东北不包括内蒙古东部。

东北是中国东北边疆地区自然地理单元完整、自然资源丰富、多民族深度融合、开发历史近似、经济联系密切、经济实力雄厚的大经济区域，在全国经济发展中占有重要地位。

东北位于东北亚区域的中心地带，东、北、西三面与朝鲜、俄罗斯和蒙古为邻；隔日本海和黄海与日本、韩国相望；南濒渤海与华北区连接，战略地位极为重要。东北区总面积为145万km^2，约占全国国土面积的13%。

二、东北地区主要自然资源特点

（一）自然地理格局

东北地区位于38°43′N至53°34′N、118°53′E至141°20′E地带。水绕山环、沃野千里是东北地区地面结构的基本特征。西有大兴安岭，东有长白山，北有小兴安岭，分布有辽阔的辽河平原、松嫩平原和三江平原。全区南面是黄海和渤海，东和北面有鸭绿江、图们江、兴凯湖、乌苏里江和黑龙江，仅西面为陆界与蒙古高原接壤，其余都为界江、界河及大海环绕。区域内分布着两大水系，北部是流入黑龙江的松花江水系，南部是流入渤海湾的辽河水系。土质以黑土为主，是形成大经济区的自然基础。内侧是大、小兴安岭和长白山系的高山、中山、低山和丘陵。东北区平原面积高于全国平原面积的比重，松辽平原、三江平原、呼伦贝尔高平原以及山间平地面积合计与山地面积几乎相等。东北拥有宜垦荒地约0.07亿hm^2，是中国耕地的最大后备资源。

（二）地理位置

东北地区位于中国最北部，自北而南地跨寒温带、中温带和暖温带 15 个纬度。受纬度、海陆位置、地势等因素的影响，大部地区属于温带湿润、半湿润大陆性季风气候，在自然景观上表现出冷湿的特征，它的形成和发展，与它所处的地理位置有密切关系。

东北地区是中国纬度位置最高的区域，冬季寒冷。北面与北半球的"寒极"——维尔霍扬斯克—奥伊米亚康所在的东西伯利亚为邻，从北冰洋来的寒潮经常侵入，致使气温骤降。西面是高达 1 000m 的蒙古高原，西伯利亚极地大陆气团也常以高压之势直袭东北。因而东北地区冬季气温较同纬度大陆低 10℃以上。东北面与素称"太平洋冰窖"的鄂霍次克海相距不远，春夏季节从这里发源的东北季风常沿黑龙江下游谷地进入东北，使东北地区夏季温度不高，北部及较高山地甚至无夏。东北地区也是中国经度位置最东地区，并显著伸入海洋。南面临近渤海、黄海，东面临近日本海。从小笠原群岛发源，向西北伸展的东南季风可以直接进入东北。而经华中、华北来的热带海洋气团，则可经渤、黄海补充湿气后进入东北，给东北带来较多雨量和较长的雨季。由于气温较低，蒸发微弱，降水量虽不十分丰富，但湿度仍较高。从而使东北地区在气候上具有冷湿的特征。东北地区有着大面积针叶林、针阔叶混交林和草甸草原，肥沃的黑色土壤，广泛分布的冻土和沼泽等自然景观，都与温带湿润、半湿润大陆性季风气候有关。

（三）气候特征

东北地区是同纬度各地中最寒冷的地区，与同纬度的其他地区相比，温度一般低15℃左右。夏季受低纬海洋湿热气流影响，气温则高于同纬度其他地区。因此，东北地区年温差大大高于同纬各地。

东北地区一年四季分明，昼夜温差较大。冬季寒冷而漫长，一般长达半年以上，最北部可达 8 个月，夏季温暖、湿润而短促。年均气温 −3～7℃，7 月最高，均温为 18～24℃，日最高温度可达 35℃以上。1 月最低，均温在 −20℃以下，日最低温度可达 −40℃以下。气温日较差大，有利于作物干物质积累和籽粒品质的提高。无霜期较短，一般只有90～165d，山间谷地只有 70d 左右。北部≥10℃积温仅为 1 000℃左右，南部接近3 600℃。

东北地区大部分地方年日照时数较多，东部在 2 200～2 400h，西部在 2 600～3 300h，年日照百分率 56％～72％，年平均太阳辐射强度 100～120kJ/cm²，明显高于南方各地。夏季日照时间长，日均日照时数可在 15h 以上，西部和北部地区的日照时数更多一些。

大多地区年降水量为 400～700mm，由东南向西北递减。东部降水集中在 5～9 月，西部则集中在 6～8 月，70％～80％的降水集中在 6～7 月。作物生育期间总降水量可以满足生育需要，但降雨集中在 6 月中下旬至 8 月，时空分布不均。十年九春旱，严重影响播种出苗和前期生育。黑龙江省东部则常因秋涝导致春天不能及时播种。

东北地域广阔，气候类型多样。冬季长达半年以上，是全国气温最低的种植业生产区。雨量集中于夏季。森林的覆盖率大，可拉长冰雪消融时间，且森林贮雪有助于发展农业及林业。

（四）植被分区

东北地区自东而西，降水量自 1 000mm 降至 300mm 以下，气候上从湿润区、半湿润区过渡到半干旱区，农业上从农林区、农耕区、半农半牧区过渡到纯牧区。水热条件的纵横交叉，形成东北区农业体系和农业地域分布的基本格局，是综合性大农业基地的自然基础。

综合气候、土壤、生物的区域差异，东北地区大体可划分为三个自然地带，即东部和北部湿润的森林地带，中部半湿润的森林草原地带和西部半干旱的草原地带。

1. 湿润森林地带 包括大兴安岭、小兴安岭、长白山（含辽东山地）和南部辽东半岛的千山丘陵以及东北部的三江平原。年降水量 600～1 000mm。大、小兴安岭和长白山是中国重要的林区，三江平原是国内重要的商品粮生产基地。

2. 半湿润森林草原地带 位于本区中部，是松辽平原的主体部分。其北部是中国肥沃的黑土带，是玉米带的核心分布区。年降水量 400～600mm。人口密集，城镇众多，经济发达，是国内最重要的能源、重化工基地和粮食主产区。

3. 半干旱草原地带 位于本区西部。主要包括西辽河流域、松嫩平原西部和呼伦贝尔高平原，分布着中国最好的草原。年降水量 300～450mm，为农牧业交错区与牧区。

（五）土地资源

东北地区土地总面积 124 万 km^2 中，耕地面积 2 506.7 万 hm^2（3.76 亿亩*），占土地总面积的 20.2%，人均耕地 0.2hm^2（3 亩）多，高于全国人均 1 倍以上。

全区林地约 5 660 万 hm^2，占土地总面积的 45.7%，其中有林地 4 434 万 hm^2，活立木总蓄积量 34 亿 m^3，是中国最大的林区。而且林地生产力较高，原生的林分质量好，有较高的生态服务功能和较大的生产潜力。

全区草地约 2 126 万 hm^2，占土地总面积的 17.1%。其中天然草地 2 060 万 hm^2，占草地总面积的 96.7%。原本草质普遍较好，单位面积载畜量较高，是中国最好的草原，其中呼伦贝尔草原是世界最好的草原之一。近些年产草量减少，草质下降。

耕地主要分布在松嫩平原、三江平原和辽河平原。土壤以黑土、黑钙土、暗草甸土和白浆土为主，是世界上三大黑土带之一。耕地中的灌溉地约 541 万 hm^2（8 123 万亩），占耕地面积的 21.6%，低于全国 45% 左右的水平。宜耕的后备土地资源约 148 万 hm^2（2 213 万亩），其中约有 1/3 为不同程度的盐渍地，其他均为可零星整理复垦的土地。总的来看，林草地是东北地区的重要资源和景观，虽然过去遭受破坏，但林草总面积仍占全区面积的 62.8%，接近 2/3 的水平。这是东北地区极其可贵的自然资源。

（六）水资源

东北区水资源比较丰富，地表径流总量约为 1 500 亿 m^3，但分布不理想，东部多于

---

* 亩为非法定计量单位，1 亩＝667m^2。

西部，北部多于南部。全区多年平均降水 515mm，降水总量 6 410 亿 m³。地表水资源总量 1 701 亿 m³，地下水资源总量 680 亿 m³，扣除两者重复量 394 亿 m³，多年平均水资源总量为 1 987 亿 m³。灌溉统计用水 483m³/亩，与全国平均值 479m³/亩接近。

（七）作物分布

东北的主要粮食作物为玉米、水稻（粳稻）、大豆、马铃薯、春小麦。主要经济作物有向日葵、花生、烟草、甜菜、亚麻等。其农作物分布有些微的区域差异。冬小麦、棉花、暖温带水果在东北辽南各地可正常生长；中部可以生长玉米、水稻、大豆、高粱、谷子、甜菜、向日葵、亚麻等春播作物；东北北部则以大豆、马铃薯、春小麦为主。

受全球气候变暖影响，东北区的自然生态条件也在变化。2006 年中国气象局沈阳区域气象中心组织辽宁、吉林、黑龙江和内蒙古气象局科技人员，经过 3 个月的努力，首次揭示出百年东北地区气候变化规律，并在第一期《东北气候变化公报》（以下简称《公报》）中发表。《公报》显示，东北地区地处中高纬度及欧亚大陆东端，是受全球气候变暖影响最明显的地区之一。近百年的时间东北地区气温变化的趋势与全球及中国的气温变化总的趋势一致，呈明显变高趋势，增高率为每 100 年 2℃，特别是 1988 年以来气温偏高，为明显的偏高期。年降水量及春、夏、冬季降水量均无明显的长期变化趋势，但秋季降水量有减少趋势。《公报》中还对近 50 年东北地区的气候变化规律做了更加详尽的描述。总体说来，近 50 年东北地区平均气温、平均最高气温、平均最低气温均呈明显上升趋势，气候变暖以夜间增温为主，年平均最低气温增高率为每 10 年 0.4℃。此外，蒸发量呈略减少趋势；日照时数、平均风速和平均相对湿度减少趋势更为明显。《公报》认为，东北地区在全球气候变暖的大背景下，近 50 年气候向暖干化发展的趋势将对本区域的生态环境产生不利影响。也有数据统计，黑龙江省近 50 年来，平均降水量减少约 50mm，平均温度上升 2℃，有效积温约增加近 200℃。

三、东北三省自然条件特点

（一）辽宁省自然条件主要特点

辽宁省位于中国东北南部，是中国东北经济区和环渤海经济区的重要结合部，位于 38°43′至 43°26′N、118°53′至 125°46′E 之间，东西端直线距离最宽约 550km，南北端直线距离约 550km。

1. 地貌 全省地形概貌大致是"六山一水三分田"。地势北高南低，从陆地向海洋倾斜，山地丘陵分列东西，向中部平原倾斜。依地貌将辽宁省划分为三大区：东部的山地丘陵区；西部山地丘陵区；中部平原区。地势从东北向西南由海拔 250m 向辽东湾逐渐倾斜。辽北低丘区与内蒙古接壤处有沙丘分布，辽南平原至辽东湾沿岸地势平坦，土壤肥沃，另有大面积沼泽洼地、漫滩和许多牛轭湖。

2. 气候 辽宁省地处欧亚大陆东岸，属于温带大陆性季风气候区。四季分明，适合多种农作物生长，是国家粮食主产区和畜牧业、渔业、优质水果及多种特产品的重点产区。境内雨热同季，日照丰富，积温较高，冬长夏暖，春秋季短，雨量不均，东湿西干。

全省阳光辐射年总量在 418.68～837.36J/cm², 年日照时数 2 100～2 600h。年平均气温在 7～11℃, 受季风气候影响, 各地差异较大, 自西南向东北, 自平原向山区递减。年平均无霜期 130～200d, 一般无霜期均在 150d 以上。辽宁省是东北地区降水量最多的省份, 年降水量在 600～1 100mm。东部山地丘陵区年降水量在 1 100mm 以上; 西部山地丘陵区与内蒙古高原相连, 年降水量在 400mm 左右, 是全省降水最少的地区; 中部平原降水量比较适中, 年平均在 600mm 左右。

3. 水域　境内有大小河流 390 多条, 总长约 16 万 km。主要有辽河、浑河、大凌河、太子河、绕阳河以及中华人民共和国与朝鲜民主主义人民共和国两国共有的界河鸭绿江等, 形成本省的主要水系。境内大部分河流自东、西、北三个方向往中南部汇集注入渤海。

（二）吉林省自然条件主要特点

吉林省位于东北地区中部, 也是松辽平原中部。介于 40°52′～46°18′N, 121°38′～131°19′E。

1. 气候　全省属温带大陆性季风气候, 春季干燥多风, 夏季温暖多雨, 秋季晴冷温差大, 冬季漫长干燥、寒冷。东南部山地气候冷湿, 西北部平原接近蒙古高原, 气候干暖。1 月均温一般 -20～-14℃, 7 月大部在 20～23℃, 日均温 10℃ 以上活动积温 2 400～3 000℃。年降水量 400～1 000mm, 降水分布自东向西递减。

2. 土壤　土壤以黑土、草甸土、草甸沼泽土和沼泽土为主, 并零星分布有白浆土、沼泽土和草甸土。长白山地区土壤的垂直分布甚为明显。

3. 水域　吉林省的河流分属松花江、辽河、鸭绿江、图们江、绥芬河流域, 其中以松花江水系最重要。

4. 农业生产地带　吉林省无霜期较短, 冬季气温低, 为一年一熟区。除水稻连作外, 大部地区是旱田一年一熟单作制。种植业产值占农业总产值的 3/4, 主要集中在中部和西部地区, 以粮豆作物为主, 经济作物的增长较快。玉米总产量居全国第一位, 大豆产量居全国第二位。经济作物中, 人参、甜菜、烟草的种植具有重要意义。

吉林省农业生产分布形成自东而西的 4 个地带。

(1) 东部山地林农地带　是国家重要的用材林基地。位于张广才岭—龙岗山脉沿线以东。林业及林副业收入占农业总收入的 30% 以上。以人参和烤烟生产驰名。还有养鹿、采集、狩猎、种植药材等。种植业主要分布在延吉、珲春、敦化、通化等河谷平原及山间盆地。

(2) 中东部低山丘陵农林地带　此区是以农为主、农林结合的地区。位于张广才岭—龙岗山脉以西、大黑山以东的地区, 松花江及其支流的河谷平原, 水利事业发达, 是吉林省最重要的商品水稻基地。

(3) 中西部台地平原农业地带　是全省最重要的商品粮基地和糖料、油料基地。指大黑山以西和西部平原农牧地带之间哈大铁路两侧的台地平原黑土地区。区内地势平坦, 耕地连片, 80% 以上的农田适于机械化耕作。主要作物为玉米、大豆、高粱、谷子、小麦和甜菜、向日葵等, 畜牧业以养猪为主, 牛、羊、兔和家禽生产也较多。

（4）西部平原农牧地带 为全省最大的商品牛和细毛羊基地及甜菜和葵花籽的重要产区。草原面积广阔，牧地123万 hm²，占全省牧地55％，有发展牧业的优越条件。本区也是"三北"防护林的组成部分，发展林业对促进农牧业发展有重要意义。

（三）黑龙江省自然条件主要特点

黑龙江省是中国位置最北、最东、纬度最高、气候最冷的省份。地理位置约在47°40′～53°34′N，121°28′～141°20′E。平均海拔50～200m。

1. 地貌 "五山、一水、一草、三分田"。大小兴安岭、张广才岭、完达山脉起伏绵延、海拔在500～1 400m。地势是西北部、北部和东南部较高，东北部、西南部低，主要由山地、台地、平原和水面构成。东北部的三江平原、中西部的松嫩平原，是中国最大的东北平原的一部分。黑龙江省耕地面积居全国第一位，待开发土地居第四位，可垦后备耕地居第二位。2004 年末，黑龙江省耕地面积 1 198.95 万 hm²（约合1.798 425亿亩）。

2. 气候 黑龙江省属寒温带—温带、湿润—半湿润季风气候。冬季漫长寒冷，夏季短促而日照充分，西北端没有夏天。全年平均气温−6～−4℃，1 月−32～−17℃，7 月16～23℃，西北部气温最低。无霜期3～5个月，全年无霜期多在90～120d。由于南北纬度跨度大，热量资源差异明显。黑龙江省又根据各地积温差异从南至北划分为 6 个积温带。积温带的划分不同于行政区划，在一个行政区划内（市县、乡镇），由于南北距离远或海拔高度的差异，可能同时存在几个积温带。年降水量400～600mm，60％的降水集中在6～8月，春旱、夏涝、秋霜冻为主要自然灾害。

3. 土壤 黑龙江省土地肥沃，有机质含量高。宜农土壤占全省土壤总面积的40％，黑土、黑钙土、草甸土面积占全省耕地总面积的67.6％，是世界上有名的三大黑土带之一。

4. 水域 境内江河湖泊众多，主要有黑龙江、乌苏里江、松花江、嫩江、绥芬河五大水系和兴凯湖、镜泊湖、五大连池等湖泊。

第二节 东北地区玉米分布与生产布局

一、东北地区玉米分布

东北地区位于 38°43′N、118°53′E 至 53°34′N、141°20′E 地带。是中国玉米主产区。其中黑龙江省和吉林省是中国玉米生产的第一、二大主产省，近年玉米年播种面积稳定在366.7 万 hm²和300 万 hm²以上。东北地区玉米种植面积和产量分别占全国玉米总面积和总产量的 30.6％和 34.0％。本区属温带湿润、半湿润气候，≥10℃年积温 1 000～3 600℃，无霜期115～210d，基本上为一年一熟制。全年降水量400～800mm，其中60％集中于6～8月，降水总量能够满足玉米生长的需要。土壤比较肥沃，尤其是东北大平原，其土壤以黑土、黑钙土、暗草甸土为主，是中国农田土壤最为肥沃的地区之一，是玉米高产区，也是近几年玉米种植面积扩展最大的地区。然而，本区北部由于热量条件不够稳定，活动积温年际间变动大，个别年份低温冷害对玉米生产的威胁很大。区内玉米生产属雨养农业状态，干旱少雨对玉米生产的影响较大。

尽管东北地处高寒，生育季节短，但由于一年一季，热量资源较为丰富，生育季节日照充足，又为玉米生产提供了良好的环境资源条件。因此，玉米一直是东北地区主要粮食作物之一，栽培面积较大。科技部在"十五"和"十一五"期间，把国家重大科技攻关项目和重大科技支撑计划项目"玉米丰粮工程"放在东北三省实施，足见东北玉米在国家粮食作物分布和布局方面的重要意义。

近年来，随着全球气候变暖，局部积温增加，玉米产业链延长和玉米加工业兴起，东北地区玉米面积一直呈增加态势，还有进一步扩大趋势。种植区域也在不断北移。

（一）辽宁省

辽宁省玉米种植区域从抚顺起，41°52′~43°26′N 至 123°55′~125°46′E。玉米主产区分布在沈阳、铁岭、阜新、锦州、朝阳、大连、葫芦岛、辽阳、丹东、抚顺、鞍山、本溪等市。北从昌图南到海城，东起抚顺西到朝阳是辽宁玉米种植的主栽区，占全省玉米种植面积 65% 以上，以稀植品种为主，主栽品种为丹玉 39，以东单 60、富友 9 等为辅。辽宁昌图是全国重点产粮县之一，曾经创造年产玉米商品粮 7.5 亿 kg 的最高纪录。

辽宁省玉米品种整体较为一致，大部分地区以稀植大穗型晚熟品种为主。辽宁南部地区为玉米中产区，位于辽东半岛，包括大连郊区、旅顺口区、金州郊区、瓦房店、盖州、庄河地区，以及丹东市郊和东港。本区热量资源丰富，无霜期长，除年降水分布不均外，热量和光照都可以满足玉米生长的需要，以东单 60、连玉 15 为代表性品种。东部地区为中产区，位于东部山区南部，包括宽甸、凤城、岫岩县，以及灯塔、辽阳、鞍山、海城、营口等市县东部山地，自然条件与东北冷凉湿润中高山区相似，雨量充沛，热量、光照条件稍差，但热量条件较优越，基本可以满足玉米对热量、水分和光照的需要，以中早熟品种为主，由于各地气候的差异性，生育期从 115d 到 130d 不等。西部暖温半湿润河谷平原区，为中低产区，位于辽西山区丘陵东部的河谷地区，即辽西走廊地区，包括锦州市、凌海市、兴城市、绥中县全部及北宁市、黑山县部分地区。热量、光照条件充足，主要是水分条件较差，同时春旱经常发生，不利于玉米的播种和出苗。西部地区为玉米低产区，位于辽西走廊以西的丘陵地区，包括义县、喀左县、建昌县及凌源市大部、朝阳县南半部、彰武县部分地区。热量、光照条件充足，水分条件差，土壤肥力低，而且春旱、伏旱经常发生，对玉米生长很不利。

（二）吉林省

吉林省位于东北地区中部，40°52′~46°18′N 至 121°38′~131°19′E。土地总面积约 18.74 万 km²。吉林省全省均可种植玉米。过去一直是全国玉米种植面积最大省份，种植面积在 266.7 万 hm² 以上，近年达 320 万 hm² 左右。种植面积虽不及黑龙江省，但平均单产水平最高，籽粒品质最好。玉米主产区的长春、四平等 17 个市、县多为黑土和黑钙土，年平均降水量 480~600mm，≥10℃积温 2 850~3 150℃，无霜期 130~150d。雨、热同季，夏季高温湿润，昼夜温差大，光、热资源丰富，土地平坦，土壤肥沃，非常适合玉米的生长发育，有利于玉米的高产稳产。

吉林省玉米种植最佳区域范围包括公主岭市、梨树县、集安县全部和双辽、东辽、伊通的一部分。生态适宜区包括德惠、农安、九台、双阳、榆树、扶余、长岭七个县、市及东丰、通化、海龙、柳河、辉南、白山、永吉、蛟河八县、市大部分，双辽、东辽、伊通三个县部分地区，桦甸、磐石、舒兰三个县的少部分。玉米次生态适宜区包括前郭、乾安、大安、通榆、镇费五县，以及磐石、桦甸、舒兰、龙井、敦化部分地区，延吉、图们北部、汪清南部、靖宇北部、长白少部分。玉米非生态适宜区包括延吉、图们、靖宇南部、汪清、珲春北部和龙安图西部，长白、敦化大部及罗子沟、抚松等。吉林省四平南部以晚熟品种登海9号为主，长春地区是以中晚熟品种新铁10为主，从长春到黑龙江南部以吉单180（原）、吉单342（现）为主推，西部白城地区属于中早熟区，以白单9，四单19为主栽，辅以秦龙9等，要求品种抗盐碱性要强，东部山区以早熟品种吉单27、通单24为主导。全国前十名产粮大县中吉林省占了一半，分别是农安、榆树、公主岭、梨树、德惠，这些县市都以种植玉米为主，农安县是全国种植玉米面积最大的县。

（三）黑龙江省

黑龙江省位于 $47°40'\sim53°34'$N 至 $121°28'\sim141°20'$E。跨越经纬度较大。北部地区由于生育季节较短、积温不足，种植效益较低，种植面积较小。近年来随着全球气候变暖和种植业结构调整的影响，黑龙江省玉米种植面积逐年加大，种植区域逐渐北移，高寒地区已有极早熟玉米品种种植，如孚尔拉等。其中黑龙江省大型农场的玉米种植面积逐年增加，是全省玉米种植面积增加的主要原因之一。

玉米种植主要集中在黑龙江省中南部松嫩平原地区，种植面积在 200 万 hm^2 左右。本区为玉米高产区，包括双城、呼兰、哈尔滨、巴彦、宾县、绥化、兰西、肇州、肇源、肇东。该区地势平坦，土壤为黑土、黑钙土，玉米适宜性好，适宜种植晚熟品种。玉米种产区包括松嫩平原中部温和黑土亚区，完达山西段低山丘陵亚区，张广才岭、老爷岭山间河谷亚区。松嫩平原中部温和黑土亚区，包括安达、青冈、望奎、明水、海伦、庆安，全区为黑土，土壤肥力综合系数高，地势平坦，玉米适宜性好，种植面积占全省玉米种植面积的10%左右，稳产性高，为玉米较高产区之一，适宜种植中熟、抗低温品种。完达山西段低山丘陵亚区包括勃利、桦川、依兰、集贤，本区以黑土、草甸土、白浆土为主，适宜种植中晚熟品种。张广才岭、老爷岭山间河谷亚区包括穆棱、东宁、宁安、海林、延寿、尚志、五常、方正、木兰、通河、林口。全区以白浆土、暗棕壤、草甸土为主，多为丘陵山地，气候湿润，玉米病害多，宜选种抗病品种。玉米低产区包括嫩江、德都、北安、伊春、富锦、饶河以北地区。热量条件差，土壤肥力及玉米的适宜性较低，不适宜大面积种植玉米，在局部小气候条件适宜的地区种植早熟品种。

黑龙江省玉米品种市场销售种类繁多，所以种植玉米品种种类繁杂，品种更换较为频繁。黑龙江中南部主要以种植耐密型晚熟玉米品种郑单958、先玉335、丰禾1等为主，辅以吉单180、吉单261、丰禾10等。中熟品种以兴垦3、四单19等为主，以龙单13、吉单27等为辅。早熟品种以绥玉7、德美亚等为主。黑龙江省双城市是全国重点产粮县之一，黑龙江省南部种植玉米面积占全省玉米种植面积的80%。

二、品种熟期类型

玉米品种熟期类型的划分是玉米育种、引种、栽培以至生产上最为实用和普遍的类型划分。

（一）国际通用类型

依据联合国粮农组织的国际通用标准，玉米熟期类型分为 7 类。

1. 超早熟类型　植株叶片数 8～11 片。出苗至成熟的生育期（下同）70～80d。在适宜的种植条件下，有些品系于授粉后仅 1 个月，就可产生有生命力的种子。

2. 早熟类型　植株叶片数 12～14 片。生育期 81～90d。

3. 中早熟类型　植株叶片数 15～16 片。生育期 91～100d。

4. 中熟类型　植株叶片数 17～18 片。生育期 101～110d。

5. 中晚熟类型　植株叶片数 19～20 片。生育期 111～120d。

6. 晚熟类型　植株叶片数 21～22 片。生育期 121～130d。

7. 超晚熟类型　植株叶片数 23 片以上。生育期 131～140d。

（二）东北玉米品种熟期类型

东北地区为春玉米区，熟期划分与国际的划分和夏玉米区有所不同。

1. 晚熟品种　生育期 135～140d。

2. 中晚熟品种　生育期 125～135d。

3. 中熟品种　生育期 120～125d。

4. 中早熟品种　生育期 110～120d。

5. 早熟品种　生育期 105～110d。

6. 极早熟品种　生育期 95～105d。

三、东北地区玉米生产布局

东北地区由于地理位置的差异性，品种种植分布较为明显。优质专用玉米基地是在老商品粮基地的基础上择优选出的，不但生产条件适宜，而且社会经济条件优越，具有玉米生产基础，经过努力，可把生产基地建成加工企业的原料车间。因此要充分利用资源优势，搞好生产布局，合理配置生产要素，实行专业化生产，区域化种植。今后东北地区玉米生产布局重点应在松辽平原、松嫩平原和三江平原等地，即吉林省的中、西部地区，黑龙江省的哈尔滨、绥化、齐齐哈尔、佳木斯市所属县市及周边农场。这些地区是东北玉米的重要主产区，在此要建设好龙头企业，发展一批有实力的集团，以便形成玉米产业链，实行产业化生产。

在区域生产布局上，一是调减不适宜区玉米的种植面积，压缩玉米单产较低地区的种植面积，严格控制玉米越区种植。二是为了加速西部的开发步伐，适当增加内蒙古东四盟市玉米的种植面积。因为这里自然生态条件适宜，种植玉米基本上不施农药，许多地方被认定为绿色农产品基地。东四盟市生产出的玉米普遍被国内外厂家看好，市场前景广阔。

（一）辽宁省

辽宁省因跨越的纬度不大，所用品种生育期差异性不大。但由于东西部地势的变化，所选用的品种不同。辽南大连地区由于丘陵山地较多，又加之受海洋性气候影响，需求生育期较长，抗病性较强的品种，辽宁南部属于极晚熟组，包括葫芦岛、大连，以连玉17、丹玉39为主推品种，农大95也有种植。东部半山区因年积温较低，个别县市需求生育期较短的品种，吉单27、通单24、秦龙9等中早熟品种为主，搭配以四密25等中早熟品种。中部平原属于晚熟组，包括辽宁大部分地区，以稀植大穗型品种丹玉39为主，还有三北六、东单60、铁单18、辽单24、沈玉18等品种，平均生育期130d左右，部分地区以密植型品种为主，新民市以郑单958居多。沈阳中部属于中熟组，主推郑单958，铁岭和东部山区属于中早熟组，主推辽单565。

辽宁省布局优质专用商品玉米基地20个，占东北地区优质专用商品玉米基地数的31.2%。基地有新民、辽中、康平、法库、朝阳、建平、喀左、彰武、阜新、开原、铁岭、昌图、抚顺、灯塔、辽阳、海城、凤城、瓦房店、黑山、绥中等20个县市。

（二）吉林省

吉林省根据品种熟期共分为六个区组。四平南部地区属于晚熟组，以新铁10、登海9为主；长春以南地区属于中晚熟区，以吉单180为主；吉林省中部地区主栽丹玉13、吉单131、中单2三个品种；东部延边通化属于早熟区，以四早六、黄莫主栽。全省共分为四个品种推广区，熟期限界较为明显。吉单180是吉林省农业科学院育成的中熟品种，春播生育期为126d，该品种从吉林中南部到黑龙江省哈尔滨南部，西从赤峰通辽至东部吉林市都可以种植，曾经创下单一品种在东北地区推广面积最大的纪录。

吉林省布局优质专用商品玉米生产基地24个，占东北地区优质专用商品玉米基地数的37.5%。基地布局于长春市所属地德惠、九台、榆树、农安4县市，四平市所属的双辽、公主岭、梨树、伊春4县市，辽源市属的东丰、东辽两县，白城市所属的大安、洮南、镇赉3县市，松原市所属的扶余、长岭、前郭3县，吉林市所属的磐石、桦甸、舒兰、永吉4县市，通化市所属的梅河口、通化、辉南、柳河4县市。

（三）黑龙江省

黑龙江省由于跨越的纬度较大，所以根据作物生长需要的活动积温划分为六大积温带，≥10℃积温从2 900～1 900℃，每隔200℃设一个积温带，品种种植区域带更是明显。

黑龙江省第一积温带适宜种植四单19、本育9等为主，以金玉4号、东农252、绥玉16、嫩单12号、江204等为辅。黑龙江省第二积温带适宜种植龙单13、龙单16等品种，以绥玉15、嫩单10号、龙育25、合玉15号等为辅。黑龙江省第三积温带适宜种植绥玉7、海玉4等品种，以绥玉14、嫩单8号、克单10号等为辅，其中嫩单8号特别适宜黑龙江省第一、第二、第三积温带地区玉米与玉米间作、玉米与高粱间作、玉米与豆类间作和玉米与菜类间作，有利于提高间作的经济效益。黑龙江省第四积温带适宜种植牡单 8 号、龙单 5 号、克单 11 号等，克单 12 号、垦单 4、垦单 6 等均可种植。黑龙江省第五积温带适宜种植德美亚 1 号、克单 9 号等。黑龙江省第五积温带适宜种植卡皮托尔、边 3—22。黑龙江省第六积温带适宜种植孚尔拉等。根据品种生育期划分为十个生态区。第一生态区主推吉单 180（127d），第二生态区主推广本育 9（125d），第三生态区主推四单 19（123d），第四生态区东农 250（121d），第五生态区绥玉 7（118d），第六生态区龙单 13（115d），第七生态区海玉 6（110d），第八生态区克单 8（108d），第九生态区卡皮托尔（105d），第十生态区孚尔拉（98d）。

黑龙江省布局优质专用商品玉米基地 11 个，占东北地区优质专用商品玉米基地数的 17.2%。基地布局于哈尔滨所属的双城、五常、阿城、呼兰、宾县、巴彦 6 个县市，齐齐哈尔市的龙江县，绥化市的肇东、海化、兰西、青冈 4 县市。巴彦、呼兰、青冈 3 个基地适合种植高淀粉、高油、优质蛋白玉米；肇东、兰西、海伦、龙江 4 个基地适合种植高淀粉、高油玉米；双城、五常、阿城、宾县 4 个基地可种植适量的优质蛋白玉米。

第三节　东北地区高淀粉玉米及其特点

东北地区是中国主要的商品粮基地。随着国际上对玉米需求的日益膨胀，东北地区的玉米种植面积也正在逐步扩大。据统计，2009 年东北地区种植玉米的面积约 0.1 亿 hm^2，又创历史新高。随着科学技术的不断进步，玉米淀粉在国民经济中的作用越来越大，为适应市场的需要，人们对高淀粉玉米研究的步伐也逐步加快。

一、高淀粉玉米的特点

（一）高淀粉玉米的概念

高淀粉玉米是指籽粒粗淀粉含量大于 72%（农业部标准 NY/T597—2002）以上的专用型玉米，根据粗淀粉（干基）含量的不同划分三个等级，分别为一等级（籽粒粗淀粉含量≥76%）、二等级（籽粒粗淀粉含量≥74%）及三等级（籽粒粗淀粉含量≥72%）。

（二）高淀粉玉米的类型

高淀粉玉米的粗淀粉含量远高于普通玉米（60%～69%）。玉米淀粉是最佳的粮食淀粉之一，有纯度高（达 99.5%）、提取率高（达 93%～96%）的特点，广泛应用于食品、医药、造纸、化工、纺织等工业。依据其籽粒中所含碳水化合物的比例和结构分为混合高淀粉玉米、高支链淀粉玉米、高直链淀粉玉米。

混合高淀粉玉米是指普通玉米籽粒中淀粉含量在 72% 以上的工业专用型玉米，是直链淀粉和支链淀粉的混合体，二者所占的比例大约为 27% 和 73%。混合高淀粉玉米中粗淀粉经一定量酸碱催化可制成淀粉糖（葡萄糖、果糖、麦芽糖、果葡糖浆），其中果葡糖浆是食品和饮料工业的重要原料。玉米籽粒胚乳中直链淀粉含量在 50% 以上的玉米被称为高直链淀粉玉米，胚乳中支链淀粉含量占总淀粉 95% 以上的被称为高支链淀粉玉米

（也叫糯玉米、黏玉米或蜡质玉米）。

二、东北地区高淀粉玉米生产现状

（一）东北地区高淀粉玉米种植情况

随着国内及东北地区玉米深加工业的飞速发展，尤其是以玉米为原料生产淀粉的产业链条延长，很大程度上刺激了中国东北地区高淀粉玉米种植面积增加。目前黑龙江省高淀粉玉米播种面积超过 33.3 万 hm^2，吉林省播种面积约 30 万 hm^2，辽宁省播种面积约 20 万 hm^2，东北地区每年高淀粉种植面积累计超过 66.7 万 hm^2，生产潜力巨大，且有继续增加的趋势。种植的品种数量不多，其中吉林省四平市农科所选育的四单 19 推广面积较大，还有长单 26 号、长单 374、哲单 14、哲单 20 等品种在东北地区高淀粉玉米生产中起到了比较重要的作用。近年美国先锋公司的玉米新品种先玉 335 在东北地区种植面积较大，且逐年增加，基本上取代了利用时间较长的品种，如四单 19 等。

（二）东北地区高淀粉玉米加工情况

1. 东北地区高淀粉玉米加工现状　随着畜牧业及加工业的不断发展，东北地区不仅是中国玉米的主要生产基地，也是玉米的主要消费地区。玉米的下游产业链长，涉及种植、养殖、食品、化工、医药等诸多行业。从消费结构上看，食用、饲用玉米总量稳定增长，但相对比例逐年下降，而饲料用玉米仍将作为玉米消费的主要部分，占据 70% 以上的份额。根据国家粮油信息中心数据，中国饲料玉米年消费量已由 10 年前的 7 000 多万 t，增长至约 9 000 万 t。2005 年工业饲料产量稳定增长 5% 以上，饲料产量到 9 632 万 t。而工业用玉米的绝对量和相对比例都在大幅上调，代表了未来玉米消费的主要趋势。根据国家粮油信息中心数据，2003—2004 年度，中国玉米工业消费 1 400 万 t，2004—2005 年度 1 800 万 t，2005—2006 年度为 2 000 万 t 左右。随着国内玉米工业消费的稳步增长，东北地区玉米加工业发展也非常迅速。

2. 东北地区玉米加工业分布　种植高淀粉玉米的经济效益主要体现在优质优价上。根据国内有关淀粉厂家测算，以高淀粉玉米为原料生产淀粉，由于淀粉含量高，每吨可以比普通玉米增值 56 元。厂家以 64% 为淀粉含量基数，淀粉含量每增加一个百分点，每吨可以提价 4 元。高淀粉玉米一般比普通玉米高八个百分点，每吨可以提价 32 元，以单产 7 500kg/hm^2 计，每公顷高淀粉玉米可增加收入 240 元。每推广 10 万 hm^2 高淀粉玉米，农业可增收 2 400 万元，工厂多盈利 3 840 万元。

目前中国有几百家玉米加工企业，主要分布于安徽、吉林、山东、河南、河北等省。深加工企业消费玉米增长速度加快，上述企业只是国内玉米加工企业的一部分。由于玉米深加工业一方面联系着广大农民的经济利益，另一方面又担负着为其他工业部门提供重要原料的任务，为此，玉米深加工产业在国内占有十分重要的产业地位。2000 年玉米深加工被列为国家重点鼓励发展的产业，受国家产业政策重点支持。为了解决近几年国内普遍出现的"卖粮难"问题，吉林、黑龙江都加大了玉米产业化的开发力度，在招商引资、银行信贷、财政税收、投资建厂等各个方面支持玉米深加工项目与企业，相应的国内也出现了一批加工规模较大、初具竞争力的龙头企业。东北地区也出现了一些比较有竞争力的企业，2005年黑龙江和吉林两省实际加工能力在1 300万t左右。2006年两省加工量有较大增长。其中吉林省大型玉米深加工项目年消耗玉米量已达850万t以上。据不完全统计，目前吉林和黑龙江已有10多家玉米年加工量在30万t以上的企业投产。其中中粮集团生化（肇东）事业部（前身是肇东华润）70万t，青冈龙凤100万t，肇东成福集团30万t，明水格林30万t，集贤丰瑞45万t，吉林省的长春大成公司240万t产能（长春60万t淀粉、姚家一期120万t淀粉糖、锦州60万t淀粉），公主岭黄龙公司60万t，松原赛力事达30万t，华润生化30万t，吉安生化酒精55万t，吉林燃料乙醇160万t。中粮目前在吉林、黑龙江、辽宁、内蒙古、河北等地共建有生产玉米淀粉糖、乳酸/聚乳、乙二醇以及味精的8个厂，全部投产后年加工玉米能力达500多万t/年。

（三）存在问题

1. 优良高淀粉玉米新品种较少　目前东北地区每年通过省里组织审定的玉米品种较多，但其中高淀粉玉米新品种较少，优良高淀粉玉米新品种则更少。东北地区种植的高淀粉玉米品种中四单19面积较大，但该品种是1992年通过黑龙江省审定，生产上利用时间较长，病害逐年加重，目前种植面积逐渐下降，急需更新，但很难找到相关的替代品种。近年美国先锋公司在中国推出的玉米新品种先玉335的粗淀粉含量为74.36%，已经达到高淀粉玉米的标准，由于商品质量好、产量高和收购价格高而备受东北地区农户推崇。其中吉林省种植先玉335的面积比较大，据吉林市种子管理部门和吉林市农业科学院估计，2009年吉林市正规包装和套牌先玉335的种植面积约占该省玉米种植面积的60%；黑龙江省种植先玉335的面积也迅速增加，据统计，2009年该品种已经成为黑龙江省种植面积最大的品种。

2. 越区种植导致高淀粉玉米商品品质差　近年来受全球气候变暖影响，种子企业经营种子和农民购买使用种子存在很大的侥幸心理，一些地区为了追求产量，违背自然规律和市场经济规律越区种植农作物品种特别是晚熟玉米品种，即越区种植。越区种植可能会让农民增产不增收，越区种植的主要后果是降低了粮食的品质和使用价值，进而降低粮食的价格。越区种植的玉米品种不能在霜前正常成熟，即使在"自老山"年份能够基本成熟，也会由于下霜快而停止生长。这样由于气温低而没有足够的时间，玉米籽粒不能正常生理成熟，籽粒含水量高，因而不同程度地出现"水玉米"现象。黑龙江省玉米正常含水量为30%左右，越区种植的已经超过35%，有的甚至达到40%。这种玉米的容重低，淀粉含量少，商品品质也随之下降。以美国先锋公司的玉米新品种先玉335为例，该品种适宜在黑龙江省第一积温带种植，但目前在黑龙江省的第二、三积温带均有种植。据黑龙江省绥化市北林区种子管理站估计，该区先玉335的种植面积也达到10%左右，存在着很大风险。

3. 加工企业对品种选择未发挥明显引导作用　加工企业对玉米品质的需求因其产品特性和企业技术水平的不同存在明显差异。比如，饲料加工企业一般喜爱偏角质型和蛋白质含量较高的玉米，淀粉和酒精发酵类加工企业喜爱淀粉含量高的偏粉质型玉米。不同企业对玉米品质的需求差异并未在市场上通过定价差异充分表现出来，也未对农户生产起到明显的引导作用。玉米主产区的企业通常并不担心原料供应会出现问题,因此未通过优质优价和明显的差别定价来引导农户生产。如长春大成集团这两年玉米加工能力达到300万t的企业,也不需要区分品质等级,收购价格略高于周边市场平均水平,就可激励较大范围内的农户把玉米送到企业,确保企业玉米用量。

4. 国家收储政策对提高玉米生产效益的作用还不显著 2008年以来,国家4 000万t玉米临时收储计划对稳定东北主产区玉米市场价格和保护农民收益发挥了重要作用,但也存在问题和负面影响。

首先,加工企业反映较多的是,收储政策支撑了玉米价格,但国际金融危机导致玉米加工品价格走低,深加工企业压力沉重。从2008年下半年以来,多数企业运营困难,部分产品附加值低的加工企业甚至停产。他们认为国家对市场的干预力度过大,影响了市场的自我调整。临时收储应为阶段性的临时措施,带动加工业发展才是解决市场需求不足、稳定玉米市场的根本动力。因此,国家对收储企业和加工企业在收购上应采取一视同仁的政策。

其次,国家临时收储政策的最大受益者是得到收储指标的粮库和能够将粮食卖到粮库的中间商。目前,东北农户销售玉米的最主要方式是坐等粮食中间商上门收购,农户将玉米直接卖到粮库最多的地方比例也不过30%,因此,粮库收购的粮食绝大部分来自中间商。由于增加了流通环节,农民从临时收储中直接得到的好处并不大。不仅如此,粮库在收购玉米时通过缩短收购时间增加农民销售难度,利用农户已经将玉米运送到粮库回旋余地小而单方面定等定级直接挤压农民收益的现象也比较普遍。这也是许多地区农户不愿意直接卖粮到库的重要原因。农户普遍认为与其折腾半天都卖不上好价钱,还不如就在家坐等粮食中间商上门收购,不仅省时省力省心,而且买卖比较主动。

第三,为保护农民利益,国家临时收储计划承诺农户储存的玉米无论什么品质都要收购,对市场按质定价有一定的负面影响。一些粮食收储企业甚至乐于利用这样的政策规定在收购农户和粮食中间商手上玉米时增加其单方面定等定级定价的操作空间。调研发现,在那些市场需求多样、加工需求比较大的地区,粮库喜爱收购偏角质型、易储藏玉米,且因收购湿玉米在定价方面有较大的操作空间而一般不收购烘干至标准水分的玉米。在玉米加工需求较小的地区,粮库对玉米收购条件没有任何要求,但声称所收玉米均为二等或二等以下,事实上,这些地区种植先玉335这样容重超过国标一等玉米的面积也不小。

(四) 解决途径

1. 加快高淀粉玉米新品种的选育 目前生产上的高淀粉玉米品种匮乏,主要由于高淀粉玉米种质资源相对较少,育种家或育种单位多年来一直坚持把玉米产量作为育种的主要目标,进而忽视了对高淀粉玉米种质资源的筛选,通过审定和推广的高淀粉玉米品种也是在普通玉米品种选育过程中随机出现的高淀粉玉米品种,针对性不强。随着玉米淀粉加工业的迅速发展,今后对高淀粉玉米品种的需求将日益迫切,因此,在玉米新品种培育过程中应注重高淀粉玉米种质资源的筛选工作,为优良高淀粉玉米新品种的选育奠定坚实的基础,为东北地区甚至全国高淀粉玉米的发展做出应有的贡献。

2. 严禁越区种植 各级政府、各有关部门要采取得力措施禁止越区种植玉米品种。

在指导农业生产和领导干部"三田"建设以及推广供应玉米品种上，要遵循种子科学规律、自然规律和市场经济规律，充分发挥其良性带动和引导作用。要协调有关部门解决种子公司和农民调剂适宜品种的所需贷款资金等实际问题。并要充分利用广播、电视、报纸等宣传工具，加大宣传引导力度，带动和引导农村干部和广大农民认识越区种植晚熟玉米品种的危害，准确把握国家实行粮食优质优价的收购政策，使其科学合理地选用适区、适地种植品种。同时要明确责任，对盲目指导、推广经销越区的玉米种子、不合法的玉米种子给农业生产和广大农民造成损失的单位和个人，要按有关规定追究责任。要求有关单位应根据本地自然生态环境条件、栽培管理水平，科学地确定本地玉米品种。种子部门要摸清种子库存以及需种情况，合理调剂供应高产优质适宜对路的品种，千方百计保证农业生产用种需要。同时，要搞好供种服务，提高服务水平。有关部门要充分运用各种促早熟保高产栽培技术和管理措施，做到良种良法配套，确保玉米充分成熟，提高产量和品质，增强市场竞争力，增加效益。

3. 加强国家政策和加工企业对玉米生产的积极引导　加工企业和国家政策应给予正确的引导，根据企业的实际需要，引导农民种植高淀粉玉米品种，真正实现优质优价政策的有效落实。

三、高淀粉玉米的品质特点

（一）高淀粉玉米的营养品质

高淀粉玉米提高了玉米籽粒的淀粉含量的同时，其籽粒的物理性状和营养成分也发生了变化。高淀粉玉米的籽粒粒重、胚乳重均高于普通玉米和高油玉米，而胚重较低。籽粒淀粉含量达75%以上，显著高于其他类型玉米，淀粉成分中支链淀粉和直链淀粉均得到提高。籽粒蛋白质含量与普通玉米差异不大，但脂肪含量有所降低。

（二）高淀粉玉米的加工品质

高淀粉玉米的用途主要以加工淀粉为主。淀粉是玉米碳水化合物的主要成分，也是淀粉工业的主要原料。玉米淀粉不仅自身用途广，还可进一步加工转化成变性淀粉、稀黏淀粉、氧化淀粉、硝酸淀粉、高直链淀粉、工业酒精（燃料醇）、食用酒精、味精、葡萄糖、果葡糖浆、柠檬酸、果糖酸、乳酸、甘油、维生素C、维生素E和降解塑料等500多种产品，广泛用于造纸、食品、纺织、医药等行业，产品附加值超过玉米原值几十倍。随着不可再生能源石油、煤等资源的日益减少，用玉米淀粉生产燃料乙醇作为一种可再生的清洁燃料将成为21世纪的主要能源。因此，玉米淀粉生产在整个玉米加工业中占有十分重要的地位。

四、高淀粉玉米产业的发展前景

（一）东北地区高淀粉玉米产业的优势和发展方向

由于东北地区玉米专用品种未能很好地进行区域化布局和专用化生产，而且缺乏与之配套的高效栽培技术，良种和良法的推广不同步，生产和加工过程中缺乏质量控制，社会化服务和科技服务体系不健全，专用品种不能做到单收、单打、单储、单运、单销，造成玉米商品品质和加工品质不高不稳，与发达国家相比还有较大差距。这主要是由于东北地区高淀粉玉米生产成本高，种植效益低；国产玉米商品品质差；流通体制不完善，流通费用较高所造成。在看到劣势的同时，还要看到东北地区高淀粉玉米产业还具有明显的潜在优势，通过采取相应措施，市场竞争能力将会增强。第一是区位优势。东北地区周边国家和地区的日本、韩国是世界著名的玉米进口地区，年消费量在 3 000 万 t 以上，占全球玉米进口量的 45%，玉米消费量大，国内生产满足不了需求，存在相当大的玉米供求缺口。其次，食品安全优势。东北地区高淀粉玉米全是非转基因玉米，而美国大部分玉米为转基因产品。随着近年来国际社会对转基因农产品的担心逐步升温，欧洲和亚洲的部分国家的消费者对转基因产品的抵制，美国玉米将失去部分国外市场，这为东北地区高淀粉玉米出口带来了机会。再次，提高单产和品质的潜力大。中国国内高淀粉玉米消费持续增长，使高淀粉玉米产业潜在优势的发挥成为可能。一是饲用玉米需求稳定增长；二是玉米深加工业蓬勃发展，市场潜力较大；三是食用、种子用等玉米消费量将维持现在的消费水平。

（二）东北地区高淀粉玉米产业的发展前景

玉米产业因高附加值而成为"朝阳"产业和"黄金"产业，发展潜力十分巨大。以世界上玉米产量和深加工量第一的美国为例，开发玉米产品就有 3 000 多个，深加工消费玉米量从 1999 年的 4810.7 万 t 增长到 2003 年的 6 324.6 万 t，平均年递增 7.5%，人均消耗玉米更是达到了 88kg。中国玉米加工业虽然起步较晚，从 20 世纪 80 年代[①]几十万 t 消费量到 90 年代以每年 10% 的速度快速增长，如今开发了上百个产品，2005 年工业消费达 1 100 万 t，所占玉米总消费比例亦从 0.5% 增长到了 13.4%。国家与各地政府大力支持玉米深加工产业的发展，玉米加工企业如雨后春笋，玉米加工龙头企业也相继出现，为国民经济的发展，尤其是农业经济的快速发展做出巨大贡献。

玉米淀粉广泛用于食品、医药、造纸、化学和纺织工业。玉米淀粉制取的葡萄糖可制造青霉素、红霉素、氯霉素、维生素 C 及麻醉剂等医药用品。玉米高果糖浆是以玉米淀粉作为原料深加工而成，其质地纯正透明，比蔗糖甜度高 1.2～1.6 倍，易被人体吸收利用，是制作糖果、糕点、饮料和罐头的优良甜味剂，是预防高血压、糖尿病及心血管病的理想食品。据预测，玉米高果糖工业可占据未来世界 50% 的甜味剂市场。玉米淀粉深层加工利用，不仅提高玉米原料利用率，而且国内市场销路好，经济效益显著，综合利用前景广阔。

直链淀粉是重要的工业原料，用途很广，涉及 30 多个领域，如食品、医疗、纺织、造纸、包装、石油、环保、光纤、高精度印刷线路板、电子芯片等行业。直链淀粉还用于食品业的增厚剂、固定剂、炸薯条中阻止过度吸油分的包衣剂。玉米高直链淀粉也是生产光解塑料的最佳原料，是解决目前日益严重的"白色污染"的有效途径。但普通玉米的直链淀粉含量在 22%～28% 之间，从普通玉米中提取直链淀粉成本很高，因此培育、种植

---

① 本书年代如没有特殊说明，均指 20 世纪。

高直链淀粉玉米品种具有重要意义，它的利用将为世界环保事业带来一次重大革命。

东北地区的高淀粉玉米深加工产品已经从初级淀粉、味精开始向山梨醇等转变，向造纸、纺织等行业转变，而且吉林省已经开始将资源优势转化为经济优势。东北地区高淀粉玉米的消费开始逐步向工业原料转变，而且市场格局正在发生变化。并且随着东北地区深加工能力的提高，东北正逐渐由产区向销区转变，"北粮南运"的市场调节正在逐步减弱。目前安徽、山东等省的玉米深加工企业已经开始在东北及内蒙古地区建设自己的玉米深加工基地，今后东北地区将成为国内玉米深加工行业的一个首选基地。

本章参考文献

曹广才，徐雨昌等．2000．中国玉米新品种图鉴．北京：中国农业科技出版社

曹广才，黄长玲等．2001．特用玉米品种·种植·利用．北京：中国农业科技出版社

戴景瑞．1998．我国玉米生产发展的前景及对策．作物杂志，（5）：6～11

董银山，袁靖．1997．黑龙江省玉米生产生态区划．黑龙江气象，（2）：25～27

居辉，熊伟，许吟隆．2007．气候变化对中国东北地区生态与环境的影响．中国农学通报，23（4）：345～348

李进，阿不来提，李铭东等．2000．工业用高淀粉玉米及其品质改良．新疆农业科学，（6）：283～285

刘文成，马瑞霞．2006．高淀粉玉米的研究进展及产业化分析．安徽农业科学，34（13）：2 954～2 955

史振声，王志斌，李凤海等．2002．国内外在高直链淀粉玉米的研究与利用．辽宁农业科学，（1）：30～33

司翠，吴昊．2009．气候变暖对东北地区农业的影响及对策研究．中国农村小康科技，（5）：19～21

滕康开．2008．高直链淀粉玉米研究进展与发展前景．河北农业科学，12（1）：80～82

王振华．2004．玉米高效种植与实用加工技术．哈尔滨：黑龙江科学技术出版社

谢安，孙永罡，白人海．2003．中国东北近50年干旱发展及对全球气候变暖的响应．地理学报，59：75～81

杨德光．2007．特种玉米栽培与加工利用．北京：中国农业出版社

张建平，赵艳霞，王春乙．2008．气候变化情景下东北地区玉米产量变化模拟．中国生态农业学报，16（6）：1 448～1 452

张瑛，徐晓红，朱玉芹等．2005．高直链淀粉玉米的选育概况与发展前景．玉米科学，13（1）：52～54，59

张玉芬，贾乃新，刘莹，王晓萍．2002．吉林省发展玉米生产的有利条件、限制因子及生态适宜区的划分．农业与技术，22（5）：13～15

朱大威，金之庆．2008．气候及其变率变化对东北地区粮食生产的影响．作物学报，34（9）：1 588～1 597

玉米籽粒品质概述

第一节 玉米籽粒的形成和结构

一、玉米籽粒的形成

（一）开花与受精

玉米是异花授粉作物，花粉主要靠风力传播。通常玉米雌穗和雄穗同时抽出，雄穗扬粉的同时雌穗花柱抽出，这样有利于结实。但有先抽丝后扬粉或扬粉接近结束时花柱才抽出的类型。玉米花柱抽出的快慢，雄穗扬粉时间的长短及花粉量的大小，不仅与品种特性有关，也极易受环境的影响，这些因素包括土壤水分、养分供应状况、气候因素等。

土壤养分、水分供应不足时，玉米花粉量减少，严重干旱甚至不能扬粉。在土壤水分及养分供应状况正常的情况下，在气候因素中，日照时数影响最大，其次是温度和湿度。据在辽宁省沈阳市的观察，在晴天的情况下，7月中旬玉米在早上7时就可以大量扬粉，到8月上旬时，则即使是温度与湿度与以前相近，扬粉时间也延至早上9时以后，而且花粉量明显不足。此外，玉米扬粉对温度和湿度也有一定的要求，温度过低或湿度过大均延迟扬粉且花粉量较少。

当玉米花柱的柱头接受风力传来的花粉粒，黏着在柱头上的花粉粒约5min后即生出花粉管。花粉管进入花柱并向下生长，此时花粉粒中的营养核和2个精核移至继续生长的花粉管的顶部，花粉发芽后大约经过12～24h到达子房，其后花粉管破裂释放出2个精核，其中1个精核和子房中间的两个极核融合形成三倍体细胞，最后发育成为胚乳。另外1个精核和卵细胞融合形成二倍体的合子，最后发育成为胚。这是正常的双受精过程。Sarkar和Con（1971）发现玉米大约有2％的异核受精现象，即子房中的极核和卵核分别和来自不同花粉粒的精核受精。异核受精的结果导致一个籽粒中的胚和胚乳两者的基因型不一致性。

（二）组织分化及种子形成

完成受精后的子房大约要经过40～50d的时间，增长约1 400倍而成为籽粒，胚和胚乳形成和养分积累需35～40d，其余时间用于失水干燥和成熟。

1. 胚形成 从雌穗吐丝受精到种胚具有发芽能力是种子的形成过程，一般需要12～15d。合子于受精后分裂成大小不等的两个原胚细胞，其中基部的一个发育成胚柄，顶端一个形成种胚。这期间籽粒呈胶囊状，粒积扩大，胚乳呈清水状。在此过程中，以胚分化为主，干物质积累缓慢，灌浆速度平均为每粒 1.5mg/d 左右；过程末，干物质积累量达成熟时粒重的 5%～10%。玉米授粉后 3～4d 形成具有 10～20 个细胞的球形胚；授粉后 5～6d 胚呈棒槌状；7～8d 胚柄形成；10d 左右则先后分化出胚茎顶点和盾片；15d 左右，胚分化出第一、第二叶原基及胚根，开始具有发芽能力，其体积为成熟种子胚的 14%～15%；授粉后 16d，分化出根冠，盾片中积累淀粉；授粉后 22d 左右，分化出 4 个叶原基及次生根原基；30d 左右分化产生 5 个叶原基，发芽率达 100%，胚分化结束。

2. 胚乳形成　极核受精后形成胚乳。受精后 2d，初生胚乳核分裂形成 4 个游离胚乳核；3d 则达 60 个游离细胞核；5d 游离细胞核开始形成细胞壁，成为完整的胚乳细胞；胚乳细胞不断分裂，至授粉后 12d 时，胚乳细胞已占据全部珠心，珠心组织解体；授粉后 8～16d，胚乳细胞分裂最旺盛，细胞数量剧增，是胚乳细胞分裂建成的主要时期，也是决定籽粒体积和粒重潜力的关键时期；授粉后 10d 时，胚乳细胞内在细胞核周围开始形成淀粉粒；到 12d，淀粉量增加，几乎充满了整个胚乳细胞，表明籽粒开始进入乳熟阶段。

3. 黑色层形成　玉米籽粒基部与胎座相邻的胚乳传递细胞带，是植株营养进入胚乳的最后通道，其发育程度和功能期长短，对胚的发育和胚乳中营养物质的积累至关重要。胚乳基部细胞于授粉后 10d 开始向传递细胞分化；但在授粉后 15d 内，其细胞壁的加厚和壁内突的形成很慢；此后速度加快，至授粉后的 20d，已经形成了由 3～4 层细胞、横向由 65～70 列细胞构成的传递细胞带，进入功能期；籽粒成熟时，胚乳传递细胞被内突壁充满，但狭小的细胞腔中仍有较浓稠的细胞质，其中含有黑色和晶状颗粒；与传递细胞带紧相邻的果皮组织中形成黑色层。黑色层形成为玉米生理成熟的标志。

4. 盾片　玉米盾片具有营养物质贮藏和生理代谢双重功能，对籽粒发育、萌发极为重要。据研究，掖单 13 号授粉后 10d，盾片形成，处于组织分化期，细胞中已含有少量脂体和淀粉粒；授粉后 20d，盾片细胞中液泡消失，形成大量脂体和淀粉粒，上皮细胞与胚乳相邻胞壁及径向壁外段次生加厚，内部细胞中开始形成蛋白质体；授粉后 35d，上皮细胞径向壁加厚达细胞的 2/3 处，薄壁细胞壁处有发达的胞间连丝，内部细胞中形成了许多蛋白质体。籽粒成熟时，盾片上皮细胞径向壁的内段仍保持着薄壁状态，加厚壁上有波状内突，胞质中含有大量的脂体和少量淀粉粒；内部细胞中有大量蛋白质体和较多的淀粉粒。

（三）种子成熟过程

依据种子胚乳状态及含水率的变化，分为乳熟、蜡熟及完熟三个时期。

1. 乳熟期　乳熟期是从胚乳呈乳状开始到变为糊状结束，历时 15～20d。一般早熟品种从授粉后 12d 起到 30d 或 35d 止，晚熟品种从授粉后 15d 起到 40d 左右结束。乳熟期籽粒及胚的体积都接近最大值，干物质积累总量达成熟时的 80%～90%。干重增长速度快，灌浆高峰期出现在授粉后 22～25d，是决定粒重的关键时期。种子含水率变化范围为 50%～80%，处于平稳状态。种子发芽率达 95% 左右，田间出苗率也较高。这期间，苞叶为绿色，果穗迅速加粗。

玉米授粉 30d 左右，籽粒顶部胚乳组织开始硬化，与下面乳汁状部分形成一横向界面，此界面称乳线。乳线出现的时期叫乳线形成期。这时籽粒含水率为 51%～55%，籽粒干重为成熟时的 60%～65%。随着籽粒成熟过程的进展，乳线由籽粒顶部逐渐向下移动，于授粉后 48～50d 消失。乳线消失是玉米成熟的标志。

2. 蜡熟期 该时期从胚乳成糊状开始到蜡状结束，一般需要 10～15d。早熟品种由授粉后 30d 或 35d 起，到 40d 或 50d 止；晚熟品种从 40d 起至 55d 结束。这期间，籽粒干重增长缓慢。籽粒干物重达成熟时的 95% 左右，含水率由 50% 降低到 40% 以下，处于缩水阶段，粒积略有减小。玉米授粉后 40d 左右，乳线下移籽粒中部，籽粒含水率 40% 左右，干重为成熟时的 90%。

3. 完熟期 籽粒从蜡熟末期起干物质积累基本停止，经过继续脱水，含水率下降到 30% 左右。这时籽粒变硬，乳线下移至籽粒基部并消失，黑层形成，皮层出现光泽，呈现品种特征，苞叶变干、膨松。

二、玉米籽粒的形态结构

（一）籽粒外观

玉米的种子实质上是果实，植物学上称为颖果，通常称之为"种子"或籽粒，其形状和大小因品种而异。玉米籽粒最常见的形状有马齿形、半马齿形、三角形、近圆形、扁圆形和扁长方形等，一般长 8～12mm，宽 7～10mm，厚 3～7mm。成熟的玉米籽粒由皮层、胚乳和胚三部分组成。籽粒百粒重最小的只有 5g，最大可达 40g 以上。籽粒颜色从白色到黑褐或紫红色，可能是单一色，也可能是杂色的，最常见的为黄色和白色。

根据玉米籽粒的形态、胚乳结构以及颖壳的有无分成如下九种。

1. 硬粒型 也称燧石型，籽粒多为方圆形，顶部及四周胚乳多为角质，仅中心近胚部分为粉质，故外壳透明有光泽，坚硬饱满。粒色多为黄色，间或有白、红、紫等色籽粒。籽粒品质好，适应性强，成熟较早，但产量较低，主要作粮食用。

2. 马齿型 又叫马牙种，籽粒扁平呈长方形或方形，籽粒两侧的胚乳为角质，中部直到顶端的胚乳为粉质，成熟时因顶部的粉质部分失水收缩较快，因而顶部的中间下凹，形似马齿，故称马齿种型。顶部凹陷深度随粉质多少而定，粉质愈多，凹陷愈深，籽粒表面皱缩，呈黄，白、紫等色。籽粒品质较差，成熟晚，产量高，适于制造淀粉，酒精或作饲料。

3. 半马齿型 由硬粒种和马齿种杂交而来。籽粒顶部凹陷较马齿种浅，也有不凹陷的，仅呈白色斑点状，顶部的胚乳粉质部分较马齿种少，但比硬粒种多，品质亦较马齿种为好，产量较高。

4. 粉质型 又叫软质种，胚乳全部为粉质。籽粒乳白色，组织松软，无光泽，适作淀粉原料。

5. 甜质型 又称甜玉米。胚乳多为角质，含糖分多，含淀粉较少。因成熟时水分蒸发使籽粒表面皱缩，呈半透明状。多做蔬菜用。

6. 甜粉型 籽粒上半部为角质胚乳，下半部为粉质胚乳。

7. 蜡质型 为糯性玉米。籽粒胚乳全部为角质，不透明，切面呈蜡状，全部由支链淀粉组成。食性似糯米，黏柔适口。

8. 爆裂型　籽粒小而坚硬，米粒形或珍珠形，胚乳几乎全部为角质，仅中部有少许粉质。品质良好，适宜加工爆米花等膨化食品。

9. 有稃型　籽粒被较长的稃壳包裹，籽粒坚硬，难脱粒。是一种原始类型。

（二）籽粒结构

成熟的玉米籽粒为颖果，是由皮层（果皮和种皮）、胚乳和胚三部分组成（图2-1）。

1. 皮层　玉米籽粒皮层由果皮和种皮组成，具有母本的遗传性，皮层下为糊粉层。

果皮由子房壁发育而来，是籽粒的保护层，光滑而密实。果皮表面是一层薄的蜡状角质膜，下面是几层中空细长的已死亡细胞，是一层坚实的组织。该层下面有一层称为管细胞的海绵状组织，是吸收水分的天然通道。多数果皮无色透明，少数具有红、褐等色，受母本遗传的影响。

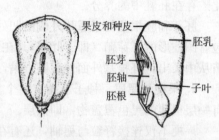

图2-1　玉米籽粒结构

种皮是在海绵状组织下面一层极薄的栓化膜，由珠被发育而来。一般认为，层皮膜起着半透膜的作用，限制大分子进出胚芽、胚乳，保护玉米籽粒免受各种霉菌及有害液体的侵蚀。

在种皮和胚乳中间是糊粉层，是厚韧细胞壁的单细胞层，含有大量蛋白质和糊粉粒，营养成分较高。糊粉层具有多种不同的颜色，种皮和糊粉层所含的色素决定了籽粒的颜色。

果皮约占籽粒质量的 $4.4\%\sim6.2\%$，糊粉层约占籽粒质量的 3% 左右。糊粉层下面有一排紧密的细胞，称为次糊粉层或外围密胚乳，其蛋白质含量高达 28%，这些小细胞在全部胚乳中的比例少于 5%，它们含有很少的小淀粉团粒和较厚的蛋白质基质。

2. 胚乳　玉米胚乳位于糊粉层内，是受精后形成的下一代产物。胚乳部分约占籽粒干重的 $78\%\sim85\%$。胚乳主要由蛋白质基质包埋的淀粉粒和细小蛋白质颗粒组成，分半透明和不透明两部分。与糊粉层相接的胚乳部分只有黄或白两种颜色。成熟的胚乳由大量细胞组成，每个细胞充满了深埋在蛋白质基质中的淀粉颗粒，细胞外部是纤维细胞壁。按照胚乳的质地分为角质和粉质两类，通常受多基因控制；其他一些胚乳性状，如标准甜、超甜、蜡质、粉质等属于单基因突变体。

对于硬粒型籽粒，其淀粉和蛋白质体更多地集中在胚乳四周，从而形成坚硬的角质外层。

对于马齿型籽粒，粉质结构可一直扩展到胚乳顶部，籽粒干燥时形成明显的凹陷。在形态学上，角质区和粉质区的分界线不明显，但粉质区细胞较大，淀粉颗粒大且圆，蛋白质基质较薄。粉质区在籽粒干燥过程中蛋白质基质呈细条崩裂，产生了空气小囊，从而使粉质区呈白色不透明和多孔结构，淀粉更易于分离。

对于角质胚乳，较厚的蛋白质基质虽然在干燥期间也收缩，但不崩裂。干燥产生的压力形成了一种密集的玻璃状结构，其中的淀粉颗粒被挤成多角形。角质胚乳组织结构紧密，硬度大，透明而有光泽。角质型胚乳的蛋白质含量比粉质区多 1.5%～2.0%，黄色胡萝卜素的含量也较高。角质淀粉因包裹在蛋白质膜中，相互挤压呈稍带棱角的颗粒，而粉质淀粉则近似球状。

3. 胚 胚位于玉米籽粒的宽边中下部面向果穗的顶端，被果皮和一层薄的胚乳细胞包住，也是受精后形成的。玉米籽粒胚部较大，占籽粒干重的 8%～20%，其体积约占整个籽粒的 1/4～1/3。胚由胚芽、胚根鞘、胚根及盾片构成。

盾片是胚的大部分组织，形似铲状，含有大量的脂肪，可向正在发芽的幼苗输送和消化贮存在胚乳中的养分。

胚芽和胚根基位于盾片外侧的凹处。成熟籽粒中，胚芽有 5～6 个叶原基。胚芽周围包着圆柱形的胚芽鞘（即子叶鞘）。在玉米发芽时，胚芽鞘首先伸出地面，保护卷筒形幼苗从中长出。胚根基外面包着胚根鞘，是胚根萌发的通道，胚根鞘伸长不明显。

4. 果梗与黑层 种子下端有一个与种皮接连的"尖冠"状的果梗。果梗与种子之间有一层很薄的黑色覆盖物，即黑层。

果梗不仅连接籽粒与穗轴，还有在种子成熟过程中输送养分和保护胚的作用。只有在种子完全成熟时，黑层才出现，因此黑层的形成是籽粒成熟的标志。在玉米收获脱粒时，果梗常留在种子上。由于遗传原因，有的玉米在籽粒脱粒时果梗脱落，个别的还存在果梗与黑层同时脱落的现象。如果黑层脱落，则在籽粒贮存和萌发时易造成病菌侵入，影响出苗和植株的生长。

第二节　玉米籽粒的营养品质

一、籽粒品质的概念

根据玉米籽粒的营养成分、加工性能、感观特征，可以将玉米籽粒品质分为营养品质、加工品质、商品品质。营养品质是玉米品质的一个最重要的指标，其不同营养成分含量对玉米籽粒作为粮食、饲料、化工、医药原料的质量都有很大影响。

玉米籽粒营养品质主要是指玉米籽粒中所含营养成分的比例和化学性质。营养成分包括淀粉、蛋白质、脂肪、各种维生素和微量元素等。蛋白质不仅包括人畜必需氨基酸如赖氨酸、色氨酸、蛋氨酸等含量，还包括蛋白质的溶解特性。玉米脂肪品质主要是指不饱和脂肪酸如亚油酸的含量。由于玉米淀粉有支链淀粉和直链淀粉，因此淀粉品质中支链淀粉与直链淀粉的比例是重要的指标，此外还包括直链淀粉长度、支链淀粉的分支数量等。玉米富含多种维生素，包括维生素 A、维生素 B_1、维生素 B_2、维生素 B_6、维生素 E 和胡萝卜素等。

微量元素分有益和有害两种，人们所需要的是有益矿质微量元素如 Zn、Se 适量增加，而有害元素如 Cd、As 含量尽可能低或检测不出。

加工品质是指通过深加工后所表现出的品质。目前玉米加工业主要包括营养成分提取工业和食品加工业。为了提取玉米营养成分，良好的加工品质通常是指易于提取、含量高、杂质少。对于食品加工业，则需要注意玉米的食用品质或适口性，经过深度加工的产品可以更充分地发挥营养品质的效果，使食品的营养性能与良好的适口性相结合。

商品品质系指玉米籽粒的形态、色泽、整齐度、容重以及外观或视觉性状，还包括化学物质的污染程度。

二、玉米籽粒的营养成分

玉米籽粒中含有丰富的营养成分，淀粉、蛋白质和脂肪是普通玉米籽粒的主要营养成分，其中淀粉含量最高，可达70％以上，其次是蛋白质和脂肪。此外还有少量的单糖、纤维素和矿质元素。

（一）普通玉米籽粒的营养成分及化学组成

营养成分在籽粒各个部分呈不均衡分布，胚乳和胚芽是养分的主要贮存场所，种皮和种脐只含有很少量的营养物质。淀粉是胚乳的主要成分，占胚乳总干重的87％左右，此外胚乳还含有约8％的蛋白质，但由于胚乳在全籽粒中占的比重较大，胚乳蛋白质在全籽粒蛋白质中仍具有举足轻重的作用。胚芽的蛋白质和脂肪含量较多，分别是18％和33％。

1. 淀粉及其他碳水化合物 淀粉是玉米主要贮存物质，主要存在于胚乳细胞，胚芽和皮层的淀粉含量较少。玉米一般含淀粉64％～78％，平均为71％左右。玉米淀粉按其结构可分为直链淀粉和支链淀粉两种。普通玉米的直链淀粉和支链淀粉含量分别为23％～27％和73％～79％。此外，成熟玉米籽粒中还含有1.5％左右的可溶性糖，其中绝大部分是蔗糖。

2. 蛋白质 玉米中粗蛋白含量为8％～14％，平均为10％左右。这些蛋白质大约75％存在于胚乳，20％在胚芽中，其余则存在于皮层和糊粉层中。

按照蛋白质溶解性，玉米蛋白质可分为溶于水的白蛋白、溶于盐的球蛋白、溶于酒精的醇溶蛋白、溶于稀碱的谷蛋白和不溶于液体溶剂的硬蛋白，其中含量较大的是醇溶蛋白和谷蛋白。醇溶蛋白是普通玉米籽粒蛋白质的主要组分，占蛋白质总数50％以上；谷蛋白占35％以上；其余为白蛋白、球蛋白和硬蛋白，各占5％以下。各类蛋白质的氨基酸含量差别较大。赖氨酸和色氨酸是人类必需的氨基酸，但醇溶蛋白中的含量分别仅为0.2％和0.1％。谷蛋白中的氨基酸组成较为平衡，含有2.5％～5％的赖氨酸。

胚芽和胚乳的蛋白质组分存在较大差别，胚乳中醇溶蛋白占43％左右，而谷蛋白仅为28％。胚芽蛋白中，谷蛋白约54％，醇溶蛋白仅为5.7％。胚芽中蛋白质的赖氨酸和色氨酸含量分别为6.1％和1.3％，胚乳中蛋白质的赖氨酸和色氨酸含量分别为2.0％和0.5％。从营养价值的角度，胚芽蛋白的营养价值明显优于胚乳蛋白。

众所周知，通常蛋白质是由20种基本氨基酸中的部分或全部组成。蛋白质中的氨基酸种类及所占比例，对人体或动物所需要的食品或饲料非常重要。因此，常将含有全部氨基酸的蛋白质叫全价蛋白。对于玉米中的蛋白质，由于其类型不同，所含有的氨基酸种类也不尽相同。其中，玉米醇溶蛋白属于非全价蛋白，因为其几乎不含有赖氨酸和色氨酸等必须氨基酸；而白蛋白、球蛋白和谷蛋白则为全价蛋白。按照营养价值，玉米蛋白并不是人类理想的蛋白质来源。玉米胚中分别含有30％左右的白蛋白和球蛋白，是生物学价值较高的蛋白质。

3. 脂肪 玉米籽粒脂肪含量在 1.2%～20% 范围内，一般在 4.5%～5.0% 左右。脂肪的 80% 以上存在于玉米胚中，其次是糊粉层，胚乳和种皮的含油量很低，只有 0.64%～1.06%。玉米油的主要脂肪酸成分是亚油酸、油酸、软脂酸和硬脂酸。玉米脂肪约含有 72% 液态脂肪酸和 28% 固体脂肪酸。此外，在玉米油中还含有一些微量的其他脂肪酸以及磷脂、维生素 E 等。

玉米油是一种优质植物油，稳定性能最好，色泽透明，气味芳香，含有维生素 E 酶和 61.9% 的亚油酸，易被人体吸收，特别适于家庭食用。玉米油还有降低胆固醇含量、防止血管硬化、预防肥胖症和心脏病的功效。

（二）专用玉米的营养成分

专用玉米泛指具有较高的经济价值、营养价值或加工利用价值的玉米。这些玉米类型具有各自的内在遗传组成，表现出各具特色的籽粒构造、营养成分、加工品质以及食用风味等特征，因而有着各自特殊的用途和加工要求。

1. 甜玉米 又称蔬菜玉米，既可以煮熟后直接食用，又可以制成各种风味的罐头、加工食品和冷冻食品。甜玉米的营养价值高于普通玉米。除糖分含量较高以外，赖氨酸含量是普通玉米的两倍，蛋白质、多种氨基酸、脂肪也都高于普通玉米。甜玉米籽粒中还含有多种维生素（维生素 B_1、维生素 B_6、维生素 C、维生素 E、维生素 PP）和多种矿物营养。甜玉米所含的葡萄糖、蔗糖、果糖和植物蜜糖等都是人体容易吸收的营养物质。甜玉米胚乳中碳水化合物积累较少蛋白质比例较大，一般蛋白质含量在 13% 以上。由于遗传因素不同，甜玉米又可分为普甜玉米、加强甜玉米和超甜玉米 3 类。甜玉米在发达国家销量较大。

2. 笋用玉米 笋用玉米又称笋玉米、玉米笋，是指以采收玉米笋为目的而种植的玉米品种或类型。玉米笋就是在玉米吐丝（出绒）前后采收下来的幼嫩雌穗。玉米笋之所以被作为名贵的蔬菜，是因为它具有较高的营养价值和独特的风味。玉米笋的营养含量高且养分全，蛋白质、氨基酸、碳水化合物、糖、维生素 B_1、维生素 B_2 等都优于其他蔬菜。沈阳农业大学对 16 个品种玉米笋营养成分的测定分析表明，干物质含量占 10% 左右，蛋白质含量占干物质重的 22.3%，脂肪占 2.6%，糖占 33.5%。玉米笋含有 18 种人体必需的氨基酸，其中赖氨酸含量较高。此外，玉米笋含有少量纤维，对人体特别是对消化系统大有好处。

3. 糯玉米 糯玉米又称黏玉米，其胚乳淀粉几乎全由支链淀粉组成。支链淀粉与直链淀粉的区别是前者分子量比后者小得多，食用消化率高 20% 以上。糯玉米是中国传统的主要食用玉米类型之一，具有较高的黏滞性及适口性，可以鲜食或制罐头。中国还有用糯玉米代替黏米制作糕点的习惯。由于糯玉米食用消化率高，用于饲料也可以提高饲养的利用效率。在工业方面，糯玉米淀粉是食品工业的基础原料，可作为增稠剂使用，还广泛地用于胶带、黏合剂和造纸等工业。

4. 高淀粉玉米 高淀粉玉米是指籽粒粗淀粉含量在 74% 以上的专用型玉米品种。而普通玉米粗淀粉含量仅为 60%～69%。高淀粉玉米具有较大的胚乳、较小的胚，这一点与高油玉米相反。

按照玉米淀粉中支链淀粉与直链淀粉含量的比例，可以将高淀粉玉米分为混合型高淀粉玉米、高直链淀粉玉米和高支链淀粉玉米。自然界存在的玉米资源多为混合型或高支链淀粉玉米，但经过人工培育的高直链淀粉玉米品种的直链淀粉含量可达 80％以上。

5. 高油玉米 高油玉米一般是指含油量在 6％以上的玉米类型，一般为 7％～10％。由于玉米油主要存在于胚内，因此高油玉米一般都有较大的胚。玉米油的主要成分是脂肪酸，尤其是油酸、亚油酸的含量较高，是人体维持健康所必需的。玉米油富含维生素 F，维生素 A、维生素 E 和卵磷脂含量也较高，经常食用可减少人体胆固醇含量，增强肌肉和心血管的机能，增强人体肌肉代谢，提高对传染病的抵抗能力。研究发现，随着含油量的提高，籽粒蛋白质含量也相应提高，因此，高油玉米同时也改善了蛋白品质。

6. 高赖氨酸玉米 高赖氨酸玉米也称优质蛋白玉米。即玉米籽粒中赖氨酸含量在 0.4％以上，普通玉米的赖氨酸含量一般在 0.2％左右。赖氨酸是人体及其他动物体所必需的氨基酸类型，在食品或饲料中欠缺这些氨基酸就会因营养缺乏而造成严重后果。高赖氨酸玉米食用的营养价值很高，相当于脱脂奶。用于饲料养猪，猪的日增重较普通玉米显著提高，喂鸡也有类似的效果。随着高产的优质蛋白玉米品种的涌现，高赖氨酸玉米发展前景极为广阔。

7. 爆裂玉米 爆裂玉米最主要的特性是它的爆花性能。在常压下无需特殊设备，加热后便可爆裂成玉米花。测定结果表明，爆裂玉米的千粒重低，但容重较普通玉米大。爆裂玉米的胚乳全部为角质，透明状，并且胚所占整个籽粒的比例较小。研究表明，爆裂玉米的胚乳由直径为 $7\sim18\mu m$ 的排列紧密的多边形淀粉组成，淀粉粒之间无空隙，受热后在籽粒内部产生强大的蒸气压，当压力超过种皮承受力时，瞬间发生的爆炸将淀粉粒膨化成薄片。

据研究，爆裂玉米可提供等重量牛肉所含蛋白质的 67％、Fe 的 110％和等量的 Ca。据国外测定，100g 爆裂玉米花中含有蛋白质 12g、脂肪 4.4g、碳水化合物 78g、维生素 A 196 单位、维生素 B 10.13mg、铁质 3.2mg、钙质 7mg、磷质 210mg、热量 382Cal、烟碱酸 2.1mg、营养纤维 18.3g，可见其营养价值相当高。

（三）玉米标准及其等级

根据各种玉米的用途及其指标，中国将普通玉米、优质蛋白玉米、高油玉米、高淀粉玉米、糯玉米、爆裂玉米分成三个等级。具体如表 2-1 所示。

表 2-1 中国主要类型玉米品质检测项目及指标

（孙世贤，2003）

类 型	引用标准	引用标准编号	主要品质指标	1 等级	2 等级	3 等级
普通玉米	玉米	GB1353—1999	容重（g/L）	≥710	≥685	≥660
	淀粉发酵工业用玉米	GB/T8613—1999	粗淀粉（干基）（％）	≥75	≥72	≥69
	饲用玉米	GB/T17890—1999	容重（g/L）	≥710	≥685	≥660
			粗蛋白（干基）（％）	≥10	≥9	≥8
	食用玉米	NY/T519—2002	粗蛋白（干基）（％）	≥11	≥10	≥9
			粗脂肪（干基）（％）	≥5	≥4	≥3
			赖氨酸（干基）（％）	≥0.35	≥0.30	≥0.25

（续）

类　型	引用标准	引用标准编号	主要品质指标	1等级	2等级	3等级
优质蛋白玉米	优质蛋白玉米	NY/T520—2002	粗蛋白（干基）（%）	≥11	≥10	≥9
			赖氨酸（干基）（%）	≥0.50	≥0.45	≥0.40
			容重（g/L）		≥685	
高油玉米	高油玉米	NY/T521—2002	粗脂肪（干基）（%）	≥9.5	≥7.5	≥6.0
高淀粉玉米	高淀粉玉米	NY/T597—2002	粗淀粉（干基）（%）	≥76	≥74	≥72
糯玉米（干籽粒）	糯玉米（干籽粒）	NY/T524—2002	直链淀粉/粗淀粉（%）	0	≤3.0	≤5.0
爆裂玉米	爆裂玉米	NY/T522—2002	膨化倍数	≥30	≥25	≥20
			爆花率（%）	≥98	≥95	≥92

（四）高淀粉玉米的分类

1. 高直链淀粉玉米　玉米直链淀粉含量在 60% 以上的玉米为高直链淀粉玉米。国外商业化的高直链淀粉玉米的直链淀粉含量达到 80% 或更高。与普通玉米相比，高直链淀粉玉米的蛋白质和脂肪含量比较高，但淀粉的含量较低，约为 58%～66%；淀粉的颗粒较小并且形状不规则。高直链玉米淀粉需进行加压糊化，其淀粉膜特性很好。目前，中国各地零星种植的高淀粉玉米多为混合型高淀粉玉米。

2. 高支链淀粉玉米　支链淀粉含量在 95% 以上的玉米是糯玉米。糯玉米又称蜡质玉米，起源于中国，是普通玉米的突变型。其特点是籽粒淀粉构成中几乎 100% 是支链淀粉。

3. 混合型高淀粉玉米　是粗淀粉含量达到高淀粉标准，但玉米粗淀粉中既有直链淀粉又有支链淀粉的高淀粉玉米，其直链淀粉含量低于支链淀粉。

第三节　玉米籽粒淀粉的分布和种类

一、淀粉的组成和结构

淀粉是碳水化合物之一，其组成元素为：C、H、O。分子式为：$(C_6H_{10}O_5)n$，它是由多个 α-D-葡萄糖分子通过化学键连接而成，由 α-1，4 链连接是直链淀粉，而由 α-1，6 链连接则形成分支，即支链淀粉。

二、玉米淀粉粒

玉米淀粉颗粒较小，比大米淀粉颗粒稍大，但小于大麦和小麦淀粉颗粒。玉米淀粉的粒径为 6～25μm，平均粒径为 12～15μm，形状为多角形和圆形，比较整齐。淀粉粒的形态和大小可因遗传因素及环境条件不同而有差异，但所有的淀粉粒都具有结晶性。表观比重 0.4～0.5，粒度通过 120 目筛的达 99% 以上。白度，若以 MgO 的反射光作 100 计，则玉米淀粉为 90 以上，用白马牙玉米制得的淀粉，其白度比用黄马牙玉米制得的稍高。玉米淀粉平衡水分在 13.0%～13.5%，吸湿性小，蛋白质、脂肪、灰分的含量基本是一定的。

三、玉米籽粒的淀粉分布

淀粉主要存在于胚乳中，胚芽和表皮的淀粉含量极少。玉米胚乳中大约含有 85% 以上的淀粉，胚芽大约含淀粉 8% 左右，皮层的淀粉含量在 7% 左右。

四、玉米淀粉种类、结构和性质

（一）直链淀粉

直链淀粉遇碘呈蓝色，是一种线性多聚物，以脱水葡萄糖单元间经 α-1，4 糖苷键连接而成的链状分子，呈右手螺旋结构，每六个葡萄糖单位组成螺旋的每一个节距，螺旋上重复单元之间的距离为 1.06nm，螺旋内部只含 H 原子，羟基位于螺旋外侧；每个 α-D-吡喃葡萄糖基环呈椅式构象，一个 α-D-吡喃葡萄糖基单元的 C2 上的羟基与另一相邻的 α-D-吡喃葡萄糖基单元的 C3 上的羟基之间常形成氢键使其构象更加稳定。

直链淀粉大约含有 200 个左右的葡萄糖基，少数直链淀粉分子也具有枝杈结构，侧链经 α-1，6 糖苷键与主链连接。普通玉米淀粉的直链淀粉含量约为 28%。

（二）支链淀粉

支链淀粉遇碘呈紫红色。支链淀粉枝杈位置是以 α-1，6 糖苷键连接，其余为 α-1，4 糖苷键连接，约 4%～5% 的糖苷键为 α-1，6 糖苷键。支链淀粉分子中侧链的分布并不均匀，有的很近，相隔一个到几个葡萄糖单元；有的较远，相隔 40 个葡萄糖单元以上。平均相距 20～25 个葡萄糖单元。据报道支链淀粉的相对分子质量可达到 10^8。支链淀粉是随机分叉的，分子具有三种形式的链：A-链，由 α-1，4 糖苷键连接的葡萄糖单元组成；B-链，由 α-1，4 糖苷键和 α-1，6 糖苷键连接的葡萄糖单元组成；C-链，由 α-1，4 糖苷键和 α-1，6 糖苷键连接的葡萄糖单元再加一个还原端组成。

支链淀粉大约含有 300～400 个葡萄糖基，且带有许多由约 24 个葡萄糖单位组成的分支，其分子量明显大于直链淀粉。

本 章 参 考 文 献

安伟，樊智翔，郭玉宏，米小红，徐澜 . 2002. 高淀粉玉米的品质改良 . 山东农业科学，30（2）：25～27

李进，阿不来提，李铭东，梁晓玲，冯国俊 . 2000. 工业用高淀粉玉米及其品质改良 . 新疆农业科学，（6）：283～285

刘开昌，胡昌浩，董树亭，王空军，王庆成，李爱芹 . 2002. 高油、高淀粉玉米籽粒主要品质成分

积累及其生理生化特性. 作物学报，28（4）：492～498

刘玉敬，高学首，王忠考，罗瑶年，许金芳. 1993. 关于玉米籽粒生长发育分期的探讨. 玉米科学，1（1）：41～43，47

王鹏文，戴俊英. 1996. 玉米品质改良的研究现状. 国外农学—杂粮作物，（3）：9～13

王晓燕，高荣岐，董树亭. 2005. 玉米胚乳发育研究进展. 中国农学通报，21（6）：107～109

文宗群，范华，陈庆惠. 1990. 玉米籽粒形成过程观察. 新疆农业科学，（4）：154～155

高淀粉玉米品种选育

东北玉米产区地处著名的"黄金玉米带"及周边地区，是世界著名的三大肥沃黑土带之一，是中国重要的商品粮生产基地和玉米产区。常年玉米播种面积为 6 000 万～7 000 万 hm²，总产量为 5 000 万 t 左右，约为全国玉米总产量的 35%。该区玉米生产水平较高，单产平均比全国高 10%以上，增产潜力很大，在国家粮食安全保障体系中占有重要地位。自 20 世纪 80 年代以来，随着玉米深加工企业的发展和市场需求变化，育种家不断调整玉米育种目标，逐渐重视优质专用玉米品种选育工作，取得了良好效果。20 世纪 90 年代高淀粉玉米品种的问世，是中国玉米育种工作的重大突破，它推动了中国玉米淀粉工业的发展，给加工企业带来了巨大经济效益，同时也展示了高淀粉玉米生产的社会效益，表明选育和推广高淀粉玉米杂交种在发展玉米经济中具有重要意义。

第一节　东北地区高淀粉玉米种质资源和品种沿革

优异丰富的种质资源是玉米育种的基础，丰富多样的变异是新品种的源泉。据吉林省农村工作会议"玉米经济发展与展望发布会"证实，吉林省松辽平原玉米带定为高淀粉玉米种植区，近期调减普通玉米种植面积。因此，要抓住这个历史机遇，调整育种目标，及早动手，积极组织力量开展高淀粉玉米品种的选育和推广研究。

一、东北地区高淀粉玉米的种质资源

根据国家种质资源库长期保存的 6 798 份玉米资源材料籽粒主要品质分析结果表明，粗淀粉含量平均为 68.3%，含量达 74%以上的高淀粉资源材料有 11 份，只占测定量的 0.16%，而且多为国内自交系，可见目前高淀粉玉米资源十分短缺。

20 世纪 90 年代以来，东北地区黑龙江省农业科学院、原吉林省四平市农业科学院、吉林省农业科学院、沈阳市农业科学院，及其他省（自治区）科研院所相继选育出一批高淀粉玉米自交系。这些高淀粉玉米自交系的育成为中国的高淀粉玉米育种拓宽了新路。利用这批高淀粉玉米自交系选育了一批高淀粉玉米杂交种，如金玉 5 号、绿单 1 号、锦单 10 号、四密 21、长单 26、四单 158、吉单 79、吉单 262、吉单 27、吉单 137 等。

（一）东北地区高淀粉玉米的种质资源类群

研究表明，中国高淀粉玉米种质类群基本上可划分为四大类群，即 Reid 改良种质类

群、黄早四改良种质类群、旅大红骨改良种质类群和 Lancaster 改良种质类群。同样涵盖了东北地区的高淀粉玉米种质类群。

1. Reid 改良种质类群　从 20 世纪 70 年代以来，中国先后从美国等国家引入一批优良 Reid 种质，主要有 XL80、U8、3147 和 3382 等种质，利用这些种质资源育成了一批自交系。

2. 黄早四改良种质类群　黄早四自交系是从塘四平头天然杂株里选育而成，经过全国各地大面积应用后，由于它高感玉米丝黑穗病，种子拱土能力差，各大育种单位先后对其进行了改良，育出了一批黄早四改良系。如原四平市农业科学院用黄早四×A619 选育出高淀粉自交系 444，沈阳市农业科学院用黄早四×维春选育出高淀粉自交系 Q1261。

3. Lancaster 及其改良种质类群　自 20 世纪 70 年代引入自交系 Mo17 以来，在全国各地得到广泛应用。Mo17 是全国应用最多的自交系之一，全国各大育种单位分别用 Mo17 作基础材料，选育出了一批高淀粉玉米自交系，如用 404×Mo17 选育出高淀粉玉米自交系 416。

4. 旅大红骨改良种质类群　丹东农业科学院用有稃玉米×旅 9（白轴）经过^{60}Co 辐射处理，选育出高淀粉玉米自交系丹 340。

（二）东北地区高淀粉玉米的种质资源利用概况

1. Reid 改良系的应用　经过几代育种家的努力，Reid 改良种质在中国玉米生产中被广泛应用。该类群多从美国杂交种中选出，遗传基础较为丰富，株型较紧凑，抗倒伏，抗病性较好，果穗较长、略粗，籽粒较深、马齿型，一般配合力较高，为中国第一大杂种优势群。利用 Reid 改良系育成了一批高淀粉玉米杂交种。

2. 黄早四改良系的应用　黄早四系最早来源于塘四平头地方种质，是中国玉米最重要的杂种优势类群之一。该类群叶片上举，雄穗较大，花粉量充足，果穗较粗，穗行数 14～16，籽粒呈硬粒或半马齿型。原四平市农业科学院用黄早四×A619 选育出高淀粉自交系 444，利用高淀粉自交系 444 育出 16 个玉米杂交种，并都通过国家、省（自治区、直辖市）的审定和认定。高淀粉玉米自交系 444 至今还在生产和科研中继续使用。

3. 旅大红骨改良系的应用　丹东农业科学院用有稃玉米×旅 9（白轴）经辐射处理选育出高淀粉玉米自交系丹 340。该类群叶片较宽而上举，抗倒性中等，果穗较粗，穗行数在 18～22，籽粒中长，马齿或半马齿型，为晚熟类型。利用高淀粉玉米自交系丹 340 育出 50 多个杂交种，其中 40 多个通过国家、省（自治区、直辖市）的审定和认定。

4. Lancaster 改良系的应用　利用玉米自交系 Mo17 组配育成的杂交种有 100 多个通过审定。Lancaster 类群种质在全国大范围应用后，使玉米杂交种淀粉含量在原有基础上提高了 1～2 个百分点。

（三）东北地区高淀粉玉米种质资源的创新和突破

1. 广泛搜集国内外高淀粉玉米种质资源

（1）开展高淀粉玉米品种资源搜集、整理和利用的研究　国内开展高淀粉玉米育种研究工作较晚，自交系资源贫乏。近年来从两个方面开展工作：一是引进，二是筛选。对本单位现有品种资源进行筛选，对粉质型和半马齿型品种资源进行化验分析，寻找高淀粉类型的自交系或品种，加以选择利用。

（2）国外资源的搜集和利用　有些自交系随着使用时间过长，逐渐暴露出一些缺点。如 B73 和 U8112 这两个玉米自交系综合农艺性状好，是目前国内玉米淀粉含量最高的自交系，B73 粗淀粉含量为 73.51%，U8112 粗淀粉含量为 75.50%。但这两个自交系均不抗玉米大斑病和茎腐病。因此，急需进行改良和创新。

2. 改良提高现有高淀粉玉米自交系　中国玉米生产所用自交系主要集中在 Reid、黄早四、Lancaster 和旅大红骨这四大优势类群中。这四大优势类群自交系育成的杂交种占生产用种的 80% 左右，遗传基础还比较狭窄。在四大优势类群中有一些高淀粉玉米自交系，要充分利用这些材料，通过组群、组建二环系，回交改良等手段，品质分析与系统选育相结合，选育新的高淀粉玉米自交系。

目前选育的 444、434、416 和 477 这几个自交系都是 20 世纪 80 年代中期原四平市农业科学院育成的，都感玉米大斑病和茎腐病，很难适应目前的育种要求，利用还有很多问题，急需进行回交改良（或用其他育种方法）。

3. 高淀粉玉米杂交种选育　高淀粉玉米杂交种的组配方式主要为高淀粉系×高淀粉系和高淀粉系×普通系。在首先保证杂交种的丰产性、综合抗性的同时，通过进一步的品质分析，才能选育出高淀粉玉米杂交种，同时要提高高淀粉玉米杂交种的适应性和抗逆性。

二、东北地区高淀粉玉米品种沿革

玉米起源于拉丁美洲的墨西哥和秘鲁一带，据地质考古发现，玉米从野生状态被驯化、改造成为目前的栽培类型大约有 4 500 年的历史。在哥伦布发现美洲大陆之后，于 1494 年他把玉米带回西班牙，以后逐渐传播到世界各地。中国有关玉米种植记载最早的古籍是明朝正德年间安徽的《永州志》（1511 年），又据河南的《襄阳县志》记载，玉米传入中国的时间至少在明朝嘉靖三十年（1551 年）以前，最早引入的玉米都是硬粒型品种。清朝初期，东北地区只有小面积零星种植玉米，种植的玉米都是华北一带农民迁入东北带来的农家种子，最初在辽宁省南部种植，以后渐次北移。又据科学考古发现，1760 年以前，在中国云南省元江等地区种植糯质型玉米品种，并使之成为世界糯玉米的起源中心。直到 20 世纪 20 年代，中国才开始引进马齿型品种等。上述品种在长期的自然栽培条件和人工选择进化中，逐渐形成了一些变种、亚种和专用型玉米品种。新中国成立以来，东北各地十分重视玉米育种工作，开始广泛的收集农家品种，并加以整理和利用。东北地区玉米生产应用的品种先后经历了农家品种、品种间杂交种、双交种、综合种、单交种等品种的演变历程。

（一）农家品种的整理利用

1952 年以前，东北地区种植的玉米都是农家品种，植株长势差、抗病性不强、产量低，不能适应玉米生产发展的需要。辽宁省对 1949 年从丹东地区收集的农家品种白鹤和英粒子的混杂群体分别进行整理提纯，研究鉴定，使产量均比对照种增产 15％～20％以上，在辽宁北部、吉林南部等地区推广种植，年最高推广面积超过 20 万 hm²。到 1956年，辽宁省已经完成了安东、旅大、本溪地区地方品种的收集工作，共收集地方品种 450个，整理出白头霜、红骨子、白鹤、金皇后、小粒红等优良品种应用于玉米生产。

榆树县和扶余县是吉林省垦荒较早的地区，开始种植玉米的时间与辽宁省相近。吉林省种植的农家品种最初来源于辽宁省。20 世纪 50 年代初期，吉林省已筛选出金顶子、红骨子、白头霜等一批较好的农家品种。其中，马齿型的红骨子品种主要分布在海龙县、磐石县、农安县、舒兰县等地区，因具有产量较高、稳产性好、抗逆性强、生育期适宜等特点，所以种植面积很大，品种的栽培时间也历史长久。半马齿型的白头霜品种主要分布在永吉县、蛟河县、桦甸县和平原等地区。因具有高产、稳产、优质等特点，被广泛栽培利用。1954—1956 年吉林省各县市完成了玉米地方品种的调查、收集和整理工作。

吉林省玉米品种的分布受自然条件的影响较大。例如，在海拔较低、无霜期较长的平原地区，选用的玉米品种趋向马齿型和半马齿型；在海拔较高，无霜期较短的山区、半山区，选用的玉米品种趋向硬粒型。玉米品种的分布也受当地经济条件的影响。例如，在中、西部平原地区，玉米常常作为商品粮销售，对产量要求较高，大部分种植马齿型和半马齿型玉米品种；而在东部山区、半山区，玉米很少作为商品粮销售，农民以自己食用为主，因而对玉米的品质要求较高，常常种植角质胚乳含量高的硬粒型玉米品种。

1956—1963 年，辽宁省和吉林省玉米生产中仍以种植农家品种为主。1955—1957 年间，黑龙江省农业科学院在全省范围内进行了玉米品种的普查，共收集农家品种 929 份。1957—1960 年期间经整理、鉴定，先后选出英粒子、马尔冬瓦沙里、白头霜、黄金塔、金顶子、长八趟等农家品种供生产应用。

（二）品种间杂交种的应用

20 世纪 50 年代中、后期，辽宁省、吉林省及黑龙江省玉米科研单位在对农家品种整理和研究的基础上，充分利用品质资源，相继开始了品种间杂交种的选育工作。

辽宁省育成了辽杂 2 号、凤杂 1 号、凤杂 4 号、凤杂 5 号等适宜不同地区推广的玉米品种间杂交种。其中，凤杂 1 号比当地推广品种增产 16.4％～30.6％，累计推广面积达 8万 hm²；适宜在辽西、辽南地区种植的凤杂 4 号，平均比当地品种增产 9.2％～24.5％；适宜在辽北平原和辽东山区推广凤杂 5 号，平均比当地品种增产 18.1％～39.4％；适宜在辽宁东部山区、西部丘陵大面积推广的顶交种凤杂 5402，生产试验比对照种增产24.3％；适宜在辽宁北部平原、东北部山区大面积种植的三交种凤杂 5404，生产试验比对照种增产 24.8％。这些品种在辽宁省玉米发展史上占有重要地位。

吉林省育成了公主岭 27、公主岭 28、公主岭 82、公主岭 83、小穗黄×加拿大 645、火苞米×加拿大 645 等适宜不同地区推广的玉米品种间杂交种。其中，适宜在东部山区、半山区推广种植的早熟品种公主岭 27、公主岭 28，比当地主推的白头霜、红骨子品种增产 12％～15％，推广面积 1.0 万 hm² 左右；适宜在长春、四平、辽源等中部平原地区种植的中晚熟品种公主岭 82、公主岭 83，比当地主推的红骨子和金顶子品种增产 15％～20％，推广面积 4.0 万 hm²；育成的小穗黄×加拿大 645、火苞米×加拿大 645，主要在西部地区推广种植。

黑龙江省用大穗黄、英粒子、马尔冬瓦沙里、黄金塔等农家品种杂交育成了黑玉号、安玉号、合玉号、克玉号、牡丹号、嫩双号等一批优良的品种间杂交种用于生产。培育和利用品种间杂交种成为这一时期玉米增产主要的措施之一。

（三）双交种和综合种的应用

20 世纪 50 年代末至 70 年代初期，是东北地区利用玉米自交系间杂交种选育双交种的时代。辽宁省，从 1958 年开始使用自交系间杂交种相继育成了辽双 558、凤双 583、凤双 611、凤双 6428 等双交种，替代了一大批农家品种，其中凤双 6428 比对照增产 20%～30%，省内推广面积达 10 多万 hm² 以上。这些双交种和综合种的使用，对辽宁省玉米品种的更换和产量的提高起了一定的促进作用。

20 世纪 60 年代，吉林省先后选育出吉双 2 号、吉双 4 号、吉双 83、四双 1 号、四双 2 号等双交种。这批双交种的育成使吉林省实现了从农家品种到杂交种的成功过渡，成为玉米品种演变、更新换代的第一次飞跃。其中，吉双 2 号于 1963 年育成，产量比当地的农家品种增产 15%～20%，是吉林省选育的第一个杂交种，适宜在长春、吉林、四平等地区种植推广。1966 年开始推广种植吉双 83，这是吉林省推广面积最大、种植时间最长的双交种，据统计，至 1985 年吉双 83 累计推广面积 358.1 万 hm²。此外，吉林省在东丰县、德惠县、梨树县等地区推广种植了吉综 601、吉综 602 和吉综 603，比当地农家品种增产 10%～15%。种植面积约为 2.0 万 hm²。综上所述，60 年代末，吉林省虽然选育出一批丰产性较好的双交种和综合种，但在生产上应用的玉米品种仍以农家品种为主。因受当时生产条件和农业技术水平的限制，全省推广种植玉米杂交种的面积仅占玉米总播种面积的 15.48%。

黑龙江省利用从农家品种选育的一环系和外引自交系，选育出黑玉 42、黑玉 46、齐综 2 号等一批优良玉米双交种和综合种。特别是黑玉 46 的育成和应用，标志着黑龙江省玉米生产进入双交种应用时期。玉米双交种的广泛应用使黑龙江省玉米单产水平和总产量都有了较大幅度的提高。

（四）单交种的应用

新中国成立后，实现了玉米杂种优势在生产上的应用和普及，其发展历程大致可分为三个阶段：20 世纪 50 年代，以推广利用品种间杂交种为主；60 年代，以推广利用双交种为主；70 年代以后主要推广利用自交系间杂交种（单交种）。因中国幅员辽阔，各地区之间的发展不平衡，但推广单交种速度较快，大约仅用了 15 年时间就普及全国。下面简要介绍东北地区玉米单交种的应用情况：

1. 辽宁省 20 世纪 60 年代中后期，玉米育种工作的重点转入到单交种的选育时期。1968 年育成丹玉 1 号，标志着单交种时代的开始。

20 世纪 70 年代，辽宁省根据当地玉米生长期降水较少、光照充足、后期温差大等特点，选育稀植大穗型杂交种较为有利。因此，当时在玉米育种和生产中推广的杂交种均以大穗型为主，种植密度一般为 4.2 万～5.0 万株/hm²。相继育成丹玉 2 号、丹玉 6 号、沈单 3 号、铁单 5 号、本玉 4 号、锦单 6 号、辽单 16 等玉米单交种。其中，1972 年育成的丹玉 6 号是 70 年代辽宁省玉米单交种的代表品种，曾推广到 20 多个省、直辖市和自治区，累计推广面积达 1 135 万 hm^2，是全国玉米种植面积最大的品种之一，1978 年获国家科技大会奖。玉米杂交种铁单 5 号，1977 年获辽宁省重大科技成果奖。

20 世纪 80 年代，辽宁省的玉米育种出现了新的变革。由于玉米大小斑病、丝黑穗病、青枯病等多种病害的大发生，玉米育种工作主要以抗病、高产育种为主要目标。这个时期，辽宁省审定的玉米杂交种总共为 28 个。主要推广的优良杂交种有丹玉 11、丹玉 13、丹玉 14、丹玉 15、本育 9 号、锦单 6 号、海单 2 号、本育 10、铁单 8 号、沈单 7 号、辽单 17、辽单 18 等。这个期间代表性的杂交种有：丹玉 13 于 1985 年育成，每公顷产量超过 7 500kg。1983—1984 年丹玉 13 号在全国 24 个省、自治区、直辖市的 292 个单位进行引种示范，比当地主栽品种增产 8.8%～27.9%，使玉米的生产水平又得到了一次大的飞跃。最高年种植面积达 347 万 hm^2。1986—2000 年累计推广 2 826.7 万 hm^2，占全国总面积的 1/6。1989 年获国家科技进步一等奖。1990 年育成本玉 9 号，累计推广面积达 1 000 万 hm^2，创社会效益 15 亿元。本玉 9 号的选育及推广项目分别荣获辽宁、吉林两省科技进步二等奖。1988 年育成沈单 7 号。累计推广面积超过 466.7 万 hm^2，1992 年获国家科技进步一等奖；优质、高效、高产、饲粮兼用型玉米杂交种辽原 1 号获辽宁省首届发明创造一等奖，1993 年获国家发明四等奖。

20 世纪 90 年代，辽宁省玉米的育种工作由"玉米新品种选育"逐步向"优质、高产、多抗玉米新品种选育及配套技术研究"的育种目标转变。各家育种单位以选育和引进抗病玉米自交系为主导，对搜集来的材料进行科学的鉴定与筛选，对引进的试材进行改良与创新，加强了抗病育种。这时期辽宁省审定推广的代表性的玉米杂交种有丹玉 16、丹玉 20、铁单 10、丹玉 24；沈单 10（沈 137×Q1261）被农业部指定为国家"九五"重点推广的玉米新品种之一，累计推广面积达 266.7 万 hm^2。

辽宁省农业科学院育成的青贮玉米品种辽洋白、辽青 85 等分别通过国家、省级品种审定并在省内外大面积推广，使青贮玉米的选育工作走在辽宁省的前列。同时，丹东市农业科学院与辽宁省农业科学院相继审定推广了淀粉含量大于 73% 的新品种辽单 43、丹玉 30、丹玉 55、丹玉 86 等，累计推广面积近 300 万 hm^2，创造出极大的经济效益和社会效益，为辽宁省及全国的专用玉米研究工作和农业产业结构的调整起到了很大的促进作用。

进入 21 世纪，随着农业科学技术的进步和育种手段的不断完善，以及新技术的应用和优良自交系的选育，玉米育种水平大大提高，并加快了玉米新品种的选育进程。这时辽宁省玉米品种的应用又出现一个新趋势，开始向多元化的方向发展。各大育种单位相继开展了优质蛋白、高油、高淀粉、青贮玉米及甜、黏、爆裂玉米的研究工作。审定推广的代表性优良玉米杂交种有丹玉 39（富友 1 号）、丹玉 26、丹科 2151、丹玉 86、丹玉 46、丹科 2123、丹科 2143、丹玉 69、东单 60、辽单 565、辽单 33、辽单 37、郑单 958、铁单 15、铁单 19、沈单 16、沈玉 17、沈玉 18 等。

其中，丹玉 26 号、丹玉 39 号分别在 2003 年、2004 年获辽宁省科技进步二等奖，已连续多年成为辽宁省的两个主栽品种；东单 60 于 2004 年获辽宁省科技进步一等奖；丹玉 46 于 2005 年被鉴定为国内领先水平，累计推广面积达 400 万 hm^2。另外，丹科 2151、丹玉 86、辽单 565 每年推广面积在 33.3 万 hm^2 以上。目前这些玉米杂交种在辽宁省的玉米生产中仍然占主导地位。

2. 吉林省　20 世纪 70 年代初，应用地方品种选系铁 133、英 64、桦 94 等育出吉单号、四单号、通单号、长单号、九单号和桦单号杂交种，在生产上广泛应用到 80 年代中后期。这个时期，吉林省农业科学院及四平市农业科学院先后审定推广了吉单 101、吉单 102、吉单 104、吉双 83、吉双 107、吉双 110、吉双 147、四单 7 号、通单 3 号、白单 2 号、白单 8 号、九单 1 号、延单 7 号、长单 14、桦 32 等。至 70 年代末玉米杂交种应用面积达到 80% 以上。70 年代是吉林省玉米育种的黄金时代，是实现从双交种向单交种过渡的转折时代。至 70 年代末，全省玉米杂交种应用面积占玉米播种面积的 80%。

进入 80 年代后，吉林省的品种应用出现一个新的趋势。吉林省应用丹 340 等选育推广了吉单 159、吉单 304、四密 21、四单 72、长单 374 等杂交种，应用于吉林省晚熟玉米生产区。由于玉米品种越区种植日益普遍，大量种植了外引的较为晚熟的高产品种。这时期引进种植的主要品种有丹玉 13、中单 2 号、本育 9 号、铁单 4 号、锦单 6 号、丹玉 15。其中，丹玉 13 在吉林省中部地区占主导地位。这个时期全省玉米生产基本实现了单交种化。其中四单 8 推广速度快，种植面积大，迅速成为当家品种。该品种 1981 年正式推广，1982—1990 年累计推广面积达 500.68 万 hm^2，1985 年获得国家发明二等奖。同时期推广面积较大的杂交种还有四单 10 号、铁单 4 号、中单 2 号、丹玉 13 等，80 年代新选育和引进品种的大面积推广应用，使吉林省玉米品种实现了第二次更新换代，对全省玉米生产出现超常速发展起到决定性作用。

进入 90 年代，随着玉米生产水平的提高，平展型玉米已基本达到了本品种的生产能力极限，从平展型杂交种到耐密型杂交种成为第三次飞跃。这一时期的主推品种有中单 2 号、本玉 9 号、丹玉 13、锦单 6 号、四单 19、吉单 159、吉单 180、铁单 4 号、吉单 156、四密 21、吉单 133、吉单 141、吉单 165、吉引 704、吉单 303、吉单 304、四早 6、四单 1、四单 105、四单 48 等，促进了吉林玉米的跨越式发展。

光能利用率成为产量的限制因子。为更好地提高光能利用率，就要采用株型收敛，叶片上举，耐密植的新型品种。为此，陆续引进了掖单 4 号、掖单 6 号、掖单 9 号、掖单 11、掖单 19、掖单 22、掖单 51 等多个耐密型玉米品种。同时自己选育出吉单 209、吉单 204、四密 21、四密 25 等耐密型新品种。经过多点试验示范表明，在一些生产水平高、管理水平好的地方种植耐密型品种是玉米高产再高产的必由之路。

在普通玉米育种研究取得巨大成就的同时，吉林省还加强了专用玉米的选育推广工作。高淀粉玉米品种以四单 19、长单 26、四单 158 等为代表。四单 19 在 1992、1993、1995 年通过黑龙江、吉林、内蒙古审定，淀粉含量 74.58%，10 年应用长久不衰。长单 26 于 1995 年通过审定，淀粉含量 76.8%，"九五"期间在吉林省玉米加工方面广泛应用。四单 158 于 1999 年通过审定，淀粉含量 73.02%，经淀粉厂测定，适合加工，出粉率高，作为专用高淀粉原料，为企业创造了较大的经济效益。

20 世纪 90 年代末至 21 世纪初，吉林省的玉米品种开始向多元化发展，生产上种植的品种较多，占主导地位的品种很少。这一期间推广种植的自育品种主要有吉单 209、四密 21、四密 25、吉单 29、吉单 257、吉单 28、银河 101、吉新 306、吉单 327、吉单 342、通吉 100、四单 136、吉单 517、吉单 137、吉单 198、吉单 260、吉单 261 等。推广种植的外引品种主要有郑单 958、豫玉 22、农大 3138、丹玉 29、丹玉 39、丹 2123、屯玉 2、辽单 565、东单 60、豫奥 3、硕秋 8、长城 799、三北 6 等品种。其中，吉单 260、吉单 261、郑单 958 等新品种正在吉林省玉米生产中起主导作用。

同时审定推广的有代表性的专用玉米品种有：高淀粉玉米品种吉单 137，于 2003 年通过吉林省审定。淀粉含量 73.76%。丰产性、抗性、品质突出。

3. 黑龙江省 20 世纪 70 年代开始，黑龙江省开始了玉米单交种的选育。1976—1981 年是黑龙江省玉米育种从双交种逐步过渡到三交种和单交种的研究和应用时期。先后选育出以松三 1 号为代表的三交种和嫩单 1 号为代表的单交种在黑龙江省应用。1972 年育成的黑龙江省第一个玉米单交种嫩单 1 号，开创了黑龙江省选育和应用玉米单交种的新纪元。

80 年代初，一共审定推广了嫩单 1 号、合玉 11、黑玉 46、嫩单 3 号、龙单 1 号、绥玉 2 号、龙单 2 号等 11 个玉米单交种，其中以龙单 1 号、黑玉 46、嫩单 3 号、绥玉 2 号、龙单 2 号等为主导品种。

自 1982 年起玉米生产上应用的品种全部为单交种。单交种以其独特的优势，快速在黑龙江省普及推广，使黑龙江省玉米产量有了第二次跨越。随着单交种的推广应用和育种水平提高，黑龙江省玉米生产的产量得到平稳增长。黑龙江省育成的有代表性的单交种有嫩单 3 号、龙单 1 号、龙单 5 号、龙单 8 号、东农 248、绥玉 2 号等，为黑龙江省玉米生产的发展做出了重要贡献。

自 1986 年以来，由于受全球性温室效应的影响，黑龙江省气温明显升高，霜期推迟，有效积温增加，加之生产管理方式的改变，调动了广大农民生产积极性，生产条件和栽培技术水平大大提高。而黑龙江省的玉米育种工作因缺乏中晚熟种质资源和育种目标的误导，玉米品种的选育工作没能及时跟上生产发展的需要。致使在黑龙江省的中晚熟玉米产区大量吉字号品种南种北移，占据主栽品种位置。主要有吉单 101、四单 8、四单 12 等，并且有从南向北逐渐扩展的趋势。

进入 90 年代以后，黑龙江省玉米的主栽品种又有了一定的变化。主要代表品种有四单 19、本育 9 号、四单 16、东农 2 蟠、龙单 8 号、龙单 13、克单 8 号等。近几年，黑龙江省在中晚熟品种的选育上取得了明显效果，先后育成了以龙单 19 为代表的一批中晚熟优良玉米品种，并已应用于生产。这些品种在产量水平、抗病性和品质方面均明显优于目前生产上的主栽品种本育 9 号、四单 19、白单 9 号，近年内有望改变黑龙江省在玉米中晚熟区无自育主栽品种的局面。同时，随着玉米结构调整步伐的深入，黑龙江省生产上应用的品种，除普通玉米外，市场需求较好的，经济效益高的，适合于工业加工和食品加工需要的玉米品种，如高淀粉玉米、糯玉米、甜玉米品种也取得了很大成功。

在高淀粉玉米品种的应用上，黑龙江省最早种植的是四单 19、本育 9 号及龙单 13 等。随着种植结构的调整，黑龙江省在高淀粉玉米新品种的选育上有了新的突破。晚熟区采用的品种主要有四单 19、龙单 19 等；中早熟区采用的品种主要有龙单 20 等；早熟区有龙单 13、龙单 16 等。这说明黑龙江省各大育种单位在高淀粉玉米新品种的选育上已迈上了一个新的台阶。

进入 21 世纪以后，黑龙江省生产上所用玉米品种经过几年的对比和筛选，已经形成了多元化发展的格局。目前以龙单 13 为主、垦单 5 号为辅的格局，搭配品种有龙单 16、四早 11、绥玉 7 号、卡皮托尔等，还有 2000 年后选育的黑 221、黑 113、东农 250、龙单 11、丰禾 10 号等杂交种。在大面积生产过程都表现出较大的生产潜力，较强的抗病、抗倒性和较好的适应性。其中龙单 13 的稳产性、抗逆性、适应性、生育表现等在黑龙江省第二、三积温带优势明显，是主栽品种，于 2004 年获国家科学技术进步奖二等奖。同时东农 250 的面积也在不断扩大。

同时，在专用玉米的研究上也有了很大的突破。如高淀粉玉米品种有龙单 26、绥 801、龙单 23、龙单 21、龙单 20 等。早熟区有龙单 13、龙单 16 等。现在黑龙江省重点推广的新品种有龙单 25、龙单 26、龙单 30 等，其种植面积将超过 66 万 hm^2，这说明黑龙江省各大育种单位在高淀粉玉米新品种的选育上又有了新的进展。

第二节　高淀粉玉米遗传基础

一、影响直链淀粉和支链淀粉的主效基因及其定位

（一）影响直链淀粉的主效基因及其定位

1. 高直链淀粉玉米的兴起　1942 年，自从 Schoekt 发表直链淀粉和支链淀粉分离技术后，人们开始关注高直链淀粉玉米在淀粉工业中的应用。1953 年，Dunn 等在对玉米的研究中发现了高直链淀粉玉米突变体，这种玉米突变体为三隐性基因纯合体（du、su、su_2），可以使玉米中的直链淀粉含量高达 77%，同时也发现这个三隐性突变体中的总淀粉含量明显减少了。Vine - yard 和 Bear 在普通玉米中发现一个可加倍直链淀粉含量的单隐性基因，该基因于 1958 年被 Kramer 等人在第 5 染色体上建立以 ae 作为永久性符号进行标记，也被称作直链淀粉扩充者。纯合隐性基因 ae 可以把直链淀粉提高到 55%～65%，甚至达到 80%，在提高直链淀粉含量的同时总淀粉含量并没有显著下降。后来，陆续发现了一些位于 ae 基因位点上的其他突变基因。这些 ae 位点上的突变基因对直链淀粉含量的影响均没有 ae 基因明显，一些突变基因对直链淀粉与支链淀粉比率起轻微的修饰作用。ae 基因的发现和利用使高直链淀粉玉米育种研究取得了较大进展。

2. ae 基因的结构　一直以来，关于玉米胚乳 SBEⅡa 和 SBEⅡb 的来源有两种对立假说。Preiss 提出两者差异来自转录后调控，即所谓单基因假说；另一相对的二基因假说则认为两者由不同的结构基因编码。玉米 ae 突变体胚乳缺乏 SBEⅡb 活性而 SBEⅡa 水平保持正常，有力证实了后一假说，同时通过转座子标签证实玉米中 SBEⅡb 的 cDNA 是 ae 基因的产物。目前，已经分离得到 ae 的许多等位基因，除 Ae - 5180 外，均为隐性。Kim 等对 ae 进行了克隆和测序，发现 ae 基因包含有 22 个外显子（变幅为 43～303bp），总长 16 914bp；21 个内含子长度范围变化很大，变幅为 76～4 020bp，所有内含子都包含有保守的连接序列（GT…AG）。与外显子相比，内含子富含 AT，他们的 AT 含量分别为 54% 和 61%。ae 基因的转录起始位点在翻译起始位点上游 100bp 核苷酸处。第 1 外显子含有 100bp 的 5′非翻译 DNA 序列，第 22 外显子含有翻译终止密码子 TGA 和 3′非翻译区。序列分析表明，从 -160～-50 的 111bp 区对启动子活性的高水平表达很重要。然

而，第 1 外显子和内含子区域对玉米胚乳细胞中基因的高水平表达是不必要的。而 Ae-5180 突变体（编码的 SBEⅡb 蛋白也没有活性）与两个 Mu1 插入片段有关，而且这两个 Mu1 插入都发生在 ae 基因 5′翼区，大约在转录起始位点上游 400bp 处。

3. ae 基因的功能及特性 正常型玉米胚乳中存在 3 种形式的淀粉分支酶 SBE，分别为 SBEⅠ，SBEⅡa，SBEⅡb，它们共同参与支链淀粉的合成。SBE 的主要功能是催化 α-1,6-糖苷键的形成。ae 基因编码是 SBEⅡb，其分子量为 84.727，是胚乳组织特异性表达基因。该基因降低了支链淀粉的 α-1,6 糖苷键分支点的数量，而相应的增加了籽粒的表观直链淀粉含量。纯合 ae 突变体 SBEⅡb 的活性丧失，而胚乳中的淀粉组分为较高的直链淀粉含量和一种修饰了的支链淀粉（比普通支链有较少的分支点、较长的分支链，平均链长为 30～31）。而在普通玉米胚乳中，直链淀粉的含量为 20%～23%，支链淀粉的平均链长为 20～21。ae 基因的转录是从受粉后第 7d 到第 20d。还有研究表明，水稻的 sbe2b 在籽粒成熟初期表达水平非常低，在授粉后 5～7d 时，其转录快速增长，并一直保持相当高的水平，直至籽粒成熟。Aiko 等发现水稻 ae 突变体中不仅 SBEⅡb 活性丧失，而且 SSS（可溶性淀粉合成酶）的活性也明显低于野生型，表明 ae 突变对 SSS 表现出基因多效性，也说明在活体中 SBEⅡb 与 SSS 蛋白可能存在互作，但 ae 突变并未影响 SBEⅠ，SBEⅡa，AGPase 及 SDBE（淀粉去分支酶）的活性。还有研究表明，ae 突变体在玉米胚乳形成过程中，可溶性糖的浓度降低。

ae 突变基因对淀粉物理特性的影响，直链或支链淀粉都以葡萄糖为基本元。突变体是研究淀粉尤其是支链淀粉精细结构的理想素材。突变体中淀粉精细结构的改变是由于某些酶的特异性降低，也可能与涉及淀粉生物合成的其他酶的过量表达有关。ae 突变体不但使直链淀粉含量增加，同时也显著影响支链淀粉性质，如长链 B 的比率提高和长度变长，短链的比率下降。ae 基因突变体不具有高的结晶度，且常常形成不规则的淀粉粒；ae 淀粉无明显的糊化峰值，当温度达到 115℃，糊化仍没有结束，表明 ae 基因型的糊化温度范围广；ae 基因型的淀粉粒是非常抗水解酶消化的；ae 基因型表现出高的双折射顶点温度（BEPT）值，吸水能力较低。

4. ae 基因的遗传效应 Stinard 和 Robertso（1988）在突变群体中发现了一个显性直链淀粉扩增者基因——Ae5180 对 ae 是显性，主要通过母体遗传，雄配子传递率很低，同时存在母本效应。袁建华等以 16 个引进和自选的常规玉米自交系及其 ae 近等基因系为基础材料，测定了自交系本身及其组配杂交组合的直链淀粉含量。其结果显示，ae 突变基因能使玉米直链淀粉含量大幅度增加，不同 aeae 自交系及其组配的 ae 杂交种之间的直链淀粉含量都出现差异，说明遗传背景对 ae 基因的表达有重要影响。直链淀粉的合成受基因互作和环境的影响，增加直链淀粉含量，会引起子粒产量的下降。

（二）影响支链淀粉的主效基因及其定位

糯玉米是由一个隐性基因控制的遗传性状。这个基因位于玉米第 9 染色体短臂。编码一种 60kd 的蛋白质，能使尿苷二磷酸葡萄糖转移酶（UDPG）活性极度降低，因而不合成直链淀粉，纯合的 wxwx 玉米胚乳和带有 wx 基因的花粉粒，都几乎没有直链淀粉合成。O. E. 纳尔逊经过 16 年的精心研究，证明是一个包括至少 31 个异点等位基因的复合基因座。这些基因性质近似，但可以为频率极低的遗传交换所分开，wx 基因和其他玉米胚乳突变基因相结合，可以发生相互作用，改变胚乳碳水化合物成分，提高糖分含量，改善吃用品质和风味。利用 wx 基因这一特性，有可能培育出糖分含量、水溶多糖（WSP）含量均高和风味好的甜玉米类型。例如美国夏威夷大学利用 wx 和 ae 基因的双突变体培育成功了夏威夷超甜 1 号玉米品种。ae、su1、wx 三隐性突变体不仅含糖量接近超甜玉米，WSP 含量也远超过普通甜玉米。

糯玉米的表现完全受一个隐性基因的控制，可通过转育将该基因转移至其他群体或优系中。由于外观表现明显，可通过单粒表型选择。回交转育法是糯玉米育种最常用的方法，但其局限性在于产量只能与生产上的优良品种持平或略低，不能超过它，更会低于育成的普通品种。

群体改良可以弥补回交转育法的缺陷。通过有目的合成糯玉米群体并进行改良，选择农艺性状和糯质性状好的，从中选系配制杂交种是一个根本性的方法。

利用诱变选育糯玉米是一种好方法。可以使用 EMs 石蜡油诱变技术在目前的优良自交系中诱变选择 wx 基因，培育糯玉米。这种办法既可以快速育成糯玉米，又可以在更广泛的种质资源中选择所需性状。

二、影响直链淀粉和支链淀粉的修饰基因及其定位

在玉米基因库中，有许多突变基因影响胚乳中碳水化合物的组成。直接影响直链淀粉玉米和支链淀粉成分的主要有 ae、du、su$_2$、wx 等突变基因，这些隐性基因影响籽粒发育、成熟籽粒表现型、淀粉形态和物理特性以及酶活性。

突变基因都程度不同的降低淀粉总含量，都与合成淀粉的类型有关。其中，基因突变体的胚乳，由于缺少尿苷二磷酸葡萄糖转移酶，而不能直接合成直链淀粉，所以 wx 突变体的胚乳淀粉几乎 100％ 为支链淀粉。du 基因对一个淀粉合成酶和一个淀粉分支酶起阻遏作用，因而降低了支链淀粉所占比例和胚乳中淀粉总贮量。ae 基因造成了一个淀粉分支酶的完全缺失，而提高胚乳中直链淀粉的含量。

由淀粉突变基因和它们的组合所决定的淀粉特性的广泛变异性表明，这些基因和组合可以有效地用于具有增加经济价值特点的特定食用、饲用和工业用特用型淀粉玉米的改良研究。目前，除蜡质和高直链淀粉玉米杂交种已开发利用外，其他淀粉修饰基因和其组合的用途还未形成开发市场。其主要限制因子是籽粒产量较低。玉米加工工业一般利用商品玉米作原料，通过加工技术开发消费产品。通过化学工业产生淀粉衍生产品，而达到增加产值的目的。从人们对天然淀粉产品的需求考虑，育种工作者应把工作重点放在从遗传角度为加工者和消费者创造作为特定淀粉原料的玉米品种。人们将会看到遗传修饰型玉米淀粉在不久的将来会在商品渠道上找到位置。

三、修饰基因互作对淀粉种类和比率的影响

不同种质的修饰基因与 ae 基因产生了不同的互作效应，如正向互作和负向互作效应。

由于微效多基因的存在，在育种过程中创造 1 个含有直链淀粉 ae 主基因和多个正向修饰基因的群体并对其进行轮回选择是必要的，因为只有 ae 基因籽粒的直链淀粉含量仅为 50％左右，不能满足对直链淀粉的高要求，要使直链淀粉含量达到 75％以上还必须加强对修饰基因的研究和利用。直链淀粉的合成受基因互作和环境的影响，增加直链淀粉含量，则会引起籽粒产量的下降。高直链淀粉玉米杂交种的产量低于普通玉米和糯玉米杂交种的产量，差异达 20％～25％。纯合 aeae 的组合与同型常规杂交组合相比粒重大部分降低，粒重降低可能是产量降低的主要原因。因此在回交转育过程中须注意籽粒饱满度的选择。

由 ae 基因决定的无光泽胚乳在许多遗传背景下很容易鉴别，玉米籽粒呈现一定程度皱缩且有不同变异水平。有研究认为，皱缩现象的出现可能与糖分向淀粉转化减少有关。依靠选择暗光泽及籽粒皱缩这一性状判定自交系 ae 基因回交转育成败与否在大部分遗传背景下是可行的，但在某些遗传背景下则难以直观鉴别。根据粒重降低幅度选择高含量的籽粒是不可靠的。因此在不降低光泽度和饱满度的前提下，选择优质高直链淀粉品种的途径是依靠其他物理或化学方法测定直链淀粉含量。

淀粉修饰基因间互作，ae、du、su_2、wx 突变基因既可单独也可以多基因组合，形成影响淀粉成分中表面直链淀粉的相应比率。

wx 突变体完全不出现直链淀粉。而其他 3 种突变基因都增加直链淀粉的比率。当采用碘化法测试比较时，ae 的影响比 du、su_2 显著。遗传背景也影响直链淀粉和支链淀粉比率，在双基因和三基因组合中，普遍存在上位性和互补性。wx 对 ae、su_2、du 起上位作用，抑制直链淀粉形成。除 ae、wx 组合含有少量淀粉外，其他包含有 wx 基因的双基因和三基因组合均不含直链淀粉。除 ae、wx 结合外，ae 基因突变体及包含有 wx 基因的双基因和三基因组合都含有较高的支链淀粉 ae 和 wx 基因以外的各种基因组合，直链淀粉含量介于 ae 和 wx 基因突变体之间。

淀粉修饰基因对淀粉物理特性和酶活性的影响的研究表明，多糖的微结构、直链淀粉和支链淀粉分布比率决定淀粉粒的物理特性。淀粉粒主要物理特性包括形态特性、直链淀粉含量、结晶性、胶凝化温度、吸水性和可消化性等。所有这些特性都可被不同胚乳基因所改变。

淀粉粒具有结晶结构，表现出偏振光和双折射，并具有独特的 X 射线衍射图样，淀粉的结晶由支链淀粉决定。糯玉米（wx）籽粒淀粉粒与普通玉米具有同样的结晶特点（X 射线衍射 A 型）。ae 突变体不具有高的结晶体，常常在结晶活化部位产生非结晶延长部分，形成不规则类型淀粉粒。据报道，授粉后 24d 的 su_2 籽粒的淀粉粒具有 A 型 x 射线衍射图样。而成熟后 su_2 和 du，籽粒淀粉显 B 型。糯玉米淀粉双折射顶点温度（BEPT）与普通玉米相似，但糯玉米淀粉是有高黏性和高吸水性。Su_2 突变性具有低吸水性、低黏性和非常低（BEPT）的 2 级凝胶，在胶凝温度方面，与 du 和 wx 的组合呈上位作用。ae 基因表现出高的 BEPT 值，并对 su、su_2、wx 和它们的组合起上位作用或部分上位性作用。

Inouchi（1988）用差方扫描量热计测定的几个突变体及同遗传背景正常玉米胶凝含量和葡萄糖淀粉酶敏感性间存在的相关性表明，含 su_2 基因突变体淀粉的可消化率最高，su_2；wx 和 du；su_2；wx 组合淀粉可消化率比正常玉米淀粉高约 25 倍，wx 基因型的相应可消化率比正常玉米高近 1.5 倍。在这一组突变体中 wx 的胶凝含量最高，du 和 du；wx 的组合与正常玉米相近，su₂ 和所有含 su₂ 基因的组合均低于正常玉米。

迄今为止，已了解到几个淀粉修饰基因对特种酶的离体活性有较大影响。

第三节　高淀粉玉米育种基本途径

一、育种目标

（一）制订高淀粉玉米育种目标的原则

在制订高淀粉玉米育种目标时，首先要做好调查分析，查阅相关资料，了解当地的自然条件、种植制度、生产水平、市场需求以及品种的变迁历史等。然后结合各地育种实践经验，确立高淀粉玉米育种目标。

1. 立足当前，预测未来　应根据本地区的自然生态特点、区域经济特点、种植制度、生产技术水平和市场需求情况等因地制宜地制订育种目标，避免育成的品种脱离生产需求，影响其使用价值。此外，从玉米的育种程序来看，育成一个高淀粉玉米品种至少需要 5～6 年时间，甚至更长时间，育种周期较长。因此，制订玉米育种目标时至少要考虑到 5～6 年以后国民经济的发展，人民生活水平和质量的提高以及市场需求的变化，掌握高淀粉玉米的发展趋势，确保育成的新品种能够在生产上发挥更大作用。

2. 突出重点，落实性状指标　玉米是杂种优势很强的高产作物，其增产效果主要是通过单交种实现的。当前虽然生产和市场上对优良玉米品种有多方面的要求，但是在制订育种目标时，对诸多需要改良的性状不能面面俱到，而是在综合性状都符合一定要求的基础上，分清主次，抓住阻碍玉米资产的主要矛盾，突出主攻方向，有针对性的改良 1～2 个限制产量和品质的主要性状，确定改良的性状将要达到的具体指标。

3. 适时调整，逐步完善　由于社会经济的发展，生产力水平的不断提高，生产条件和市场需求等的不断变化，都要求育种目标与之相适应，况且育成优良玉米新品种需要很长时间。因此，制订的玉米育种目标不是一成不变的，也不可能一次就将其制定得十分准确和完美，要在实际工作中不断进行调整和完善，以适应生产发展和市场需要。同时，要保持育种目标在一定时期内的稳定性，才能保证育种工作的研究方向和选育成果。

（二）制订东北高淀粉玉米育种目标

玉米淀粉是各种作物中化学成分最佳的淀粉之一，广泛应用于食品、医药、造纸、化工、纺织等产业。据调查，以玉米淀粉为原料生产的工业制品达 500 余种。作为生产玉米淀粉的原料，普通玉米籽粒的淀粉含量通常在 65％ 左右，近年随着育种水平的提高，育成的高淀粉玉米品种的籽粒淀粉含量达 73％ 以上，在相同的加工设备条件下，出粉率可增加 5％ 左右，显著提高加工企业的经济效益。因此，为了选育优良高淀粉玉米新品种，参考国家玉米品种审定规范制订以下育种目标。

1. 高产　提高单产水平是玉米育种的永恒主题。育成的高淀粉玉米新品种的产量比高淀粉玉米对照品种增产≥5％；但不比普通玉米对照品种减产，或减产幅度较小。

2. 稳产 玉米品种的产量表现是所有目标性状共同作用的结果，各性状互相关联、互相制约，只有协调好相互之间的矛盾，才能育出稳产的高淀粉玉米杂交种。因此，在区域试验中，要求育成的新品种的产量比高淀粉玉米对照品种减产的试点比率≤30％。比普通玉米对照品种减产的试点≤50％。

3. 品质 玉米淀粉由支链淀粉和直链淀粉组成，由于二者的性质存在着明显的差异，所以通常根据玉米淀粉组成的不同，可分为混合型高淀粉玉米、高支链淀粉玉米（糯玉米）和高直链淀粉玉米（国内尚未推广应用）。

（1）混合型高淀粉玉米 粗淀粉（干基）含量≥73％（1级≥75％）。当粗淀粉含量≥75％时，比高淀粉玉米对照每提高一个等级，增产幅度可降低3％。

（2）加工用糯玉米 选育粗淀粉（干基）含量70％以上，支链淀粉占粗淀粉含量99％左右。

4. 抗病（虫）性 东北地区玉米大、小斑病通过育种手段已基本得到控制。所以，丝黑穗病抗性是东北地区推广品种必须具备的基本条件。近年来，多数品种对丝黑穗病、病毒病抗病能力不太强，个别年份、个别地区发病重，产量损失大。

（1）东北早熟春玉米区 丝黑穗病田间自然发病株率≤3％，丝黑穗病田间人工接种发病株率≤25％；茎腐病、大斑病和弯孢菌叶斑病等主要叶斑病为非高感类型；抗玉米螟。

（2）东北春玉米区 丝黑穗病田间自然发病株率≤3％，丝黑穗病田间人工接种发病株率≤25％；茎腐病、大斑病和弯孢菌叶斑病等主要叶斑病为非高感类型。

（3）极早熟玉米区 丝黑穗病田间发病株率≤3％，丝黑穗病田间人工接种发病株率≤25％；茎腐病、大斑病和弯孢菌叶斑病等主要叶斑病为非高感类型。

5. 抗倒性 倒伏和倒折不仅降低产量，而且影响品质，不便于机械化收获。增强抗倒性，是实现玉米高产、稳产、提高品质的基础。因此，要求育成的高淀粉玉米新品种的平均倒伏和倒折率之和≤10％。

6. 成熟期 品种的生育期应以能充分利用当地光热资源为基本原则，同时要在低温年份霜前正常成熟。不同生态区应选育生育期适宜的品种。

（1）东北早熟春玉米区、极早熟春玉米区 育成的高淀粉玉米新品种成熟期比对照品种晚熟≤3d。

（2）东北春玉米区 育成的高淀粉玉米新品种成熟期比对照品种晚熟≤2d。

二、育种基本途径

（一）常规育种

常规育种法，也叫系谱法，是应用最广的一种选育方法。在玉米常规育种史上，人们最初采用自由授粉的方法改进玉米品种的生育期、株高和果穗大小等性状，收到了一定的改良效果，但对提高产量作用不大。后来随着遗传学的发展，育种技术水平的提高，育种方法的改进，使玉米育种由自由授粉转变为控制授粉，这一重要转变为玉米育种开辟了一条新路。控制授粉育种方法起初主要是利用不同品种进行杂交，选育品种间杂交种。当时，由于玉米品种群体遗传基础复杂，群体内个体间存在着很大的遗传差异，因此组配的品种间杂交种的表现型整齐性差，尽管如此，在产量方面与品种相比仍有较大幅度的提高，推动了玉米生产的发展。

育种实践证明，用于杂交的品种群体的纯合程度好坏，直接影响杂交组合增产潜力。Shull（1909）率先提出玉米育种学的任务是寻找最好的纯系，组配杂交组合，选育最好的杂交种。他的观点引起了学术界重视，人们开始探索选育玉米自交系间杂交种，从而使玉米育种水平跃上了一个新台阶。到 20 世纪 60 年代，以美国为首的世界各主要粮食生产国都大面积推广种植玉米单交种。当代的玉米常规育种法多是通过杂交创造具有大量遗传变异的杂合群体，再从分离的杂合群体中经自交、回交等育种手段选育出纯合的优良自交系，作为杂交的亲本，进而育成优良杂交种。

由此可知，选育优良玉米单交种必须从选育优质自交系开始，这是育成玉米新品种的最关键环节。玉米自交系选育是指从一个杂合群体或杂交种中选择优良单株套袋自交，一般要经过人工连续 5～7 世代自交和选择，才能选育出性状整齐一致、遗传性相对稳定的自交后代系统的过程。在同一自交系内，植株个体之间的表现型和基因型相对一致的。

1. 种植选育自交系的基础材料　用于选育自交系的原始材料称为基础材料。在选育自交系之前，应根据育种目标慎重选用基础材料，在能力可以承受的范围内，应尽量多种植原始材料，这样可以增加基础材料之间的遗传差异。一般以优质高淀粉玉米的地方品种群体、窄基杂交种（单交种和三交种）、广基杂交种（多系复交种和综合杂交种）、外来材料（热带和亚热带种质）等为原始材料，合成优质高淀粉玉米群体，然后，将每份材料种成一个小区，种植株数因基础材料的遗传程度而定，遗传组成较简单的窄基杂交种可种植 20～30 株，遗传复杂的广基综合杂交种等可种植 100 株以上。在生育期间进行认真观察，当高淀粉玉米育种基础材料进入开花期时，根据育种目标和快速品质化验分析结果，从各个材料中选择发育正常、生长势强、抗病、抗倒伏、抗逆性强的单株采用硫酸纸袋隔离授粉。雌穗吐丝后进行严格自交，拴挂标签，并标记上区号和名称。收获时结合田间性状表现进行总评，淘汰不良单株，选择优良单株自交果穗，连同标签一起收获，置于通风的网室晾晒，干燥后在室内对穗部性状进行考察，再淘汰不好的果穗。然后将入选的自交果穗编号登记，单穗保存，供下年种植。在育种学上把这一世代基本株称为自交零代的植株，简记 S_0 株，基本株上的自交果穗的种子称为自交一代种子，简记 S_1 种子。

2. 自交后代的选择　田间观察是植物育种过程不可分割的一部分，是选择的基础。选择是一种技巧和科学的完美结合。其要点是根据玉米植株和果穗的外部形态，在苗期和开花散粉期前，进行株系间、株系内穗行间的目测评选，成熟期再根据植株的主要农艺性状和抗病性进行一次选择，收获后室内考种进行最后一次决选，将中选的优良自交单株进行系谱记载、编号和保存，供下年播种使用。具体选择方法如下：

在播种季节，把上一年收获的自交一代种子（S_1），按同一亲本来源与自交穗序号种成穗行，一般每穗行种 30 株左右，增加分离的概率。这一世代植株的许多性状出现强烈的分离和生活力衰退现象，是选系的关键世代，也是育种工作者根据育种目标选优汰劣的最佳时期。一般要做大量的自交果穗，以便在收获之前和室内考种时进行严格选择，淘汰不良自交果穗。

自交系早代（$S_2 \sim S_3$），无论在穗行间或穗行内都有不同程度的生活力衰退和性状分离现象，是对自交系性状进行选择的关键时期。对来源于同一个基本株，其配合力大体是一致的，应着重穗行间的选择。依据育种目标要求，淘汰生活力严重衰退和性状严重分离的穗行，在保留的穗行中选优良植株 10～15 株套袋自交，收获前在田间进行决选，淘汰不良穗行，在中选穗行内收获优良单株的自交果穗，再经室内考种保留果穗，并进行系谱编号登记和保存，供下一代播种使用。

自交系中期世代（$S_3 \sim S_5$），系统的基因型逐渐趋向纯合，性状也逐渐趋于稳定，应用目测选择的效果相应降低。因此，一般只淘汰少数劣系，在保留自交系中选择优良植株自交 5～6 穗、室内考种选留 2～3 穗，供下一代播种使用。多数育种家经常利用基本稳定的自交系（$S_4 \sim S_5$），结合杂交种选育进行配合力测定。当完成配合力测定时，自交系基本达到纯合状态，这时再结合育种目标，可选育出性状稳定的自交系，育成优良杂交种。

自交系后期世代（$S_5 \sim S_7$），基因型基本纯合，系统内个体间性状整齐一致，相对稳定，不再进行目测选择和淘汰，只在系内选择具有典型性状的优良植株自交，保留后代。当植株形态、生育期等外观性状整齐一致时就成为一个稳定的自交系。这时可采用自交、姊妹交或混合花粉授粉的方法保留后代，以利于保持自交系的生活力和纯度，避免长期连续自交，而导致自交系生活力衰退。

（二）回交转育法

影响玉米淀粉含量的突变基因大多为隐性基因，如 ae，du 和 Sh2 基因影响籽粒直链淀粉含量，但以 ae 基因作用最为显著；wx 基因改变了胚乳中淀粉的性质，使其具有较高的黏滞性和适口性。这些突变基因以及它们的组合可以显著改变玉米淀粉的含量和性质，因此将不同突变基因转育到优良自交系中是高淀粉自交系选育的基本方法。采用这种方法对轮回亲本的选择十分重要，作为轮回亲本不仅要具有优良的农艺性状和较好的抗性，而且还应具有尽可能多的淀粉修饰基因。

此外，利用二环系选育法，从推广的高淀粉玉米杂交种或者利用高淀粉玉米自交系组配的杂交种中套袋自交。在分离的群体中，结合品种分析结果于早代选育符合育种目标的新的高淀粉玉米自交系。

（三）轮回选择

群体遗传学认为，轮回选择能有效地提高群体中有利等位基因的频率，为育种家提供改良的优良种质，同时也能拓展和创造新的种质，供进一步选择。高淀粉玉米的轮回选择程序和普通玉米的轮回选择相似，首先要广泛收集国内外高淀粉玉米资源，经过品质和产量测定、主要农艺性状鉴定，选择籽粒数等量的优良高淀粉种质资源材料或自交系材料组成优质高淀粉群体，在隔离区种植，任其自由授粉，使分散于不同植株中的优良基因充分重组，合成基础群体，作为选育自交系的基础材料。从基础群体内选择优良单株，在家系鉴定的基础上结合品质分析结果进行筛选，将入选的自交株种子各取等量混合均匀后，种植于隔离区中，任其自由授粉和基因重组，形成新一轮回的群体改良。以后按同样方式进行各个轮回的群体改良和选择，经多轮改良后，群体的淀粉含量和农艺性状、产量均可得到提高。此外，在每一轮的后代鉴定中，都可以鉴定出最好的基因型，这种基因型除供进行重组外，还可以把它们放到育种圃内进行连续自交，以便选出最优良的自交系，用于配制新的杂交组合。

（四）诱变育种

诱变育种是利用理化因素诱发植物变异，再通过选择而培育新品种。20 世纪 20 年代，Stadler 在玉米和大麦上首次证明 x 射线可以诱发突变；30 年代，Nilsson Ehle & Gustafsson 利用 x 射线辐照获得了茎秆坚硬、穗型紧密、直立型的有实用价值的大麦突变体；1948 年，印度利用 x 射线诱变育成抗干旱的棉花品种，此后一些国家相继开展植物辐射诱变育种。20 世纪 60 年代以后，中国利用辐射诱变育种技术和化学诱变育种技术在玉米、水稻等主要作物上育成新品种，并在生产上广泛应用，为农业生产做出了重要贡献。

近年来，随着科学研究的深入，一种新的诱变育种方法——太空育种在中国得到迅猛发展，已引起育种家普遍关注。太空育种，也称航天育种、空间诱变育种，是利用太空技术，将农作物种子、组织、器官或试管种苗送到太空，利用太空特殊的环境，通过宇宙高能离子辐射、磁场、微重力和高真空等诱变因子作用，使植物基因发生变异，再返回地面进行栽培和选择，成为培育农作物新品种、新种质的新技术。太空育种是集航天技术、生物技术和农业育种技术于一体的现代农业育种新途径，是当今世界农业领域中新的科学技术课题之一，将成为 21 世纪推动作物育种的重要手段之一。

中国太空育种已走在世界前列。自 1987 年以来，利用返回式卫星和神舟飞船，先后进行了 10 余次搭载，搭载了 70 多种植物、1 000 多个品种的生物材料上天，选育出一批农作物新品种（组合）和一些有实用价值的新种质，但在生产上还没有大面积应用，一些诱变后产生的突变体尚未取得令人满意的成果。其主要原因一是太空育种选择搭载的品种或材料综合素质不够全面，缺乏相应的基础理论研究，开展育种工作只注重在大田直接选择突变体，而未注重对诱变后代材料的处理及选择方法的研究，导致对后代材料处理的盲目性较大，选择效率低。二是太空育种技术体系建立与集成还有待进一步完善，要探索和建立一套有效的育种技术体系，提高育种效率。

太空育种的特点一是诱变效率高。太空中的特殊物质对农作物种子具有强烈的诱变作用，可以产生较高的变异率，其变异幅度大、频率高、类型丰富，有利于加速育种进程。利用物理或化学诱变技术处理水稻的变异频率一般为千分之几，而经太空诱变的水稻的变异频率可达百分之几，提高 10 倍左右。二是太空诱变的方向不定。正负方向变异都有，一般单株有效穗数、每穗粒数、粒重、穗长、单株分蘖力等性状以正向变异为主，呈偏正态分布。株高变异偏向增高，结实率偏向降低。三是太空育种周期短。太空诱变植物一般在第 4 代可稳定，少数在第 3 代就可稳定。比常规诱变育种提前 2 代稳定，可以节约许多人力物力。四是太空诱变可出现常规诱变育种不易出现的变异。如水稻早熟突变，大穗型变异，品质性状的广幅分离等。

（五）分子生物技术在高淀粉玉米育种中的应用

生物技术是利用生物体系和工程原理生产生物制品和创造新物种的综合科学技术，也称生物工程。20世纪90年代以来，生物技术的迅速发展为作物育种开辟了新的途径，使作物育种手段由体细胞杂交上升为分子育种水平。在作物育种领域作为一项先进的研究手段，生物技术广泛应用于种质资源创新、遗传多样性研究、遗传距离估测、确定基因变异的遗传关系以及作物品种纯度的鉴定等方面，使人类有效的改造生物和利用生物生产各种有用产物的高新技术都取得了显著的成效。目前，世界上最先进的生物技术及其在作物育种方面的运用首推美国的孟山都公司，该公司利用生物技术方法育成的转基因抗虫玉米、转基因抗除草剂玉米在农业生产上大面积推广应用，取得了良好的经济效益和社会效益。

玉米育种的前提是必须有丰富的种质资源，种质的创新、自交系的选育、杂交种的选育都离不开对其亲缘关系的遗传多样性分析。要从种质遗传多样性基因库中利用变异类型，就必须利用分子标记技术对新种质进行遗传特性的鉴定、评价和分类。分子标记是在分子水平上识别基因的一种技术，常用的分子标记技术主要有 SSR、RFLP、RAPD、AFLP 等方法。例如，袁力行（2001）等利用 RFLP 和 SSR 标记对 29 个玉米自交系进行杂种优势群划分，筛选出 56 个多态性 RFLP 探针酶组，66 对多态性 SSR 引物，分别在供试材料中检测到 187 个和 232 个等位基因变异。两种方法比较表明，SSR 标记的平均多态性信息量（PIC，0.54）高于 RFLP（0.42）；但对供试材料的遗传多样性评价基本一致。将 RFLP 和 SSR 分析结果进行聚类分析，其划分结果与系谱分析基本一致，并把系谱来源不清的种质划分到相应的杂种优势群，为育种实践提供理论指导。

玉米是天然异花授粉作物，在其繁殖、制种、生产等过程中容易混杂。因此，搞好种子的纯度鉴定非常重要。传统的种子鉴定方法不论是田间鉴定，还是利用同工酶电泳或蛋白质电泳，都存在一定的局限性。随着分子生物学的发展，应用分子标记技术鉴定玉米自交系和杂交种的纯度，不但快速、灵敏度高，而且不受环境条件的影响。要获得对种质遗传变异的精确评价，所选标记位点在染色体上的均匀覆盖程度是一个重要因素。如果增强 RFLP 和 SSR 标记位点在染色体上的覆盖程度，就能够获得较为准确的遗传多样性分析。

生物技术作为一项先进的作物育种研究手段，在作物育种中发挥了极大的作用。尤其是分子标记技术与作物遗传育种密切相关，它使有关的玉米自交系种质遗传研究，从传统的形态学性状分析跨入到以染色体 DNA 核苷酸为基础的分子标记分析，为直接比较各群体的遗传组成或选择前后基因型变化提供理论依据，从而实现了玉米遗传研究质的飞跃。今后，在玉米育种领域，随着生物技术的兴起和发展，将大大拓宽玉米自交系种质素材，特别是基因工程技术在改良玉米品质和抗性方面的广泛应用，为培育玉米优良新品种提供效率的技术支撑。

第四节　东北地区高淀粉玉米育种成就

近年来，各地在实际育种工作中高度重视高淀粉玉米自交系的选育和应用，通过对玉米淀粉含量的遗传规律和杂种优势表现的广泛研究，确立以选育混合型高淀粉玉米品种为主要育种方向，将高淀粉玉米选育同普通玉米选育相结合，陆续选育出一批高产、高淀粉玉米品种应用于生产。如辽单 33 号、长单 26 号、锦单 10 号等粗淀粉含量均为 75％以上；四单 19 号、辽单 565 号、绿单 1 号等粗淀粉含量超过 74％；四单 158、吉单 255、晋单 27 号等粗淀粉含量都超过国家二级高淀粉玉米标准。其中，部分品种的产量水平和抗病性都超过了生产上的主栽品种，具有十分广阔的应用前景。

一、育种手段和方法的创新

东北地区高淀粉玉米育种主要集中于两方面：种质资料的选择和育种方法的多样性。一是拓宽遗传基础，广泛搜集、整理、改良和利用各类种质资源，挖掘增产潜力。通过常规育种手段，结合化验分析，对国内的骨干系和地方品种进行再选择。同时扩大引进外来种质，选择优良自交系，以此组配成淀粉含量高的高淀粉玉米杂交种。二是育种方法的多样性，除了常规的二环系、回交改良和杂交等手段外，还利用物理和化学技术，物理辐射，化学诱变等手段进行自交系的选育，还利用轮回选择的方法进行群体改良，选育多种目标性状的自交系。另外利用基因工程选育自交系和优良新品种。利用遗传育种途径提高玉米籽粒淀粉含量，也是玉米育种的方法之一。还可以通过分析高淀粉玉米杂交种对其亲本淀粉含量的遗传表现，探讨高淀粉玉米育种及亲本选配的基本原则，为高淀玉米粉育种提供参考。

二、品种选育和应用

20 世纪 50 年代初，东北地区的玉米育种工作一片空白，全区推广种植的都是地方品种，如英粒子、白鹤、白头霜、金顶子、白马牙、黄马牙、大八趟等品种，玉米生产水平很低，平均产量还不到 1747kg/hm²。其中，白鹤年最大种植面积达 33.3 万 hm²，英粒子年最大种植面积达 20 万 hm² 以上。20 世纪 50 年代末至 70 年代中期，东北玉米的育种工作者开始选育双交种，相继育成辽双 558、凤双 6428、吉双 2 号、吉双 107、黑玉 46 等双交种。这批双交种的育成，实现了从农家品种到杂交种的第一次飞跃，开辟了该区玉米杂交种选育的先河，成为玉米品种演变的里程碑。这期间东北地区的玉米育种工作者在玉米杂种优势理论指导下，开始进行自交系选育和杂交种推广，先后育成丹玉 6 号、沈单 3 号、吉单 101、吉单 102、吉单 104、嫩单 1 号等优良玉米单交种，使玉米产量有了很大的提高，在生产上发挥着重要作用。据 1976 年统计，全国杂交玉米种植面积达 1 000 万 hm²，占玉米总面积的 55%，其中玉米单交种占杂交种面积的 55%。

20 世纪 70 年代以来，辽宁省、吉林省和黑龙江省根据各自地区玉米生长期内大部分地区降水较少、光照充足、后期温差大的特点，迅速调整了玉米育种目标，确立以选育和推广稀植大穗型玉米杂交种为目标，种植密度一般为 4.2 万～5.0 万株/hm²。80 年代育成的主要推广品种有丹玉 9 号、丹玉 11、丹玉 13 号、丹玉 15 号、本育 9 号、锦单 6 号、海单 2 号、铁单 8 号、铁单 10、沈单 7 号、沈单 10 号；吉单 131、吉单 304、四早 6、四单 8 号、四单 16、四单 19 号、白单 9、九单 8；东农 428、龙单 8 号等。90 年代以来育成的主要品种有丹玉 20 号、丹玉 23 号、丹玉 30、铁单 12 号；吉单 159、吉单 180、吉单 204、吉单 209、四密 21、四密 25、四单 158；龙单 13 等。2000 年以后主推的主要品种有丹玉 39、丹玉 26、丹科 2 151、丹玉 86、丹科 2 123、丹科 2143、东单 60、辽单 565、辽单 37、铁单 19、沈单 16；吉单 257、银河 101、吉新 306、吉单 327、吉单 342、通吉 100、吉单 517、吉单 137、吉单 198、吉单 260、吉单 261；黑 221、黑 113、东农 250、龙单 11、龙单 21、龙单 23 等。这些品种的育成，极大地促进了本地区玉米生产的发展，为振兴东北老工业基地经济建设做出了巨大贡献。

新中国成立后，东北地区的玉米生产有了很大的发展，玉米平均产量由 1 747kg/hm²，上升到 1998 年东北地区平均单产 6 491kg/hm²，单产水平实现了三次大的飞跃。从农家品种到双交种的利用是玉米栽培历史上品种演变的第一次飞跃，从双交种到单交种为第二次飞跃，而从平展型杂交种到耐密型杂交种成为第三次飞跃。随着市场经济的发展，育种目标有了很大的变化，对专用玉米的研究更加重视，经过半个世纪几代育种工作者的共同努力，东北地区高淀粉玉米育种工作成就显著。选育出一批高淀粉自交系，444、434、416 和 477 等，还选育出不同系列的高淀粉玉米新品种。并用这批自交系育成一批高淀粉杂交种，吉农公司北方农作物开发中心已选育出高淀粉系列（不同熟期）新品种。如，中熟高淀粉品种有四单 19、吉单 505 和吉单 113；中晚熟高淀粉品种有吉单 255 和吉单 515；晚熟高淀粉品种有四单 158、四密 21、吉单 79、吉单 259 和吉单 137 等。高淀粉玉米品种的育成促进了中国玉米淀粉工业的发展，增加了企业的经济效益，同时充分展示了高淀粉玉米杂交种在发展玉米经济中的重要作用。

本章参考文献

曹靖生 . 2000. 黑龙江省玉米主要种质基础现状分析 . 玉米科学，8（1）：21～22

陈得义，徐文伟，刘旭 . 2003. "八五"、"九五"期间辽宁省玉米种质基础及杂种优势模式分析 . 辽宁农业科学，23（1）：1～5

付立中，胡国宏，冯家中 . 2007. 试论糯玉米新的育种目标及发展战略 . 吉林农业科学，32（3）：23～25，31

顾晓红 . 1998. 中国玉米种质资源的品质性状的分析与评估 . 玉米科学，6（1）：14～16

郭海鳌，王玉杰 . 1998. 吉林省玉米种质类群分析及其扩增与改良 . 作物杂志，（增刊）：55～59

李春霞，苏俊 . 1999. 黑龙江省玉米品种发展历程及其遗传组成分析 . 玉米科学，（1）：30～40

李维岳，才卓，赵化春等 . 2000. 吉林玉米 . 长春：吉林科学技术出版社，95～457

刘纪麟 . 1991. 玉米育种学（第 1 版）. 北京：中国农业出版社，76～453

刘纪麟 . 2004. 玉米育种学（第 2 版）. 北京：中国农业出版社，83～351

潘光辉，尹贤贵，杨琦凤等 . 2005. 农作物太空育种研究进展 . 西南园艺，33（4）：34～36

乔光明，贾举庆，丁建旭等 . 2007. 高直链淀粉玉米研究进展 . 玉米科学，15（4）：140～142，145

任红丽，张军杰，黄玉碧 . 2007. 玉米 ae 基因的研究进展 . 玉米科学，15（5）：56～59

荣廷昭，黄玉碧，田孟良等 . 2003. 西南糯玉米种质资源的利用与改良研究 . 玉米科学（专刊）：11～13

施明志 . 2003. 高淀粉玉米自交系选育与实践 . 内蒙古农业科技，（S2）：93～94

宋同明 . 1993. 糯玉米与 wx 基因 . 玉米科学，1（2）：1～2

孙发明等 . 1995. 高淀粉玉米品种的研究和应用 . 种子世界，（4）：18～19

孙发明等 . 1998. 国外玉米种质资源在吉林的利用与贡献 . 玉米科学，6（3）：35～38

孙发明等 . 2006. 高淀粉玉米种质资源的类群划分、应用与创新 . 吉林农业科学，31（5）：24～27

田齐建 . 2006. 高淀粉玉米的研究现状及品种选育 . 山西农业科学，34（4）：32～35

王建国 . 2001. "三高" 玉米的研究开发概况 . 辽宁农业科学，(5)：35～38

杨镇，才卓，景希强等 . 2007. 东北玉米 . 北京：中国农业出版社，21～187

袁力行，傅骏骅，张世煌等 . 2001. 利用 RFLP 和 SSR 标记划分玉米自交系杂种优势群的研究 . 作物学报，27（2）：149～156

高淀粉玉米的有关物质代谢

第一节 水分代谢

一、水分的生理作用

大田作物中，高淀粉玉米是需水较多的作物。水对高淀粉玉米的生长发育起着决定性作用，俗语说"有收无收在于水"，充分说明了水的重要性。

在高淀粉玉米体内，水通常以束缚水和自由水两种状态存在。靠近胶粒并被紧密吸附而不易流动的水分，叫做束缚水；距胶粒较远，能自由移动的水分叫自由水。细胞中蛋白质、高分子碳水化合物等能与水分子形成亲水胶体。在这些胶体颗粒周围吸附着许多水分子，形成很厚的水层。水分子距离胶粒越近，吸附力就越强，反之，吸附力越弱。

自由水参与各种代谢活动，其数量的多少直接影响代谢强度。自由水含量越高，高淀粉玉米生理代谢越旺盛。束缚水不参与代谢活动。束缚水含量越高，代谢活动越弱，这时的高淀粉玉米以微弱的代谢活动渡过不良的环境条件，如干旱、低温等。束缚水的含量与高淀粉玉米的抗逆性大小密切相关。通常以自由水/束缚水的比值作为衡量高淀粉玉米代谢强弱和抗逆性大小的指标之一。

水对高淀粉玉米的生理作用主要表现在以下几个方面：

（一）水是高淀粉玉米细胞原生质的主要组成成分

原生质含水量一般在80％以上。水是维持细胞原生质胶体状态及其稳定性的重要条件。细胞的生命旺盛程度与水分含量有直接的关系。例如：高淀粉玉米的嫩叶、根尖和幼粒等部分水分含量达到70％～90％。

（二）水是高淀粉玉米许多代谢过程的反应物质

直接参与一些生理生化过程，如光合作用、呼吸作用等。缺水直接影响这些生理过程的进行。同时，一些蛋白质、淀粉和酶的合成都需要水作为原料直接参加反应。

（三）水是高淀粉玉米生化反应和对物质吸收运输的溶剂

有机物和无机物只有溶解在水中才能被高淀粉玉米吸收和利用。水分多少影响生化代谢的过程，当水分缺乏时，会抑制代谢强度，缺水还会引起原生质的破坏，导致细胞死亡。

（四）水能使高淀粉玉米保持固有姿态

水通过保持细胞的膨压使得高淀粉玉米保持一定姿态，保证生长发育过程的顺利正常进行。枝叶的挺立有利于充分接受光照和交换气体，高淀粉玉米体内的水分缺乏时就会出现叶片卷曲、萎蔫和下垂等现象，都与特定部位的细胞吸水膨胀或失水有关。

（五）高淀粉玉米的细胞分裂及伸长都需要水分

高淀粉玉米生长发育和环境的水分状况关系密切。细胞的分裂和扩大都需要比较充足的水分，植物的生长就是建立细胞伸长的基础上。

水除了上述的生理作用之外，还可以通过水的理化性质调节高淀粉玉米周围的环境。由于水的比热容、汽化热均较高，可以使得高淀粉玉米的体温在外界环境温度变化较大时，保持较为稳定的状态，在强烈的日光照射下通过蒸腾失水降低温度，避免高温造成的灼伤。如通过蒸腾增加大气湿度，改善土壤及土壤表面大气的温度等，这些都是水对高淀粉玉米的生理作用。

二、高淀粉玉米的需水量与需水节律

高淀粉玉米的需水量也称耗水量，是指高淀粉玉米在一生中土壤棵间蒸发和植株叶面蒸腾所消耗的降水、灌溉水和地下水的总量。高淀粉玉米全生育期需水量受产量水平、品种、栽培条件、气候等众多因素影响而产生差异，因此需水量亦不尽一致。据研究，高淀粉玉米需水量的变化范围约是 $2\,250\sim5\,400m^3/hm^2$。

1. 需水量与产量　高淀粉玉米的需水量与产量的高低有着十分密切的关系。在正常的气候条件和一定的范围内，高淀粉玉米的需水量随着产量的提高而增加。干物质产量的累积和生物产量向籽粒转化效率的高低无不以水为先决条件。在一定范围内高淀粉玉米的需水量随着籽粒产量水平的提高而逐渐增多。在产量水平较低时，随产量的提高，对水分的消耗量近似呈直线上升，当产量达到一定水平后，耗水量不再随产量的提高而直线增加，其相关曲线趋于平缓。

高淀粉玉米的需水规律与普通玉米基本相同。张智猛等（2005）研究表明，灌浆期不供水情况下，高淀粉玉米的籽粒淀粉含量增加，其中直链淀粉含量降低而支链淀粉含量增加，但是不能说明减少水分供应就会增加淀粉的含量，由于水分的亏缺造成高淀粉玉米的产量降低，总的淀粉含量下降。所以适宜的水分供应是获取高淀粉玉米产量的前提条件。

2. 籽粒产量与水分利用效率　籽粒产量对水分的利用效率可用耗水系数或水分生产率两种方法表示。耗水系数系指每生产 1kg 籽粒所消耗的水量；水分生产率系指单位土地面积上高淀粉玉米籽粒产量（经济产量）与水分消耗量之比。

随着高淀粉玉米籽粒产量的增加，耗水系数呈下降趋势，水分生产率呈上升趋势。在产量水平较低时，每毫升水生产的高淀粉玉米籽粒相对较少，如产量 $6\,000kg/hm^2$ 时，每毫升水生产 1.3kg 高淀粉玉米籽粒；在产量 9 750～10 500kg/hm² 时，1mm 水生产 1.6～1.7kg 籽粒。因此在水资源匮缺的地区，以有限的水资源获取高产，在较小的土地面积上，集中用水，通过提高高淀粉玉米单产，实现增加总产，是对水资源最经济有效的利用。

高淀粉玉米耗水量受品种影响。品种不同，使生育期、株体（如株高、叶片大小、数目等）、单株生产力、株型、吸肥耗水能力、抗旱性等均产生差异，使耗水量亦不同。即使在同一产量水平，对水分消耗总量也不同。一般是，生育期长的品种，相对叶面蒸腾量大、棵间蒸发和叶面蒸腾持续期相对加长，耗水量也较多。反之，生育期短的品种耗水量则较少。抗旱性强的品种，叶片蒸腾速率低于一般品种，消耗的水分较少。反之，抗旱性弱的品种耗水量多。

3. 生育阶段与水分需求的关系　高淀粉玉米不同生育阶段对水分的要求不同。由于不同生育阶段植株大小和田间覆盖情况不同，由此引起的蒸发量和蒸腾都会不同。高淀粉玉米生育前期，由于植株较小，地面覆盖率低，所以蒸发占很大一部分耗水量。随着高淀粉玉米植株的壮大，田间覆盖率提高，水分消耗主要以叶面蒸腾为主。在高淀粉玉米的全生育期，应该尽量减少蒸发耗水，避免水分的无益消耗。高淀粉玉米抽雄穗前后是需水量最多而且最为敏感的时期，此即需水临界期，如果这一时期水分不足，就会影响雄穗正常开花和雌穗花柱抽出，进而造成授粉不良，大幅度减产，这一阶段适宜的土壤水分应该保持在持水量的 70%～80%。高淀粉玉米的乳熟和蜡熟阶段是产量形成的重要时期，需要大量的水分以保证叶片光合作用的顺利进行和干物质的转化和积累。蜡熟以后需水量明显减少，约占全生育期的 4%～10%，而且对产量的影响也较小。

（1）播种—拔节　土壤水分主要供应种子吸水萌动、发芽、出苗及苗期植株营养器官的生长。因此，此期土壤水分状况对出苗能否顺利及幼苗壮弱起了决定作用。底墒水充足是保证全苗、齐苗的关键，尤其高产高淀粉玉米，苗足、苗齐是高产的基础。夏播区气温高、蒸发量大、易跑墒。土壤墒情不足均会导致程度不同的缺苗、断垄，造成苗数不足。因此，播种时灌足底墒水，保证发芽出苗时所需的土壤水分，并在此基础上，注意中耕等保墒措施，使土壤湿度基本保持在田间最大持水量的 65%～70%，既可满足发芽、出苗及幼苗生长对水分的要求，又可培育壮苗。

（2）拔节—抽雄、吐丝　此阶段雌、雄穗开始分化、形成，并抽出体外授粉、受精。根、茎、叶营养器官生长速度加快，植株生长量急剧增加。抽穗开花时叶面积系数增至5～6，干物质阶段累积量占总干重的 40% 左右，正值高淀粉玉米快速生长期。此期气温高，叶面蒸腾作用强烈，生理代谢活动旺盛，耗水量加大。拔节至抽穗开花，阶段耗水量约占总耗水量的 35%～40%。

该期阶段耗水量及干物质绝对累积量均约占总量的 1/4，处于需水临界期。因此，满足高淀粉玉米大喇叭口至抽穗开花对土壤水分要求，对增加产量尤为重要。

（3）吐丝—灌浆　开花后进入了籽粒的形成、灌浆阶段，仍需水较多。此期同化面积仍较大，此阶段耗水约 89～96m³/亩，占总耗水量的 30% 以上。

（4）灌浆—成熟　此阶段耗水较少，仅为 28～38m³/亩，占总耗水量的 10%～30%，但耗水强度平均每日仍达到 35.55m³/hm²。后期良好的土壤水分条件，对防止植株早衰，延长灌浆持续期，提高灌浆强度，增粒重，获取高产有一定作用。

总之，夏高淀粉玉米的耗水规律为"前期少、中期多"的变化趋势。高产水平主要表现有三个特点：一是前期耗水量少，耗水强度小；二是中、后期耗水量多、耗水强度大；三是全生育期平均耗水强度高。原因是苗期控水对产量影响最小。适量减少土壤水分进行蹲苗，不仅对根系发育、根的数量、体积、干重的增加有利，还可促进根系向土壤纵深发展，以吸收深层土壤水分和养分。对植株地上部而言，可使体内还原糖、非蛋白氮、无机磷等累积量增多，C/N提高，无异为壮秆、大穗奠定了良好基础。

在生育后期为使高淀粉玉米良好受精、减少籽粒败育、扩大籽粒库容量、增加粒数和粒重、获得高产创造适宜的土壤水分条件是非常必要的。

4. 灌溉时期和灌溉量与水分利用效率的关系　高淀粉玉米不同的灌溉期和不同的灌溉量，其水分利用效率不同。抽雄期的水分利用效率最高，对土壤水分的变化最敏感，拔节期次之，灌浆中期最低。平均而言，灌溉量中等的水分利用效率最高，低量的次之，高量的最小。高淀粉玉米全生育期内水分—产量反应系数的特点是后期小，中间籽粒形成期大，说明此阶段水分的亏缺对夏高淀粉玉米产量影响最大，是灌溉增产的关键时期。

三、高淀粉玉米生育过程的水分平衡

高淀粉玉米体内的水分循环是在土壤—玉米植株—大气这样一个整体的环境下进行的，土壤和大气的水分变化直接影响高淀粉玉米的水分循环过程。

高淀粉玉米细胞总是不断地进行水分的吸收和散失，水分在细胞内外和细胞之间总是不断地运动。不同组织和器官之间水分的分配和调节也是要通过水分进出细胞才能实现。水分在植株体内的循环是高淀粉玉米完成生理生化过程的需要，保证了各项代谢活动的顺利进行。因此，水分的循环是高淀粉玉米水分代谢的基础。

（一）高淀粉玉米根系和吸水及与土壤的关系

高淀粉玉米根系具有吸收养分和水分，支持植株和合成有机物质的作用。高淀粉玉米具有强大的根系，吸收水分和养分的能力很强，根系总重量和入土深度均超过其他禾谷类作物。

高淀粉玉米根系发育好坏与产量有密切关系，俗话说"根深叶茂"。只有根系发育良好，才能吸收较多的水分和营养物质，充分满足地上部生长的需要，促进植株健壮生长和形成较大的果穗，获得较高的产量。若根系发育不良，则植株瘦弱，果穗小，产量低。

1. 根的种类　高淀粉玉米的根有三种，即初生根、次生根和支持根。

（1）初生根　又称种子根，包括由胚根形成的主根和由胚轴上生出的不定根，是籽粒萌发时最初发的根。初生根在苗期吸收水分和养分方面起着重要作用。初生根的吸收能力可以一直保持到生命的后期。

（2）次生根　又称节根、永久根、不定根，是构成高淀粉玉米根系的主要部分。高淀粉玉米一生中所需要的水分和矿质养料，主要依靠次生根来供应。当幼苗长出3～4片叶时，从茎的第一个完全叶节上长出第一层根，以后每个地下茎节上长出一层次生根，形成强大的次生根系。次生根一般 4～6 层，多的可达 10 余层。随高淀粉玉米类型、品种、水肥等栽培条件而有差异。次生根最初呈水平分布，向四周伸长，然后再垂直向下发展形成庞大的须根系，深者可达 2m 以上。但多集中在 0～40cm，占整个根量 95% 左右。高淀粉玉米吸收养分和水分，主要依靠这部分根。

（3）支持根　又称气生根。是拔节后到抽穗前于靠近地面的 1～3 个节上长出的几层根。它有支持植株，防倒伏的作用，同样也能起到吸收水分和养分的作用。

有研究表明，在多雨年份，高淀粉玉米对土壤水分的利用层深度一般为 0～60cm；在平水年对土壤水分的利用层深度为一般为 0～200cm；而在干旱年份的利用层可达到 0～240cm。

2. 根的吸水　根系是高淀粉玉米吸收水分的主要器官。根吸水的主要部位是根的尖端，包括根毛区，伸长区和分生区。以根毛区吸水最强。叶片虽然也能吸收水分，但是吸水量很少，在高淀粉玉米的水分循环中没有重要意义。

根系吸水分有主动吸水和被动吸水两种方式。高淀粉玉米的根系吸水以后者为主。

（1）主动吸水（active absorption of water）　由于根系生理活动引起的水分吸收称为主动吸水。高淀粉玉米根系生理活动促使水分从根部上升的压力称为根压（root pressure）。根压的存在可以通过伤流和吐水两种现象证明。

（2）被动吸水（passive absorption of water）　是由于枝叶蒸腾引起的根部吸水。吸水的动力来自于蒸腾拉力（transpiration pull），与植物根的代谢活动无关。用高温或化学药剂将植物的根杀死，植物照样从环境中吸水。甚至将植物根除去后，被动吸水的速度更快。在这种情况下根只作为水分进入植物体的被动吸收表面。因此，这种吸水方式称为被动吸水。当叶子进行蒸腾时，靠近气孔下腔的叶肉细胞水分减少，水势降低，就会向相邻的细胞吸水，导致相邻细胞水势下降，依次传递下去直到导管，把导管中的水柱拖着上升，结果引起根部的水分不足，水势降低，根部的细胞就从环境中吸收水分。这种由于蒸腾作用产生一系列水势梯度使导管中水分上升的力量称为蒸腾拉力。

主动吸水和被动吸水在根系吸水中所占的比重，因高淀粉玉米的蒸腾速率而不同。正在蒸腾的高淀粉玉米其被动吸水所占的比重较大，这时主要是被动吸水。强烈蒸腾的植株其吸水的速度几乎与蒸腾速度一致，此时主动吸水所占的比重非常小。只有蒸腾速率很低的植株，如叶片尚未展开时，主动吸水才占较重要的地位；一旦叶片展开，蒸腾作用加强，便以被动吸水为主。

（3）影响根系吸水的因素　高淀粉玉米的根系分布在土壤中，任何影响土壤水势和根系水势的因素，都会影响根系吸水。

①土壤水分状况。土壤水分可分为可用水和不可用水。当植株发生永久萎蔫时，土壤中的水分是植株不可利用的水分。土壤中不可利用水分的指标是萎蔫系数（或永久萎蔫系数）。当植株发生永久萎蔫时，土壤中的水分占土壤干重的百分数即为萎蔫系数。土壤有效水量是指超过永久萎蔫系数而又低于重力水的那部分水量。高淀粉玉米根系生长最适宜的土壤水分为田间持水量的 60%～80%，其中，生育前期和后期略低，中期较高。当土壤有效水减少时，土壤溶液水势下降，土壤与根部之间的水势差变小，根部吸水速率变慢。

②土壤通气状况。土壤中充足的 O_2 一方面能够促进根系发达，扩大吸水表面；另一方面能够促进根的正常呼吸，提高主动吸水能力。土壤缺 O_2 就会使得根系呼吸弱，阻碍吸水，长期缺 O_2 会产生和积累酒精，使根系中毒受伤，缺 O_2 还会产生其他还原物质（如 Fe^{2+}、NO_2^{2-}、H_2S 等），不利于根系的生长。

高淀粉玉米生产中，强调施用有机肥，改善土壤耕层结构，中耕松土都是为了增加土壤通气性，增强根系的吸收能力。

③土壤温度状况。高淀粉玉米根系吸水适宜的土壤温度为 $20\sim24℃$，低于 $17℃$ 和高于 $34℃$ 吸水速率均显著下降。在最适温度范围内，随着温度升高吸水速率明显加快。低温抑制根系吸水，其主要原因是：A. 低温使根系的代谢活动减弱，尤其是呼吸减弱，影响根系的主动吸水。B. 低温使原生质的黏滞性增加，水分不易透过。还使水分子本身的黏滞性增加，提高了水分扩散的阻力。C. 根系生长受到抑制，使水分的吸收表面减少。在炎热的夏日中午，突然向玉米植株浇以冷水，会严重地抑制根系的水分吸收。同时，又因为地上部分蒸腾强烈，使高淀粉玉米吸水速度低于水分散失速度，造成植株地上部分水分亏缺。所以中国农民有"午不浇园"的经验。温度过高可以导致根细胞中多种酶活性下降，甚至失活，引起代谢失调，还能加速根系的衰老，使根的木质化程度加重，这些对水分的吸收都是不利的。

④土壤溶液状况。土壤溶液含有一定的盐分，具有一定的渗透势。一般情况下土壤溶液的渗透势为 $-0.1MPa$ 左右。土壤溶液浓度直接影响到土壤的水势。如果土壤溶液浓度过高，使其水势低于根细胞的水势，则植株便不能从土壤中吸水，盐碱地上高淀粉玉米不能正常生长的原因之一就在于此，因盐分过多使土壤的水势很低，吸水困难，形成一种生理干旱。所以，施肥时，不能一次施用过多，造成土壤水势过低，严重时，还可以产生高淀粉玉米水分外渗而枯死，出现"烧苗"现象。

（二）水分在高淀粉玉米体内的循环过程

根系从土壤中吸收的水分，通过一个较为固定的途径在植株体内循环。具体途径为：根毛→根的皮层→根中柱→根导管→茎导管→叶鞘导管→叶肉细胞→叶肉细胞壁或细胞间隙→气孔下腔，最后散失到空气中。水分在整个的运输过程中，一部分是在活细胞中短距离径向运输，另一部分是通过导管的长距离运输。径向运输的速率较慢，长距离运输速率较快。

水分在高淀粉玉米各个器官中的运输速率不尽相同，在根中的运输阻力比在叶片中的大，主要是由于根部皮层具有凯氏带，而叶片中没有这种细胞结构。

水分向上运输的动力为根压和蒸腾拉力。蒸腾强烈时蒸腾拉力为主要动力，只有在土壤温度较高、水分充足、大气湿度大等生态条件下，根压才能发挥主要作用。

水分在高淀粉玉米体内的循环过程为其完成各项生理代谢活动提供了介质和原料，是高淀粉玉米生长发育必须的生理过程，没有水分的植株生长是难以想象的。

（三）水分的蒸发蒸腾

高淀粉玉米吸收的水分，只有极少部分用于自身的组成与代谢，大部分水分都以气态的形式散失到大气。据计算，每制造 1kg 有机物质要向大气散失水分 225kg 左右。植物用来制造有机物质的水分不到散失水分的 1%。

1. 蒸腾作用的生理作用 高淀粉玉米在进行光合和呼吸的过程中，以伸展在空中的枝叶与周围环境发生气体交换，然而随之而来的是大量地丢失水分。蒸腾作用消耗水分对玉米植株是不可避免的，它既会引起水分亏缺，破坏植株的水分平衡，同时，它又对高淀粉玉米的生命活动具有一定的意义。

（1）蒸腾作用产生蒸腾拉力 蒸腾拉力是高淀粉玉米被动吸水与转运水分的主要动力。

（2）蒸腾作用促进木质部汁液中物质的运输 土壤中的矿质盐类和根系合成的物质可随着水分的吸收而被运输和分布到植物体各部分去。

（3）蒸腾作用能降低植株的温度 这是因为水的汽化热高，在蒸腾过程中可以散失掉大量的辐射。

（4）蒸腾作用的正常进行有利于 CO_2 的同化 这是因为叶片进行蒸腾作用时，气孔是开放的，开放的气孔便成为 CO_2 进入叶片的通道。

2. 蒸腾作用的方式 高淀粉玉米的蒸腾作用有多种方式。幼小的植株暴露在地上部分的全部表面都能蒸腾。植株长大后，茎枝表面形成木栓，未木栓化的部位有皮孔，可以进行皮孔蒸腾（lenticular transpiration）。但皮孔蒸腾的量甚微，仅占全部蒸腾量的 0.1% 左右。高淀粉玉米的茎、花、果实等部位的蒸腾量也很有限。因此，植株蒸腾作用绝大部分是靠叶片进行的。

叶片的蒸腾作用方式有两种，一是通过角质层的蒸腾，称为角质蒸腾（cuticular transpiration）；二是通过气孔的蒸腾，称为气孔蒸腾（stomatal transpiration）。角质层本身不易让水通过，但角质层中间含有吸水能力强的果胶质，同时角质层也有孔隙，可让水分自由通过。角质层蒸腾和气孔蒸腾在叶片蒸腾中所占的比重，与高淀粉玉米的生态条件和叶龄有关，实质上也就是和角质层厚薄有关。一般高淀粉玉米成熟叶片的角质蒸腾，仅占总蒸腾量的 3%～5%，气孔蒸腾是高淀粉玉米蒸腾作用的主要方式，约占长成植株蒸腾总量的 80%～90%。

3. 高淀粉玉米各生育阶段的蒸发蒸腾 高淀粉玉米需水量主要是由棵间蒸发和植株蒸腾两部分组成。随着生长发育过程，两者之间有明显的规律性的变化趋势。从播种期到拔节期，由于植株矮小，叶面积指数较低，所以主要的耗水是棵间蒸发，蒸腾作用的耗水量很少；拔节期至抽雄期，生长日益加快，叶面积指数也迅速增加，郁闭较好，棵间蒸发明显下降，植物蒸腾作用在总耗水的比例逐渐增加，并在抽穗开花期叶面积指数达到最大，加上此时一般处于高温，日照较长的生态条件下，该期是高淀粉玉米需水临界期，此时的蒸腾作用耗水比例为全生育期最高值，而棵间蒸发为最小值；开花后进入籽粒灌浆阶段，植株的黄叶逐渐增多，叶面积指数减小，棵间蒸发有所增加，但耗水仍以蒸腾耗水为主；灌浆至成熟阶段，叶面积指数下降很快，植株的新陈代谢活动减弱，植株蒸腾降低，棵间蒸发占阶段耗水的比例逐渐增加（郑卓琳等，1994）。

4. 影响蒸腾作用的环境因素 蒸腾速率取决于叶片内外的蒸气压差和扩散途径阻力的大小。所以，凡是影响叶片内外蒸气压差和扩散途径阻力的外界条件，都会影响蒸腾速率的高低。

（1）光照 光对蒸腾作用的影响首先是引起气孔的开放，减少气孔阻力，从而增强蒸腾作用。其次，光可以提高大气与叶子温度，增加叶内外蒸气压差，加快蒸腾速率。

（2）温度 温度对蒸腾速率影响很大。当大气温度升高时，叶温比气温高出 $2\sim10℃$，因而，气孔下腔蒸气压的增加大于空气蒸气压的增加，这样叶内外蒸气压差加大，蒸腾加强。当气温过高时，叶片过度失水，气孔会关闭，使蒸腾减弱。

（3）湿度 在温度相同时，大气的相对湿度越大，其蒸气压就越大，叶内外蒸气压差就变小，气孔下腔的水蒸气不易扩散出去，蒸腾减弱；反之，大气相对湿度较低，则蒸腾速度加快。

（4）风速 风速较大时，可将叶面气孔外水蒸气扩散层吹散，而代之以相对湿度较低的空气，既减少了扩散阻力，又增大了叶内外蒸气压差，可以加速蒸腾。强风可能会引起气孔关闭或开度减小，内部阻力加大，蒸腾受到抑制。据测定，空气相对湿度在 $40\%\sim48\%$ 时，正常叶子的气孔下腔的相对湿度是 91% 左右，可以保证蒸腾作用的顺利进行。

（5）矿质营养 矿质元素对蒸腾有很大影响。K 能够刺激气孔的开放，Ca 抑制气孔关闭，适量的施用 N 肥可以促进营养生长，从而增加蒸腾作用的表面积而促进高淀粉玉米的蒸腾作用。

蒸腾作用的昼夜变化主要是由外界条件所决定的。高淀粉玉米叶片的蒸腾作用白天大，夜间小。晴朗的天气下，随着气温的升高，气孔逐渐张大，在中午 12 时到下午 $13\sim14$ 时，蒸腾作用达到顶峰，而后，随着气温的下降，蒸腾作用逐渐减弱，直至夜间几乎停止。蒸腾强度的这种日变化是与光强和气温变化一致的，特别是与光强的关系更为密切。

5. 蒸腾作用的指标和测定方法 蒸腾作用的强弱，可以反映出高淀粉玉米体内水分代谢的状况或高淀粉玉米的水分利用效率。衡量蒸腾作用常用的指标有以下三项。

（1）蒸腾速率（transpiration rate） 又称蒸腾强度或蒸腾率。指植物在单位时间内、单位叶面积上通过蒸腾作用散失的水量。常用单位：$g/m^2/h$、$mg/dm^2/h$。一般情况下，高淀粉玉米白天的蒸腾速率是 $15\sim250g/m^2/h$，夜晚是 $1\sim20g/m^2/h$。

（2）蒸腾效率（transpiration ratio） 指植物每蒸腾 1kg 水时所形成的干物质的克数。常用单位：g/kg。一般植物的蒸腾效率为 $1\sim8g/kg$。

（3）蒸腾系数（transpiration coefficient） 又称需水量（water requirement）。指植物每制造 1g 干物质所消耗水分的克数，它是蒸腾效率的倒数。蒸腾系数越小，表示该植物利用水分的效率越高，反之，则表示利用水分的效率越低。高淀粉玉米的蒸腾系数在 $240\sim320$ 之间。

6. 适当降低蒸腾的途径 高淀粉玉米通过蒸腾作用会散失大量的水分，一旦水分供应不足，植株就发生萎蔫。因此，在农业生产上，为了维持作物体内的水分平衡（water balance），就要"开源"，此即采取有效措施，促使根系发达，以保证水分供应。其次还要"节流"，也就是适当减少蒸腾消耗。其途径如下。

（1）减少蒸腾面积 在作物生产时，可去掉一些枝叶，减少蒸腾面积，降低蒸腾失水量，以维持植物体内水分平衡，有利其成活。

（2）使用抗蒸腾剂　某些能降低植物蒸腾速率而对光合作用和生长影响不太大的物质，称为抗蒸腾剂（antitranspirant）。按其性质和作用方式不同，可将抗蒸腾剂分为三类。

①代谢型抗蒸腾剂。这类药物中有些能影响保卫细胞的膨胀，减小气孔开度，如阿特拉津等；也有些能改变保卫细胞膜透性，使水分不易向外扩散，如苯汞乙酸、烯基琥珀酸等。

②薄膜型抗蒸腾剂。这类药物施用于植物叶面后能形成单分子薄层，阻碍水分散失，如硅酮、丁二烯丙烯酸等。

③反射型抗蒸腾剂。这类药物能反射光，其施用于叶面后，叶面对光的反射增加，从而降低叶温，减少蒸腾量，如高岭土等。

四、影响高淀粉玉米水分平衡的自然因素和人为因素

（一）自然因素

1. 土壤条件对高淀粉玉米水分代谢的影响　土壤环境条件如土壤质地、土壤含盐量、土壤水分状况、地下水位的高低等与高淀粉玉米耗水量密切相关。

（1）土壤质地　土壤质地不同，保水能力强弱有差别。即使同一产量水平、同一品种等条件一致，耗水量也不同。

沙土地由于颗粒间孔隙大，毛管作用弱，土壤水分很易通过大孔隙蒸发。由于沙土透水性强，故灌水或降雨很易渗漏到土壤深层。因此沙土地持水量少，保水能力差，耗水量也大。

黏土地与沙土地相反，由于颗粒间隙很小，毛管作用也强，通气不良、透水性差，因此灌水或降雨后虽保水力强，但由于渗透性差，易使水分发生地面径流，增加无效耗水。若不及时中耕，土壤还易发生龟裂而蒸发失水。此外黏土贮水量大，使土壤水分含量高，也造成耗水量增加。

壤土消除了沙土、黏土的缺点，具有一定数量的大孔隙，又有相当多的细毛管孔隙，故透水透气性良好，保肥保水能力强，土壤含水量适宜，较沙土、黏土在相对相同条件下高淀粉玉米耗水量少。

（2）土壤含盐量　土壤含盐量高，耗水量大。在盐碱地种植高淀粉玉米较一般壤土多耗水 $20m^3$/亩左右。

（3）土壤水分状况　土壤水分状况对高淀粉玉米需水量产生影响。在其他条件相同时，土壤含水率越高，叶片蒸腾和棵间蒸发越大，耗水量也相应增多。

土壤水分含量与叶片蒸腾强度密切相关。叶片蒸腾强度随土壤含水量的提高而增加。叶片蒸腾强度大小对单位叶面积耗水量、单株生育期耗水量产生影响。土壤含水量高、叶片蒸腾强度大、单位叶面积及单株高淀粉玉米蒸腾耗水就多，使高淀粉玉米群体蒸腾耗水量增大，导致总需水量增多。

一般地下水位高的，土壤湿度相对都大，叶面蒸腾和棵间蒸发量亦多，因而总需水量就增多。反之，地下水位低，土壤湿度小，总需水量亦少。

2. 气候条件对高淀粉玉米水分代谢的影响　影响高淀粉玉米水分代谢的气候条件很多。如光照强度、日照时数、温度、空气湿度、风力、降水量、气压等。在相同栽培条件下，高淀粉玉米生育期内气温高、积温量大、空气相对湿度小、光照强度大、日照时数长、风力大，这些气象因素综合作用的结果均会导致地面蒸发和叶面蒸腾作用增强，使高淀粉玉米水分代谢旺盛。

（二）人为因素

施肥、灌水、密度和田间管理等栽培措施都是影响高淀粉玉米需水量变化的重要人为因素，即使品种相同，耗水量也不同。了解栽培措施对耗水量的影响，可为经济用水、正确合理地运用栽培技术措施、提高产量提供理论依据。

1. 播期对高淀粉玉米水分代谢的影响　播期对高淀粉玉米水分代谢的影响主要是在于播期的土壤含水量。播期的土壤含水量直接影响到高淀粉玉米的出苗以及后期的生长，尤其是在北方干旱半干旱地区，春旱现象十分严重，所以播期就是一个重要的问题。播期过早，气温偏低不利于种子萌发，太晚又会导致作物生育期的缩短，导致不能成熟等问题。所以选择适宜的播种期就是影响高淀粉玉米生长发育的重要问题。播期的田间土壤含水量是选择播期的重要指标和参数，适宜的土壤含水量是出苗较好的前提和保证。

2. 施肥对高淀粉玉米水分代谢的影响　在相对一致的生态条件下，增加施肥量可促进植株根、茎、叶等营养器官生长，不仅增强了根系对深层土壤水分的吸收，同时也增加了蒸腾面积和植株蒸腾作用，从而使耗水量增加。因此施用大量的肥料（尤其 N 肥），或在肥力较高的土壤上增加灌水量是必要的，有利于提高肥效、增加产量。

植株体内水分消耗的主要途径是通过叶片气孔蒸腾散失，肥料种类、数量对叶片气孔开度、正常功能会产生影响，从而影响了叶片蒸腾强度，导致水分消耗量的不同。N 不足会使气孔开度变小，影响蒸腾。缺少 K、Fe、Ca 也和 N 一样，均会使水分消耗减少。而施 P 肥可使蒸腾作用减弱。

3. 密度对高淀粉玉米水分代谢的影响　对同一高淀粉玉米品种而言，在一定密度范围内，随密度的增加总耗水量有加大的趋势。其原因是密度的提高增加了群体叶面积，使蒸腾量相应增多，从而使耗水总量增加。当超过适宜密度范围时，由于群体过大，叶面积增多，叶片相互重叠，致使下部叶片受光少，叶片气孔的光调节受到一定限制，使群体下层叶片蒸腾速率较正常密度大大降低；同时密度加大，株间环境条件恶化，下部叶片过早黄化、枯死、枯叶增多，甚至发生倒伏，最终导致耗水量和产量的降低。

密度的差异对阶段耗水量的影响主要表现在生育的中后期，对生育前期影响不大。因苗期植株矮小、叶少、对地面的覆盖程度均较低、叶面蒸腾与地面蒸发耗水少、阶段耗水量差异不明显。但随植株生长量加大，蒸腾耗水占主导地位，密度的增加，阶段耗水量明显增加，导致总耗水量产生差别。

4. 灌水对高淀粉玉米水分代谢的影响　高淀粉玉米生育期间灌水次数、灌水量、灌水方法与水分代谢有密切关系。灌水次数越多，每次灌水量越大，高淀粉玉米实际的耗水量越高。在灌水量较小时，水分集中于土壤表层，反而加剧地表蒸发，使耗水量加大，同时还会造成土壤板结。在灌水量过大时，一是容易形成水分地表径流，二是水分向土壤深层渗漏，加大农田耗水量，增加无效耗水。所以适宜的灌水量是高淀粉玉米水分代谢平衡的关键。

灌水方法对灌水量有直接影响。灌水方法不当，会增加耗水量，降低水分利用率，甚至造成土壤次生盐渍化。比如可以将大畦改成小畦进行灌溉，避免大畦造成的流量过大，容易形成径流的弊端。另外，可以采用沟灌，引水入沟内，水分通过毛细管作用向沟侧、沟顶缓慢浸润，逐渐湿润土壤，不仅减轻土壤板结，使土壤疏松透气，还可避免水分向深层渗漏、节省用水、降低耗水量。

控制性交替灌溉是一种新型的灌溉技术。研究表明其可以抑制高淀粉玉米株高和叶面积等的过量生长，降低地上干物质重，从而减少多余的养分开支，其灌溉水分生产效率（WUEI）和总的水分生产效率（WUEET）均大于均匀沟灌，提高灌溉水的利用率。控制性交替灌溉下，适宜的水分亏缺会增加茎粗，利于壮苗，还可以使高淀粉玉米的生育期推后，延缓其衰老速度。但是过量的水分亏缺使高淀粉玉米的营养生长受到严重抑制，从而影响雌穗发育，会导致减产。

喷灌是一种先进的灌水方法，喷灌耗水量比地面灌溉更省水。不适当地加大灌水量，增多灌水次数，采用不科学的灌水方法都会加大高淀粉玉米耗水量，无效耗水增多，降低对水的利用效率。

5. 土壤耕作对水分代谢的影响　中耕时间、深度、方法等对耗水量有一定影响。中耕可以切断土壤毛细管，避免下层土壤水分向空间蒸发。中耕的除草作用亦减少了水分的无效消耗。因此中耕抑制了需水量的增加，尤其在降雨和灌水后及时中耕松土，对减少棵间土壤蒸发作用更显著。虽然中耕可以减少棵间蒸发水量，但中耕时间不同、效果不同，蒸发量也有差异。

高淀粉玉米生育前期，田间覆盖率低，中耕抑制土壤水分蒸发散失的效果高于生育后期。

中耕深度对耗水量也有一定影响。中耕4cm深度较之2cm深度土壤蒸发量小。

6. 覆盖对高淀粉玉米水分代谢的影响　地面加覆盖物，如地膜、秸秆等，可减少土壤水分蒸发，从而降低高淀粉玉米总耗水量。

高淀粉玉米地膜覆盖后全生育期田间总耗水量比裸地高淀粉玉米少。地膜高淀粉玉米耗水规律与裸地高淀粉玉米无何差异，仍表现为生育前期少、中期多、后期略少的变化趋势，不同的是高淀粉玉米覆膜后，减少了生育前期棵间土壤水分蒸发量，而此间阶段耗水量的50%以上由棵间蒸发散失。由于地膜的阻隔，切断了土壤水分与大气的直接交换，使水分无法散失到大气中，从而降低了阶段耗水量及总耗水量。因此地膜覆盖是旱地春高淀粉玉米提高保苗率、节水增产的一项有效措施。高淀粉玉米田内进行秸秆（如高淀粉玉米秸秆）覆盖，不仅可以培肥土壤，还能有效地减少土壤水分蒸发，降低耗水量，提高水分利用效率。

7. 播种技术对高淀粉玉米水分代谢的影响　高淀粉玉米从播种到出苗这一阶段需水较少（仅占总需水量的3.1%～6.1%），但这一时期对水分却最为敏感。水分不足往往影响种子的萌发出苗，给高淀粉玉米的播种、全苗、壮苗带来了许多困难，造成缺苗断垄，严重年份缺苗可达40%～50%；同时干旱胁迫使幼苗生长受阻，芽势弱，发根量少且根短，苗弱，成活率低，严重影响以后的生长发育及后期的产量。因而旱区高淀粉玉米有"春见苗收一半"的经验。土壤墒情是决定出苗质量的主要因素。播种深度直接影响到出苗的快慢和幼苗的健壮度，出苗早的幼苗一般比出苗晚的要健壮。据试验，播深每增加2.5cm，出苗期平均延迟 1d，因此幼苗就弱。高油高淀粉玉米因种子含油量较高，呼吸作用强，对 O_2 的需求量大，故播种时土壤水分要适中，播种不宜过深。品种的抗旱能力、顶土能力和土壤墒情又决定了播种深度。一般土壤墒情好的土块，播种宜浅，以促进提早出苗。而对于土壤墒情差而又没有灌溉条件的地块，应该采取深播浅覆土，或地膜覆盖的播种方式，人为改善出土壤墒情，创造出苗条件。主要的播种技术有以下几种。

（1）提墒播种 当表层干土已达 6.6cm 左右，而下层土壤墒情尚好时可在播种前后及时压地，使土层紧实，增加种子和土壤的接触面，促进下层土壤水分上升。

（2）就墒播种 当干旱较重，表层干土已达到 10cm 左右时，即需深种就墒。播种深度因气候、土质和品种特性而定。温度高、沙壤土和种子顶土力强时可深播 8～12cm，反之则应浅播一些，同时覆土要浅，播后镇压。

（3）造墒播种 当土壤干旱严重时，依靠其中的水分已不能保证高淀粉玉米出苗时，可利用有限水源，局部造墒或种子浸泡结合坐水播种。

（4）应用保水剂 保水剂又称吸水剂，具有抑制蒸发，提高土壤水分利用率，防止土壤水分流失的特点，对作物的生长发育有着十分重要的影响。保水剂不仅能吸收空气和土壤中的水分，而且还能将降水牢固保存在土壤中慢慢释放，所以在干旱时可推迟植物萎蔫时间。田间试验可观察到对照在干旱期表现叶枯黄，而有保水剂处理的叶色保持深绿。研究表明保水剂有利于甜高淀粉玉米苗期在干旱条件下防止光合产物的反馈抑制作用，而且可降低由于干旱胁迫产生的自由基对叶绿素含量的降解，能较好缓解植株的干旱胁迫。

第二节 碳 代 谢

一、玉米籽粒灌浆过程的碳代谢特点

（一）淀粉的含量

淀粉分为直链淀粉（Amylose）和支链淀粉（Amylopectin）。在淀粉形成和积累过程中受多种因素的影响。在籽粒内部受激素、酶类和蔗糖等物质的调节，外部受自然因素和人为因素的影响。

1. 淀粉生物合成 淀粉是高淀粉玉米籽粒重要的贮藏多糖。玉米淀粉的合成是由几种酶来催化的，每一种酶都有其自己催化的底物和引物（葡萄糖受体）。

（1）高淀粉玉米直链淀粉的合成 催化葡萄糖形成 α-1，4-糖苷键合成直链淀粉的酶类是二磷酸葡萄糖尿苷转葡萄糖苷酶和二磷酸葡萄糖腺苷转葡萄糖苷酶。上述两种酶又称淀粉合成酶。催化 α-1，4-糖苷键的合成。

这个反应重复下去，便可以使链继续延长，形成直链淀粉分子，在玉米籽粒中 ADPG 合成淀粉是主要途径。

（2）高淀粉玉米支链淀粉的合成 上述酶催化 α-1，4-糖苷键的形成，合成高淀粉

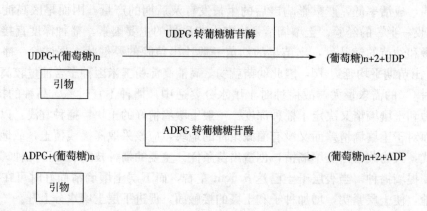

玉米直链淀粉和支链淀粉的主链。在支链淀粉的分支点上的 α-1，6-糖苷键由 Q 酶来催化。Q 酶能催化 α-1，4-糖苷键转变为 α-1，6-糖苷键，将直链淀粉转变为支链淀粉。其过程是直链淀粉在 Q 酶的作用下，从直链淀粉的非还原端切下一段约 6～7 个葡萄糖残基，将它转移到直链淀粉的一个葡萄糖残基的 C_6 上，并以 C_1 与 C_6 形成 α-1，6-糖苷键的分支（图 4-1）。

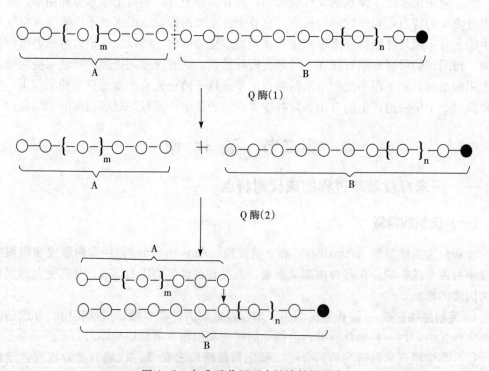

图 4-1　在 Q 酶作用下支链淀粉的形成

注：在反应（1）中，Q 酶将直链淀粉在虚线处切断，生成 A、B 两段直链；

在反应（2）中，Q 酶将 A 段直链以 1，6-连结连接到 B 段直链上，形成分支。

2. 高淀粉玉米淀粉的分解　高淀粉玉米淀粉的分解有水解和磷解两种反应。

（1）水解作用　淀粉的水解由淀粉酶催化，淀粉酶有 α-淀粉酶与 β-淀粉酶两种，二者只能催化水解淀粉中的 α-1，4-糖苷键。α-淀粉酶可水解淀粉中任何部分的 α-1，4 糖苷键。β-淀粉酶是从淀粉的非还原端开始水解。水解淀粉分支点 α-1，6 糖苷键的酶为 R 酶。支链淀粉在上述三种酶催化下，产物也和直链淀粉一样有葡萄糖和麦芽糖，所产生的麦芽糖在麦芽糖酶的催化下，分解为两个分子的葡萄糖，在植物体内麦芽糖酶与淀粉酶同时存在。

（2）磷解作用　淀粉在磷酸化酶的催化下分解为 1-磷酸葡萄糖。

$$淀粉＋nH_3PO_4 \xrightleftharpoons{\text{淀粉磷酸化酶}} n1-磷酸葡萄糖$$

这个反应为可逆反应，淀粉的合成也可由这个反应的逆反应得到。当细胞内磷酸浓度较高时，反应便朝向磷解的方向进行。

3. 高淀粉玉米籽粒中淀粉的积累　灌浆过程中淀粉（总淀粉、直链淀粉、支链淀粉）含量变化趋势均呈 S 曲线变化。高淀粉玉米在成熟期淀粉粒充满了细胞，大小均匀，排列有序；普通玉米的淀粉粒则没有充满细胞，大小不一，排列混乱。

（1）直链淀粉　高淀粉玉米籽粒的直链淀粉含量呈单峰变化趋势，在授粉后 30d 达最大值；但爆裂玉米和普通玉米籽粒的直链淀粉含量则随生育进程的后延而升高，授粉后 10～30d 直链淀粉含量迅速升高，授粉 30d 后直链淀粉增长缓慢，在成熟期达到最高值。

比较不同类型玉米籽粒直链淀粉含量发现，普通玉米直链淀粉含量明显高于爆裂玉米、甜玉米、糯玉米，爆裂玉米直链淀粉含量略低于普通玉米，甜玉米和糯玉米直链淀粉含量最低，最高点不到 3％，分别是普通玉米和爆裂玉米成熟期直链淀粉含量的 20.52％、26.28％和 19.32％、24.76％。整个生育期籽粒直链淀粉含量表现为：普通玉米＞爆裂玉米＞甜玉米＞糯玉米。高淀粉玉米和普通玉米在灌浆初期籽粒直链淀粉含量并无显著差异，而是在灌浆中后期才逐渐表现差异。

（2）支链淀粉　不同类型玉米籽粒的支链淀粉含量均随生育期的后延而升高，但籽粒支链淀粉含量增幅存在类型间差异，爆裂玉米和普通玉米在授粉后 10～30d 增幅较大，此后增幅减小，而糯玉米和甜玉米则在授粉后 10～20d 增幅较大，此后增幅也明显减小；籽粒充实期全程存在显著的类型间差异，籽粒支链淀粉含量表现为糯玉米＞普通玉米和爆裂玉米＞甜玉米。

支链淀粉含量的差异在灌浆初期就已形成，两个高淀粉品种籽粒支链淀粉含量在灌浆初期就明显高于两个普通玉米品种，籽粒灌浆前期平均灌浆速率与最大灌浆速率高有利于籽粒支链淀粉的积累。

（3）总淀粉积累　不同粒质类型玉米籽粒总淀粉含量与籽粒中支链淀粉的变化趋势相同，总淀粉含量的变化也呈现为升高的变化趋势。甜质型玉米籽粒总淀粉积累的速度慢，其最高总淀粉含量出现在授粉后 40d，淀粉总量远小于爆裂玉米、普通玉米、糯玉米三种粒质类型，仅为普通玉米总淀粉含量的 51.13％，在 4 个粒质类型中甜质型玉米合成淀粉的能力较低；糯玉米籽粒淀粉含量较高，其总淀粉含量是普通玉米的 1.05 倍；爆裂玉米和普通玉米总淀粉含量相当，且普通玉米略高于爆裂玉米。普通玉米和爆裂玉米籽粒总淀粉迅速积累的时间为授粉后 10～30d，糯玉米籽粒总淀粉迅速积累的时间为授粉后 10～20d，总淀粉快速积累时间存在类型间差异。籽粒总淀粉积累的差异主要是由于支链淀粉积累的不同造成的，直链淀粉积累差异不明显。

刘开昌等（2002）研究结果表明高淀粉玉米胚乳比较小，含油率低，淀粉含量高。玉米籽粒授粉 10d 前，籽粒中淀粉含量很低；授粉后 10～30d，淀粉含量迅速增加。比较了淀粉含量分别为 73％和 72％高淀粉、70％的普通型二组品种三期的淀粉积累速度。结果显示：乳熟中期前 73％高淀粉品种积累的淀粉率和占自身成熟期淀粉率的比例均最低，72％的高淀粉品种介于两者之间；乳熟中期以后高淀粉品种淀粉率的积累速度均比普通品种快，但从乳熟末期淀粉率占自身成熟期的比例看，73％的高淀粉品种最小，72％高淀粉品种最大。总体上看，高淀粉品种中后期淀粉积累效率较高，但完成全程淀粉积累的速度表现不一致（表 4-1）。

表 4-1 不同类型的玉米品种淀粉积累情况

类　型	品　种	抽丝后 28d（％）	占成熟期（％）	抽丝后 38d（％）	占成熟期（％）	成熟期（％）
高淀粉 73％	四单 158	57.34	78.1	64.13	87.4	73.41
高淀粉 72％	郑单 21	59.10	82.0	66.54	92.3	72.11
普通玉米	吉单 180	59.82	85.4	63.80	91.1	70.04

高淀粉品种在全灌浆期淀粉平均积累的速率较高，而在完成全程淀粉积累进度上略低于普通品种。

（4）支/直比　籽粒发育过程中支/直比反映了积累直链淀粉和支链淀粉的能力的差异。不同粒质类型玉米品种籽粒的支/直比存在类型间差异。糯玉米支/直比变化在整个籽粒生育期呈 M 形，且远高于甜、爆、普三种类型，平均为甜玉米、爆裂玉米和普通玉米的 2.77、4.38 和 5.09 倍。

（二）籽粒可溶性糖含量

在籽粒充实期，高支链淀粉玉米籽粒可溶性糖含量在授粉后呈降低—升高—降低的变化态势，可溶性糖含量明显低于甜玉米籽粒，而与普通玉米和爆裂玉米籽粒可溶性糖含量相当；可溶性糖平均含量表现为甜玉米＞高支链淀粉玉米＞普通玉米＞爆裂玉米。

（三）籽粒蔗糖含量

玉米籽粒发育过程中，高支链淀粉玉米籽粒蔗糖含量呈现缓慢升高后缓慢降低的变化趋势，高支链淀粉玉米籽粒蔗糖含量整个充实期变化不大；籽粒蔗糖含量峰值出现在授粉后 16d。

二、玉米碳代谢的关键酶

（一）碳素同化的关键酶

C_3 途径的化学过程大致可分为三个阶段：即羧化阶段、还原阶段和再生阶段。在这一过程中的酶主要有羧化阶段的核酮糖二磷酸羧化酶/加氧酶和还原阶段 3-磷酸甘油酸激酶。C_4 途径的主要酶有磷酸烯醇式丙酮酸羧化酶、NADP -苹果酸脱氢酶和丙酮酸磷酸脱氢酶。磷酸烯醇式丙酮酸羧化酶和核酮糖二磷酸羧化酶对 CO_2 的亲和力相差很大,前者是后者的 60 倍,在 CO_2 浓度低时,更显著。

叶肉细胞与维管束鞘中的酶系统也有差别。叶肉细胞含有大量磷酸丙酮酸双激酶和磷酸烯醇式丙酮酸羧化酶,而含 1,5 -二磷酸核酮糖羧化酶和乙醇酸氧化酶则较少;维管束鞘细胞所含的酶则与此相反。磷酸丙酮酸双激酶可以催化丙酮酸和三磷酸腺苷形成磷酸烯醇式丙酮酸,磷酸烯醇式丙酮糖羧化酶是卡尔文循环中最关键的酶,也是产生磷酸乙醇酸的酶,乙醇酸氧化酶是光呼吸的一种关键酶。

玉米叶片中的过氧化体只存在于维管束鞘细胞中,过氧化体少,乙醇酸氧化酶活性相对低,对有机物的氧化分解低。所有高等植物的光合细胞中都有过氧化物体,但 C_3 植物叶肉细胞含过氧化物体较多,C_4 植物叶肉细胞含过氧化物体则较少。过氧化物体位于叶绿体附近,它含有乙醇酸氧化酶和过氧化氢酶,能把由叶绿体运来的乙醇酸分解;乙醇酸氧化酶的活性低,光呼吸较弱。

在玉米的维管束鞘中 CO_2 和 O_2 的比值远大于小麦、水稻、大豆等 C_3 作物。CO_2 和 O_2 的比值大的优势在于:维管束鞘中的核酮糖二磷酸羧化酶具有同化和异化双重性,在 CO_2 含量高时,同化反应作用强;在 O_2 含量高时,异化反应作用强。玉米维管束鞘中 CO_2 与 O_2 比值大,说明 CO_2 含量高,有利于核酮糖二磷酸羧化酶向合成方向反应。

(二)糖代谢的关键酶

1. 硝酸还原酶　硝酸还原酶作为一种光诱导酶和 N 代谢过程中重要的调节酶和限速酶,与作物 N 素代谢密切相关。它催化硝酸还原为亚硝酸的反应是植物体内硝酸同化的限速步骤,在玉米 C、N 代谢中,施 N 量直接关系到硝酸还原及整个 N 代谢的强弱,N素对光合 C 固定代谢有显著促进作用;增施 N 素使碳水化合物积累代谢减弱,光合产物大量用于含 N 化合物的形成,淀粉积累晚且量小,C/N 快速增长期推迟且不明显。在水分胁迫的情况下,通过对蔗糖磷酸合成酶的活性和与光合作用主要速率相对称的硝酸还原酶的调整,C 和 N 的代谢维持协调。

2. 其他　在叶片蔗糖合成过程中,碳酸蔗糖合成酶是关键性调节酶,磷酸蔗糖合成酶活性比碳固定酶活性更能反映籽粒对同化物的需求程度。

蔗糖合成酶和蔗糖酶为蔗糖代谢的主要酶,前者能促进运到籽粒等库器官的蔗糖的分解,后者则主要是促进蔗糖的合成。

在玉米籽粒中,蔗糖合成酶活性与淀粉积累呈正相关,而与蔗糖酶活性相关不显著,蔗糖合成酶活性对于籽粒接受蔗糖输入起重要作用。

高淀粉玉米单粒呼吸强度高,淀粉磷酸化酶和蔗糖转化酶活性较高,而酯酶同工酶活性低。

(三)淀粉合成关键酶

1. 淀粉合成酶　淀粉合成酶(starch synthase)是一种葡萄糖转移酶,它以寡聚糖作为前体引物,以 ADPG 作为底物通过 1,4 -糖苷键合成葡聚糖,然后在淀粉分支酶的作用下合成有分支的淀粉（包劲松等，1998）。根据淀粉合成酶在造粉体内存在形式的差别将其分为两类：一类为存在于质体基体中的束缚态淀粉合成酶（GBSS），它经过缓冲液提取后仍然保留在淀粉粒上；另一类为游离态淀粉合成酶（SSS），它经缓冲液提取后与淀粉粒分离而分散到缓冲液中。二者均利用 ADPG 作为合成淀粉的引物，但是 GBSS 主要负责直链淀粉的合成，而 SSS 主要负责支链淀粉的合成。梁建生等（2001）认为 ADPG 焦磷酸化酶和淀粉合成酶是淀粉合成的关键酶。

2. 淀粉分支酶　淀粉分支酶（starch branching enzyme）是淀粉生物合成过程中的一个关键酶，它催化葡萄糖以 α - 1，6 键连接形成分支结构（Waldemar et al.，2002），该酶是一种葡萄糖基转移酶，它首先催化 1，4 - 糖苷键的水解，继而将断链（含有原来的非还原性末端）连接到 1，4 - 葡聚糖的一个葡萄糖单位的 C - 6 位氢氧基团上形成一个 1，6 - 分支点。在反应中它需要至少含有 40 个葡萄糖单位的 1，4 - 葡聚糖作为反应的底物。玉米淀粉分支酶有 SBE I、20SBE II a 和 SBE II b 3 种同工酶，其中 SBE I 和 SBE II b 主要存在于胚乳，SBE II a 则主要存在于叶片，它们共同参与支链淀粉的合成。SBE II b 对胚乳直链淀粉含量的多少作用最大（刘仲齐等，1992）。

玉米籽粒中淀粉分支酶活性变化表现为单峰曲线，峰值出现在授粉后 30～40d 左右，甜质型玉米出现在授粉后 30d；普通型玉米 SBE 活性的峰值却出现在授粉后 40d；甜质玉米籽粒的 SBE 活性显著低普通玉米（刘鹏等，2005）。

3. 淀粉脱分支酶　Pan 和 Nelson 于 1984 年发现了一个缺乏淀粉脱分支酶（starch debranching enzyme）活性的玉米突变体 su - 1，在此突变体的籽粒中积累较高水平的高度分支的糖原。依据作用底物的不同，脱支酶分为异淀粉酶（isoamylase）和支链淀粉酶（pullulanase）。支链淀粉酶催化水解支链淀粉的 α - 1，6 分支，异淀粉酶催化水解糖原的 α - 1，6 分支，但不能水解支链淀粉的 α - 1，6 分支。刘鹏等（2005）研究结果显示，玉米淀粉脱分支酶在籽粒发育活性变化表现基本与分支酶相似，也为单峰曲线，峰值出现在授粉后 30～40d。甜质型玉米出现在授粉后 30d，普通型玉米 SDE 活性的峰值却出现在授粉后 40d。

4. 高淀粉玉米籽粒碳代谢关键酶　籽粒生长过程中玉米蔗糖合成酶（降解方向）（SS）、腺苷二磷酸葡萄糖焦磷酸化酶（ADPGPPae）、尿苷二磷酸葡萄糖焦磷酸化酶（UDPGPPase）、可溶性淀粉合成酶（SSS）、束缚态淀粉合成酶（GBSS）、淀粉分支酶（SBE）和去分支酶（DBE）活性呈单峰曲线变化。

高淀粉玉米籽粒 SS 和 ADPGPPase 活性均高于普通玉米，ADPGPPase 活性与高淀粉玉米总淀粉和直链淀粉积累速率关系密切，呈现显著正相关；SSS 和 GBSS 在籽粒灌浆快速增长期表现为高淀粉玉米大于普通玉米，其中 SSS 与高淀粉玉米支链淀粉积累速率呈极显著正相关。GBSS 与高淀粉玉米直链淀粉积累速率显著正相关。高淀粉玉米籽粒 SBE 和 DBE 活性峰值均大于普通玉米，SBE 与普通玉米支链淀粉积累速率显著正相关，而 DBE 则与淀粉积累相关性不大或呈现负相关。因此，高淀粉玉米的淀粉积累主要是受 ADPGPPase、SSS 和 GBSS 活性的调控，而 ADPGPPase、SSS、GBSS 和 SBE 是玉米淀粉积累过程中的关键酶，它们共同作用，相互协调促进了籽粒淀粉的积累。

另外也有研究认为，灌浆中后期 SS 活性与淀粉积累速率和籽粒灌浆速率均呈（极）

显著正相关；ADPGPPase、DBE 活性与淀粉积累速率和籽粒灌浆速率的相关性未达到显著水平；GBSS 活性与直链淀粉积累速率呈极显著正相关，与籽粒灌浆速率相关性不显著；SBE 活性与支链淀粉积累速率和籽粒灌浆速率呈极显著正相关。ADPGPPase 和 DBE 不是影响玉米籽粒中淀粉积累的关键酶；SS 是淀粉积累的限速因子；GBSS 对直链淀粉积累起重要的调节作用；SBE 对支链淀粉积累起关键作用。

三、高淀粉玉米的光合作用

光合作用是高淀粉玉米碳代谢的一个重要部分，是绿色植物通过叶绿素吸收日光能，利用 CO_2 和 H_2O 合成有机物，并将光能转换为化学能的过程。通常用下列公式表示：

$$6CO_2 + 6H_2O \xrightarrow[\text{绿色植物}]{\text{光}} C_6H_{12}O_6 + 6O_2$$

光合作用的意义在于把无机物转变为有机物；把光能转化为化学能，贮存在合成的有机化合物中；调解空气中的 CO_2 和 O_2 含量。光合作用是玉米植株生产的物质基础和能量基础，也是籽粒产量形成的物质基础和能量基础。

玉米植株的干物质中，矿质元素只占 5% 左右，其余的 95% 是有机物质。这些有机物质，都直接或间接来自光合作用。从某种意义上说，玉米生产上的各种农业措施，最根本的出发点就是提高光合效率，使玉米有较大的光合叶面积，有效地利用太阳能，产生较多的光合产物，提高籽粒生产率，获得较高的产量。

（一）玉米叶片的解剖结构

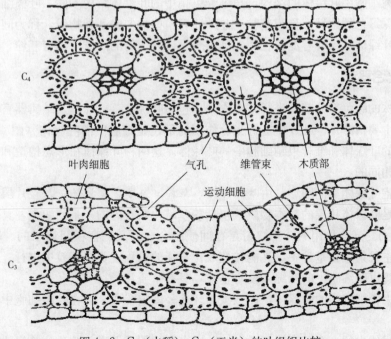

图 4-2　C_3（水稻）、C_4（玉米）的叶组织比较

　　叶片是玉米进行光合作用的主要器官，其解剖结构与小麦、水稻等禾本科作物明显不同（图4-2）。玉米叶片是由表皮、叶肉和维管束组成，叶片上下表皮布满许多呈半圆形的气孔；气孔是由两个保卫细胞和两个副细胞组成；叶内维管束有特别发达的维管束鞘（图4-3）。

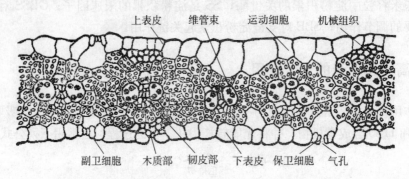

图4-3　玉米叶横切面

　　玉米叶片的同化组织以维管束为中心，呈放射状层状排列，最内层为薄壁维管束鞘细胞，维管束鞘细胞中含有很多叶绿体，维管束鞘细胞周围又包围着叶肉细胞，它比维管束鞘细胞小，也含有叶绿体，两者都可进行光合作用。维管束鞘细胞与叶肉细胞之间有胞间连丝相连，为两种细胞间物质交流的通道。在维管束鞘内以 C_3 途径同化 CO_2，外圈则按 C_4 途径同化 CO_2。这样，C_3 途径光呼吸释放出的 CO_2 刚溢出就被外圈 C_4 途径所捕获固定，不能溢出体外，外圈捕获的 CO_2 或直接同化成碳水化合物或重新送回为维管束鞘内再度同化成有机物质。水稻的维管束鞘细胞较小，不含叶绿体不能进行光合作用，只有周围排列松散的叶肉细胞中含叶绿体，能进行光合作用。

　　玉米叶肉细胞中叶绿体的结构，与维管束鞘中的叶绿体结构不同，叶肉细胞中的叶绿体具有一些深绿色的区域，称为基粒。此外还有一些均匀的基础物质，称为间质。维管束鞘细胞中的叶绿体，除含有淀粉粒外，其余全是比较均匀的间质，没有基粒。

（二）光合器官

　　玉米植株的绿色部分都能进行光合作用，包括叶片、茎、叶鞘及结实器官（苞叶、雄穗）等，但主要指叶片。叶片中进行光合作用的部位是细胞中的叶绿体（图4-4），包括叶肉细胞中的叶绿体和维管束鞘细胞中的叶绿体。这两种叶绿体在形态构造和光合作用中的功能是不相同的。

　　叶肉细胞叶绿体呈椭圆形，由叶绿体膜、基粒、基质、类囊体、基粒片层和间质片层组成。间质是叶绿体片层的基本物质，包括羧基歧化酶在内的一系列酶类，具有固定和还原 CO_2 的能力。光合作用的产物淀粉是在间质中合成而又贮存在间质中的。叶绿体中的光合色素，主要集中在基粒中，光能转变成化学能的过程主要在基粒中进行。

　　叶片维管束鞘细胞中的叶绿体没有基粒，只有基质片层。

　　在维管束鞘细胞中的叶绿体，以三碳循环途径固定 CO_2，而在叶肉细胞中，主要进行四碳循环。

　　玉米叶绿体中的光合色素有两大类：叶绿素和类胡萝卜素。叶片的叶绿体，主要含有两类色素，一类是叶绿素，它又分为呈蓝绿色的叶绿素 a 和呈黄绿色的叶绿素 b 两种，玉米叶绿素 a/b 的比率较高；另一类是类胡萝卜素，它包括两种色素即胡萝卜素和叶黄素，胡萝卜素呈橙黄色，叶黄素呈黄色。以上四种色素都能吸收光能，其中以叶绿素 a 在光合作用中最为重要，称为反应中心色素，具有光化学活性；其他三种色素称为聚光色素，它们吸收的光能，要传递给叶绿素 a 才能引起光化学反应。

　　玉米叶肉细胞中的叶绿体的吸收光谱与维管束鞘叶绿体的吸收光谱有两个高峰，一个在红光部分（640～660nm），一个在蓝光部分（430～450nm），并且两者相似。

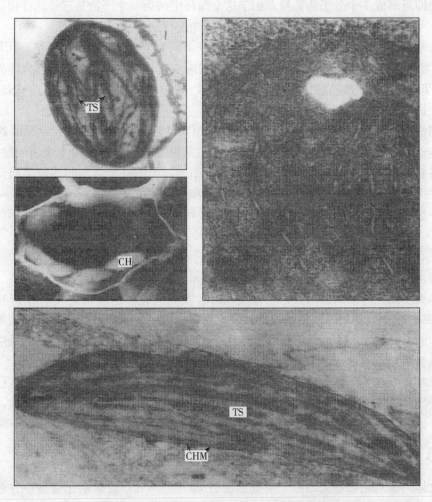

图 4-4　玉米叶片叶绿体成熟过程的超微结构

注：幼龄阶段的叶绿体，示简单的片层系统（TS）；

幼龄阶段叶绿体的部分放大；叶肉细胞中叶绿体（CH）；

成熟叶绿体的超微结构，CHM 叶绿体外表的双层膜；TS 片层系统。

（三）碳素同化途径

　　CO_2 同化是指植物利用光反应中形成的同化力，将 CO_2 转化为糖类的过程。高等植物的碳同化途径有三条，即 C_4 途径、C_3 途径、CAM（景天酸代谢）途径。玉米的碳同化途径为 C_4 途径（包括 C_3 途径），因为 C_3 途径是所有绿色植物光合作用碳素同化的基本途径，玉米是 C_4 植物，也具有这一碳素同化途径。

玉米从外界引入的 CO_2，被 RUBP（核酮糖二磷酸）固定，在 RUBP 羧化酶的作用下，产生 PGA（磷酸甘油酸），PGA（磷酸甘油酸）在 ATP 和 NADPH2 的作用下，被还原成 GAP（磷酸甘油醛），GAP 经过一系列的变化，最后再生成 RUBP，往复进行，无机的 CO_2 即变成有机的碳水化合物。每循环一周，将一个 CO_2 分子同化为有机化合物，循环 6 周即可形成 1 个分子葡萄糖。由于这个循环中的第一个产物是三碳化合物，故称为 C_3 循环。C_3 循环是在玉米维管束鞘细胞叶绿体中进行的。

玉米叶肉细胞质中的丙酮酸，在酶的作用下，可以产生磷酸烯醇丙酮酸（PEP），就是 C_4 植物中的 CO_2 的受体，PEP 在磷酸烯醇式丙酮羧化酶的作用下，将来自外界的 CO_2 固定在 PEP 上形成草酰乙酸。从丙酮酸到 PEP，再从 PEP 到草酰乙酸，这一循环是在叶肉细胞中进行的。

叶肉细胞经上述反应生成的草酰乙酸被 NADPH 还原生成苹果酸。苹果酸通过胞浆的胞间连丝从叶肉细胞转移到维管束细胞中，在苹果酸酶催化下脱羧生成丙酮酸和 CO_2。CO_2 在维管束鞘细胞中，通过 Rubisco 进入 C_3 循环。丙酮酸经过胞间连丝又回到叶肉细胞中，在丙酮酸磷酸二激酶催化下，转化成磷酸烯醇式丙酮酸。

由于维管束鞘细胞呼吸放出的 CO_2，可以被叶肉细胞通过四碳途径固定，因此这种玉米利用 CO_2 的效率特别高。其主要反应是：

$$磷酸烯醇式丙酮酸 + CO_2 \longrightarrow 草酰乙酸 + Pi$$

反应由磷酸烯醇式丙酮酸羧化酶（phosphoenol pyruvate carboxylase）催化。

玉米为了防止过多水分蒸发，常常关闭叶片上的气孔。这样使空气中的 CO_2 不易进入维管束鞘细胞中，Rubisco 不能保持其最大催化速度。玉米磷酸烯醇式丙酮酸羧化酶活性提高。对 CO_2 有很高的亲和力，使叶肉细胞有效的固定和浓缩 CO_2，以苹果酸的形式转移至维管束鞘细胞中，使 Rubisco 保持其最大催化活性。

玉米叶片气孔关闭不仅防止水分子出去，也防止 O_2 进来，而且产生的 CO_2 迅速被 C_4 途径利用，使维管束鞘细胞中 CO_2/O_2 之比永远很高。积累干物质速度很快，光呼吸消耗少，因此玉米常被称为高产作物。

（四）光合产物的积累与分配

作物体内碳水化合物大约占干物质总量的 $90\% \sim 95\%$，而碳水化合物中含量较高且能够互相转化和再利用的主要是蔗糖、淀粉和还原糖等糖类物质。正常条件下，叶片光合固定的 CO_2 主要以淀粉、蔗糖的形式于前期贮藏在叶绿体和细胞质中。蔗糖既是光合作用早期形成的碳水化合物，又是叶片光合产物向各器官运输的主要形式，在植物体内同化物的运输中占有举足轻重的地位。有研究表明，茎与雌穗间蔗糖浓度的差异可能是玉米籽粒灌浆的内在动力之一。叶片中的淀粉一般作为贮藏物质存在，在碳水化合物被大量消耗时，将会被进一步分解提供碳骨架，不过玉米叶片淀粉的降解，淀粉酶可能不起主要作用。还原糖一般在正常发育着的生长中心器官的含量较高，如果穗上部籽粒还原糖含量过少将会导致秃尖。

玉米的各种生命活动，如生长、吸水、吸肥、物质运输等都需要能量，这些能量是经呼吸作用把光合产物如淀粉等物质逐步分解而释放出来供给的。所以，玉米高产不仅要求功能叶片有较强的光合生产能力，而且要求光合器官中形成的光合产物能够合理地分配运输。已长成的玉米叶片在进行光合作用时，伴随着以蔗糖为主要形式的光合产物输出，供应其他器官以满足生长发育的需要。由叶片等源器官合成的蔗糖运输到籽粒后，并不能直接提供碳骨架，而要经降解后才能被籽粒进行合成利用。当玉米叶片光合产物的输出受阻碍时，淀粉和蔗糖的含量将都有所增加，而叶片光合产物的积累与降解又直接涉及光合固定 C 素的运输与合理分配。

叶片中进行降解的光合产物主要是淀粉，磷酸果糖激酶可能是叶片淀粉降解的关键性调节酶。对玉米叶片蔗糖和淀粉的昼夜变化研究表明，玉米叶片蔗糖与淀粉合成的趋向随光合产物输出情况的改变而变化。

（五）玉米光合特性

玉米碳同化途径为 C_4 循环，表现为光合强度大，光呼吸低，光合速率高。

1. 光合强度大　玉米的叶肉细胞和维管束鞘细胞都含有叶绿体，它的光合作用是由两种叶绿体合作完成的，因此净光合强度大。光合作用强度大说明玉米的光合能力强。据测，玉米的光合强度为二氧化碳合成量 $36\sim63mg/dm^2/h$，而小麦、水稻分别为 $17\sim31mg/dm^2/h$ 和 $12\sim30mg/dm^2/h$。

2. 光呼吸低　玉米光呼吸低，与其光合器官的解剖结构及其生物化学进程有关。

叶肉细胞主要含磷酸烯醇式丙酮酸羧化酶，含 1，5-二磷酸核酮糖羧化酶则较少，含乙醇酸氧化酶也很少，因此玉米叶肉细胞基本不进行光呼吸。玉米维管束鞘细胞中虽然含有较多的 1，5-二磷酸核酮糖羧化酶和乙醇酸氧化酶，但由于一方面维管束鞘细胞外包围有紧密的叶肉细胞，叶肉细胞含有较多的磷酸烯醇式丙酮酸羧化酶，可促进磷酸烯醇式丙酮酸和 CO_2 结合，另一方面维管束鞘细胞中由于光呼吸产生的 CO_2 又可被叶肉细胞再次吸收利用，而不易逸散。

3. 光补偿点低，光饱和点高　植物的光合作用，在一定的光照强度范围内，随着光照强度的增大，光合作用强度也增大，吸收的 CO_2 多于放出的 CO_2，光合产物增加。当光照强度增加到一定程度，光合作用强度不再增加，这时的光照强度称为光饱和点。在光饱和点以下，随着光照强度的减弱，光合作用强度下吸收的 CO_2 也减少，当光照强度减弱到一定程度时，植物吸收的 CO_2 量等于呼吸放出的 CO_2 量，这时的光照强度称为光补偿点。

各种作物的光饱和点和光补偿点是不同的。小麦、水稻、大麦、大豆等 C_3 植物的光饱和点为 $30\sim80klx$；玉米等 C_4 植物，光饱和点＞$80klx$。光补偿点在各种植物中也不一样，玉米的光补偿很低，一般为 $1\sim3klx$。玉米由于光饱和点高，光补偿点低，因此光能利用率高，有利于干物质积累，故其生长速度较快。

4. 利用 CO_2 经济　随着 CO_2 浓度的增高光合速率增加，当光合速率与呼吸速率相等时，外界环境中的 CO_2 浓度即为 CO_2 补偿点；当 CO_2 浓度继续提高，光合速率随着 CO_2

浓度的增加变慢，当 CO_2 浓度达到某一范围时，光合速率达到最大值（Pm），光合速率开始达到最大值是的 CO_2 浓度被称为 CO_2 饱和点。

玉米在光合作用中要求 CO_2 的最低浓度即 CO_2 的补偿点为 5～10 微升/升，而 C_3 作物则为 50～150 微升/升。

（六）高淀粉玉米光合特性

1. 苗期光合参数 高淀粉玉米净光合速率、叶绿素总含量、最大光合速率、暗呼吸速率低于普通玉米；叶绿素总含量高于高油玉米；表观量子效率高于普通玉米。

2. 花粒期光合参数

（1）净光合速率、蒸腾速率、气孔导度 整个灌浆期高淀粉玉米的净光合速率、蒸腾速率、气孔导度均低于普通玉米；灌浆前期（开花期和乳熟期）高油玉米低于高淀粉玉米；灌浆后期（蜡熟期），高淀粉玉米低于高油玉米。高淀粉玉米细胞间隙 CO_2 浓度低于普通玉米。

（2）相对电子传递速率、实际光能转化效率、最大光化学效率 在整个灌浆期中高淀粉玉米的相对电子传递速率、实际光能利用效率、最大光化学效率低于普通玉米，前期高油玉米高于高淀粉玉米，后期高淀粉玉米低于高油玉米。

（3）光能利用效率 吸收相同光能的条件下，高淀粉玉米光化学反应的光能比例低于普通玉米，高油玉米又低于高淀粉玉米；而热耗散消耗的光能比例高淀粉玉米高于普通玉米，叶片光化学反应的光能比例和热耗散消耗的光能比例随叶位而变化。

（4）光合色素含量 高淀粉玉米的光合色素总含量均低于普通玉米，灌浆前期高油玉米低于高淀粉玉米；灌浆后期光合色素含量高油玉米高于高淀粉玉米。

（5）最大光合速率、暗呼吸速率和表观量子效率 灌浆期最大光合速率、暗呼吸速率和表观量子效率高淀粉玉米低于普通玉米，高油玉米又低于高淀粉玉米。

（6）单株叶面积 高油、高淀粉玉米的最大叶面积均低于普通玉米，高油玉米低于高淀粉玉米。高淀粉玉米出现单株最大叶面积的时间最早，其次为高油玉米，最后为普通玉米。高油玉米叶片衰减速度较慢，高淀粉玉米叶片衰老较快。密度增加，单株最大叶面积变小。施肥量增加，单株叶面积增加，高淀粉玉米增加的幅度最大，高油玉米次之，普通玉米增加幅度最小。出现最大叶面积的时间变晚，叶面积衰减速度变慢。说明在高淀粉、高油玉米栽培时应注重增施 N 肥。

四、影响高淀粉玉米光合作用的自然因素和人为因素

（一）自然因素

玉米的碳代谢除受作物本身的遗传特性影响外，还受到光照、温度、CO_2 浓度、O_2 浓度、水分、矿质营养等自然因素及人为因素的影响。

1. 光照强度 光照强度对玉米光合作用有显著影响。光照是光合作用的能量来源，是影响光合碳循环中的光调节酶活性的重要因素，也是形成叶绿素的必要条件。强光下生长的叶片光饱和点和最大光合速率均比弱光下高，同时具有较大的光合潜力。

玉米是高光效作物，其群体产量取决于光合系统的大小和效率。玉米群体光合系统的大小和效率主要表现在绿色面积的大小、功能期长短、单位绿叶面积的光合效率、光合产物的干物质积累总量及分配到子实器官的比例。一定范围内群体密度的调节能力可达35%，而叶面积指数（LAI）的自动调节能力为25%，但其可在一定程度上调节植株干物质的分配比例，从而影响产量。一般认为，较高的籽粒产量与较适宜的消光系数值相对应。玉米叶片的光合速率仅反映叶片的瞬时光合作用强度，棒三叶的净光合速率（Pn）较大，峰值出现在吐丝期。

强光条件下，短波光成分多，有利于玉米生长发育，植株健壮，机械组织发达，小穗小花发育加快；长波光，玉米雌穗发育受抑制。密度越大，红、绿光为主；强光下密度越小，蓝、紫光为主。蓝光对叶绿素和碳水化合物的形成都有促进作用。

2. CO_2 浓度　强光和高浓度 CO_2 有利于蔗糖和淀粉的形成，而弱光则有利于谷氨酸、天冬氨酸和蛋白质的形成。

在低浓度 CO_2 条件下，CO_2 浓度是光合作用的限制因子，在饱和阶段，CO_2 受体的量，即 RUBP 羧化酶的再生速率成了影响光合速率的因素。

3. 水分　水分是光合作用的原料之一。但是，用于光合作用的水只占蒸腾失水的1%，因此缺水影响光合作用主要是间接原因。

轻度缺水会导致气孔导度下降，导致进入叶内的 CO_2 减少；光合产物输出变慢，光合产物在叶片中积累，对光合作用产生反馈抑制作用；光合机构受损，光合面积减少，作物群体的光合速率降低。水分过多也会影响光合作用，土壤水分过多，通气状况不良，根系活力下降，间接影响光合作用。

水分胁迫影响植物体的碳水化合物代谢。通常，源叶中淀粉水平下降，可溶性糖含量增加。水分胁迫对夏玉米各生育期 C 素代谢的自身规律影响较小，主要是改变 C 素同化、运转、分配的绝对量和分配率。

水分胁迫使夏玉米叶片叶绿素含量和光合性能降低，叶面积系数和同化物合成减少，显著降低籽粒产量。干旱条件下各营养器官花前贮藏物质运转量（率）和贮藏物质总运转量（率）的变化依器官表现不尽一致，夏玉米乳熟始期光合产物向根、茎、叶、鞘的分配急剧下降，同化物主要供应储藏器官。干旱条件下物质向营养器官分配比例增加，而向生殖器官分配减少。散粉后叶片和茎秆的干物质逐渐向籽粒转移，转移率可达20%左右。茎干物质转移量高于根和叶的转移量。

4. 矿质营养　N 素不仅是作物营养的三大要素之一，而且是植物体内蛋白质、核酸、酶、叶绿素等以及许多内源激素或其前提物质的组成部分。N 是植物体最重要的结构物质，参与调控植物体生化反应的关键物质酶及其辅基的合成。N 素是植物需求量最大的矿质营养元素，植物叶片 N 素含量的75%用于构建叶绿体，其中大部分参与光合作用，所以 N 素缺乏常常会成为植物生长的限制因子。

P 是植物生长发育的必需元素，它参与光合作用各个环节（包括光能吸收、同化力的形成、卡尔文循环、同化产物的运输以及对一些关键性酶活性的影响等）的调节，在提高作物光合能力和缓减逆境胁迫中起重要作用。

5. 温度　玉米是喜温作物，尤其是在发育早期对冷害很敏感。当温度低于玉米最适生长温度时,光合速率和一些与光合作用相关的叶绿体合成、酶促反应、光合产物运输等都会受到负面的影响。低温还影响光合作用中光系统的修复能力,加剧光对光合作用的抑制。

光合作用的暗反应是由酶催化的化学反应,其反应速率受温度影响,因此温度也是影响光合速率的重要因素。在强光、高 CO_2 浓度下,温度对光合速率的影响比在低 CO_2 浓度下的影响更大,因为高 CO_2 浓度有利于暗反应的进行。

昼夜温差对光合净同化率也有很大的影响。白天温度较高,日光充足,有利于光合作用进行;夜间温度较低,可降低呼吸消耗。因此,在一定温度范围内,昼夜温差大,有利于光合产物的积累。低温、干旱并发对光合效率和光合作用速率的负效应加大,光化效率降幅增大 2.5 倍,光合作用速率增大 15% 左右,光化效率与光合作用速率两者呈显著正相关。

(二)人为因素

玉米籽粒品质形成过程的实质即 C、N 及脂肪代谢过程。光合产物合成、转运、籽粒灌浆动态及关键酶作用等与品质形成密切相关。玉米群体光合效率受施 N 量、种植密度、株型以及库源关系等因素的影响。

1. 种植密度和种植形式 徐庆章等研究结果表明,同一基因型的不同株型对玉米群体光合速率有显著影响,如株型变得紧凑时,可提高光合速率,且其效应随密度增大而愈加明显。李少昆等认为雌穗大小与单叶光合效率之间存在显著正相关关系。单株叶面积(LA)叶片叶绿素含量、光合速率、呼吸速率均随种植密度增加而降低;而叶面积指数(LAI)、群体叶面积持续期(LAD)则随种植密度增加而增加。董树亭等研究认为,玉米群体光合系统的大小和效率主要表现在绿叶面积的大小、功能期的长短、光合效率、光合产物的积累及分配到子实器官的比例。密度增加,光合色素含量降低,高淀粉玉米降低的幅度小于普通玉米。

Duncan 指出,一定范围内群体密度的调节能力可达 35%。高密度下群体呼吸速率大于低密度,后期高密度玉米呼吸消耗所占光合的比率大,叶片衰老变快,体积变小,百粒重下降,秃顶率变大。

高淀粉玉米生育期随着密度增大延后 2~3d,叶面积指数在 5 万~7 万株/hm^2 密度时,表现为开花期以前随着密度的增加而增加,穗位叶片光合速率随着密度增大而降低。密度增加,光合速率、蒸腾速率、气孔导度降低,高淀粉玉米降低的幅度小于普通玉米。

许崇香等研究认为,获得较高玉米籽粒产量和高淀粉产量的最佳密度为 5.5 万~6.2 万株/hm^2。刘开昌等研究认为,不同种植密度条件下,玉米籽粒淀粉含量与单株产量、千粒重均呈显著负相关,与籽粒蛋白质含量、脂肪含量亦均呈显著负相关。

关义新等(2004)等对高淀粉玉米研究认为,随种植密度增加,玉米籽粒淀粉含量增加。不同种植密度条件下,玉米籽粒淀粉含量与单株产量、千粒重均呈显著负相关,与籽粒蛋白质含量、脂肪含量亦均呈显著负相关。

2. 施肥 叶面积大小是导致冠层特征变化的主导因子,增施 N 肥可增加 LAI 和叶面积持续期(LAD),进而增加群体光合和籽粒产量。同时,叶片含 N 量对光合能力的影响很大，主要是通过羧化作用有关酶的含量而起作用的。增施 N 肥可显著提高旗叶叶绿素含量和光合速率，延长旗叶光合速率高值持续时间，有利于粒重的提高。适量增施 N 肥可以促进营养器官贮存性同化物向籽粒的运转，增加占粒重的比例，提高籽粒可溶性糖含量，促进淀粉积累，进而增加粒重。过量施用 N 肥虽促进了开花后玉米的 C 素同化，但不利于营养器官贮存性同化物向籽粒中的再分配，籽粒可溶性糖含量减少，影响淀粉积累，导致粒重降低。适宜 N、K 用量下，玉米叶片可溶性蛋白质含量高，RUBP 羧化酶和 PEP 羧化酶活性较强。

施 N 量增加，光合色素含量增加，高淀粉玉米提高的幅度大于普通玉米，反映了高淀粉玉米光合色素含量在灌浆期中降低较快；施 N 量增加，最大光合速率、暗呼吸速率增加，高淀粉玉米增加的幅度高于普通玉米，表观量子效率增加幅度高淀粉玉米小于普通玉米。

刘开昌等研究认为，增施 S 肥，高淀粉玉米的叶面积、叶绿素含量和光合速率显著提高，叶片硝酸还原酶活性和 N 积累量增加。叶面积指数随着 N 肥施用量的增加而增加。叶绿素含量随着 N 肥的增加从苗期到灌浆期呈现增加趋势。穗位叶片光合速率随 N 素水平增加而增加；N 肥增加，光合速率、蒸腾速率、气孔导度增加，高淀粉玉米增加幅度高于普通玉米。随施 N 量增加细胞间隙 CO_2 浓度提高的幅度，高油玉米高于普通玉米，高淀粉玉米低于普通玉米。

关义新等（2004）对高淀粉玉米研究认为，随施 N 量增加，玉米籽粒淀粉含量的变化不显著。

3. 灌溉　光合作用作为光合物质生产和产量形成的重要因素，是抗旱生理研究的重点之一。大量研究表明，作物光合作用对水分胁迫反应敏感，光合速率随胁迫加强不断下降，是作物后期受旱减产的主要原因。水分胁迫下作物叶片叶绿素含量不仅是衡量作物耐旱性的重要生理指标之一，而且也直接关系着作物的光合同化过程。

玉米充分供水具有最大的干物质累积量和正常的 C 素代谢，合理的水分供应促进玉米植株生育前期总生物量的积累以及生育后期干物质从营养体向籽粒的转移，成熟期营养器官中的非结构性碳水化合物滞留少，向籽粒中的运转彻底，可获得较高籽粒产量。

本章参考文献

东先旺等 . 1997. 夏玉米耗水特性与灌水指标的研究 . 玉米科学，5（2）：53～57

方文松等 . 2007. 夏玉米水分—产量反应系数研究 . 干旱地区农业研究，25（2）：111～114

胡昌浩 . 1995. 玉米栽培生理 . 北京：中国农业出版社

贾银锁，谢俊良 . 2008. 河北玉米 . 北京：中国农业科技出版社

金继运，何萍，刘海龙等 . 2004. 氮肥用量对高淀粉玉米和普通玉米产量和品质的影响 . 植物营养与肥料学报，10（6）：568～573

金明华，苏义臣，刘向辉等 . 2004. 高油、高淀粉玉米杂交种主要生育特点研究与分析初报 . 玉米科学，12（2）：56～59

寇明蕾，王密侠，周富彦等 . 2008. 水分胁迫对夏玉米耗水规律及生长发育的影响 . 节水灌溉，（11）：18～21

李彩霞等.2007.控制性交替灌溉对玉米生理生态及产量的影响.玉米科学,15 (3):103～106

李全起等.2004.夏玉米种植中水分问题的研究进展.玉米科学,12 (1):72～75

刘海龙,何萍,金继运等.2009.施氮对高淀粉玉米和普通玉米子粒和淀粉积累的影响.植物营养与肥料学报,15 (3):493～500

刘开昌,胡昌浩,董树亭等.2002.高油、高淀粉玉米籽粒主要品质成分积累及其生理生化特性.作物学报,28 (4):492～498

罗洋,金明华,苏义臣等.2005.高油、高淀粉玉米与不同杂优模式普通玉米油分和淀粉积累对比研究.玉米科学,13 (1):69～71,76

孟繁静.1995.植物生理生化.北京:中国农业科技出版社

山东农科院.1986.中国玉米栽培学.北京:中国农业出版社

宋云峰.2007.高淀粉玉米品种适宜种植密度研究.农业与技术,27 (3):56～58

汪可欣,王丽学,吴佳文等.2009.不同耕作方式对土壤耕作层水、肥保持能力及玉米产量的影响分析.中国农村水利水电,(5):53～59

王树安.1995.作物栽培学各论.北京:中国农业出版社

王艳芳,张立军,樊金娟等.2006.春玉米子粒灌浆期可溶性糖含量变化与淀粉积累关系的研究.玉米科学,14 (2):81～83

肖俊夫,刘战东,陈玉民.2008.中国玉米需水量与需水规律研究.玉米科学,16 (4):21～25

许崇香,王红霞,左淑珍等.2005.密度对中早熟高淀粉玉米品种淀粉产量的影响.玉米科学,13 (2):97～98,101

薛明霞.2009.春玉米耗水试验与分析.地下水,(3):148～150

杨华,王玉兰,张保明等.2008.鲜食与爆裂玉米育种和栽培.北京:中国农业科技出版社,172～184

杨镇等.2007.东北玉米.北京:中国农业出版社

张海艳,董树亭,高荣岐等.2008.玉米籽粒淀粉积累及相关酶活性分析.中国农业科学.41 (7):2 174～2 181

张智猛,戴良香,胡昌浩等.2005.高淀粉玉米灌浆期水分差异供应对籽粒淀粉积累及其酶活性的影响.植物生态学报,29 (4):636～643

赵聚宝等.2000.中国北方旱地农田水分平衡.北京:中国农业出版社

郑卓琳等.1994.紧凑型夏玉米高产需水规律研究.玉米科学,2 (4):26～32

仲爽,李严坤,任安等.2009.不同水肥组合对玉米产量与耗水量的影响.东北农业大学学报,40 (2):44～47

第五章 ■■■■■■■■■■■■■■■

环境条件对玉米淀粉含量的影响

第一节　自然生态因子对玉米淀粉含量的影响

一、气候条件对玉米生育时期的影响

玉米的生长发育、产量的高低与玉米生育期中的农业气候条件有密切关系。而气候条件是一个复杂的系统，包括温度、光照、天然降水等因素的共同作用。

（一）温度条件对玉米生育期的影响

玉米是喜温且对温度反应敏感的作物。玉米从播种到开花的发育速度受温度的影响，确切地是受生长点处经受的温度决定的。不同生育时期对温度的要求不同。在土壤水、气条件适宜的情况下，玉米种子在10℃能正常发芽，以24℃发芽最快。苗期玉米的生长点低于地面，其生长速度取决于地温。拔节期最低温度为18℃，最适温度为20℃，最高温度25℃。拔节至孕穗期的生长点在叶鞘里，白天生长点处的温度低于周围空气温度，而夜间同周围空气的温度一样。开花期是玉米一生中对温度要求最高、反应最敏感的时期。最适温度为25～28℃。温度高于32～35℃，大气相对湿度低于30％时，花粉粒因失水失去活力，花柱易枯萎，难于授粉、受精。最高气温38～39℃会对玉米造成高温热害，其时间越长受害越重，恢复越困难。玉米灌浆与成熟的最适日平均温度在20～24℃，如遇低于16℃或高于25℃温度，则影响淀粉酶活性，养分合成、转移减慢，积累减少，成熟延迟，粒重降低而减产。成熟期高于28℃的持续高温干旱会加速叶片衰老，引起玉米早衰导致减产。

研究表明，正常（早）播种期的玉米出苗早，成熟期也偏早。阶段平均气温越高，玉米出苗和营养生长速率越快。平均气温与出苗速率、生长速率的关系是线性的，气温每上升1℃，出苗速率提升17％，营养生长速率提升5％。在东北地区，播种至出苗的下限温度是日平均气温10℃。积温与叶面积、生物量和产量的关系密切。目前应用的玉米品种生育期要求总积温在1 800～2 800℃。晚熟品种和正常时间播种的玉米，由于活动积温较多，最大叶面积指数、中后期生物量、单位面积产量等相关指标都明显高于早熟品种和晚播种的品种。

（二）光照条件对玉米生育期的影响

光是作物进行光合生产的主要能量来源。光照条件的改变可明显地改变作物的生长环

境，进而影响光合作用、营养物质的吸收及其在植物体内的重新分配等一系列生理过程，最终影响作物的产量。

玉米是短日照作物，喜光，全生育期都要求较强的光照。出苗后在 8～12h 的日照下，发育快，开花早，生育期缩短，反之则延长。日照对玉米的影响表现在两个方面：一是光能截获率。据试验和光照强度检测，3 万株/hm² 玉米光能截获率为 67.8%；4.5 万株/hm² 截获率达 78.8%；6 万株/hm² 达 81.8%。在目前产量水平和密度条件下，光照与产量的形成没有成为突出矛盾；二是玉米开花授粉后光照时数是影响玉米品质的重要因子，二者呈线性关系，直线方程为 y＝ax＋b。说明光照增加，利于改善玉米植株内部生理代谢功能，提高产量。由于玉米籽粒中 80% 的干物质由开花后的叶片制造，因此，抽雄至成熟期，充足日照利于开花授粉和籽粒灌浆。

玉米是 C_4 植物，生长需要较强的光照。玉米在强光照下，净光合生产率高，有机物质在体内移动得快，反之则低、慢。玉米的光补偿点较低，故不耐阴。玉米的光饱和点较高，即使在盛夏中午强烈的光照下，也不表现光饱和状态，即玉米无论单株还是群体都没有明显的光饱和点。因此，要求适宜的密度，当群体密度太大时，内部光照条件恶化，影响玉米的光合作用，有机物积累减少，严重影响产量。据研究，玉米生育期间太阳总辐射减少 1kJ/cm²，相当于玉米群体少形成 33 715kg/hm² 生物产量。不仅日照长度和光强会影响玉米的生长发育，光谱成分同样有很大的影响。据研究蓝紫光对玉米果穗的发育特别有利。

随着日照的缩短，生育进程加快，可以提前穗分化。北种南移则穗分化提前，生育期缩短；南种北移则穗分化拖后，生育期延长。所以粒用玉米不能由南向北引种太远，而青贮玉米或青饲玉米可适当南种北引，以使茎叶产量增加。

（三）天然降水条件对玉米生育期的影响

玉米需水较多，除苗期应适当控水外，其后都必须满足其对水分的要求，才能获得高产。一株玉米一生中要耗水 150～200kg，是其自身重的 100～200 倍。据资料表明，玉米的蒸腾系数为 240～360，是较耐旱的作物。年降水量＞250mm 的地区都可种植玉米，但是最适宜种植的是年降水量 550～650mm 且分布均匀的地区。中国东北大部分地区的年降水量为 400～800mm，主要分布在 7、8 月间，雨热同季，比较适合玉米的生长。

玉米各生育时期耗水量有较大的差异，总的趋势为从播种到出苗需水量少。试验证明，玉米种子萌发要吸收自身重量的 35%～37% 的水分，而玉米播种出苗主要是从耕层土壤（0～20cm）吸收水分。因而播种时土壤持水量为 60%～70% 时，才能保持发芽良好，但土壤水分过多或积水（土壤相对湿度≥90%）会使根部受害，影响生长甚至死亡；出苗至拔节，需水增加，土壤水分应控制在田间最大持水量的 60%，为玉米苗期促根生长创造条件；抽穗前 10d 至抽穗后 20d，需水剧增，抽雄至灌浆需水达到高峰，从开花前8～10d 开始，30d 内的耗水量约占总耗水量的一半；拔节～成熟期要求土壤保持田间最大持水量的 80% 左右为宜，是玉米的水分临界期；灌浆至成熟仍耗水较多，乳熟以后逐渐减少。玉米从出苗至 7 叶期易受涝害，而生长中后期的耐涝性较强。

据资料表明，产量 7 500kg/hm² 的夏玉米耗水量 4 500～5 550m³/hm²，形成 1kg 籽

粒大约需水700kg。研究还表明，耗水量随产量提高而增加。拔节—成熟期可以土壤相对湿度（土壤绝对湿度占田间持水量的百分率）表示玉米的水分状况：极旱≤40%，重旱40%～50%，轻旱50%～60%，适宜70%～85%。在干旱年份，早、中熟品种会因过早抽穗和抽丝而导致穗小粒小减产，而晚熟品种则雌雄穗开花间隔增加，当雌雄穗开花相隔10d以上就会出现花期不遇授粉不良而引起缺粒减产。这是因为干旱促进玉米的雄穗发育，使早、中、晚熟品种的雄穗分化加快，提前抽穗。干旱对早、中熟品种雌穗分化的影响也是提前，对晚熟品种的雌穗分化则是拖后。

（四）CO_2浓度对玉米生育期的影响

玉米从空气中摄取CO_2的能力极强，能从空气中CO_2浓度很低的情况下摄取CO_2，合成有机物质，其能力远远大于麦类和豆类作物。玉米的CO_2补偿点为1～5mg/L，说明玉米是低光呼吸高光效作物。玉米不同生长阶段呈现碳排放、吸收的不同特征，播种期、苗期、成熟收获期为净排放，拔节至成熟期为净吸收，开花期的CO_2净交换量最大，碳吸收最强，而后依次为吐丝—乳熟期、拔节期。有关试验研究认为，增加空气中的CO_2浓度，对各种作物都有明显的增产作用。而温度对CO_2的固定影响很大，当白天气温为14℃时玉米的光合强度仅为10mg/dm²/h，30℃时玉米的光合强度为50mg/dm²/h，40℃时玉米的光合强度降为40mg/dm²/h。

二、生育时期对玉米粗淀粉的影响

中国玉米籽粒中的粗淀粉含量按地域划分具有南高北低的趋势。东北地区玉米灌浆期的温度合适且昼夜温差大，有利于干物质特别是淀粉的积累，玉米的淀粉含量普遍较高。

淀粉是玉米籽粒中所占比例最大的贮存性碳水化合物，含量约占籽粒干重的70%，由直链淀粉和支链淀粉组成。普通玉米籽粒直链淀粉占23%左右，支链淀粉占77%左右，糯玉米淀粉100%为支链淀粉。淀粉主要存在于胚乳中，占胚乳总重量的87%左右。

玉米合成淀粉的碳源主要来自叶片合成并通过韧皮部长距离运输至胚乳的蔗糖，蔗糖在胞液的蔗糖合成酶、ADPGPPase、淀粉合成酶和淀粉分支酶作用下合成直链淀粉和支链淀粉。与蔗糖代谢和积累密切相关的酶主要有SPS和SS等。SPS是一种可溶性酶，存在于细胞质中，是蔗糖合成调节中的关键酶，它催化UDPG和6-磷酸果糖生成6-磷酸蔗糖和UDP的可逆反应。SPS控制着叶片内蔗糖合成，在保障叶片内蔗糖合成和降解与淀粉合成的平衡中起着重要的调节作用。SS既可催化蔗糖合成又可催化蔗糖分解，但主要起分解蔗糖作用，即将叶片等源器官合成的蔗糖运输到籽粒后，再将其降解，以供淀粉合成之用，与淀粉积累密切相关。现已明确，直链淀粉是在GBSS催化下合成的，而支链淀粉是在SSS、ADPGPPase、淀粉分支酶和淀粉去分支酶共同作用下合成的。

籽粒发育初期ADPG转葡萄糖苷酶和淀粉磷酸化酶（PⅡ、PⅢ）的活性很低，淀粉含量很少。授粉12d以后，合成淀粉的酶类活性直线上升，其中在乳熟中期前灌浆速度相对较慢，到22～28d最高，在乳熟中后期籽粒灌浆速度最快，淀粉积累效率较高，淀粉含量和籽粒干物重直线增长。由此可见，从授粉后的14～35d的20d左右时间内，是籽粒中物质转化和灌浆的关键时期。

据研究玉米籽粒淀粉含量随着籽粒生长逐渐上升，在授粉后 50d 左右时达到最高点，到成熟后又略有下降，总体呈抛物线形状，符合曲线方程 $Y=A+BX-CX2$。不同类型玉米单粒淀粉积累都呈 S 形曲线，可以用方程 $Y=K/（1+Ae-BX）$ 表示。淀粉积累速率最大的时间均在授粉后 $32\sim33d$，而最大积累速率在不同类型间明显不同。

三、气候条件对淀粉含量的影响

玉米籽粒粗淀粉的形成同时受到基因型、环境以及二者互作的共同影响。一般认为籽粒产量与其品质之间呈负相关关系，即高产和优质是很难并重的。玉米的品质决定于基因型和生态环境因素（张泽民，1997），品质的优劣是二者共同作用的结果，但基因型和环境哪一个是影响玉米籽粒品质的决定性因素，长期以来人们一直认为基因型是关键因素。生态环境是决定玉米生长发育和品质形成的外因，对作物品质的影响作用十分显著。国内外大量研究结果明确指出，气候（以温度和湿度为主）和土壤因素是影响作物品质的重要因素。玉米粗淀粉含量受到多种因素的影响，不同环境的气候条件如温度、CO_2 浓度、水分、光照和土壤等因素的不同，都可能导致基因表达方式或程度的差异，最终影响粗淀粉含量。

（一）温度条件对玉米淀粉的影响

温度是影响玉米籽粒形成与灌浆的重要环境条件。灌浆期间的最适日平均温度为$22\sim24℃$，温度低于 $16℃$，降低光合作用，灌浆速度减慢，粒重降低，成熟期推迟（张毅，1995；孙月轩，1994）。而温度高于 $25℃$，又遇干旱时，则会出现叶片过早枯黄，籽粒脱水过快等高温逼熟现象，这些都严重影响籽粒品质建成（孙月轩，1994）。在 $21\sim31℃$ 范围内温度对籽粒的影响很小（Tollenaur）。高温可影响糖类代谢及淀粉的合成（Chieikb）。有研究资料表明，夏玉米千粒重与灌浆期间平均气温、气温日较差呈极显著相关（陈国平，1986，1994），平均气温与气温日较差都是影响灌浆时间长短的主要气象因子。Hallaue 研究指出，生长期间的平均温度显著影响直链淀粉含量。Chieikb 研究发现，高温可影响糖类代谢及淀粉的合成。张毅等研究认为灌浆期低温使玉米籽粒淀粉含量降低。张旭等也认为，低温使玉米籽粒淀粉含量降低。在 $18.2\sim26.7℃$ 温度范围内，灌浆时间随着平均气温的升高而缩短。说明低温对延长灌浆期有利，高温使灌浆期缩短（Desjardins R L，1978）。

（二）光照条件对玉米淀粉的影响

玉米属短日照作物，在短日照条件下发育较快，在长日照下发育缓慢。在影响玉米籽粒品质的环境因子中，光照的作用是极其重要的。生育期光照不足，玉米产量和淀粉含量的降低，一方面是由于光合下降，生物产量降低；另一方面来自玉米淀粉合成关键酶活性降低。苗期光照不足主要影响玉米光合性能，降低光合物质形成，进而影响玉米籽粒产量，对籽粒淀粉合成关键酶活性影响较小。花粒期光照不足除降低光合作用导致光合产物减少外，主要是降低了籽粒淀粉合成关键酶活性，进而影响了光合产物向籽粒的运转和分配。

玉米的不同生育时期都有一个适宜的日照时数。特别是乳熟期至成熟期，正值营养物质向籽粒转移的时期，如光照不足，对籽粒品质影响更大（张泽民，1991；Hestch J D）。在强光照下合成较多的光合产物，供各器官生长发育，茎秆粗壮结实，叶片肥厚挺拔；弱光照下则相反（Brun W A，1967；关义新，2000；赵久然，1990）。植株在 6 层纱布遮光的条件下生长，整株干物重仅为未遮光的 68%。光质与玉米的光合作用及器官发育有密切关系（Miller P A，1951）。一般长波光对穗分化发育有抑制作用，短波光有促进作用。而且，短波光对雄穗发育的促进作用比雌穗大；长波光对雌穗发育的抑制作用比雄穗更明显。玉米的不同生育时期都有一个适宜的日照时数，特别是乳熟至成熟期，正值营养物质向籽粒转移的时期，如光照不足，对籽粒品质影响更大（张泽民，1991；Hestch J D，1963）。光照对玉米籽粒品质的影响小于温度的影响，但这方面的详细报道还比较少。光照强度与玉米籽粒品质密切相关，光照强度从 48 400lx 和 16 100lx 降到 8 100lx 时，粒重明显下降，籽粒中 N 和 P 的浓度有升高的趋势。伊文斯（1975）认为，在弱光下随着粒重的降低，碳水化合物和蛋白质成比例地下降。光照强度与玉米籽粒品质的密切相关已成为共识，但生产上如何充分利用不同生态区的光照条件，发挥区域优势，以及在同一生态区如何充分利用不同季节的光照条件，提高玉米品质却鲜见报道。不同生态区，光照与品质指标之间的关系并不一致，这说明，光照并不是简单的独立影响玉米籽粒的品质，而是与其他因子一起对籽粒的品质形成起作用。品种之间也存在差异。

（三）天然降水条件对玉米淀粉的影响

水分是玉米生命活动中需量最多的物质，在许多生理代谢过程中起着重要作用。荆家海、Boyer、Kramer 等人研究认为，光合作用对水分胁迫十分敏感，随水分胁迫程度的加强，玉米叶片的伸展速率减慢直至停止，同时加速了叶片的衰老过程。光合持续时间缩短，光合速率下降，导致干物质积累下降。当土壤水分是限制因子时，不仅降低玉米产量，而且影响其品质。

中度水分胁迫对玉米不同品种各生育期均有抑制作用（戴俊英，1990）。关于水分对籽粒品质影响的生化原因，降水可使根系活力降低，造成土壤中硝酸根离子位差下移，有碍于蛋白质的合成。降雨通过提高淀粉产量，稀释籽粒 N 含量或对土壤有效 N 的淋溶和反消化作用而减少籽粒蛋白质的形成（张宝军，1995；章练红，1996）。

（四）CO_2 浓度对玉米淀粉的影响

大气中的 CO_2 浓度与玉米的光合作用、蒸腾作用及叶温都有密切联系。CO_2 浓度增加，提高了玉米的光合能力，净光合速率增大，夜间呼吸速率相对减弱，对干物质积累有利。并且，CO_2 浓度增加，叶片气孔开度小，气孔阻力增大，水汽输送能力降低，蒸腾减弱，故而使叶温升高，并且大大提高了水分利用率。王春乙等用不同 CO_2 浓度处理来研究玉米籽粒品质认为：随着 CO_2 浓度的增高，玉米的赖氨酸、蛋白质含量及蛋白质品质（蛋白质品质＝赖氨酸含量/蛋白质含量）逐渐下降，而淀粉含量有所增长。大气中的

CO_2 浓度增加，伴随着全球气候变暖，温度升高。然而刘淑云等的研究得出了不同结论，认为 CO_2 浓度增加和温度升高的共同作用对玉米品质的影响结果使淀粉含量下降，脂肪、赖氨酸含量增加，蛋白质品质提高。

四、地理因素对玉米淀粉的影响

玉米分布遍及全国，在广泛的地域种植范围内，地理因素对玉米生育期有重要影响。以海拔而论，已有不少研究报道，普遍认为玉米生育期随海拔的升高或降低而延长或缩短，呈正相关。陈学君，曹广才等最近的研究表明，在甘肃省同纬度带，海拔每升降 100 m，玉米品种的生育期延长或缩短 4～5d。刘淑云（2002）对不同海拔高度下的玉米籽粒品质做了初步的分析比较，发现随海拔高度增加，籽粒品质有所改善，蛋白质和赖氨酸含量提高，淀粉含量和可溶性糖含量有所降低，品种的表现不完全一致。对于灌浆期、株高、穗位高的调查比较发现，随海拔高度增加，灌浆期延迟 1～2d，株高和茎粗有减小的趋势。海拔高度对玉米籽粒品质具有有效的调控作用。至于纬度对玉米生育期的影响，一般认为随纬度高低而有延长或缩短的趋势，但具体研究资料不多。另外，玉米籽粒的一些品质性状，也与地理因素有一定关系。有研究表明，籽粒直链淀粉/粗淀粉与海拔之间呈负相关趋势。也有研究揭示，随着海拔的增加，玉米籽粒蛋白质和赖氨酸含量提高，淀粉含量和可溶性糖含量降低。反映品质性状的纬度效应则少见报道。在中国，玉米种植跨越了不同的纬度带。籽粒脂肪、蛋白质是重要的品质性状。玉米品种生育期长短与纬度高低呈正向对应关系。在低纬度试点，玉米品种的生育进程加快，出苗—抽雄、抽雄—成熟的时间减少，播种—成熟的生育期缩短。玉米品种籽粒粗脂肪含量与纬度呈显著正相关。籽粒脂肪含量随着纬度的下降而降低。玉米品种籽粒粗蛋白含量与纬度有负相关趋势。籽粒粗蛋白含量随着纬度的下降而增加。但淀粉含量的变化不太规律。

第二节　灌溉和施肥对玉米淀粉含量的影响

淀粉是玉米（*Zay mays*）籽粒储藏的主要代谢产物，其数量多寡直接影响玉米产量和品质。随着玉米品种结构的调整，高淀粉玉米作为优质专用玉米品种以其多用途、高效益而备受人们青睐。

一系列研究表明，正在发育的玉米籽粒中，合成淀粉的原料来自叶片中合成的或淀粉降解产生的蔗糖，通过韧皮部长距离运输至籽粒。通过灌溉和施肥等一系列栽培措施，可提高叶片中的磷酸蔗糖合成酶（SPS）、蔗糖合成酶（SS）活性，从而为籽粒提供淀粉合成的底物的数量，影响淀粉的合成（刘开昌等，2001，2002，2004；张智猛等，2005；赵宏伟等，2007；刘海龙等，2009）。

一、灌溉的影响

主要体现在灌溉时期和灌水量对玉米粗淀粉含量的影响。

张智猛等（2005）在不同供水条件下试验，研究了玉米籽粒淀粉及其组分的积累动态和相关酶活性变化。水分处理以开花期为界线，开花期以前各处理一致，均浇 3 次水，即播种前、大喇叭口期、开花初期各浇 1 次水，使土壤水分含量自出苗至开花期保持在16% 左右。自开花期始至成熟期，设置 3 种水分处理，花后不浇水（W0）、花后浇 1 水（灌浆期，W1）、花后浇 3 水（灌浆期、乳熟期、蜡熟期，W2），人工控制浇水，播前底墒水浇水量均为 1 200m³/hm²，其他各处理每次浇水量均为 900m³/hm²，土壤含水量采用烘干法测定。在肥料施用上，N 肥分两次施用，播种前基施总量的 1/2，大喇叭口期施1/2。P、K 肥播种前 1 次基施，其用量分别为 N 450kg/hm²，P_2O_5 75kg/hm²，K_2O150kg/hm²。管理措施同高产田。结果表明，灌浆期不供水使掖单 22 籽粒中淀粉含量增高，其中直链淀粉含量下降而支链淀粉含量提高，而高油 115 的籽粒淀粉含量则略高于花后浇 1 水处理，低于花后浇 3 水处理；其直链淀粉含量与掖单 22 相反，花后不供水处理使直链淀粉和支链淀粉含量均提高。但这并不意味着水分胁迫有利于淀粉积累和品质改善。由于缺水导致玉米籽粒产量严重下降，淀粉产量及其组分产量显著降低。因此，玉米灌浆期水分供应严重不足抑制了籽粒淀粉的积累，不利于玉米品质优化。水分供应水平使叶片 SS、SPS 活性产生显著变化，对玉米叶片 SS、SPS 活性的作用，两种类型玉米均是：W2＞W1＞W0。充分供水，在叶片功能期尤其是在授粉后 10～30d，提高了两种酶的活性，其提高幅度显著高于其他时期两种酶活性提高的幅度，而此期正是淀粉高速积累时期，充分供水使玉米叶片中 SS、SPS 活性保持较高水平，制造更多的蔗糖源源不断的向籽粒运转；而缺水条件下，SS 活性在授粉后 20～30d 较低，SPS 活性在授粉后 20d 峰值很低或者没有峰值出现，意味着玉米叶片中 SS、SPS 活性受到严重抑制，导致了源端生产的用于淀粉合成的蔗糖数量减少，籽粒淀粉的积累量因此而受到影响。至于 SS、SPS 的重要性，一致认为 SPS 是合成蔗糖的重要酶，但玉米叶片中 SPS 活性低于 SS 活性，而且 SPS 活性对缺水反应比 SS 更加敏感，因此，玉米叶片两种酶对蔗糖合成和降解的调节机理有待于进一步探讨。

二、施肥的影响

主要体现在肥料种类、施用时期、施用量对玉米粗淀粉含量的影响。

（一）氮肥对玉米籽粒淀粉含量的影响

N 素在提高玉米籽粒产量和改善品质方面起着重要的调节作用。淀粉是玉米籽粒的主要成分，其数量多寡直接影响玉米的产量。正在发育的玉米籽粒中，合成淀粉的原料来自叶片中合成的或淀粉降解产生的蔗糖，蔗糖既是植物的主要光合产物，又是碳水化合物运输的主要形态，通过韧皮部长距离运输至籽粒，在穗轴及小穗柄中卸载，再转化为果糖和葡萄糖，进而合成淀粉、蛋白质和脂肪。

目前国内外对普通玉米籽粒品质成分的形成已有较多报道。如张智猛等（2005）、陈洋等（2006）、赵宏伟等（2007）研究认为，增施 N 肥可以促进玉米籽粒淀粉含量的增加，但过量施 N 会使籽粒中淀粉含量降低。对高淀粉玉米的有关研究表明，随施 N 量的增加高淀粉玉米籽粒淀粉含量的变化并不显著。对春玉米的研究认为，施 N 有利于淀粉的积累，适量施 N（0～200kg/hm²）有助于提高籽粒中淀粉含量，并认为施 N 200kg/hm² 时最佳，并分期施入，以 1/4～1/3N 量作底施，2/3～3/4 量作追肥效果最好。施 N 量 200～400kg/hm² 范围内，随施 N 量增加，淀粉含量下降。

表 5-1　不同氮肥施用量对玉米籽粒淀粉含量（%）的影响

（金继运等，2004）

品种	施 N 处理 (kg/hm²)	淀粉含量 (%)	直链淀粉 (%)	支链淀粉 (%)	直/支
郑单 21	0	82.3	18.0	64.3	0.28
	150	88.9	18.1	70.9	0.25
	195	80.6	18.1	62.5	0.29
	240	77.4	16.7	60.6	0.28
	285	78.8	17.6	61.2	0.29
四密 25	0	70.0	19.7	50.0	0.40
	150	75.8	20.1	55.8	0.36
	195	71.4	19.1	52.3	0.37
	240	71.3	19.8	51.5	0.38
	285	71.1	19.3	51.9	0.37

金继运等（2004）研究表明（表 5-1）：与普通玉米比较，郑单 21 淀粉含量较高，其中 5 种施 N 处理的淀粉含量比四密 25 的相应处理分别提高 12.3、13.1、9.2、6.1 和 7.7 个百分点；支链淀粉含量分别提高 14.3、15.3、10.2、9.1 和 9.3 个百分点。但其直链淀粉含量略低于四密 25，因而直/支比郑单 21 也明显低于四密 25。

与不施 N 处理比较，两品种均以 N 150kg/hm² 处理淀粉含量最高，过量施 N 则淀粉含量下降。其中郑单 21 的施 N 195kg/hm²、240kg/hm² 和 285kg/hm² 处理其淀粉含量比不施 N 处理分别下降 1.7、4.9 和 13.5 个百分点。不同施 N 处理对两品种直链淀粉含量影响不明显，但施 N 150kg/hm² 处理能明显提高支链淀粉含量，进一步提高 N 肥用量则支链淀粉含量下降。郑单 21 的 N195、N240 和 N285 处理其支链淀粉含量比 N0 处理分别下降 1.8、3.7 和 3.1 个百分点。两个品种均以施 N 150kg/hm² 处理的直/支比最小，郑单 21 和四密 25 分别为 0.25 和 0.36，不施 N 和进一步提高 N 肥用量则比值增加。

赵宏伟等（2007）研究表明，吐丝后春玉米籽粒淀粉含量缓慢增加，到灌浆中期增加迅速，灌浆后期虽有所增加，但增加速度渐缓。随 N 肥施用量提高，淀粉含量也表现增加趋势，但 N 素用量达到一定程度后，淀粉含量反而不再增高。各品种表现不同。东甜 4 号吐丝 14d 以前支链淀粉含量较低，吐丝 21d 以后迅速增加，施纯 N 100kg/hm² 处理淀粉含量一直最高，施纯 N 200kg/hm² 处理次之，施纯 N 300kg/hm² 处理位居第 3，不施 N 肥处理最低。东农早黏淀粉含量到吐丝后 21d 达到较高水平，高水平一直持续到吐丝后 42d，之后增加缓慢，也是施纯 N 100kg/hm² 处理淀粉含量最高，施纯 N 200kg/hm² 处理次之，施纯 N 300kg/hm² 处理位居第 3，不施 N 肥处理最低。东农 248 和四单 19 趋势较为一致，吐丝后 14d 淀粉增加迅速，一直持续到吐丝后 35d；淀粉含量表现为施纯 N 200kg/hm² 处理淀粉含量最高，施纯 N 300kg/hm² 处理次之，施纯 N 100kg/hm² 处理位居第 3，不施 N 肥处理最低。总体来说施 N 量对玉米淀粉含量影响的顺序为：纯 N 200kg/hm²，施纯 N 100kg/hm²，施纯 N 300kg/hm²，不施 N 肥。

（二）施磷对玉米淀粉含量的影响

P 肥与玉米籽粒品质关系密切。蒋忠怀等（1990）、李金洪等（1995）研究表明，增施 P 肥有利于提高普通玉米籽粒的淀粉和油分含量。刘开昌等（2001）研究表明，增施 P 肥有利于提高玉米油分和蛋白质含量，但籽粒淀粉含量略有降低。

表 5-2　磷肥用量对玉米淀粉含量的影响

（何萍等，2005）

品种	施 P 处理 （kg/hm²）	淀粉含量 （%）	直链淀粉 （%）	支链淀粉 （%）	直/支
通油 1 号	0	71.5	18.3	53.2	0.34
	45	72.1	17.6	54.5	0.32
	75	69.8	16.7	53.1	0.32
	105	71.6	18.7	52.8	0.35
	135	73.6	17.8	55.8	0.32
四密 25	0	71.2	19.1	52.0	0.37
	45	73.3	19.3	54.0	0.36
	75	71.4	19.4	52.0	0.37
	105	74.4	19.9	54.5	0.37
	135	72.5	19.6	52.9	0.37

何萍等（2005）研究表明（表 5-2）：P 肥用量对玉米淀粉含量的影响与普通玉米四密 25 比较，高油玉米通油 1 号淀粉总量略低于四密 25，但其直链淀粉含量则明显低于四密 25，支链淀粉含量差异不明显，因此通油 1 号的直/支比也较低。各施 P 处理对两品种玉米淀粉及其组分含量的影响无明显规律。提出高油玉米通油 1 号和普通玉米四密 25 的适宜施 P（P₂O₅）量为 75～105kg/hm²。因为淀粉主要在胚乳中积累，而油分和蛋白质主要分布于胚中，高油玉米胚/胚乳的比值大。因此，同一玉米品种，淀粉与油分或蛋白质不能同步提高，但油分与蛋白质可以同步提高，并可能会降低淀粉含量和籽粒产量。

（三）施钾对玉米淀粉含量的影响

K 是淀粉合成酶的活化剂，直接参与淀粉的生物合成。当 K 供应不足时，作物体内的 K^+ 浓度下降，淀粉合成酶的活性下降，淀粉合成量降低（图 5-1）。K 素对玉米籽粒的淀粉积累具有促进作用，施 K 后玉米籽粒的淀粉含量比不施 K 的提高 3.66%～6.44%（赖庆旺，1989）。施用 K 肥对玉米生育性状和产量性状都有一定的影响，它能增加干物质积累，减少秃顶，籽粒饱满，从而使穗粒数增加，也使穗粒重增加，并降低籽粒含水

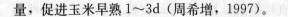

量，促进玉米早熟 1～3d（周希增，1997）。

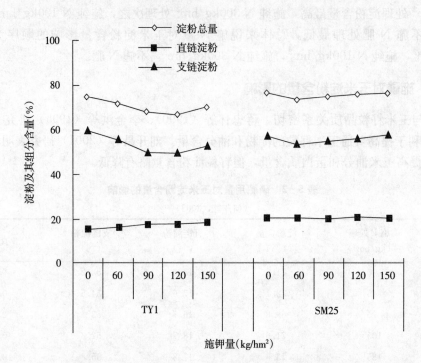

图 5-1　钾肥用量对玉米籽粒淀粉及其组分含量的影响

（何萍等，2005）

史振声等（1994）研究表明，在一定的施肥量范围内，随施钾量的增加赖氨酸含量明显增加，过量施 K 对赖氨酸的形成与积累有较强的抑制作用；施 K 不利于甜玉米籽粒淀粉的形成与积累。黄绍文等研究指出，施 K 能够增加高油玉米籽粒蛋白质、醇溶蛋白、清蛋白、氨基酸和必需氨基酸含量，但对高淀粉玉米籽粒蛋白质及其组分含量的影响较小。阴卫军（2008）选用高淀粉品种先行 5 号和低淀粉品种豫玉 22 为试材，研究了 K 肥的不同施用时期和施用量对不同淀粉含量玉米籽粒品质的影响。结果表明：不同施 K 时期和施 K 量对高淀粉玉米品种先行 5 号和低淀粉玉米品种豫玉 22 的游离氨基酸含量影响较小，各处理间差异不明显；至收获期，先行 5 号和豫玉 22 分别以大喇叭口期追施 450kg/hm² 和基施 225kg/hm² K 肥处理的游离氨基酸含量最高。施 K 不利于高淀粉玉米支链淀粉和总淀粉的积累，但基施 450kg/hm² 对增加其直链淀粉含量有一定作用；大喇叭口期追施对低淀粉玉米淀粉品质的改良效果好于基施。施 K 能提高两品种的清蛋白和球蛋白含量，对于先行 5 号，基施的效果优于大喇叭口期追施，而豫玉 22 则相反；施 K 可以提高先行 5 号的醇溶蛋白含量，降低豫玉 22 的醇溶蛋白含量。

（四）施硫对玉米淀粉含量的影响

S 是蛋白质的组成成分，与作物营养、品质密切相关。含 S 氨基酸是人类食物蛋白质中重要的品质限制成分。缺 S 使蛋白质的合成受阻，蛋白质组分中水溶性蛋白含量降低，醇溶性蛋白增加；施 S 能提高油菜、大豆的蛋白质及油分含量。

表5-3　不同施硫量对玉米单株产量、籽粒含油率、蛋白质含量和淀粉含量的影响
（刘开昌等，2002，2004）

品种	施纯S处理（kg/hm²）	产量（g/株）	含油率（%）	蛋白质含量（%）	淀粉含量（%）	直链淀粉含量（%）	支链淀粉含量（%）	直/支
高油1号	0	70.70C	6.48Bc	10.31Bb	61.26Ac	11.12	50.14	0.22
	22.5	93.32B	7.32Ab	11.19Aa	56.67Bb	10.62	46.05	0.23
	90.0	113.72	7.93Aa	11.88Aa	56.48Bb	10.54	45.94	0.23
长单26	0	83.49Bb	3.62Ab	10.19Aa	77.55Aa	14.17	62.98	0.22
	22.5	109.69Aa	3.92Ab	10.78Aa	75.41Bb	13.89	61.52	0.23
	90.0	113.88Aa	4.12Aa	11.16Aa	75.12Bb	13.84	61.18	0.23
掖单13	0	87.38Bb	3.89Bc	9.82Bb	69.96Aa	13.32	56.64	0.24
	22.5	106.10Aa	4.68Bb	10.44Bb	66.34Bb	13.03	53.31	0.25
	90.0	113.72Aa	4.94Aa	10.99Aa	66.26Bb	12.96	53.10	0.24

注：大写字母表示差异达极显著水平（P＜0.01），小写字母表示差异达显著水平（P＜0.05）。

　　玉米是吸S量较大的作物，刘开昌（2002，2004）选择高油、高淀粉和普通型3种类型的玉米研究了有关硫与玉米品质的关系。研究表明（表5-3）：不施S肥时，各品种玉米籽粒中蛋白质含量、含油率较低，而淀粉含量相对较高，蛋白质组分中清蛋白、球蛋白和谷蛋白的含量相对低，醇溶性蛋白含量相对高，籽粒中氨基酸、赖氨酸含量低。施22.5kg/hm² S时，各品种的籽粒蛋白质含量、籽粒含油率显著提高，分别比对照提高6.88%和9.05%，而淀粉含量有降低的趋势；蛋白质组分中清蛋白、球蛋白和谷蛋白的含量相对增高，醇溶性蛋白含量相对较低，籽粒中氨基酸、赖氨酸含量明显升高。当施S量增至90kg/hm²时，各品种的籽粒蛋白质含量、籽粒含油率仍有提高，但提高幅度减小，蛋白质组分中醇溶性蛋白含量人人提高，蛋白质品质有变劣的趋势，这可能与施S促进N素代谢有关。

　　施S影响了籽粒淀粉含量及其组成。施入S肥后各品种籽粒中淀粉含量大小总体表现为对照、施S 22.5kg/hm²、施S 90kg/hm²；淀粉组分中，直链淀粉、支链淀粉含量逐渐下降，支链淀粉/直链淀粉比值变化较小。

本章参考文献

曹士亮等.2005.黑龙江省中早熟玉米淀粉积累的动态研究.黑龙江农业科学，（4）：4～7

陈若红等.2006.耕层土壤水分含量对夏玉米出苗及生育的影响.安徽农业科学，34（1）：116～117

陈学君，曹广才，吴东兵等.2009.玉米生育期和籽粒淀粉含量的海拔效应研究，科技导报，27（1）：60～63

陈学君，曹广才，贾银锁等.2009.玉米生育期的海拔效应研究.中国生态农业学报，17（3）：527～532

陈洋，赵宏伟.2006.氮素用量对春玉米淀粉及其组分形成各界的影响.中国农学通报，22（10）：225～229

崔彦宏等.1993.玉米籽粒的败育.河北农业大学学报，16（2）：93～97

关义新，马光林，凌碧莹．2004．种植密度与施氮水平对高淀粉玉米郑单18淀粉含量的影响．玉米科学，12（专刊）：101～103

郭建侠等．2007．在华北玉米生育期观测的16m高度CO_2浓度及通量特征．大气科学，31（4）：595～706

顾慰连等．1979．玉米生理译丛．北京：农业出版社

金继运，何萍，刘海龙等．2004．氮肥用量对高淀粉玉米和普通玉米吸氮特性及产量和品质的影响．植物营养与肥料学报，10（6）：568～573

金益等．1994．玉米杂交种株型和耐密植性初步研究．现代化农业，（11）：14～16

金益等．1997．玉米杂交种蜡熟后籽粒自然脱水速率差异分析．东北农业大学学报，28（1）：29～32

金益等．1998．玉米灌浆后期百粒重变化的品种间差异分析．东北农业大学学报，29（1）：7～10

李金洪，李伯航．1995．矿质营养对玉米籽粒营养品质的影响．玉米科学，13（3）：54～58

李明，李竞雄．2004．肥料和密度对寒地高产玉米源库性状及产量的调节作用．中国农业科学，37（8）：1 130～1 137

李明．2004．肥料和密度对玉米籽粒蛋白质和醇溶蛋白含量的影响．东北农业大学学报，35（3）：268～271

李明等．2005．寒地高产玉米产量构成因素分析．东北农业大学学报，35（5）：553～555

刘海龙，何萍，金继运等．2009．施氮对高淀粉玉米和普通玉米籽粒可溶性糖和淀粉积累的影响．植物营养与肥料学报，15（3）：493～500

刘开昌，胡昌浩，董树亭，王空军，李爱芹．2001．高油玉米需磷特性及磷素对籽粒营养品质的影响．作物学报，27（2）：267～272

刘开昌，胡昌浩，董树亭等．2002．高油、高淀粉玉米需硫特性及施硫对其产量、品质的影响．西北植物学报，22（1）：97～103

刘开昌，胡昌浩，董树亭等．2002．高油、高淀粉玉米籽粒主要品质成分积累及其生理生化特性．作物学报，28（4）：492～498

刘开昌，李爱芹．2004．施硫对高油、高淀粉玉米品质的影响及生理生化特性．玉米科学，12（专刊）：111～113

刘霞，李宗新，王庆成等．2007．种植密度对不同粒型玉米品种子粒灌浆进程、产量及品质的影响．玉米科学，15（6）：75～78

刘新香等．2006．不同环境对玉米杂交种籽粒粗淀粉含量的影响．河南师范大学学报（自然科学版），34（1）：106～109

刘毅志，张潄茗，李新政．1985．氮磷钾化肥对高产夏玉米籽粒品质的影响．山东农业科学，（2）：31

倪大鹏，刘强，阴卫军等．2007施钾时期和施钾量对玉米产量形成的影响．山东农业科学，（4）：82～83，97

山东农学院．1980．作物栽培学（北方本）．北京：农业出版社

山东农科院．1986．中国玉米栽培学．上海：上海科技出版社

山东农科院．1987．玉米生理．北京：农业出版社

邵继梅，曹敏建，佟伟等．2008．N、P、K对高淀粉玉米产量及营养品质的影响．玉米科学，16（2）：115～117

史振声，张喜华．1994．钾肥对甜玉米籽粒品质和茎秆含糖量的影响．玉米科学，（1）：76～80

王琪等．2009．温度对玉米生长和产量的影响．生态学杂志，28（2）：255～260

王艳芳，张立军，樊金娟等．2006．春玉米籽粒灌浆期可溶性糖含量变化与淀粉积累关系的研究．

玉米科学，14（2）：81～83

王洋等．2008．光照强度对不同玉米品种生长发育和产量构成的影响．吉林农业大学学报，30（6）：769～773

王洋，李东波，齐晓宁等．2006．不同氮、磷水平对耐密型玉米籽粒产量和营养品质的影响．吉林农业大学学报，28（2）：184～188

王振华等．2001．黑龙江省38个玉米自交系生理成熟期及籽粒自然脱水速率的分析．玉米科学，9（2）：53～55

王振华等．2004．玉米高效种植与实用加工技术．哈尔滨：黑龙江科学技术出版社

谢瑞芝，董树亭，胡昌浩等．2003．氮硫互作对玉米籽粒主要品质的影响．中国农业科学，36（3）：263～268

闫洪奎，杨镇，吴东兵等．2009．玉米生育期和品质性状的纬度效应研究．科技导报，27（12）：38～41

杨军等．2008．玉米生长发育过程对环境条件的要求．现代农业科技，（11）：250～251

杨镇，才卓，景希强，张世煌．2007．东北玉米．北京：中国农业出版社

阴卫军，刘强，张李娜等．2008．施钾时期和施钾量对不同淀粉含量玉米籽粒品质的影响．山东农业科学，（5）：42～45

张凤路等．2001．不同玉米种质对长光周期反应的初步研究．玉米科学，9（4）：54～56

张吉旺等．2008．大田遮荫对夏玉米淀粉合成关键酶活性的影响．作物学报，34（8）：1 470～1 474

张胜等．2000．春玉米吨粮田产量构成因素及其指标研究．内蒙古农业大学学报（自然科学版），21（S1）：40～45

张智猛，戴良香，胡昌浩等．2005．玉米灌浆期水分差异供应对籽粒淀粉积累及其酶活性的影响．植物生态学报，29（4）：636～643

赵宏伟，邹德堂，迟凤琴．2007．氮肥施用量对春玉米籽粒淀粉含量及淀粉合成关键酶活性的影响．农业现代化研究，28（3）：261～263

赵利梅等．2000．氮磷钾平衡施肥对春玉米籽粒建成及品质形成影响的研究．内蒙古农业大学学报（自然科学版），21（5）：16～21

郑伟，张艳红．2007．气候因素对玉米产量和品质的影响研究．现代农业科技，（11）：102～103

Jin Y, Wang S. 1997. Effect of Plant Type on Grain Yield of Maize Hybrid Grown in Different Densities. The Journal of Northeast Agricultural University，4（1）：23～26

Jin Y. 2002. Study on Physiological Maturity and Natural Drydown Rate in Maize. The Journal of Northeast Agricultural University，9（2）：81～86

高淀粉玉米高产栽培

第一节　种植方式

种植方式，又称种植形式，是指作物在农田上的时空配置。不同的地区采取适当的种植方式对提高作物的产量有重要的意义。高淀粉玉米的种植方式包括清种（单作）、间作、混作、套作、复种等形式。东北地区生产以清种（单作）为主，间作和套作也有一定的栽培面积。

一、玉米清种

玉米清种是指在同一田地上全部种植玉米的一种种植方式，也叫单作。这种种植方式下玉米生长进程一致，耕作栽培技术单纯，便于统一管理。东北地区的清种种植方式可以分为以下几种。

（一）等行距种植

等行距种植行距不变，株距根据密度的不同而改变。一般行距 60～70cm，植株地上部和地下部在田间分布均匀，在高肥水和密度加大的条件下，行间郁蔽，冠层下部光照条件差。目前大量的紧凑型品种的选育克服了不利条件，提高了单位面积产量。等行距种植田间管理方便，耕地、播种、中耕、施肥、收获都便于机械化操作，是东北地区主要的种植方式。

机械化作业的等行距种植方式需注意以下几点。

1. 精细整地　机械耕地最好在秋天进行深翻，同时起垄镇压，以利于保墒。秋整地要求耕深一致，一般在 20～25cm。辽宁省西部半干旱区农田水分状况研究发现，秋翻配合冬灌可使 1m 深的褐土土体有效水储量增加 100mm，占该土体总体有效水的 2/3，使作物足以抗御春旱和夏旱。秋翻地可有效地使土壤得到休闲，形成良好的土壤结构，同时减少前作以根茬为寄主的活虫体和病源。秋翻不宜过晚，越早越好，收获完毕后马上翻地，这样可以延长土壤的休闲期，有利于接纳秋冬雨雪，提高土壤含水量。春耕地往往会散墒，增加春天作业压力，也不利于上虚下实土体结构的形成，易引起土壤风蚀。深翻、深耕能够调节雨量的季节性分配，利于抗旱除涝，蓄水保墒，缓解春播旱情，还可以提高地温，加速玉米发育过程，增强玉米营养体素质，促进生育后期土体放寒增温，实现早熟高产。东北地区在原有垄作的基础上，发展了耕松耙相结合、耕耙相结合、原垄播种、掏墒播种等土壤耕作法，其保墒、抢农时、提高早春地温、防止风蚀效果显著。

2. 合理选用品种　根据本地的年积温、霜期，选择高抗、高产并且通过省级以上农作物品种审定委员会审定的高淀粉玉米品种。这些品种在当地经过多年多点的品种鉴定试验、区域试验、生产试验以及品质分析，品种的遗传性状比较稳定，对其优良的性状、生产性能在实践中都有较准确的认识，所提供的技术参数比较可靠，在同等条件下有利于高产稳产。

3. 适时早播　东北地区提倡适时早播，这样不仅可以抢墒情，并且可以促进早熟、防秋霜。玉米对温度反映较为敏感，低温和倒春寒对玉米出苗极为不利，往往会造成冷害，影响全苗。秋霜又往往造成玉米果穗不能正常成熟，影响了籽粒的淀粉含量。在实际生产中一般把耕层5～10cm地温稳定在10℃为适宜的玉米播期。土壤水分也是影响玉米播期的重要条件，一般要求玉米适宜播种的田间持水量在60%～70%，也就是常言所说的"手握成团，落地即散"。不同生态区的播种期不同，从辽宁省到黑龙江省积温相差很大，播期从4月15日到5月10日不等。机械播种时要把种子种在湿土上，种子与化肥分离，并且马上镇压。东北地区普遍采用机械播种，一般是四轮拖拉机带动双行的播种机械，最好在拖拉机的前方焊接一个略低于垄台的铁片，在播种的时候能够先把垄台上的干土推开，露出湿土，这样不会落干，并且出苗整齐。

4. 加强田间管理　俗话说"三分种，七分管"，因此田间管理是不可忽视的。玉米出苗后要及时进行查苗补栽。补栽可以采取带土移栽的方式进行，补栽时间最好在下午或者阴天，尽量多带土，以利缓苗，提高成活率。玉米长到3～4片叶时间苗，此时正值断乳期，要求有良好的土壤通气、水分、养分和光照条件，以利于根系的发育。间苗过晚易造成苗欺苗。试验表明3、4、5叶期间苗分别比6叶期间苗增产7.4%、9.9%和5.7%。因此间苗应及早进行，去除小苗、病苗、弱苗，留下壮苗。铲地趟地不仅仅可以除草助苗，而且可以疏松土壤增加通透性，提高地温，消灭杂草，减少水分、养分的消耗以及减少病虫害，促进微生物活动，满足玉米生长发育的条件。黑龙江地区一般进行两次中耕，定苗以前进行第一次中耕，要求深趟，但不要上土，目的是防止第二次中耕时起块，促进根系下扎。雨季来临之前进行第二次中耕，这次要上土、起大垄，防止倒伏。玉米地病虫害主要有玉米螟、蚜虫、地老虎、棉铃虫、灯蛾、麦秆蝇等等，发生病虫害时会造成不同程度的减产，甚至绝产，所以应随时做好病虫害的测报工作，发现病虫害，及时防治。

5. 适时收获　每个玉米品种在同一个地区都有相对固定的生育期，只有满足生育期的要求，玉米才能正常成熟，达到高产优质的目标。东北地区的玉米有"假熟性"即籽粒不到完熟期果穗包叶就变黄，看似成熟，实际上籽粒正在灌浆，尚未成熟。高淀粉玉米以收获籽粒为目的，所以应在玉米完全成熟时收获，有利于提高籽粒的质量。玉米完熟的标志是籽粒变硬，表面有光泽，靠近胚的基部出现黑色层，玉米籽粒乳线消失，这时达到生理成熟即完全成熟。

（二）大垄双行种植

大垄双行种植方式适宜干旱少雨，有灌溉能力的地区，是指把过去的清种两小垄合为一条大垄。把 60~70cm 宽的小垄改为 120~140cm 宽的大垄,在大垄上种两行,大垄的垄距(大行距)为 80~100cm,而大垄上的玉米行距(小行距)40cm,这样就形成了一宽一窄的群体。玉米通过大垄双行的栽培形式,不但可以增加 10%~15% 以上的密度,同时还形成良好的通风条件,人为的造成边行优势改善了群体环境,充分利用光、热资源,是玉米增产的有效途径。

大垄双行种植增产原因如下。

1. 增加有效穗数 玉米大垄双行栽培的密度比常规清种增加 10%~15%,有效穗数增加 6 000~7 500 穗/hm²。

2. 增加穗粒数 大垄双行栽培通风透光条件好,提高花粉的活力,从而使授粉能力加强。据调查,玉米秃尖率可减少 1cm 左右,每穗粒数增加 20 粒左右。

3. 增加叶面积指数 据调查,大垄双行栽培比清种的最大叶面积指数增加了 0.5,干物质积累比清种高出 10%。

4. 改善田间通风透光条件 大垄双行栽培田间透光率高,植株叶片相互遮蔽面积小,利于通风透光,光合作用率高,有利于干物质积累,改善群体生育环境,为正常生长发育和产量形成提供了良好的生态条件。

5. 增强抗旱耐涝能力 由于垄面宽,水土流失小,蓄水保肥能力强,增强了抗旱耐涝性。

(三)玉米宽窄行种植

玉米宽窄行种植是指把现行耕法的均匀垄 60cm 或 70cm,改成宽行 80cm 或 100cm、窄行 40cm。宽窄行种植追肥在 80cm 或 100cm 宽行,结合追肥进行深松,秋收时窄行苗带留高茬(40cm 左右)。秋收后用条带旋耕机对宽行进行旋耕,达到播种状态,窄行苗带留高茬自然腐烂还田。翌年春季,在旋耕过的宽行播种,形成新的窄行苗带,追肥期,再在新的宽行中耕深松追肥,即完成了隔年深松、苗带轮换、换位种植的宽窄行耕种。改善了后期行间光照条件,充分发挥边行优势,使"棒三叶"处于良好的光照条件之下,有利高产。

宽窄行种植的特点是植株在田间分布呈非均匀配置,能调节玉米生育后期的个体与群体发育的矛盾,充分发挥边行优势,利于管理。宽窄行种植培肥土壤,改善土壤生态环境,促进玉米生长发育,根系数量增多,叶面积大,光合势强,保绿期长。

(四)地膜覆盖种植

地膜覆盖种植是在精细整地后,覆盖农用地膜的一种种植方式。在东北地区为了解决玉米高产与积温不足以及春季干旱之间的矛盾,拓宽品种类型的选择范围,许多地区采用这种种植方式。用地膜覆盖种植方式要求地势平坦,土层比较深厚,土壤比较疏松,地里无坷垃和残茬,整地质量比较高的地块。地膜覆盖种植能够提高地温,增加积温;防旱保墒,增加地面的光照强度;改善土壤的理化性状,促进微生物活动,加快土壤养分的分解,为玉米生长提供了更有利的生活环境。因此地膜覆盖的玉米可比裸地玉米早熟 5~15d,增收 1 500~2 000kg/hm² 玉米,经济效益十分明显。

地膜覆盖种植方式有先覆膜后播种和先播种后覆膜两种。两种播种方式都采用大小垄或宽窄行的种植方式，大垄 60cm，小垄 40cm，垄台高 15～20cm。地膜覆盖一般选用 0.006～0.008mm，幅宽 1.0～1.2 m 的农用低压高密度聚乙烯透明膜、高压低密度聚乙烯膜或用线型聚乙烯共混薄膜。覆膜时一定要拉紧，紧贴地皮，在膜的两边压盖 4～5cm 厚土封严，每隔 3m 左右横压土腰带，防止大风揭膜。先覆膜后播种的播种方式，用木棒扎直径 3～4cm、深 5～6cm 的孔，孔内点种子 2～3 粒，然后覆土封严。先覆膜后播种可以提前覆膜有利于保墒，也利于严格控制密度。打孔播种后如遇雨，应及时地破除膜孔板结，助苗出土。先播种后腹膜的地块一般 10～15d 出苗，出苗后要及时放苗，防止高温烧苗。放苗后，一定要注意用土把膜孔封严，防止走风漏气和杂草滋生。

玉米生长到大喇叭口期以后，环境温度升高，而这时膜内温度过高反而对根系的生长发育不利。另一方面，覆膜会影响土壤接纳自然降雨，因此在雨季高峰来临前要及时揭膜。收获后要清除废膜，以免废膜破坏耕层，影响土壤中气体的通透性，不影响下一年的生产。在选用地膜类型时最好选择可降解的地膜，以减少对环境的污染和提高下季作物播种质量。如用高淀粉玉米制作的可降解地膜。

（五）"二比空"隔行种植

"二比空"隔行种植是在原来小垄的条件下种两垄空一垄，密度在 60 000 株/hm² 以上，即行距 50～70cm、穴距 40～70cm、株数 57 000～70 500 株/hm²，比常规栽培增加三四成苗。每穴播种 2～3 粒，粒间不超过 1cm，目的是解决"双株"一个营养中心，保证同时获得养分。

玉米"二比空"隔行种植形式，具有改善田间光、气、热环境，促进玉米光合作用，加速碳水化合物的转化和干物质积累，方便田间作业等优点。多年实践证明，在相同密度下，"二比空"比清种增产 18%，比"三比空"增产 11.8%，比空就要增株，一般生产田增株 10% 即可，高产田不得超过 20%，行距不得小于 50cm，株距不得小于 22cm。

二、玉米间、套作

（一）间套作的概念

1. 间作 在一块地上，同时期按一定行数的比例间隔种植两种以上的作物，这种栽培方式叫间作。间种往往是高棵作物与矮棵作物间种，如玉米间种大豆或蔬菜。间作的两种生物共同生长期长。实行间种对高作物可以密植，充分利用边际效应获得高产，矮作物受影响较小。由于通风透光好，可充分利用光能和 CO_2，能提高 20% 左右的产量。其中高作物行数越少，矮作物的行数越多，间种效果越好。通过不同作物品种的搭配，有利于充分利用地上部的光照条件和耕作土壤中的养分条件。

2. 套作 两种或两种以上的作物在其生活周期中的一部分时间同时生长在田间，即在前季作物成熟前就播下另一季作物。在田间既有构成复合群体共同生长的时期，又有两种作物分别单独生长的时期。充分利用空间，是提高土地和光能利用率的有效措施。套作是一种从空间争取时间的方式，能使后续作物适当提前播种或移栽，但又不会使前后两季作物在共同生长的时期（一般称为共栖期）内互相造成不良的影响。

（二）玉米间套作的增产原理

产量是衡量不同种植方式优劣的主要指标之一，它为带型设计、种植方式、栽培措施的选择等提供评判依据。另外，能否集约高效地利用当地光、温等气候条件，也是评价种植模式优劣的关键指标。间套作模式就是从提高产量的角度出发，通过各茬作物的衔接组合，力求使耕地周年单产能上一个新台阶，不断挖掘多熟高产的潜力，使其对资源的利用更为集约高效。

1. 空间上的互补 在间套作的复合群体中，不同类型作物的高矮、株形、叶形、需光特性、生育期各不相同，把它们合理地搭配在一起，在空间上分布比较合理，就有可能充分利用空间，使群体在空间上的利用率大大提高。

（1）增加玉米绿叶的受光面积 玉米为单一群体时，基叶伸展的高度都在同一水平，生长速度相对一致，幼苗时期叶面积指数小，绝大部分阳光被土壤吸收和反射掉，但在作物生长盛期，叶片又过多，相互遮荫，阳光只能被上部叶片吸收，下部叶片得到的阳光很少，不但不能利用光能合成干物质，反而消耗自身的能量。间套作由于采用不同高度、不同品种、不同基因、不同生长特性的作物相间相继种植，处于不同生态位的作物对光的吸收和投射不同，因而形成了群体立体受光的层面，从而更充分地利用了光能。何世龙研究结果表明，玉米与马铃薯间套作，由于其株型、叶型、需光特性各不相同，增加了这个复合群体的总密度，从而增加截光量和侧面受光，减少了漏光和反射，改善了群体内部和下部的受光状况，提高了光能利用率。

（2）延长了玉米叶片的光合时间 玉米叶片生长与发展大体经历三个时期，从出苗到抽雄为生长阶段的上升期；从抽雄到灌浆乳熟期为稳定期；从乳熟末开始进入衰老期。玉米在东北地区生长一年中在稳定期前后会出现一次盛期，如果合理的间套作，则可以延长光合作用，出现两个生长盛期和两个光能利用率高峰，从而提高产量。林文研究表明，合理的间、套、混种使复合群体叶群分布趋向理想，群体内消光系数变小，增加了复合群体的叶面积指数（LAI）与照光叶面积指数（LAIs），延长光合时间，提高光能利用率，从而使得复合群体获得高产。

（3）增加田间风速和 CO_2 含量 群体中 CO_2 含量的高低直接关系到作物进行光合作用的快慢，进而影响作物的产量。因为 CO_2 是进行光合作用制造碳水化合物的原料，而群体中风速又与 CO_2 密切相关，风速大空气流动快，有助于带来更多的 CO_2。作物单作时，由于组成群体的个体在株高、叶形以及叶片间的伸展位置基本一致，通风条件很差，限制了光合作用的进行。当玉米和矮作物间套作，下位作物的生长带成了上位作物通风透光的"走廊"，有利于空气的流通与扩散。姚向高、王爱玲对群体内部风速测定表明，风速最大的为玉米与生姜 1：2 式处理，是单作玉米的 4 倍。周苏玫等对间作群体 CO_2 和风速的研究得出，间作后玉米株高 2/3 处 CO_2 含量增加，平均比对照增加 $9.75 \times 10^{-6} kg$，并随着玉米行比的增加，幅度稍有增大，但基部变化不大，花生也有相同的趋势。间作后玉米行间的风速增大，平均比单作增加 0.13m/s，花生上部比单作增加 0.05m/s；风速与叶温也有关系，风速大，叶温就低，抑制了呼吸作用，表现光合作用上升。

（4）增加边际效应　间作玉米的边行优势更为明显，特别是2行玉米，垄垄是边行，密度可比清种增加50%到1倍，2行玉米可以收到3~4行清种玉米的产量，垄数增加，边行相对减少，中间行的玉米密度也将随着行数的增加而下降，直到与清种玉米密度相当。增产效果也随着降低，一般4垄玉米只能收到清种玉米6垄的产量。边行玉米的特点是棵矮、棒大、经济系数高、双穗率增加。据吉林省农业科学院测定，间作玉米约比清种玉米的经济系数提高一成以上。

2. 时间上的互补　在单作的情况下，只有前作收获后，才能够种植后种作物。间作时，通过充分利用空间达到充分利用时间，而套作充分利用生长季节效果更显著。时间的充分利用，避免了土地和生长季节的浪费，意味着挖掘了自然资源和社会资源，有利于作物产量和品质的提高。

3. 地下因素的互补　玉米根系分布较深，矮秆作物根系分布较浅，这样的作物间作，可分层利用养分和水分。玉米对N的需求量高，对P、K的需求量低，而大豆可借助根瘤菌固定空气中的N，对N的需求量较少，对P、K的需求量大，这样的间作使土壤中的养分得到很好的互补。间作套种比单作具有明显的产量优势，其生物学基础在于资源的有效利用，在作物营养方面主要是养分吸收量的增加和养分利用效率的提高。左元梅、王贺等对玉米间作花生根系进行了研究，试验测定结果和电镜观察表明：玉米根系分泌物明显地刺激了花生根系的生长，间作花生的根毛数量、侧根数目、侧根长度显著高于单作花生。陈玉香、周道玮等对玉米与苜蓿间作群体土壤养分含量分析表明，由于苜蓿根瘤菌有强烈的固氮能力，能增加土壤有机质的积累。因而间作后土壤有机质含量分别高于单作玉米。

4. 生物间的互补　间套作的复合群体对病虫草害的程度有一定的影响。间套作物的精细管理，打破了杂草、害虫的生长规律，使大量杂草消亡。在结籽前萌芽状态，害虫在幼龄期夭折，从而减少了农药的使用次数，使农药成本下降50%，草害减轻65%。间套种植方式也可对玉米病害发生影响，晚玉米间作绿豆，玉米纹枯病和玉米小斑病的发病率和病情指数均低于清种玉米，间套作有助于提高玉米对小斑病和纹枯病的免疫力。王玉正、岳跃海研究表明，大豆和玉米间作和同穴混播种植可解决粮油争地矛盾，且经济效益比单作豆田高，是高效的种植模式。同时，这两种种植方式有利于天敌昆虫等发生，使大豆病虫害发生轻。

（三）玉米间套作的类型和技术要点

间套作复合群体比单作具有更复杂的特点，除了有种内关系外又增加了种间关系；除了水平结构外又增加了垂直结构；群体内的生态条件也因此发生了变化。如果这些因素处理不当，互补削弱，竞争激化，结果适得其反。因此选择搭配作物，配置田间结构对间套作有重要影响。

1. 玉米间套作的主要类型

（1）玉米与大豆间作　玉米与大豆间作是东北地区分布较广的一种类型，一般在中等地力以上的地区适宜。目前行比繁多，有2∶2，2∶4，2∶6，4∶2，6∶2，6∶6等。行比不同，玉米大豆的产量变化趋势有所不同。吉林农业大学的试验结果：玉米与大豆6∶4

间作，玉米边行、次边行，中间行产量分别为 1.08 kg/m²、0.945 kg/m²、0.63kg/m²；大豆两边行分别为 0.17 kg/m²、0.165 kg/m²，两中行分别为 0.215 kg/m²、0.19kg/m²。间作在大豆产区一定要保证大豆的产量和质量，大豆以 4～6 行、玉米以 2 行为理想，否则大豆单产下降。

（2）玉米与谷子间作　这是东北地区西部常用的种植方式。行比通常是 2：4、2：6、2：8，玉米以收获籽粒为主，谷子粮草兼顾。其优点是谷子可以受到玉米屏障，减轻脱粒和倒伏；玉米依靠边行优势，产量增加。

（3）玉米与草木樨间作　这是中等地力常用的种植方式。行比通常是 2：1。草木樨 4 月初播种，玉米 4 月下旬播种，6、7 月收获草木樨作饲料或绿肥，让草木樨继续生长割第二茬，玉米株距缩小，加大密度。玉米与草木樨间作较单作略有减产，但多收草木樨 7 500～15 000kg/hm²。

（4）玉米与马铃薯间套作　玉米、马铃薯间套作常规 2：1 套种。玉米于 4 月末播种，9 月份成熟收获；马铃薯于 4 月初播种，7 月初收获。地膜马铃薯与隔沟玉米的间作方式更能够获得高产。玉米、马铃薯间套作充分地利用了光热资源和土地资源，不但获得较高的马铃薯产量（达到 2.2 万 kg/hm²），同时玉米也获得 6 900kg/hm² 的产量，高秆作物玉米与矮棵作物马铃薯，应用时空技术进行套作，使两种作物在共栖期内协调生长，使复合群体的单位面积产值均比单作有大幅度增加。

（5）玉米与小麦间套作　早春顶凌起垄，垄距 60cm。每隔两行，将一垄的土返到左右行间。搂平后，形成沟台，台顶宽 60cm，沟底宽 60cm。3 月末 4 月初播种春小麦，沟中播小麦 5 行，行距 15cm，5 月初播种玉米，台上播种 2 行，行距 45cm，可以发挥前期小麦，后期玉米地边行优势。玉米在生长前期遇到干旱等不良环境时还能降低株高，起到蹲苗作用，因而采用玉米与小麦间套作，在生长季允许的情况下，应选择生育期较长的品种，尽量减少玉米生殖生长与小麦的共栖时间。

2. 玉米间套作的技术要点

（1）选择适宜的间套作品种　在群体的互补和竞争关系中，如果处理不当，互补削弱，竞争激化，结果适得其反。因此如何与玉米搭配作物已是间套作的重要内容。选择和玉米生态位有差异性的作物，也就是说在生产中根据生态适应性来选择作物及其品种进行合理搭配，要求间套作的作物对环境条件的适应性在共栖期间要大体相同，否则，它们根本就不能生长在一起。所选择的作物应该和玉米在有关部分或方面相互补充。植株的高度要高低搭配，株型要紧凑与松散对应，叶子要大小尖圆互补，根系要深浅密疏结合，生育期要长短前后交错。

（2）配置好田间结构　间套作的作物属于复合群体结构，包括垂直结构和水平结构。垂直结构简单，水平结构复杂，包括密度、行数、间距、带宽等。玉米与矮秆作物间套作，玉米的种植方式不变密度变；副作物的多少根据水肥条件决定，水肥条件好的，密度大一些，反之密度小一些。"矮要宽、高要窄"，以玉米大豆间作为例，从增产的效果出发可以采取 2：4，2：6 的方式，以充分发挥玉米的边行优势。间距是相邻两作物边行的距离。间距过大则减少作物行数，浪费土地，过小则加剧作物矛盾。带宽是间套作的各种作物顺序种植一遍所占地面的宽度。确定间套作的带宽，涉及许多因素，一般可根据作物品种特性、土壤肥力，以及农机具来确定。

（3）加强田间管理　在玉米与其他作物间套作情况下，虽然进行巧搭配可以达到田间的合理安排，但它们相互间仍然有矛盾，还是有争光、争肥、争水的现象，通常通过田间管理缓解这些矛盾。第一，适时播种。与单作相比适时播种更具有特殊的意义，要考虑不同作物的适宜播种期，也要考虑到它们各生长阶段都能处于适宜的时期。第二，增施肥料。玉米和另一种作物有共栖期，需肥量大，上茬收获后要促进下茬的生长。第三，病虫害的防治。间套作虽然可以减少一些病虫害，但丝黑穗、玉米螟、红蜘蛛、蝼蛄等病虫害也会在田间出现，应实行综合性的防治。

第二节　高产栽培技术体系

一、选用良种

（一）优良品种的作用

品种是农作物获得高产、稳产、优质的内在因素。优良品种是农业生产最基本、最有效、最经济、潜力最大的生产资料。生产实践证明，优良品种的应用和推广，无论是提高产量、改善品质、增强抗逆性，还是在调整耕作制度等方面均有显著作用。据世界粮农组织（FAO）统计，近20年来粮食单产的提高，优良品种的增产作用占20％～30％；选用优良品种可以有效利用光、温、水、肥及土壤等资源，改进耕作制度。在玉米生产中，优良品种的作用尤为明显。

（二）优良品种的类型

东北地区种植高淀粉玉米品种主要实行春播一年一熟制，以收获高淀粉玉米籽粒为目的。目前，中国各地零星种植的高淀粉玉米多为混合型高淀粉玉米。根据生育期长短可划分为早熟、中熟及晚熟三个类型。

在品种确定之后选用优质种子（纯度、芽率、芽势等达到国家质量标准），种子应达到净度不低于98％，纯度不低于99％，发芽率不低于85％，含水量不高于14％的标准。必须纯度高，籽粒饱满，大小均匀无病害，发芽势强，且以此决定播种量。

（三）选用品种的原则

1. 生育期　选择熟期类型适宜的品种，通常是选用当地初霜来临前5～10d达到完熟的杂交种，以利于高淀粉玉米品种在田间有一定的时间脱水干燥。当采用保护栽培或育苗移栽技术时可种植较晚熟品种。有效积温较少及丘陵、山地应种植生育期较早的品种，不要越区种植晚熟品种，以免造成籽粒含水量高、品质差。

2. 产量水平　选用平均产量不低于当地主推品种的高淀粉玉米品种。

3. 抗性　注意入选品种的抗倒伏性、抗逆性以及抗病虫害等特性。

4. 生产条件　要考虑耕作制度、土壤肥力水平、种植形式、田间管理水平等生产条件。只有选用适合的品种，才能有效而充分利用当地各种资源，发挥品种潜力，进而达到高产、优质。

5. 种植方式 应根据种植地区的耕作制度与光、温、水、肥等因素选择适宜的种植方式。清种时，一般选用生育期较长的高产品种；间、混、套种时，选择株型紧凑、抗倒伏能力强，单株产量高的品种。

选择优良品种不但要根据本地的无霜期长短、土壤条件好坏及杂交种的特性，也要根据栽培目的与市场需要，尽量提高品种的经济效益。

二、种子处理

在注意品种抗病性、生育期等诸多因素的基础上，精选种子，通过晒种、浸种等方法，增加种子发芽势，提高发芽率。东北地区尤其是高寒地区种植高淀粉玉米品种，种子易丧失发芽力。为保全苗，播种前应进行严格选种与处理。生产上主要采用晒种和种子包衣等方法进行处理，以增加种子生活力，提高发芽势和发芽率，减轻病虫危害，达到苗全、苗齐和苗匀、苗壮。

(一) 晒种

晒种可以提高种子活力，增强种皮透水透气性，提高种子发芽势和发芽率。种子播种后发芽快，出苗齐。

具体做法：玉米播种前选晴朗天气，将种子薄薄地摊在席子上，或摊在干燥向阳的土场（不可选用水泥场地）连续晒种 3～5d，并经常翻动，使之受热均匀。高温天气切忌把种子摊在金属板或水泥地上，以免温度过高烫坏种子。晒种对于增加种子皮层活性和吸水力，提高酶活性，促进呼吸作用和营养物质的转化均有一定作用，可促进玉米提早出苗 1～2d，提高出苗率 10％左右。

(二) 浸种催芽

早播、补种或种子发芽率过低需要挑芽播种时应浸种催芽，熟期较晚品种为争取早熟也应催芽播种，浸种催芽可早出苗 5～7d，促早熟 7～10d。浸种分为清水浸种和药剂浸种。清水浸种有冷水和温水浸种。冷水浸种 6～12h；温水浸种，水温 55～57℃，浸泡 4～5h。温水浸种可有一定防病效果。浸种时应注意籽粒为马齿型品种浸种时间可短些。浸过的种子阴干后方可播种，勿晒，勿堆放，勿放塑料袋内。还可药剂浸种。

催芽方法：用 45℃温水，将种子倒入搅动，保持水温 25～30℃，浸泡 12～18h，种子吸胀后，捞出堆放，保持堆放种子温度 25～30℃，勤翻动，经 24～30h 即可萌发。

(三) 种子包衣

播种前选用安全的玉米专用种衣剂进行人工或机械包衣，可有效控制玉米苗期病害、玉米丝黑穗病和地下害虫，同时对玉米茎腐病也有一定抑制作用，还可提高玉米保苗率。包衣是在种子外表均匀包上一层药膜，由于药膜含有农药、肥料、植物生长调节剂等物质，能起到杀菌、杀虫和促进幼苗生长的作用。具有省工省时、降低生产成本，使用方便等特点。包衣后的种子不必浸种和催芽，可直接播种。

因包衣剂含有农药，播种时需戴上乳胶手套，防止药剂浸入皮肤，引起中毒，剩余种子不能用作饲料，更不能让儿童接触，防止中毒。

三、播前整地

播前整地的实质就是为玉米高产创造一个良好的耕层构造和适度的孔隙比例，进而调节土壤水分存在状况、协调土壤肥力等因素间的矛盾，为玉米的播种和种子萌发、出苗创造适宜的土壤环境。一般连作地块在上年玉米收获后，施入有机肥料，耕翻后及时耙耢，蓄积秋翻后的土壤水分。春季不再耕翻，在开始化冻时，多次横竖相间耙耢，保住冬春雪雨积蓄于土壤中的水分，以保证种子吸收发芽。

（一）选茬

玉米是比较耐连作的作物，但生产水平较低时连作对玉米产量有较大影响。连作最大的缺点是土壤肥力降低，黑粉病、丝黑穗病以及玉米螟等危害严重。因此要尽量避免连作和重茬，应进行轮作倒茬，合理利用茬口，减轻连作的病虫草危害，改善土壤环境，有效利用土壤水分和降水。东北地区春播一年一熟区以大豆—玉米—小麦3年轮作较好，由于小麦种植面积逐年减少，目前玉米最好是与大豆、其他作物轮作。但选择茬口时要注意前茬土壤中农药残留对后茬玉米的危害。

（二）选地

玉米根系发达，分枝旺盛，据测玉米根系一般入土在1.5m左右，最深可达2m以上，一般分布在1m左右，主要分布于0~20cm的耕层内。因此种植高淀粉玉米品种首先要选择耕层土质疏松、土壤团粒结构良好、土壤孔隙度适当、保水保肥性能强的地块，浇水后湿而不黏，干而不板结，利于根系生长。

其次要求土壤通气性较好，利于微生物活动，保证养分的释放。一般在湿润的气候条件下，耕层总孔隙度自上而下在52%~56%，其中毛管孔隙与非毛管孔隙比例为1~1.5:1，在半干旱气候条件下，毛管孔隙与非毛管孔隙的比例偏高，2~3:1。前者土壤通透性能较好，后者则在干旱条件下可减少土壤水分的扩散和蒸发，增强土壤抗旱保墒能力。据报道，土壤的通气性能与土壤容重有关，一般土壤容重在1.1~1.31g/cm³，土壤通气性能较好。土壤容重低时不利于土壤保墒，反之则不利于根系的生长发育。

再次要选择土壤有机质含量高与肥力水平较高地块。要获得高产、稳产，必须有良好的土壤基础，土壤有机质含量与土壤肥力高，施用化肥量可适当减少。

（三）整地

精细整地是保证出苗质量的重要措施，可以改善土壤物理结构，增加土壤耕层非毛细管孔隙，提高总孔隙度，增强土壤的通透性。深耕翻或深松土可以改善耕层土壤水、肥、气、热等条件，增强耕层土壤微生物活动和养分积累释放，有利于蓄水保墒，促进玉米根系生长发育，减轻杂草和病虫危害，确保出苗快而整齐，达到苗全、苗齐、苗匀、苗壮。

东北玉米春播区，大多春天风沙较大，易干旱，整地关键在于抗旱保墒保全苗。春播区整地技术一般分为秋整地和春整地，最理想的是秋整地。秋整地的好处是土壤经过秋冬冻融交替，土壤结构得到改善，便于接纳秋冬雨水，有利于保墒。秋末冬初，及早深耕，以利于土壤熟化，接纳雨水。耕后耙耱保墒，广开肥源，施足底肥，增施有机肥来培肥地力，都是高淀粉玉米高产的基础。由于一些地区近几年普遍应用旋耕犁整地，导致土壤耕层变浅、蓄水保墒能力变弱，因此秋耕时强调要深耕25～30cm，加深活土层，耕后耙平耙细，达到消灭明暗坷垃、节水保墒的效果。实行播后镇压、早春镇压及雨后划锄等以提墒保墒。春整地易失墒，土块不易破碎，影响播种质量。选择不同土壤耕作方法，适应不同土壤条件与栽培方式。目的都是为了松土、灭草及保墒。在大型农场有普通耕法和少（免）耕法，前者强调秋耕，耕深20～25cm。春耕加耙耢作业对掩埋残茬、疏松土壤与消灭杂草有较好作用，但作业次数多，破坏土壤结构，增加成本。少耕是在作物生长期间还要进行一或二次耕作，而免耕则完全利用除草剂控制杂草，在作物生长期间不进行任何耕作。东北地区农村多实行垄作制，垄由高凸的垄台和低凹的垄沟组成，作垄方法有整地后起垄和不整地直接起垄以及山坡地等高起垄等。

玉米的土壤耕法依前茬而不同，前茬为大豆时多在原垄种植玉米；前茬为马铃薯时秋后不进行耕作，翌年原垄种植玉米。在坡地种植时宜采用免耕法，减少水土流失。东北地区一般以3～5年为一个免耕周期。采用少（免）耕法的地块一般草害与鼠害较严重。

四、适宜的种植密度

自20世纪50年代作物生产提倡合理密植以来，群体高产即以密保产等理论已得到认可。国内外的科学研究与生产实践均已证明：高产玉米的净同化率并不高而光合势大，因此，适宜的种植密度、扩大群体光合势是提高玉米产量的重要技术措施。

（一）确定密度的原则

玉米高产栽培就是根据当地自然条件、生产条件和品种特性，在单位土地面积上种植适当的株数，使玉米与环境统一，群体与个体统一，以及与玉米产量三因素相协调，平衡在较高水平上，建立起高产玉米群体结构，达到高产、优质、高效。

确定种植密度必须根据当地自然条件、品种特性、土壤条件、灌溉条件等而定。

1. 种植地区自然条件　玉米的适宜种植密度与纬度、温度、日照、地势等自然条件有关。纬度升高，日照时数增加，玉米生育期延长，密度宜低；纬度降低，积温和日照时数减少，玉米生育期变短，密度宜高；同一纬度带随经度的东移，积温和日照时数减少，密度宜高。

玉米是不典型的短日照作物，东北高纬度地区的长日照和低温会使生育期延长，密度宜低。地形、地势对玉米的种植密度也有影响。同一地区、同一品种，地势高、气温低的地方，玉米生长矮小，密度宜大些。地势低洼、气温低的地方，密度宜小些。

2. 品种特性　品种株型与其密度间的相关性最强，紧凑型品种耐密性强，宜密；平展型品种耐密性差，宜稀。晚熟品种一般生育期长，植株高大、茎叶量大，单株生产力高，绿色叶面积较大，宜稀植；早熟品种植株矮小、茎叶量小，绿色叶面积较小，宜密植。

3. 土壤条件　玉米适宜种植密度与土壤肥力密切相关，一般肥地宜密，瘦地宜稀。研究和实践表明，在提高肥力的基础上，适当增加密度能显著提高叶面积指数，增产效果明显。同一品种在不同质地土壤中的适宜密度表现为：沙壤土＞轻壤土＞中壤土＞黏土。

4. 灌溉条件　玉米是需水较多的作物，水分对密度和产量影响较大。对同一品种而言，在一定密度范围内，随着密度增加总耗水量有加大的趋势。所以，灌溉条件好的地区，可以密一些；反之，则应稀一些。

（二）密度与种植方式

1. 密度　早熟品种，生育期较短，株型清秀，植株较矮，种植密度可适当增加，直播种植基本苗一般应达 3 000～3 300 株/亩。晚熟品种植株繁茂，宜稀播。株型紧凑的品种，种植密度可加大些。

2. 种植方式　玉米种植方式决定其适宜种植密度，许多高产地区把改革种植方式作为改善群体结构，提高光能利用率的重要途径。

目前主要采用两种种植方式：一是行距一致的等行距种植方式；二是行距不等的大小行种植方式。地力条件一般时，等行距种植方式优于大小行，前者密度可适当增加。肥水条件好的地区，大小行增产效果更好，密度可适当增加。同时要注意隔离。玉米为异花授粉作物，品种间容易相互串粉，因此隔离种植是重要环节。空间隔离一般需与其他玉米相隔 200m 以上，以免接受其他玉米花粉而影响品质。采用时间隔离，最好与其他玉米错开播期 15d 以上。

五、适期播种

东北春玉米区，无霜期短，春季干旱，欲有效利用当年有限积温与土壤水分，争取保苗与高产，适期早播是重要措施之一。抢墒播种优越性为：易保全苗；延长玉米雌穗分化时期，促进穗大粒多；促使根系发达；植株矮化，穗位降低，不易倒伏；果穗与籽粒形成发育期的光照条件好，有利于成熟，避免早霜危害，有利于种子脱水干燥。

东北大部分地区在 4 月中旬至 5 月中旬，随气温回升，进入播种季节。适期早播苗期温度较低，地上部分生长缓慢，有利于根系生长，节间短粗，植株较矮，生长健壮，利于生育后期抗倒伏，也利于后期抗旱。同时抢墒适期早播延长了生育期，可以充分利用生长季节的光、温等资源，为高淀粉玉米品种的高产、优质打下良好基础。在病虫害大发生时，苗已经长大，具有较强抵抗力。但播期过早时，地温较低，易导致种子萌发缓慢，出苗不齐，甚至烂种，影响全苗，造成减产。

确定适宜播期应坚持以下原则：一是土壤表层 5～10cm 地温稳定在 10℃以上，也可根据日平均温度稳定在 10℃时，同时田间持水量在 60%～70%。土壤水分不足时种子会"落干"，影响全苗；土壤水分过多时，土壤黏重，不利于幼苗生长发育。二是调节玉米播种期，使玉米需水高峰与本地集中降雨期相吻合，避免"卡脖旱"及后期涝害。三是尽可能利用当地积温条件。

适期早播是增产关键措施之一，各地应根据地温和土壤墒情适时抢墒播种。干旱地区由于春季土壤墒情差，必须坐水种或催芽坐水种。当播种温度适宜时，可采取浅播的方法播种。平川地当土壤表层 5～10cm 地温稳定在 8～10℃ 即可播种；丘陵及岗坡地可适当提前 3～5d 播种；地膜覆盖栽培，播种期一般可比露地玉米提早 5～7d。

六、播种方法

玉米的播种方法主要分为条播、点播和穴播。

（一）条播

用播种工具开沟，沟深 6～8cm，施优质有机肥和种肥作底肥，把种子点在沟内，种肥与种子隔离开，然后覆土（厚度 3～4cm）、镇压。此法用种量较大，但效率较高，适合大面积机械化种植。

（二）点播

也叫掩播或穴播。按计划开穴，施种肥、播种、覆土、镇压。也可用机械或犁开沟，要求开沟深浅一致，深度 6～8cm，点种，施种肥。种肥以 N、P 复合肥为主。覆土 3～4cm。墒情好时可浅一些，反之则深一些。覆土后及时镇压提墒。人工播种时用石磙子顺垄镇压，机械播种时用 V 型镇压器镇压。人工点播后镇压提墒。此方法比较节省用种量，但较费工。现在仅在小面积或者丘陵、山坡等不利于机械播种地块还在采用人工播种。无论是机械开沟还是人工开沟，播种时一定要把种子和种肥隔离开，防止烧苗。小犁开沟施有机肥时，一定要注意精量施肥。最好选用新式机械播种，可结合施种肥撒药和除草等一并完成，提高工作效率。

使用机播或犁播，工作效率高，进度快，播种质量好。播种深度一般为 4～6cm，此范围内，干旱地区可适当深播，利于抗旱保苗，促进根系生长，增强抗倒伏能力。播种一般采用等行距种植，行距一般为 60～65cm，株距随密度而异。这种种植方式苗期植株分布均匀，个体对地力和空间利用较为合理，也利于机械化。

秋翻地直接采用机械播种或人工穴播，没有秋翻基础的地，可在 4 月 10 日前打垄后机械播种或人工掩种。春旱年宜采取深、浅、重播种方法，即深开沟（或刨掩），浅覆土（压后 4～5cm），重镇压或人工刨掩坐水方法。

（三）机械精量播种

采用机械化操作，此法较节约种子，对种子本身要求较高。目前有三种精播技术，即全株距、半株距和半精密播种。精量播种就是使用机械将不同数量的作物种子按栽培农艺要求（行距、株距、深度）播入土壤中，并随即镇压的一种新型机械化播种技术。

1. 全株距精密播种　机械精量点播，按照生产要求的株距单粒点播。此法出苗整齐，无需间苗。适于地势平坦、土壤条件好，又经过精细整地的地块。同时要求种子的纯度和发芽率高，净度好，病虫等防治措施有保障。

2. 半株距精密播种 按照生产要求的株距一半或大于一半进行播种。此法与全株距精密播种法要求相同，如有缺苗，可借用前后种苗补齐，优点是保苗率高，间苗用工少，苗势整齐一致。

3. 半精密播种 以单穴、双粒下种量占到播种量70%以上的保出全苗的播种方法。每穴下种子1~3粒，以防止种子缺陷及播后地下害虫造成缺苗断条现象。此法同半株距法近似，特点是在每一穴中可保留一株苗以上，能保全苗，但间苗不及时，易造成小苗之间争水、争肥，间苗较费工。

近年来，玉米的播种方法有很大改进，目前黑龙江省多数大型农场已采用精量点播机播种玉米。农村也不再使用等距刨埯等人工播种方法，大都使用播种机进行播种，机械化水平较高的地区已经使用气吸式单粒精量点播机播种，播种深度一致，种子分布均匀，易达到苗齐、苗匀与苗壮。

七、节水灌溉

（一）玉米的需水规律

玉米生育过程的不同时期或阶段对水分需求不同。其间的植株大小和田间覆盖状况不同，所以叶面蒸腾量和株间蒸发量的比例变化很大。生育前期植株矮小，地面覆盖不严，田间水分的消耗主要是植株间的蒸发；生育中后期植株较大，地面覆盖较好，土壤水分的消耗则以叶面蒸腾为主。整个生育期内，应尽量减少株间蒸发，减少水分无效消耗。水分的消耗因土壤、气候条件和栽培技术不同而差异较大。例如东北地区玉米春播要比夏播玉米生育期长，所以绝对耗水量也多。

1. 播种出苗 玉米从播种到出苗，需水量较少。种子发芽时，约需要吸收相当种子重量45%~50%的水分，才能膨胀发芽。如果土壤墒情不好，影响种子正常发芽，即使勉强发芽，也往往因顶土能力弱而造成出苗不全；如果土壤水分过多，通气性不良，种子容易霉烂而造成缺苗，特别是在低温情况下更为严重。据研究，耕层土壤水分必须保持在田间持水量的60%~70%时，才能保证玉米出苗良好，出苗率最高，持水量过高或过低，都影响出苗。

2. 幼苗期 玉米苗期需水量增多。此时生长中心是根系，为使根系发育良好，并向纵深伸展，应保持表土层疏松而下层土比较湿润的土壤水分状况，有利于根系发展和培育壮苗。因此，这一阶段应控制土壤水分在田间持水量的60%左右，为玉米蹲苗创造良好条件，对促进根系发育、茎秆增粗、减轻倒伏都有一定作用。

3. 拔节、孕穗期 玉米植株拔节以后，生长进入旺盛阶段，茎叶增长量很大，雌雄穗逐渐形成，干物质积累增加，玉米生理活动活跃。此时，气温较高，叶面蒸腾较强烈，所以，玉米对水分的需求较高，特别是抽雄前15d左右，雄穗已经形成，雌穗也在进行小穗、小花分化，对水分要求更高。如果水分供应不足，会引起小穗、小花数量减少，影响籽粒产量。此阶段土壤水分应保持在田间持水量的70%~80%。

4. 抽穗、开花期 玉米抽穗开花期对土壤水分十分敏感，若水分不足，气温高，会导致雄穗不能抽出或抽出时间延后，影响授粉结实，造成减产。这时，玉米植株的新陈代谢最旺盛，对水分的要求达到整个生育期最高峰，成为玉米需水临界期。此时缺水会延迟抽雄、散粉，降低结实率，甚至严重影响产量。因此，土壤耕层水分含量应保持在田间持水量的80％为宜。拔节到抽穗期需水量剧增，约占全生育期总需水量的43.4％～51.2％。

5. 灌浆、成熟期 玉米从灌浆期开始直至成熟期，仍然需要相当多水分。此时是产量形成的主要阶段，水分供应需充足，才能保证将茎、叶等"源"中积累的营养物质顺利通过"流"运转到籽粒即"库"中去。此阶段需水量约占全生育期21.1％～19.2％，土壤含水量应保持在田间持水量的70％左右。

（二）玉米的节水灌溉

玉米生长发育所需水分主要靠自然条件下降水供给。但中国各玉米产区地理分布广，气候差异大，自然降水量及其季节分配相差悬殊，特别是东北春玉米区，单独靠自然降水往往不能满足玉米生长发育对水分的需求，必须进行灌溉，弥补降水不足。春玉米在冬春蓄水和耙糖保墒基础上，适期早播，土壤水分一般可以满足全苗、壮苗的要求。但如果土壤保水性能差或者耕作措施不当，也容易形成播种期失墒，影响播种和出苗。根据玉米需水规律和土壤墒情，应适时灌水。

1. 苗期 苗期一般不灌或少灌。幼苗期耗水量较少，且降水量与需水量基本平衡，可以满足幼苗期需水要求。因此，苗期要控制土壤墒情，进行蹲苗、抗旱锻炼，可以促进根系纵深发展，扩大肥水吸收范围，使幼苗生长健壮，可增强玉米生育中、后期植株抗旱、抗倒伏能力。所以，苗期除了遇到底墒不足而需要及时浇水外，一般情况下不需要灌溉。

2. 拔节、孕穗期 拔节、孕穗期要及时灌水。若气候干旱可轻灌防旱，同时改进灌水方法。拔节后要求有充足的水分供应，此阶段玉米生长旺盛，日耗水量很大，一昼夜要消耗 45～60m³ 水，自然降水量往往不能满足需水要求，要进行人工灌溉。特别是抽雄期以前15d左右，是雄穗的小穗、小花分化时期，需水量较大，适时适量灌溉，可使茎叶生长茂盛，加速雌雄穗分化，如天气干旱会出现"卡脖旱"，使雄穗不能抽出或雌雄穗出现时间间隔延长，不能正常授粉，造成玉米籽粒产量严重减产。因此，拔节、孕穗期间加强灌溉和土壤保墒，是争取玉米穗大、粒多，提高产量、改善品质的关键环节。

3. 抽穗、开花期 抽穗、开花期要饱灌、紧灌，使土壤含水量保持在田间持水量的75％～80％为宜。灌浆以后土壤含水量在70％～75％左右为宜。玉米抽雄以后，茎叶增长渐趋停止，进入开花、授粉、结实阶段。玉米抽穗开花期植株体内新陈代谢过程旺盛，对水分的反应极为敏感，加上气温高、空气干燥，叶片蒸腾和地面蒸发加大，需水达到最高峰。此阶段灌水很重要，是玉米增产的关键。如果此时土壤墒情不好，再加上天气干旱，就会缩短花粉寿命，推迟雌穗抽丝时间，授粉受精条件恶化，不孕花数量增加，会导致严重减产。

4. 灌浆至乳熟末期 从灌浆到乳熟末期仍是玉米需水的重要时期。此时维持较高田间持水量，可避免植株过早衰老枯黄，保证养分源源不断向籽粒输送，使籽粒充实饱满，增加百粒重，达到高产、优质的目的。

提高节水灌溉技术是节约用水、充分发挥水利设施的重要举措。玉米灌溉方法主要可分为沟灌、畦灌、喷灌和滴灌。如果玉米生育期间雨水过大，田间积水，应及时排涝，以免根系窒息，植株涝死。

八、科学施肥

玉米整个生育期都时刻进行着化学反应，用简单的无机原料合成各种复杂的有机物质。通过光合作用吸收大气中的 CO_2，与根系吸收的水分形成碳水化合物，同时释放出 O_2 和热量，通过碳水化合物进一步合成淀粉、脂肪等营养物质。欲顺利完成这些过程，玉米必须从土壤和周围环境中吸收大量必须的营养元素，包括大量元素 N、P、K，中量元素 Ca、Mg、S 和微量元素 Fe、Mn、B、Cu、Mo、Cl 等。玉米生长发育对 N、P、K 的需求量大，被称为营养三要素，它们在土壤中的含量远远不能满足玉米生长发育的需要，所以必须通过施肥进行补充。所有这些营养元素都是玉米生长发育必需的，土壤中缺乏或缺少任何一种，都难以达到增产的目的。施肥是玉米获得高产稳产的最重要的措施之一。

（一）需肥规律

玉米不同生育期对养分的吸收量及强度不同。苗期吸收利用少，拔节到抽穗开花期生长速度加快，植株处于迅速发育时期，雌、雄穗逐渐分化，营养生长与生殖生长并进，植株对营养物质的吸收数量多，速度加快，达到需肥的高峰期，此时供给充足的营养物质，能够促进壮秆、大穗，获得高产；开花以后，生长速度减慢，吸收营养物质的速度逐渐缓慢，数量减少。

据测定，每生产 100kg 玉米籽粒需要 N 2.5～3.8kg、P_2O_5 0.86～1.7kg、K_2O 2.1～3.7kg。不同玉米品种的生产能力不是随着施肥量增加而增加的，但在种植密度加大的情况下，需要增施肥料，才能发挥出其增产潜力。

1. 对氮（N）元素的需求　玉米苗期吸收 N 元素的量较少，雌雄穗形成分化时期最多，开花结实期次之。前、中、后期各阶段吸 N 量占整个生育期总吸 N 量的比例平均为 13.83%、51.67%、34.50%。随着产量水平的提高，各生育阶段吸 N 量相应增加，但增加的绝对量不同，拔节期到吐丝期增加比例减少，吐丝期至成熟期比例增加较多。因此，若想增加玉米产量，在适当增加前、中期 N 素供应的基础上，重点增加后期的 N 素供应。

2. 对磷（P）元素的需求　苗期吸收 P 元素量较少，孕穗、抽穗期次之，开花、灌浆期最多。各阶段需 P 量占总吸收量的比例为 11.54%、30.49%、57.97%。随着产量水平的提高，前、中、后期各生育阶段需 P 量相应增加，吐丝期至成熟期增加量最多，拔节期至吐丝期次之。在增加前期 P 素供应的基础上，重点增加中、后期的 P 素供应，可有效提高玉米产量。

3. 对钾（K）元素需求　苗期吸收 K 量最少，穗形成期吸收 K 元素的量最多，开花、散粉期处于中间水平。前、中、后期各生育阶段吸收 K 元素比例约为 13.71%、51.82%、34.47%。随着产量水平的提高，各生育阶段需 K 量开始增加，但以拔节期至吐丝期需 K 量增加最多，吐丝期至成熟期次之。因此，提高玉米产量的关键是要保证生长发育的中、后期特别是孕穗、抽穗期 K 元素的供应。

（二）各营养元素的作用及缺素症状

1. 氮（N）元素　N 素是作物体内蛋白质与核酸的主要组成元素，约占蛋白质的 16%～18%。蛋白质是构成原生质的基础物质，核酸是携带遗传基因的重要物质，作物缺乏 N 素就不能维持生命。N 元素也是多种酶的组成元素，酶在作物体内控制各种生理和代谢过程。N 元素也是叶绿素的组成成分，作物通过叶绿素吸收太阳能、空气中的 CO_2 和土壤中的水分合成有机物。玉米植株体内 N 元素含量约占干物质重量的 1.33%。玉米缺 N 的特征是叶片颜色变浅甚至发黄较明显。苗期缺 N 则幼苗生长缓慢，叶片黄绿色；拔节期后缺 N，植株纤弱，叶片从尖部开始逐渐变黄，严重时下部叶片干枯，不能正常生长发育，会导致穗小、秃尖，严重时形成空秆。

2. 磷（P）元素　P（P_2O_5）在玉米植株体内含量约 0.45%。P 元素是核酸、核蛋白、磷脂、磷酸腺苷和酶的重要组成成分，参与植株体内多种代谢过程。玉米缺少 P 不但影响自身代谢，还会使 N 的吸收和代谢受阻。苗期缺 P，根系易发育不良，幼苗生长缓慢，叶片颜色变紫，严重时变黄；抽穗期缺 P，雌穗吐丝延迟，授粉不良，果穗易畸形；开花后灌浆期缺少 P，养分转化和运输受阻，可导致瘪粒和秃尖。

3. 钾（K）元素　玉米体内 K（K_2O）含量与氮（N）含量相近，约占干物重的 1%～5%，玉米植株体内 K 元素含量约为 1.53%。K 元素可促进碳水化合物的合成与运输。K 肥充足，有利于增强叶片的光合作用，增加对 N 的吸收，促进单糖向蔗糖和淀粉方向合成。K 元素还可增强玉米抗逆性，能使玉米体内可溶性氨基酸和单糖减少，纤维素增加进而细胞壁加厚；K 在玉米根系内积累所产生的渗透压梯度能增强吸收水分的能力，在供水不足时能使叶片气孔关闭以防水分损失。K 元素的这些功能可增强玉米抗病、抗旱、抗倒伏能力。

4. 其他元素　Ca、S、Fe、Zn 等也是参与玉米体内新陈代谢活动的重要元素。玉米缺少 Ca 元素时，幼苗叶片出土困难，叶片迟迟不能展开，植株呈微黄色，发育迟缓。缺少 S 元素时，植株矮化，叶丛发黄，成熟期延迟。缺少 Fe 元素时，上部叶片叶脉间出现浅绿色或叶片全部变浅。缺少 Zn 元素时，幼苗叶片出现浅白色条纹，叶缘和叶鞘呈褐色或红色。

（三）施肥原则

玉米施肥，既要考虑其生长发育特性及需肥规律，也要考虑气候、土壤类型与肥力等条件，做到因地制宜、合理高效。

施肥总原则：有机肥与无机肥配合施用；N、P、K 肥与微肥平衡施用；基肥、种肥及追肥配合施用。

土壤中 N、P、K 速效养分的含量是施肥的指标。一般情况下，生育期较短的早熟品种，耐肥性较弱；生育期长的晚熟品种，耐肥性较强。紧凑型品种耐密性较强，需肥量较多，种植密度增加后，相应增加施肥量才能充分发挥其增产潜力。

1. 有益无公害　肥料是玉米生产过程中最重要的生产资料之一。玉米单产的迅速提高与肥料尤其是化学肥料的作用密不可分。随着玉米产量的提高愈加依赖肥料的同时，施肥对土壤、后茬作物等不良影响也愈加突出。具体要求是：以有机肥为主，化肥为辅，化肥与有机肥配合施用，不使用硝态 N 肥；以多元复合肥为主，单元素肥料为辅；以基肥为主，追肥为辅。

2. 营养均衡　玉米生长发育过程中需要多种营养元素的参与，这些不同的营养元素之间存在着一个相对均衡的比例关系，符合"最小养分定律"学说，即决定玉米产量决定性的营养元素往往是土壤中有效含量相对最小的元素。因此对需求量较少的肥料种类也不应忽视。

3. 因地制宜　不同土壤肥力及结构的地块，对种植玉米后施入肥料的要求不同。肥料施入后，除一部分被玉米根系吸收外，其余一部分被土壤固定住，还有一部分随地表、地下水流失或挥发至空气中而损失。有机质含量高即肥沃的土壤，保水、保肥能力较强，可以相对少施肥料。相反肥力较低的贫瘠土壤，需肥量较大，应施入较多肥料。

总之，玉米施肥不论考虑品种、土壤或是肥料本身，其目的很明确：在现有的科学技术水平下，最大限度的充分利用肥料，创造各种条件，使施入的肥料发挥最大效率。

（四）施肥量及施肥方式

种植高淀粉玉米施肥应根据品种特性、土壤肥力、产量指标等确定适宜施肥量，特别是 N 肥用量。在施用有机肥的基础上，合理施用 N、P、K 肥及微肥。如施用缓释长效肥料作底肥，在播种时一次性施入。用量为：N 肥总用量的 1/5，P 肥总用量的 3/4，K 肥总用量的 2/3。

玉米施肥量由玉米计划产量对营养元素的需要数量、土壤能供给玉米各种速效养分的数量、施入肥料的有效养分和肥料在土壤中能被玉米吸收的利用率来决定。计算公式如下：

$$肥料用量＝\frac{\left(\begin{array}{c}计划产量对某\\种养分需要量\end{array}\right)-\left(\begin{array}{c}土壤中对某种\\养分供应量\end{array}\right)}{施用肥料中某种养分含量}×某种肥料利用率$$

在化肥施用上，采用底肥、种肥与追肥相结合的平衡施肥法。还可以使用优质玉米专用肥，在整地时施入肥料沟的沟底，其深度为 10～15cm。

1. 底肥　底肥是播种前（秋翻、打垄或播种时）施入耕层土壤的肥料，又称基肥。肥料组成应包括农家肥与 N、P、K、Zn 肥配合，其中 N 肥施用占总用量 1/4 到 1/5。注意施用尿素不宜超过 90～105kg/hm²，过多影响出苗。P 肥可以 2/3 做底肥，K 肥可以绝大部分或全部做底肥施入。开沟条施可以提高根系土壤的养分浓度，农谚有"施肥一大片，不如一条线"。当施用基肥数量较多时，可在耕前将肥料均匀地撒在地面上，耕翻入土。

2. 种肥　种肥就是在播种时施在种子附近的肥料，也称口肥。玉米对种肥要求比较严格，酸碱度要适中，对种子应无烧伤、无腐蚀作用，不影响种子发芽出苗。种肥应以幼苗容易吸收的速效性肥料为主。施肥时应注意肥料不要与种子接触，数量不能过大，否则影响出苗。种肥供给种子发芽和幼苗生长所需要的养分。种肥以化肥为主，也可施用腐熟农家肥。在土壤缺 N，基础用量少的情况下，使用 N 素化肥作种肥；在缺 P 的土壤上，以 P 肥作种肥，应采取集中施用方法，便于吸收利用，还可提高 P 肥利用率和增产效果。种肥施用量，优质农家肥在 250kg/亩左右。如使用 N 素化肥作种肥，施入纯 N 1.5kg/亩左右，用 P 素化肥作种肥，施用 P_2O_5 1.5～3.0kg/亩。种肥施用时，一定要注意和种子保持一定距离，更不可以与种子混合一起播种，避免"烧"种子而影响出苗。最好是沟施或穴施，与土拌一下再播种，这样既可以和种子隔开，又可以充分利用肥料中有效部分，做到经济用肥。

3. 追肥 追肥是玉米生育期间施入，一般用速效性 N 肥。用腐熟的人粪尿或家畜、家禽的粪便作追肥，也有明显的增产效果。追肥时期与次数应与玉米需肥较多的时期一致，还要考虑土壤肥力、底、口肥的数量及品种特性。玉米一生中有三个施肥高效期，即拔节期、大喇叭口期和吐丝期。一般有三种追肥方式：一是在土壤肥力低或底肥不足情况下，在玉米 6 叶展开时追第一次 N 肥效果好。根据情况还可以在大喇叭口期进行第二次追肥，防止后期脱肥，有利于雌穗小花分化，增加有效小花数。二是当土壤肥力高、底肥和种肥充足时，可在抽雄前 7～10d 进行一次追肥，可以减小前期高肥条件下玉米生长过于繁茂，同时起到了后期补肥的作用。三是对于保肥性差的沙壤土等，要分期追肥，不宜一次施肥量过大。追肥时期与方法还可以根据玉米生长发育的主攻方向制定，其依据是玉米不同生长发育时期的生长与生理特点不同。追肥可分 2～3 次进行。

（1）攻秆肥和攻穗肥 当土壤肥力一般，玉米计划产量为 4 500～7 500kg/hm²，计划追施尿素应为 450kg/hm² 左右；在施用种肥的基础上，追肥宜于拔节期和大喇叭口期两次追肥。两次追肥的分配也要根据地力基础，根据情况可采用前重、中轻追肥法，即拔节期追肥占总追肥量的 60%，大喇叭口期占 40%，否则采用前轻、中重分配比例。

（2）攻秆肥、攻穗肥和攻粒肥 当地力基础较高，计划玉米产量在 9 000kg/hm² 以上，追肥宜分 3 次进行。在施种肥的基础上，拔节期、大喇叭口期和抽雄开花期应分别占30%、50%、20%，这叫做"前轻、中重、后补"。此外还要注意追肥位置，追施肥料太近时容易切断玉米根系而伤根，使根系减弱或丧失吸收能力。拔节期应距玉米 10～15cm，拔节至开花期应距 15～20cm，深度不应低于 6cm，以 10cm 为宜。追肥要禁止表面撒施，施后最好适当浇水。

玉米营养生理的阶段性是制定施肥时期与方法的重要依据。种肥和拔节期追肥，主要是促进根、茎、叶的生长和雄穗、雌穗的分化，有保穗、增花、增粒的重要作用；大喇叭口期追肥主要是促进雌穗分化和生长，有提高光合作用、延长叶片功能期和增花、增粒、提高粒重的作用；抽雄开花期追肥，有防止植株早衰、延长叶片功能期、提高光合作用、保粒和提高粒重的作用。玉米吐丝期施 N 可提高粒重和粗蛋白含量，在玉米吐丝期增施N 肥主要是提高籽粒第二灌浆高峰的峰值，并在灌浆中后期保持较高灌浆强度，籽粒 N素积累也表现在灌浆后期明显加快。

九、田间管理

(一) 苗期管理

玉米苗期是指从出苗到拔节，春玉米一般经历 40d 左右。苗期是玉米以生根、分化茎叶为主的营养生长阶段，主要生育特点是根系生长迅速，至拔节期结束已基本形成强大的根系，地上部分生长相对比较缓慢。苗期管理主攻目标是促进根系生长，达到苗全、苗齐、苗匀、苗壮。采用的管理措施包括查苗补苗，间苗定苗，中耕除草，防治病、虫害。

如果因为各种原因玉米出现不同程度的缺苗现象，可在定苗以前，进行补苗。可在下午或阴天带土移栽，栽后浇水，以提高成活率。玉米间苗定苗是保证适宜种植密度的重要措施。间苗要早，一般在 2～3 片全展叶时进行。间苗时应去掉小苗、弱苗和病苗，留大苗和壮苗。当幼苗有 4 片全展叶时即可进行定苗。定苗时间也是宜早不宜迟，最迟不能晚于 6 片全展叶。

玉米苗期另一项重要的工作是中耕除草，是培育壮苗的主要措施，一般进行 1～2 次。第一次只进行深松，第二次带犁进行中耕。中耕可以疏松土壤，促进根系发育，保持土壤墒情，是促下控上、蹲苗促壮的主要措施，而且有利于土壤微生物的活动；同时，还可以消灭杂草，减少地力消耗，改善玉米营养条件。拔节前中耕宜深些，此时中耕虽然会切断部分细根，但可促进新根发育。

为防止苗期草荒，可以使用丁草胺等除草剂进行除草。根据杂草发生情况、气候条件等，选择安全、经济、高效的除草剂适时进行化学除草，并结合人工和机械除草措施。播种后出苗前，用 50% 乙草胺乳油 2 250～3 750ml/hm^2 或 90% 禾耐斯 1 250～1 400ml/hm^2，或者 40% 阿特拉津胶悬剂 4 500～6 000ml/hm^2，加水 450kg，进行土壤喷施，加 72% 的 2，4 - D 丁酯乳油 1 000ml/hm^2，加水 450 kg 土壤喷施。保护性耕作杂草较多的地块应比一般田块喷施量增加 30%～40%。

东北春玉米区对产量影响大的病害有丝黑穗病（大发生年份有的品种减产 20%～30%），以三叶期前，特别是幼芽期侵染率最高。对丝黑穗病除通过抗病育种途径外，可以使用药剂方法，即种衣剂。播种前可用种衣剂进行种子包衣，同时对防治茎腐病、丛生苗等也具有一定的效果。

玉米苗期害虫种类较多，主要有地老虎、黑毛虫、蚜虫、蓟马、棉铃虫、灯蛾等，应做好虫害防治工作。应采取"预防为主、综合防治"的方针。一是农业防治：主要选用抗病品种，与大豆等豆科作物合理间、套作，推广 N、P、K 配方施肥，清洁田园，减轻病虫危害。二是物理防治：安装频振式诱虫灯诱杀田间害虫，以虫喂鸡。每盏灯可控制大田面积 3～4hm^2，对玉米螟和斜纹夜蛾有显著诱杀效果。三是药剂防治：加强田间病情、虫情调查。在低龄幼虫和发病初期用药防治。为保证玉米质量，在病虫防治中禁用高毒、高残留（甲胺磷等）农药。

(二) 穗期管理

玉米穗期是指从拔节到抽穗阶段，春玉米 30d 左右。此阶段玉米特点是营养生长与生殖生长并进，叶片增大、茎叶伸长，营养器官生长旺盛，雄穗与雌穗相继分化，生殖器官开始形成。穗期是玉米生育期内生长发育最旺盛时期，也是高产栽培最关键时期。

穗期管理主攻目标是：株壮、穗大、粒多。

主要的管理措施包括：追肥浇水、中耕培土、去蘖和防治病虫害。

玉米穗期是吸收养分和水分最快、最多时期，必须适时追施攻秆肥。拔节前施用尿素150～180kg/hm²，可以促进壮秆和穗分化。大喇叭口期是决定穗大粒多的关键时期，也是追肥高效期，应该重施攻穗肥，追肥量占总追肥量的60%～70%。施用尿素250～350kg/hm²，但要防止施用N肥过多，以免引起贪青晚熟或者青枯早衰而减产。玉米此时期对水分的需要与需肥规律相似。拔节前后结合施肥适量浇水，使土壤水分含量保持在田间持水量的65%～70%。此时叶面蒸腾大需求水量多，从大喇叭口期到抽雄期，雄穗花粉粒形成，雌穗进入小花分化期，此时对水分反映最敏感，需水量最多，是玉米需水的临界期，应肥水猛攻，土壤水分宜保持在田间持水量的70%～80%。

拔节孕穗期，及时做好玉米螟和黏虫的测报及防治工作。主要虫害是玉米螟，东北产区每年都有不同程度发生，大发生年减产可达10%～20%。对玉米螟防治采用白僵菌封垛、高压汞灯等生物与物理方法防治，还可以用赤眼蜂防治，释放赤眼蜂22.5～30万头/hm²，分2次释放。在喇叭口末期，用Bt乳剂2.25～3.0kg/hm²，制成颗粒剂置入玉米的心叶中或加水450kg喷雾。6月中下旬，平均100株玉米有黏虫150头时，进行防治。用菊酯类农药灭虫，用量300～450ml/hm²，或用80%敌敌畏乳油1000倍液喷雾。

（三）花粒期管理

花粒期管理的主攻目标是：防止茎叶早衰、促进灌浆、增加粒重。主要管理措施包括：灌水、排涝、追施攻粒肥、去雄穗、人工辅助授粉、防虫治虫。

花粒期籽粒体积增大，是玉米需水的关键时期，此时水分充足，则促进籽粒形成；反之，则影响籽粒发育。因此，应在开花后10d左右及时浇水，使土壤水分保持在田间持水量的70%～80%。但土壤水分过多时，O_2不足，根系作用受到抑制，植株易倒，影响光合、灌浆，因此后期也应该注意排涝。对于相对贫瘠少肥地块，应在花粒期酌情施用攻粒肥，以延长叶片功能期，防止早衰，促进灌浆成熟。施用量不宜过多，约占总追肥量10%左右。叶色正常也可不施用，或用尿素（7.5kg/hm²）进行叶片喷肥，增强光合能力，效果较好。

玉米隔行去雄是一项简而易行的增产措施。去雄能改变养分的运转方向，将更多的养分供给雌穗；去雄可改善玉米群体通风透光状况；可有效地防治玉米螟。一般可增产8%～10%，去雄可每隔一行去掉一行也可以每隔两行去掉两行或一行。去雄时应注意：边行不去，山地、小块地不去，阴雨天、大风天不去。去雄后，可进行人工辅助授粉，提高结实率。一般每隔2～3d一次，连续进行2～3次，在上午进行。

（四）病、虫、草害等防治

选用抗病、虫品种效果明显，简便经济；采用合理耕作栽培措施，合理密植，改善通风透光条件，收获后及时清除病株残体，实行轮作，可减轻病、虫、草害；在病、虫初发期，喷洒一定浓度的化学药剂，有很强的防治效果。玉米除草剂种类很多，效果也较好，目前大面积应用的有丁草胺、乙草胺、2，4-D丁酯、禾耐斯、阿特拉津等。

1. 病害防治　对纹枯病，在发病初期每亩用3％井冈霉素水剂100g加水60kg喷雾；对大、小斑病每亩用50％多菌灵可湿性粉剂加水500倍喷雾防治。病害发生较重的田块，每隔7d防治1次，连防2～3次，并交替使用不同农药。

2. 虫害防治　对地下害虫，播种时用50％辛硫磷乳油1kg/亩与盖种土拌匀盖种。防治玉米螟是在大喇叭口期，低龄幼虫用1.5％辛硫磷颗粒剂0.5kg拌细土5kg撒入喇叭口，或用2.5％高效氯氰菊酯乳油1 200～1 500倍液喷雾防治。

3. 杂草防除　玉米除草剂的种类很多，效果也比较好。使用除草剂应注意以下事项。

（1）喷药时间　必须在出苗前7d喷药，喷药晚了会使玉米幼苗产生药害。因玉米幼芽出土至3片叶时，是抗药能力较低的时期，决不能因等雨而延后喷药时间。最好是在播后芽前喷药，安全性最高。

（2）喷药量　用2，4-D丁酯药量要准确，不能随意加大，以免对玉米幼苗及下茬作物产生药害。一旦产生药害，轻者抑制生长，重者产生叶片黄化、扭曲、葱状叶、畸形、不长根等症状。喷药要均匀，地平土细、无坷垃、墒情好、施药后镇压、遇雨会明显的提高药效。有些农民依赖药剂，经常随意加大药量，甚至增加1倍，导致每年都有不同程度药害发生。用药量的大小应与土壤类型、土壤肥力、土壤水分、杂草种类和数量、地温、水温、整地质量、喷药质量等等都有关系。此外从生态角度考虑，不应把草一扫光全杀死，应在前期控制杂草生长，后期有一点草还有利于水土保持，减少对下茬作物产生药害。

（3）除草剂种类　最好是使用老配方阿特拉津加乙草胺，既省钱又安全。不用2，4-D丁酯或含有2，4-D丁酯的除草剂，因为2，4-D丁酯对喷药时间、药剂、药量的要求以及对玉米和杂草幼芽、幼苗大小的要求都非常严格，掌握不好很容易产生药害，出现扭曲苗、葱状叶等症状。玉米制种田禁止使用2，4-D丁酯，有些玉米杂交种对2，4-D丁酯也敏感。

十、适时收获

玉米收获期的决定，须根据用途而定。高淀粉玉米以收获籽粒为目的，让玉米充分成熟，有利于提高粒重和产量。玉米充分成熟的标志是：苞叶枯黄，籽粒坚硬，乳线消失，黑层出现，籽粒呈现出品种固有的颜色。

高淀粉玉米完熟期收获，籽粒含水量应该降到28％以下，也可在玉米蜡熟后期扒开果穗苞叶晾晒，增加籽粒脱水速度。有条件可进行籽粒脱水，以便作为工业加工原料方便长期保存和运输。

第三节　超高产栽培关键措施

由于高淀粉玉米特有的品质特点，其超高产栽培关键措施与普通玉米相比略有不同之处。

一、选地隔离

选择地势平坦，耕层深厚，肥力较高，保水保肥性能好，排灌方便的地块。由于高淀粉玉米属于胚乳性状的单隐性基因突变体，在纯合情况下才表现出高淀粉特性，若接受普通玉米花粉，易发生花粉直感现象，其淀粉含量会大大降低，影响该玉米的品质。因此，在生产上种植高淀粉玉米的地块必须与普通玉米隔离，一般相隔 200m，防止植株间或田块间相互串粉。如果大面积连片种植高淀粉玉米，隔离条件差一点，影响也不大。

二、选茬与耕翻整地

（一）选茬

选择前茬未使用长残性除草剂的大豆、小麦、马铃薯或玉米等肥沃的茬口。

（二）耕翻整地

实施以深松为基础，松、翻、耙相结合的土壤耕作制，三年深翻一次。

（三）伏、秋翻整地

耕翻深度 20～23cm，做到无漏耕、无立堡、无坷垃。翻后耙耢，按种植要求的垄距及时起垄或夹肥起垄镇压。

（四）耙茬、深松整地

适用于土壤墒情较好的大豆、马铃薯等软茬，先灭茬深松垄台，后耢平起垄镇压，严防跑墒。深松整地，先松原垄沟，再破原垄合成新垄，及时镇压。

三、选用良种，合理密植

根据生态条件，选用通过国家或省级审定的非转基因高产、优质、适应性及抗病虫性强、生育期所需活动积温比当地常年活动积温少 100～150℃的耐密性优良品种。根据国标 GB 4404.1—2008，玉米种子的纯度不低于 98%，净度不低于 99%，含水量不高于 16%。同时要求发芽率不低于 90% 的标准。

四、合理施肥

播前应施足底肥，同时根据产量要求增施适量 N 肥、P 肥、K 肥。N 肥、P 肥、K 肥用量，一般按每生产 100kg 籽粒需要 3kgN、1.5kg P、3kg K 的比例配合施用。另外施 $ZnSO_4$ 1 kg/亩。增加 P、K 肥用量可明显提高高淀粉玉米的籽粒产量和淀粉含量。为了改善土壤结构，培肥地力，除了要施用化肥外，播种时应施优质厩肥 $3m^3$/亩左右，以保证玉米后期对养分的需求。

化肥在不同生育阶段的施用比例大体为：种肥 10％、苗肥 30％、穗肥 40％（大喇叭口期以前追施）、粒肥 20％（吐丝期追施）。除种肥外，施用肥料时应开沟条施于玉米行间。

五、及时除去侧生蘖枝

对于分蘖性强的品种，为保证主茎果穗有充足的养分，促早熟，可将分蘖去除。但去除分蘖必须及时，一见分蘖长出，就要彻底去除，不留痕迹，而且要进行多次。因为分蘖只会消耗养分和水分，不能或很少结实，在生产上毫无意义。在生产中，水肥条件好的地块还会出现一叶一穗或一部位多穗的现象，也要及时掰除，只保留 1～2 穗，以防造成小穗或减产减收。

六、适当晚收

高淀粉玉米以收获籽粒为目的，所以应让玉米充分成熟，这有利于提高粒重和产量。玉米充分成熟的标志是：苞叶枯黄，籽粒坚硬，乳线消逝，黑层出现，籽粒呈现出品种固有的颜色。

本章参考文献

范玉良，奚宗耀等．1999．玉米大垄双行栽培技术推广．玉米科学，7（3）：49～50

郭庆法，王庆成，汪黎明．2004．中国玉米栽培学．上海：上海科学技术出版社

何世龙，艾厚煜．2001．玉米、马铃薯间套作模式评价．作物杂志，（3）：17～20

金继运，何萍，刘海龙．2004．氮肥用量对高淀粉玉米和普通玉米吸氮特性及产量和品质的影响．植物营养与肥料学报，10（6）：568～573

李彩虹，吴伯志．2005．玉米间套作种植方式研究综述．玉米科学，13（2）：85～89

刘海龙，何萍，金继运等．2009．施氮对高淀粉玉米和普通玉米子粒可溶性糖和淀粉积累的影响．植物营养与肥料学报，15（3）：493～500

刘海龙，何萍，金继运等．2009．施氮对高淀粉玉米子粒产量形成的影响．玉米科学，17（1）：124～127

刘开昌，胡昌浩，董树亭．2002．高油、高淀粉玉米子粒主要品质成分积累及其生理生化特性．作物学报，28（4）：492～498

刘武仁，郑金玉等．2007．玉米宽窄行种植技术的研究．吉林农业科学，32（2）：8～10

彭泽斌，田志国．2003．高淀粉玉米的产业化潜力分析．作物杂志，（6）：10～12

史振声，王志斌，季风海等．2002．国内外高直链淀粉玉米的研究．辽宁农业科学，（1）：30～33

唐劲驰，曹敏建，佟占昌．2000．不同品种玉米与小麦间套作的比较试验．杂粮作物，20（4）：38～40

肖春华，李少昆，刘景德．2004．不同种植方式下玉米干物质积累、养分吸收动态特点的研究．石河子大学学报，22（5）：44～50

薛鸿雁，张文成，李宝玉 . 2004. 平衡施肥对玉米产量和品质的影响 . 黑龙江农业科学，（3）：4～5

杨守仁，郑丕尧 . 1996. 作物栽培学概论 . 北京：中国农业出版社，137～144

杨镇，才卓等 . 2007. 东北玉米 . 北京：中国农业出版社，191～201

姚向高，王爱玲 . 1997. 春玉米与生姜间作不同种植方式农田生态效应研究 . 生态学研究，16（4）：6～9

叶青江，李晓丽 . 2008. 高淀粉玉米高产优质关键技术 . 农业与技术，28（6）：82～84

郑若良，宋志荣 . 2003. 施肥对玉米产量及品质的影响研究 . 杂粮作物，23（4）：239～241

第七章 ▪▪▪▪▪▪▪▪▪▪▪▪▪▪▪

环境胁迫与对策

第一节　水分胁迫与对策

一、水分胁迫的类型和特点

水分胁迫是作物生长过程中面临的主要环境问题，其分布范围广，延续时间长，发生频率高和威胁危害大。水分胁迫所导致的农业减产，超过其他环境胁迫所造成减产的总和。

环境中水分低到不足以满足作物正常生命活动的需要时，即出现干旱胁迫。作物遇到的干旱有大气干旱和土壤干旱两类。大气干旱是空气过度干燥，相对湿度低到 20％ 以下；或因大气干旱伴随高温，土壤中虽有一定水分，但因蒸腾强烈，造成体内水分平衡失调，使作物生长近乎停止，产量降低。土壤干旱是指土壤中缺乏作物可利用的有效水分，对作物危害极大。

水分过多对作物的不利影响称为渍涝胁迫。渍涝又分为湿害和涝害。湿害是指土壤含水量超过了田间最大持水量，土壤水分处丁饱和状态，根系完全生长在沼泽化的泥浆中缺氧而成胁迫。涝害是指水分不仅充满土壤，而且田间地面积水，作物的局部或整株被淹没。

（一）干旱胁迫

作物赖以生存的环境并不总是适宜的，干旱作为作物所遭受的所有非生物胁迫中是损害最为严重的不利因素，直接影响世界农业的生产。据不完全统计，地球上约 1/3 的土地面积属于缺少水分的干旱和半干旱区域。中国的干旱、半干旱地区约占全国土地面积的 1/2。同时其他半湿润、甚至湿润地区也常会有周期性、季节性或临时性的干旱。

作物受到干旱胁迫时能作出多种抗旱性反应，包括气孔调节、pH 调节、渗透调节、脱水保护以及活性氧清除等。作物在经受干旱胁迫时，通过细胞对干旱信号的感知和转导来调节基因表达，诱导产生新蛋白质从而引起大量的生理和代谢上的变化。比较常见的是：作物光合速率降低，物质代谢途径发生改变，可溶性物质累积，脯氨酸、甜菜碱通过各种途径被合成，一些体内原来存在的蛋白质消失、分解，同时产生包括参与各种代谢调节相关的酶。

干旱胁迫抑制叶片伸展，引起气孔关闭，减少 CO_2 摄取量，增加叶肉细胞阻力，降低光合作用过程中相关酶活性，破坏叶绿素结构和降低叶绿素含量，最终影响 CO_2 的固定还原和光合同化能力，光合作用减弱，光合速率下降。干旱胁迫还使不饱和脂肪酸含量降低，饱和脂肪酸含量升高，从而影响细胞膜的光合特性，同化合成产物减少。一般认为，作物光合速率的高低取决于气孔和非气孔因素的限制。轻度干旱胁迫下，光合作用下降的主要原因是气孔调节引起 CO_2 亏缺；重度干旱胁迫下，光合作用下降的主要原因是叶肉细胞或叶绿体等光合器官的光化学活性下降引起光合作用受阻。判断光合速率下降受气孔因素制约的依据是光合速率（Pn）和气孔导度（Gs）下降与细胞间隙 CO_2 浓度（Ci）的变化呈相反趋势，即只有随着气孔的关闭而叶肉细胞间隙 CO_2 浓度也相应下降时，才可以证明光合作用的降低是由气孔关闭造成的。如果气孔关闭而叶肉细胞间隙 CO_2 浓度不变甚至还有所提高，则证明光合作用的下降主要是由叶肉细胞或叶绿体等光合器官的光活性下降引起的。

在适度干旱条件下，作物植株体内可溶性糖、脯氨酸和甜菜碱等物质积累量增加，细胞渗透势下降，使自身保持从外界继续吸水，维持膨压，保证各种代谢过程的进行。不同作物在干旱条件下积累的调节物质不同，辣椒、豌豆在干旱胁迫条件下可溶性糖和脯氨酸均明显增加，大麦植株体内游离脯氨酸的积累量与品种的抗旱性呈正相关。研究认为，多数禾谷类、豆类和棉花等作物在干旱条件下会积累大量的脯氨酸，有的还积累甜菜碱。此外，作物在干旱条件下，体内的有机酸和氨基酸等溶质以及 Ca^{2+}、Mg^{2+}、K^+、Cl^-、NO_3^- 等主要离子积累也会增加。李德全等认为 K^+ 和可溶性糖是主要的调节物质，不同作物积累不同的溶质，以提高自身的调节能力，适应干旱生境。在严重干旱胁迫条件下，作物这种调节能力也会丧失，进而影响正常的生理生化过程。

干旱逆境会使作物细胞的结构和功能遭到破坏，而膜系统常常是最先受害的部位。干旱胁迫会诱导酶系统保护细胞膜免遭氧化伤害。超氧化物歧化酶（SOD）是一种在植物体中普遍存在的极为重要的金属酶，直接控制植物体超氧阴离子自由基（O_2^-）和过氧化氢（H_2O_2）的浓度。CAT（过氧化氢酶）与 SOD 协同作用，专一清除植株体内的 H_2O_2，最大限度地减少羟自由基（·OH）的形成。过氧化物酶（POD）在逆境胁迫下，既可清除 H_2O_2 表现为保护效应，还参与活性氧的形成表现为伤害效应。各种保护酶协调一致，使作物体内自由基维持在一个较低的水平，从而避免活性氧（ROS）伤害。在作物不同生育期，各种酶发挥的作用不同。前人的研究结果也因所选作物种类、品种特性和干旱胁迫强度而异，尚未得出较为一致的结论。但在干旱胁迫下，作物过氧化产物丙二醛（MDA）和叶片质膜透性（RC）均呈上升趋势。

（二）渍涝胁迫

渍涝由于降水过多，地面径流不能及时排除，农田积水超过作物耐淹能力，造成农业减产。由于积水深度过大，时间过长，使土壤中的空气相继排出，造成作物根部 O_2 不足，根系呼吸困难，并产生乙醇等有毒有害物质，从而影响作物生长，甚至造成死亡。

渍涝造成的地表径流，使土壤养分严重流失，苗势较弱；长时间渍水不仅使作物光合产物及积累明显减少，而且根系缺氧窒息，易出现倒伏现象，严重影响作物的生长发育，直接影响作物产量和质量。

　　渍涝缺氧对作物形态与生长造成损害。缺氧使植株生长矮小，叶黄化，根尖变黑，叶柄偏上生长。淹水对种子萌发的抑制尤为明显，土壤湿度超过最大持水量80％以上时，玉米就发育不良，尤其在玉米苗期表现更为明显。玉米种子萌发后，涝害发生得越早受害越重，淹水时间越长受害越重，淹水越深减产越重。一般淹水4d减产20％以上，淹没3d，植株死亡。

　　渍涝缺氧对代谢造成损害。淹水情况下，缺氧对光合作用产生抑制作用，可能是由于水影响了CO_2扩散，或是出现了间接的限制，如光合产物向外输出受阻，因光合产物积累而光合速率降低。缺氧对呼吸作用的影响，主要是限制了有氧呼吸，促进了无氧呼吸。

　　渍涝引起营养失调。一是由于缺氧降低了根对离子吸收活性；二是由于缺氧和嫌气性微生物活动会产生大量CO_2和还原性有毒物质，如H_2S、CH_4、FeO等，这些物质的积累能阻碍根系呼吸和养分的释放，使根系中毒、腐烂，以致引起作物死亡。

二、水分胁迫对玉米生长发育的影响

（一）水分胁迫对玉米形态指标及产量的影响

　　干旱胁迫条件下，玉米的株高、叶面积、叶片形态、根系等形态指标会发生变化。如一些玉米品种长期生长在干旱少雨的地区，为适应恶劣的环境条件，形态发生变化来抵抗水分胁迫，保证植株的正常生长。这其中包括：株型紧凑，叶片直立，根系发达，较大的根冠比，叶片角质层厚，气孔下陷等。抗旱性较强的品种其维管束排列紧密，导管较多，导管直径较大。普遍认为玉米在干旱胁迫后，体内细胞在结构、生理学及生物化学上发生一系列适应性改变后，最终要在植株形态上有所表现。

　　叶片是研究作物抗旱性的重要形态指标。叶片的大小及叶面积的消长对玉米产量的最终表现亦有显著影响。玉米群体叶面积的大小及其持续时间的变化决定玉米光合生产的能力。郑盛华等对3个不同耗水型玉米品种在干旱胁迫下的形态指标进行了研究，认为在正常供水和中度干旱胁迫下，3个玉米品种的株高、茎粗、叶片数和总叶面积等形态指标基本一致，各指标基本上是鲁单981大于赤单202和郑单958，但相互间不存在显著性差异。而在重度干旱胁迫后，这3个玉米品种的形态指标表现出差异，耗水型品种鲁单981的株高、茎粗和总叶面积均小于抗旱型赤单202和郑单958。远红伟等研究认为，在保水保肥性差的喀斯特地貌条件下，干旱胁迫对玉米的生长发育影响很大，在中度干旱条件下，玉米生长缓慢，单株最大叶面积和叶片数相对减少，单株干物质积累量显著减少，生育进程推迟。在极度干旱条件下，玉米生长发育严重受阻，无法进行生殖发育，产量颗粒无收。白莉萍等对不同土壤干旱胁迫下的玉米形态表征、生长发育及产量的分析表明，玉米受干旱胁迫的影响程度因受旱轻重、干旱持续时间以及生育进程的不同而不同，受旱越重，持续时间越长，影响越甚。大喇叭口期前，玉米株高和生物产量受有限供水或轻度干旱影响不算很大，但从大喇叭口期后直至抽雄期和灌浆期，轻度干旱胁迫持续久了也会对株高和生物产量产生较大不良影响。严重干旱胁迫则从拔节期开始至灌浆期均对株高和生物产量影响更为不利，进而引起果穗性状恶化，穗粒数和百粒重减小，最终导致经济产量大幅下降。这也说明玉米生育前期（大喇叭口期前）进行有限的控水可行，而生育前期干旱胁迫将使生育进程明显延缓。严重干旱胁迫可使抽雄、吐丝期滞后 4d 左右，并引起成熟期推迟。

在玉米育种中，株高和穗位高都是非常重要的农艺性状。在干旱环境下，尤其是在开花期前遇到干旱胁迫，玉米的株高和穗位高常常受到严重影响。孙希平等认为，株高是与抗旱性及籽粒产量密切相关的重要性状，是判断玉米生长状况的一个重要指标。植株矮小往往会导致玉米光合速率下降，抗病抗灾性降低，干物质积累减少，从而直接影响到产量。白向历在研究不同生育时期水分胁迫对玉米产量及生长发育的影响认为，玉米拔节期干旱胁迫对株高和穗位高的影响较大，拔节期干旱胁迫后植株高和穗位高均较对照下降15.92％和15.59％，差异极显著；抽雄吐丝期干旱胁迫对玉米散粉至吐丝期间隔（ASI）影响较大，较对照延迟 6d，差异达到极显著水平；干旱胁迫对茎粗的影响较小，各处理与对照相比差异不显著。

孙彩霞等在研究玉米根系生态型及生理活性与抗旱性关系时，发现根体积、根的干物质量和根冠比在苗期和拔节期受旱均有明显的下降，这几个指标变化的规律性强且在基因型间有显著差异，可以作为抗旱性鉴定指标。

随干旱胁迫加强，玉米叶片的伸展速率迅速减慢直至停止，老叶的衰老速度加快，单株叶面积、干物质量明显减少。张彦军等对粮饲兼用型玉米陕单 8806 在不同生育期及胁迫程度下的干物质积累进行了研究，认为从干物质积累来看，干旱胁迫的各生育期单株干物重始终低于正常灌水，干旱导致了干物质积累的减少，其原因是地上部各组成部分诸如叶、鞘、茎等的干重减少。

尹飞等对玉米干旱胁迫下的干物质变化进行了研究，认为干旱胁迫处理下，玉米根干重和冠干重都有明显的下降，且降低的程度随生育进程有增加的趋势。干旱胁迫处理下，玉米干物质积累减少与叶面积减少和光合效率降低是相一致的。干旱胁迫对地上部物质积累的影响程度更大，所以在干旱胁迫下根冠比有升高的趋势。干旱胁迫下根冠比和耐旱系数之间存在负相关。干旱胁迫条件下根冠比越大的材料及其亲本，其根系消耗的同化产物也就越多，而用于形成籽粒的同化产物相应的越少。

前人研究一直认为玉米穗期是水分敏感期，若水分供应不足，生育后期自动调节和补偿能力弱，导致产量降低。陈杰等研究认为，玉米产量与耗水量对穗期轻度干旱胁迫的反应均存在品种间差异，供试品种中四单 19、龙单 13 表现出对轻度干旱胁迫反应迟钝、产量较高、耗水量较低、水分利用效率（WUE）比正常供水条件下有所提高的特性。中度干旱胁迫下，所有供试品种的产量均大幅度下降，最高下降 52.9％，最低下降 36.4％，并远大于耗水量的下降速率（13.8％ ～18.6％）。说明穗期干旱胁迫较重条件下，玉米生长发育与产量形成受到严重影响。

玉米是一种需水量大而又不耐涝的作物，当土壤湿度超过田间持水量的 80％以上时，植株的生长发育即受到影响，尤其是在幼苗期，表现更为明显。玉米生长后期，在高温多雨条件下，根系常因缺氧而窒息坏死，造成生活力迅速衰退，植株未熟先枯，对产量影响很大。据调查，玉米在抽雄前后一般积水 1～2d，对产量影响不太明显，积水 3d 减产20％，积水 5d 减产 40％。

（二）水分胁迫对玉米光合作用的影响

作物生长在极端环境下，会导致光合器官的损伤，抑制作物的光合作用。干旱胁迫是抑制作物光合作用和生长的最主要环境因子之一。许多研究者广泛讨论过水分胁迫对玉米光合作用的影响，认为光合作用对水分胁迫十分敏感，玉米在遭受干旱逆境后光合作用速率明显下降。刘明等研究了干旱胁迫对玉米光合特性的影响，认为干旱胁迫后玉米叶片的光合速率降低是气孔因素与非气孔因素共同作用的结果，京科 25 在干旱胁迫后光能利用率和水分利用率均降低，影响光合速率下降的主要原因是气孔因素；农大 108 在干旱胁迫后仍保持较高的光能利用率和水分利用率，影响光合速率下降的主要原因是非气孔因素。干旱胁迫使玉米的表观量子效率（a）、最大净光合速率（Pn）、表观暗呼吸速率（Rd）、光补偿点（LCP）及光饱和点（LSP）均降低，不同品种降低幅度存在差异。赵天宏等研究认为，干旱胁迫及复水后玉米叶片叶绿素含量与光合速率的变化趋势相同，尤其是重度干旱胁迫下叶绿素破坏严重，光合速率下降，复水初期叶绿素含量仍保持下降趋势，耐旱性强的品种表现出较强的维持叶绿素含量的能力。常敬礼等研究认为，干旱胁迫下玉米叶片光合速率随着胁迫强度增强而明显下降；在重度干旱胁迫下，玉米叶片光合速率都显著下降，品种间的下降幅度差异不明显；穗分化期叶片光合速率较拔节期更敏感，相同胁迫程度下光合速率下降幅度更大；恢复正常供水 6d 后，同一品种各处理间，光合速率的恢复速率均以轻度和中度干旱胁迫处理较快，重度胁迫最慢。品种的耐旱性不仅表现在干旱胁迫期间也体现在复水以后。

贾金生对玉米灌浆前期叶片水汽交换参数测定表明，玉米水分利用效率（WUE）与光合速率、蒸腾速率的关系有很大的相似性。同时 WUE 对叶片温度变化有很强的敏感性，当叶片温度达到 $40 \sim 42℃$ 之间时，气孔导度增大，达到 $140mmol/m^2 \cdot S^1 \sim 200mmol/m^2 \cdot S^1$ 之间时，WUE 迅速增加。如果温度继续上升，气孔导度继续增大时，玉米 WUE 趋于稳定或略有下降。杨涛对不同玉米品种之间 WUE 差异的研究结果显示，3 个玉米品种的气孔导度（Gs）与净光合速率（Pn）、蒸腾速率（Tr）均呈线性相关，Gs 对 Tr 的相关系数大于 Gs 与 Pn 的相关系数，干旱胁迫对蒸腾作用的影响要大于光合作用。刘庚山以作物调亏灌溉原理为基础，对夏玉米苗期干旱胁迫拔节期复水进行了试验，认为复水增加了夏玉米叶片气孔导度和光合速率，提高叶片水平上的 WUE。部分时段，特别在下午，复水处理表现出高于对照的"反冲"现象。

（三）水分胁迫对玉米生理生化指标的影响

水分胁迫对叶片影响的明显标志是叶片变黄，内在表现为叶绿素含量下降、光系统光化学效率减退、叶中 N 快速转移、Rubisco 含量减少和光合速率下降以及过氧化物酶活性降低等。

远红伟等研究认为干旱胁迫造成玉米体内产生大量的有害物质，导致膜脂过氧化作用，破坏了细胞的基本结构，造成叶片的叶绿素含量和硝酸还原酶活性显著降低，从而导致叶片光合作用下降和生长发育受阻；玉米为了适应干旱胁迫的环境，体内积累的大量脯氨酸等物质能促进有害物质的分解，缓解有害物质对细胞膜的伤害，增强玉米对胁迫环境的适应性。

对于干旱下脯氨酸累积的生理意义也存在不同的观点。有人认为脯氨酸的累积是作物主动适应干旱的一种反应；多数认为脯氨酸是重要的渗透调节物质，可参与渗透调节；也有人认为它对蛋白质具有一定的保护作用，认为脯氨酸可能在防止酶脱水方面有一定作用，可以作为各种酶的保护剂。干旱胁迫下，可溶性糖含量增加。在低温、干旱等逆境条件下植株均表现为可溶性糖含量的提高，不仅在于可溶性糖参与细胞的渗透调节作用，更重要的原因可能在于许多可溶性碳水化合物是植物适应环境的信号物质。王静等研究得出，随干旱胁迫强度加强，玉米品种叶片可溶性糖含量均增加。一方面干旱胁迫对叶片可溶性糖有减少的趋势；另一方面干旱胁迫时有机物分解大于合成，叶片可溶性糖又有增加的趋势，以抵御干旱胁迫。玉米叶片在干旱胁迫下可溶性糖含量的增加有积极的意义，许多研究证实它与渗透调节有关。玉米品种各处理时期随胁迫程度增强，叶片游离脯氨酸含量都明显成倍增加。不同抗旱性品种间的变化规律不明显。说明水分胁迫条件下叶片脯氨酸含量不宜作为品种抗旱性鉴定指标，但可作为水分胁迫的征兆作用。不排除脯氨酸的累积参与渗透调节、有利抗旱的作用。而薛吉全则认为，干旱胁迫期间游离脯氨酸的累积量与干旱胁迫程度和生育期有关，与品种的抗旱性没有一致性，复水后 2d 游离脯氨酸的下降比值与品种抗旱性相关，可作为品种抗旱性的一个筛选指标。

淀粉酶活性和贮藏物质运转效率在正常水分条件下与萌发抗旱指数间相关性不大，但在干旱胁迫下与萌发抗旱指数之间具有较高的一致性。徐明慧等研究认为，干旱胁迫降低了玉米萌芽期淀粉酶活性和贮藏物质利用率，这是干旱胁迫降低发芽势、发芽率，抑制玉米种子萌发出苗的主要原因之一。在干旱胁迫下不同品种和自交系在贮藏物质利用效率上存在明显差异。

干旱条件下植株中常因硝酸积累过多，而发生毒害作用。硝酸还原酶是作物 NO_3^- 同化的关键酶，硝酸还原酶活性的变化必然影响植株 N 的代谢，进而影响生长发育。玉米不同生育时期硝酸还原酶对水分胁迫都极为敏感，轻微干旱即可导致硝酸还原酶活性降低。Morilla 和王万里等认为，硝酸还原酶活力下降是由于酶的合成速度减弱的缘故。王晓琴等通过干旱胁迫对玉米幼苗 N 素代谢的影响研究认为，干旱胁迫下叶片可溶性蛋白质含量和硝酸还原酶活性呈持续下降趋势。抗旱性强的品种下降幅度小，受害程度小，而抗旱性弱的品种下降幅度大，受到危害的程度也大；正在生长的新叶较老叶的变化幅度大，受危害程度重。干旱胁迫下根系可溶性蛋白质含量和硝酸还原酶活性的变化与叶片可溶性蛋白质含量和硝酸还原酶活性的变化趋势不尽一致。在短期的干旱胁迫下，根系中可溶性蛋白质含量和硝酸还原酶活性升高，随着干旱胁迫时间的延长，可溶性蛋白质含量和硝酸还原酶活性均呈下降趋势。不同品种间的变化趋势与叶片基本相同，即抗性强的品种在干旱胁迫下的可溶性蛋白质含量和硝酸还原酶活性高于抗旱性弱的品种，受伤害的程度轻。

干旱胁迫还能诱导植物产生特异蛋白，这些蛋白能够使植物做出生化结构上的调整以适应外界的胁迫环境。赵天宏等通过干旱胁迫对不同抗旱性玉米幼苗叶片蛋白质的影响研究认为，干旱胁迫下叶片蛋白质代谢变化是由水分状况变化引起的。水分亏缺促使原有的蛋白质分解。随着干旱胁迫时间的延长，抗旱性弱的品种蛋白质含量下降幅度大于抗旱性强的品种，表明抗旱性强的品种保持正常蛋白质合成的能力较强，以控制体内的蛋白质代谢的平衡。干旱胁迫可以引起蛋白质合成的变化并产生胁迫诱导蛋白。抗旱性弱的品种产生干旱胁迫诱导蛋白早于抗旱性强的品种，表现出抗旱性弱的品种的蛋白质代谢更易受到水分亏缺的干扰，致使有关基因表达，产生诱导蛋白。复水试验结果还得出，复水后蛋白质变化包括诱导蛋白明显恢复，认为这些变化不是伤害的结果，而是对干旱环境的一种适应机制。

三、水分胁迫的应对措施

目前，关于水分胁迫对作物生长发育和生理代谢的影响及其机理进行了大量研究，并取得了长足进步。随着生理学、生物化学、分子生物学等学科的不断发展和综合交叉，对作物干旱生理的认识将会不断深入，从而指导农业生产中的合理灌溉、提高作物的抗旱能力和水分利用效率。

从目前对干旱胁迫下作物生长的研究进展看来，作物对缺水环境会产生相应的适应和抗旱机制。随着分子和基因组时代的到来，作物抗旱性的研究也已经深入到了分子水平。许多与胁迫相关的基因及其调控因子已通过现代基因分离技术得到鉴定，并且利用各种现代分子生物学技术成功克隆出一批能有效地提高作物的渗透调节能力、增强作物的抗逆性的基因。例如各种经胁迫诱导表达的大量调控性基因和功能性基因。日益增加的研究结果表明作物中存在一个胁迫反应体系，对不同环境胁迫的交叉响应可能就是由共同的细胞信号转导途径介导的。例如有研究表明：在一定的干旱胁迫强度之下有些作物能够通过信号传导作用，调控与抗旱有关的基因表达，随之产生一系列的形态、生理生化及生物物理等方面的变化以达到抵抗逆境的目的，显示出抗旱力，但研究成果之间彼此较独立。因此，应该把重点放在以下几个方面：一是研究如何实际应用且有利于控制土壤水分状况的田间操作，以及如何把基因工程手段与传统的栽培技术结合起来等方面。二是在稳产、高产、优质的前提下，以培育抗旱性较强的玉米品种为重点，进一步加强玉米耐旱、抗旱机理及其应用的发掘和创新，抗旱遗传基因的研究。三是利用现代的生物基因工程技术实现不同物种之间抗旱基因的转移，应用基因技术改良玉米品质以及进行玉米转基因抗性育种的研究，建立玉米抗旱节水栽培新技术体系以及探索玉米究竟在何种程度的水分状况下各项生理生化指标和水分利用效率达到最优。特别是分子生物学、植物逆境生理学、基因组学、蛋白质组学及生物信息学等相关学科的迅速发展，全面地解释了作物的抗逆机制，有效地从种质资源中发掘抗性基因，从而培育出优质的玉米抗水分胁迫品种。

（一）玉米春季干旱胁迫的应对措施

1. 查田补种 对于缺苗在50％以下的地块，尽快发芽坐水补种早熟玉米品种，选择比当地正常播种品种早1～2个积温带的品种。早熟品种在晚熟地区晚播往往会获得比在早熟地区正常播种更高的产量。

2. 改种早熟玉米或其他作物 对于缺苗在50％以上的地块，要毁种，改种大豆或早熟玉米。玉米最好坐水种植。如不能坐水种植，必须播在湿土上并及时镇压。种大豆的地块，需注意前后茬除草剂的药害问题。

3. 增加田间灌溉 如果干旱继续延续，有条件的农户，可充分利用所有能利用的水源和灌溉设施，尽快组织人员进行田间灌溉，减少玉米产量下降。

4. 加强田间管理 采用苗期深松技术，松土深度要达到 20～30cm，打破犁底层，接纳田间降雨，蓄水保墒；同时做到早间苗、早定苗，对于二、三类苗早追肥，增加追肥次数，实行单株管理。

5. 人工降雨 有条件的地区，可抓准时机进行人工辅助降雨作业。

（二）玉米渍涝胁迫的补救措施

1. 排水降渍 疏通田头沟、围沟和腰沟，及时排除田间积水，降低土壤湿度，达到能排、能降的目的。

2. 中耕松土 排水后地面泛白时要及时中耕松土，破除土壤表层板结，促进土壤散墒透气，改善根际环境，促进根系生长。对于倒伏的玉米苗，应及时扶正，护根培土。

3. 早施苗肥 要及时追施提苗肥，在大喇叭口期追施尿素 300kg/hm²。对受淹时间长、渍害严重的田块，应适当喷施高效玉米叶面肥和促根剂，促进玉米恢复生长。

4. 加强病虫害防治 发生涝害后易发生各种病虫害，如大小斑病、纹枯病及玉米螟等。喷施叶面肥可有效降低和减少病虫害发生。防治纹枯病可用井冈霉素或多菌灵喷雾，喷药时要重点喷果穗以下的茎叶。防治大小斑病可用百菌清或甲基托布津，7～10d 一次，连续 2～3 次。防治玉米螟应在拔节至喇叭口期用杀虫双水剂配成毒土或用辛硫磷灌心。

5. 补种 对受淹时间过长，缺苗严重的田块，灾后应及时重新播种或改种其他作物。

第二节　温度胁迫与对策

一、温度胁迫的类型和特点

温度作为重要的环境因子之一，时刻都在影响玉米生长发育。在一定的温度变化范围内，玉米能够进行各种正常的生命活动，而当温度发生剧烈变化超出玉米正常生长发育所需的温度范围时，就会形成温度胁迫。当温度降低到玉米生长发育所需温度的下限以下造成不利于玉米生长的环境称为低温胁迫。根据作物受低温危害时的温度强度，低温胁迫可分为冷害和冻害两种类型。0℃以上低温对作物造成的伤害称为冷害，而 0℃以下低温对作物造成的伤害称为冻害。当环境温度高于玉米生长发育的最高温度时，就开始不利于其干物质的生产，导致其生产潜力乃至实际产量的降低，在这个意义上，可以认为对玉米生产构成了高温胁迫。

（一）低温胁迫

由于北方冷空气势力强盛，活动频繁，使某个地区日平均气温持续低于玉米生长发育所要求的适宜温度下限，造成玉米生长发育速度延缓；或在玉米对低温反应敏感的生育期间，由于北方冷空气入侵使日平均气温连续 3d 以上降到该作物能够忍耐的温度下限以下，造成玉米生理障碍或结实器官受损，最终导致不能正常结实成熟而减产。

1. 冷害 玉米冷害分为延迟型冷害、障碍型冷害和混合型冷害。

（1）延迟型冷害 延迟型冷害指玉米由于生长季中温度偏低，发育期延迟致使玉米在霜冻前不能正常成熟，籽粒含水量增加，千粒重下降，最终造成玉米籽粒产量下降。

（2）障碍型冷害 障碍型冷害是玉米在生殖生长期间，遭受短时间的异常低温，使生殖器官的生理功能受到破坏。

（3）混合型冷害 混合型冷害是指在同一年度里或一个生长季节同时发生延迟型冷害与障碍型冷害。玉米的低温冷害多属于延迟型冷害，多发生在苗期和成熟期。

2. 冻害 参看第九章。

（二）高温胁迫

随着近年来气候不断变暖，中国玉米产区的异常高温天气现象的出现频率越来越高，给玉米生产带来严重的危害。发生高温胁迫与温度和作用时间有关，温度越高、作用时间越长高温胁迫越重，反之高温胁迫影响不大。高温的同时常常伴随着干旱，而且干旱和高温对玉米的伤害症状有相似之处。因此对高温伤害的机理比较复杂，很难与干旱胁迫区分开。

二、温度胁迫对玉米生长发育的影响

（一）低温胁迫对玉米生长发育的影响

1. 低温对玉米幼苗生长的影响 一般而言，玉米种子萌发需最低温度为 $5\sim15℃$，因籽粒的成熟度和基因型而异，在不同生态环境条件下育成的品种有其特定的温度适应范围。因此，在引种时就不得不考虑它的适应能力。在种子萌发的整个过程中，吸涨初期温度越低对萌发的影响越大。低温下发芽所需天数与低温强度呈正相关关系。低温影响玉米种子萌发，使玉米发芽进程减缓，降低发芽势和发芽率，且发芽势降低的幅度大于发芽率，发芽势降低 $9.4\%\sim18.0\%$，发芽率降低 $5.3\%\sim6.7\%$，延迟出苗，降低幼苗活力。低温下土壤病原菌侵入机会增多，在种子吸水过程中，细胞膜透性受低温影响，细胞组分如一些糖、有机酸、离子、氨基酸和蛋白质等渗出体外，导致土壤中细菌和真菌的生长，影响玉米发芽和出苗。低温减少光合面积并降低光合强度，4 叶和 5 叶的叶面积之和减少 14.6%，苗期低温不但减少 $4\sim7$ 叶的叶面积，而且还延长了 $5\sim8$ 片叶的出叶时间，第 5、6、7、8 片叶分别延长 1d、$2\sim3d$、$4\sim5d$、$6\sim7d$。苗期低温延迟生殖生长发育进程。合玉 11 的拔节期和抽雄期持续 10d 低温，分别延迟 4d、5d；持续 20d 低温，分别延迟 4d、6d。

2. 低温对根系生长、发育及功能的影响 当地温低到 $4\sim5℃$ 时，根系停止生长。根端发育与茎端发育密切相关。当胚乳养分耗尽时，根端的发育取决于茎端的光合产物，反过来，根端也为茎端提供养分和水分，根系的分化程度制约着茎端的发育状况；根端还为茎端发育提供植物内源激素。在幼苗生长的早期阶段，根端与茎端的干物质比例接近 1，所以根是光合作用的一个重要的竞争因子。苗期温度对玉米根的生长影响很大，低温下玉米根冠细胞的增殖速率和吸收活性下降，生理功能受到影响。前人研究结果表明，将玉米根尖冷冻后快速解冻，造成 ATP 酶活性提高，总蛋白质中的有机磷含量由 $3.30\mu m/mg$ 上升到 $3.42\mu m/mg$，α-酮戊二酸氧化酶发生失活。在 $16\sim19℃$ 的范围内，随着温度提高，玉米初生根的生长速率、直线伸长率、生物物质沉积速率提高 $2\sim3$ 倍。

3. 低温对茎端生长、发育及功能的影响　玉米茎端生长及叶面积发育更易受低温的影响。这种影响表现为温度对光合作用，水分和养分吸收等过程的直接作用，温度对茎端及根端的形态变化过程的间接作用。在低温胁迫下，茎端干物质积累及叶面积扩展方面有明显的基因型差异，在适宜的条件下常表现得很不明显。玉米在变温处理下，叶面积生长速率对温度下降的反应比茎端干重下降的反应更敏感。当长期 $14℃$ 低温胁迫之后转入 $24℃$ 时，茎端生长速率的增加大约要推迟 1d，而叶片的生长速率几乎在温度回升时就开始增加。Barlow 报道了当植株根际解除低温后叶片伸长速率迅速恢复的结果，解除低温后叶片伸长速率高，可能是由于在低温下茎端的可溶性碳水化合物含量高，能为叶片生长提供充足养分的缘故。

4. 低温对散粉吐丝的影响　玉米在生殖器官分化期、开花期对低温比较敏感，尤以小孢子形成期最为敏感。日平均气温低于 $17℃$，不利于穗分化，开花授粉期的下限温度是 $18℃$。开花时低温，不仅花粉粒异常，而且整个雄穗发育不健全，最终不能正常抽雄散粉。低温会使花器官分化延迟，影响花器官的数量和质量，雌穗的花粉粒减少，生活力减弱，并直接影响最终的产量。

5. 低温对灌浆成熟的影响　灌浆成熟期的最适温度为 $20\sim25℃$，最低温度为 $16℃$，低于 $16℃$ 则不利于玉米养分的制造、积累和运转；低于 $12℃$ 则停止发育，生育期延长；低于 $3℃$ 玉米完全停止生长。玉米籽粒灌浆期低温主要是降低籽粒干物质积累速率，灌浆前期低温影响严重，越往后影响越小。龙单 3 号授粉后 10d、20d、30d 持续 10d 的低温，籽粒干物质积累速率分别降低 36.4%、9.2% 和 0.1%。低温对籽粒干物质积累速率影响，随低温时间的延长而加重。合玉 11 授粉后 10d 持续 10d、20d、30d 的低温，籽粒干物质积累速率分别降低 2.4%、4.0% 和 5.0%。

（二）低温胁迫对玉米生理生化的影响

1. 对光合作用的影响　对于起源于热带和亚热带的冷敏感植物，当温度降至引起冷害的临界温度时，光合作用则表现为强烈的抑制作用。低温胁迫对玉米光合色素含量、叶绿体亚显微结构、光合能量代谢及光合系统Ⅱ（PSⅡ）活性等一系列重要的生理生化过程都有明显影响。苏正淑对丹玉 13 号抽雄后 20d 的玉米植株进行 $10℃$ 低温（5d）处理，以 $25℃$ 为对照，测定叶片气孔阻力、叶绿素含量、光合速率。结果表明，低温（$10℃$）对光合速率影响很大，在孕穗期处理叶片比对照光合速率下降 78.3%；灌浆期下降 48.3%，孕穗期的影响大于灌浆期。低温胁迫使孕穗期叶绿素含量降低 20.81%，气孔阻力增加 138.96%。灌浆期叶绿素含量处理比对照低 13.0%，气孔阻力高 72.53%。由此可见气孔阻力对光合作用的影响大于对叶绿素的影响。

2. 对呼吸作用的影响　植物在刚受到冷害时，呼吸速率会比正常时还高，这是一种保护作用，以维持体内代谢和能量的供给，对抵抗寒冷有利。但时间较长以后，呼吸速率便大大降低，反而比正常还要慢些，特别是不耐冷的植物或品种，呼吸速度大起大落的现象特别明显。低温胁迫能使线粒体双层膜损伤破坏，内嵴腔扩大和空泡化，严重时内嵴被破坏。因此低温下破坏线粒体结构，氧化磷酸化解偶联，影响有氧呼吸的强度，无氧呼吸比重增大。如果冷害时间略长，积累的乙醇、乙醛类等物质增多，可使组织中毒。这种呼吸代谢不正常，呼吸释放出的能量大多数转变为热能，较少形成 ATP 储藏，这就对其他代谢物吸收、运转及合成生长不利。

3. 对水分代谢的影响 0～10℃低温能影响根的活动和生长。在低温下，根系生长缓慢，根毛首先是透性改变、半透性和选择吸收遭到破坏，限制了水分与养料的吸收。吸水能力和蒸腾速率都明显下降，但蒸腾下降的程度比吸水慢得多，体内水分供不应求，造成植株枯萎现象。

4. 对原生质流动性的影响 许多研究已经证明，冷害使原生质环流运动降低。把对冷害敏感植物（番茄、西瓜、烟草、甜瓜、玉米）的叶柄表皮在 10℃ 下放置 1～2min，原生质流动就变得缓慢或完全停止。J. M. Lyons 等解释，环流运动是依赖能量进行的，并需在膜完整的条件下才能正常进行，受冷害植物的氧化磷酸化解偶联，ATP 含量明显下降，原生质的结构遭到破坏，因此，影响原生质流动和正常代谢。

5. 低温对玉米细胞保护酶活性的影响 低温胁迫下作物的可溶性蛋白质含量增加。张敬贤将抗冷性不同的玉米自交系置于 4℃ 低温条件下 48h。经低温处理后细胞保护酶活性和胞质质量发生了有规律的变化，抗冷性差的品种过氧化氢酶、过氧化物酶、超氧化物歧化酶活性降低，原生质层透性降低，膜脂过氧化水平增高。抗冷性强的品种细胞保护酶活性增高，原生质层透性和黏滞度显著增加，但膜脂过氧化水平未发生明显变化，说明保护酶活性和胞质质量与玉米幼苗抗冷性密切相关。低温胁迫下，作物膜脂过氧化产物丙二醛（MDA）大量积累，会造成膜透性上升，电解质外渗，使电导率值变大，导致细胞膜系统的严重损伤。

（三）高温胁迫对玉米生长发育的影响

1. 高温对玉米苗期生长的影响 较高的温度条件一般促进作物的生长发育进程，导致生育期变短。但高温引起玉米过度的蒸腾失水，因细胞失水造成一系列代谢失调，导致生长不良。吉林省农业科学院对 6 个玉米自交系的苗期性状进行研究，发现高温使玉米单株干重和叶面积变小，比叶重增大。R. J. Jones，研究指出高温使叶片伸长速率减慢，根冠比在 20～30℃ 范围内呈 V 型变化趋势。在营养生长与生殖生长共进阶段，高温使玉米生长速率（CGR）和叶面积比（LAR）增大，但净同化率（NAR）下降。

2. 高温对玉米花期生长发育的影响 在孕穗至散粉的过程中，高温都可能对玉米雄穗产生伤害。当气温持续高于 35℃ 时不利于花粉形成，开花散粉受阻，表现在雄穗分枝变小，数量减少，小花退化，花药瘦瘪，花粉活力降低，受害的程度随温度升高和持续时间延长而加剧。当温度超过 38℃ 时，雄穗不能开花，散粉受阻。正在散粉期的雄穗在 38℃ 高温下胁迫 3d 后便完全停止散粉。通常花粉粒在田间气候条件下，其活力只能保持 5～6h，8h 以后活力显著下降，24h 以后丧失活力。同时玉米花粉含水量只有 60%，且保水力弱，在高温干燥环境下容易失水干瘪，一般散粉后 1～2h，花粉粒迅速失水，丧失活力而不能授粉。另据观察，正常散粉的植株在 38℃ 以上高温胁迫下不散粉，但是在适温环境中可以恢复散粉，恢复所用的时间因材料而异。研究还发现，在散粉结束后仍然有一部分花粉留在花药中没有散出，原因可能是高温胁迫使雄穗小花、花药甚至花粉完全脱水不能恢复正常功能所致。在玉米雄穗发育至开花散粉的过程中，高温胁迫对某些玉米品种的部分不育过程不可恢复，导致玉米的结实率大幅度下降，对生产造成巨大影响，严重的会造成绝产。高温影响玉米雌穗的发育，致使雌穗各部位分化异常，吐丝困难，延缓雌穗吐丝或造成雌雄不协调、授粉结实不良。高温迫使玉米生育进程中各种生理生化反应加速，使各个生育阶段加快。在雌穗分化期缩短分化时间，雌穗分化数量明显减少，果穗明显变小。在生育后期高温使玉米植株过早衰亡，或提前结束生育进程而进入成熟期，使灌浆时间缩短，大大减少干物质积累量，使千粒重、容重、品质和产量大幅下降。

3. 高温对玉米籽粒生长发育的影响　开花后 2 周是籽粒胚乳细胞分裂和伸长的时期，对形成潜在的库容具有重要意义。高温会降低胚乳细胞的分裂速度，缩短分裂持续的时间，结果使胚乳细胞的数量减少。同时由于高温抑制淀粉的合成，降低了胚乳细胞的伸长速率，使胚乳细胞变小，部分籽粒败育，最终导致籽粒库容量变小。激素是植物生长过程中的重要调节物质，细胞分裂素（CTK）能够促进细胞分裂，并与质体特异蛋白的表达有关，脱落酸（ABA）的作用则与 CTK 相反，CTK 和 ABA 浓度平衡对玉米籽粒的正常生长发育是至关重要的。玉米籽粒发育期间高温会使籽粒中 ABA 含量增加，并在一段时间内维持较高水平，而玉米素（Zeatin）和玉米素核苷（zeatin riboside）的含量降低，CTK 和 ABA 之间的平衡被打破，对玉米籽粒的生长发育造成不良影响。外施激动素（BA）可通过减少籽粒败育减轻这种不良影响；在玉米的苗期施用 BA，可以恢复由于高温对光合、叶绿素积累和叶绿体发育等生理生化过程的损害。高温对作物籽粒发育的影响一般也使其品质性状发生改变。高温会使作物淀粉合成受阻，导致粒重下降，蛋白质含量相对提高。高温既影响淀粉和蛋白质的合成速率，又影响它们的持续时间。

（四）高温对玉米主要生理生化过程的影响

1. 高温对玉米光合及呼吸作用的影响　高温主要影响叶绿体内类囊体的物理化学性质和结构组织，导致细胞膜的解体和细胞组分的降解，其中光系统Ⅱ（PSⅡ）对高温尤其敏感。对玉米苗期高温的研究表明，高温使玉米叶片叶绿素和类胡萝卜素含量降低，PSⅡ的效率和量子产量（ΦPSⅡ）都下降，光合强度降低，但 PEP 羧化酶和 RUBP 羧化酶的活性均保持较高的水平。与光合作用相比，呼吸作用受高温的影响要小一些，这与线粒体的热稳定性有关。在高温条件下，光合蛋白酶的活性降低，叶绿体结构遭到破坏，引起气孔关闭，从而使光合作用减弱。另一方面，在高温条件下呼吸作用增强，呼吸消耗明显增多，干物质积累量明显下降。有试验表明，当田间 CO_2 浓度为 200～300mg/L，气温 30℃时，玉米光合强度为 CO_2 50mg/dm^2·h，当气温上升到 40℃时，光合强度为 35～40mg/dm^2·h，即高温较适温条件下的光合强度降低 20%～30%。另据报道，玉米受 38～39℃胁迫 3h 后，光合效率下降 70%，热胁迫停止 1h 以后，光合效率仍然低 40%，即使在 20℃的环境中保养 6h，光合效率仅能恢复至 65%，说明 38～39℃的高温胁迫时间越长，植株受害就越严重，愈难恢复。随着胁迫强度的提高，能够恢复的程度就越低，恢复所用的时间也越长。

2. 高温对玉米籽粒淀粉合成的影响 淀粉是禾谷类作物籽粒中最主要的组成物质，一般占籽粒干重的 60%～70%。与淀粉合成有关的酶很多，但起关键作用的有可溶性淀粉合成酶（SSS）、ADP-葡萄糖焦磷酸化酶（ADPGppase）、淀粉粒结合型淀粉合成酶（GBSS）和分支酶（BE）。禾谷类作物获得最高产量的温度为 20～30℃，高温条件下产量降低是由于淀粉合成的数量减少。大量研究表明，高温抑制淀粉合成不是由于光合产物的供应不足造成的，而是由于淀粉合成过程中某些酶的失活引起的，可溶性淀粉酶、ADP-葡萄糖焦磷酸化酶和分支酶都对高温非常敏感。

三、温度胁迫的应对措施

（一）低温胁迫应采取的措施

1. 选用早熟品种 抗低温、促出苗、保全苗，关键要选择抗寒品种，因地制宜地确定主推品种，做好选种、种子播前处理等工作，提高种子的生命力，提高发芽势。适当选用早熟品种是避免遇低温冷害年减产的重要措施。一般原则是品种的生育期在无霜期的下限，即无霜期在 120～130d 的地方选用生育期不超过 120d 的品种。

2. 适时早播 试验表明，早播可巧夺前期积温 100～240℃。应掌握在 0～5cm 地温稳定通过 7～8℃时播种，覆土 3～5cm，集中在 10～15d 播完，达到抢墒播种、缩短播期。玉米适期早播，可以向前延长苗期生育日龄，充分利用有效积温，用其补充玉米苗期生育缓慢所消耗的时间，保证发苗、一次播种保全苗。

3. 催芽坐水 催芽坐水种，具有早出苗、出全苗、出齐苗和出壮苗的优点，可早出苗 6d，早成熟 5d，增产 10%。将合格的种子放在 45℃的温水里浸泡 6～12h，然后捞出放在 25～30℃室温条件下催芽，2～3h 将种子翻动一次，在种子露出胚根后，置于阴凉处炼芽 8～12h，将催好芽的种子坐水埯种或开沟滤水播种，要浇好水、覆好土、保证出苗。

4. 地膜覆盖 地膜覆盖栽培是一项抗御低温冷害，实现高产稳产的有效措施。地膜覆盖在玉米上的应用，可以有效地增加地温（≥10℃活动积温 200～300℃），可以使生育期延长 10～15d；可以抗旱保墒保苗，提高土壤含水量 3.6%～9.4%；还可以促进土壤微生物活动，加速土壤中的养分分解，使作物吸收土壤中更多的有效养分，从而促进玉米的生长发育，提高抗低温冷害能力。提早成熟 7～15d，可使中晚熟品种进入无霜期较短区域内种植，一般每公顷增产 3 000kg 左右。

5. 育苗移栽 玉米育苗移栽是利用光热资源战胜低温冷害的有效措施。育苗移栽一般可增加积温 250～300℃，比直播增产 20%～30%。在上年秋季选岗平地打床，翌年 4 月 16～25 日播种催芽种子，此时注意要浇透水，播种后要立即覆膜。温度管理是育苗的关键，在出苗至二叶期温度控制在 28～38℃；二叶期至炼苗前温度控制在 25℃，以控制叶片生长，促进次生根的发育，提高秧苗素质；在移栽的前 7d，要根据天气情况，逐渐增加揭膜面积进行炼苗，晚上如无霜冻，可不盖膜，此期还要控制水分，以培育壮苗。

6. 科学施肥 早追肥可以弥补因地温低造成的土壤微生物活动弱、土壤养分释放少、底肥及种肥不能及时满足玉米对肥料需求量的要求，从而促进玉米早生快发，起到促熟和增产的作用。试验表明，在低产地块上，早追肥比拔节期追肥可增产 5%～13%；在中等地块上，早追肥与拔节期追肥增产效果相当，一般没有较大的差异。据调查，连续10年每年施有机肥1000kg/亩，土壤有机质可提高1%～2%。种肥主要是满足玉米苗期对养分的需要，有促进根系发育、幼苗健壮、抽叶快的作用。按玉米需肥规律在生育期间应追两次肥，第一次在拔节期，第二次在抽雄前5d，追肥原则是前多后少。低温年份生育往往拖后，应两次肥并作一次施，只在拔节期施尿素12.5～15kg/亩，这样可避免抽雄期追肥过多导致贪青晚熟。苗期施P肥对于缓解玉米低温冷害有一定的效果。苗期施P肥不仅可以保证玉米苗期对P素的需要，而且还可以提高玉米根系的活性，是玉米抗低温发苗的最有效措施。最好的办法是在玉米种肥中施入全生育期P肥总量1/3的P肥。

7. 加强田间管理 在玉米苗期采取深松、早铲、多铲等措施，改善土壤环境，提高玉米植株根系活性。通过改善玉米苗期的土壤环境，提高玉米的根系活性来促进玉米发苗。铲前深松或深趟一犁。玉米出苗后对于土壤水分较大的地块，可进行深松，能起到散墒、沥水、增温、灭草等作用。对于土壤水分适宜的地块，进行深趟一犁，可增温1～2℃。早间苗、早去蘖，在玉米2～3叶期一次间苗打单棵，留大苗、壮苗，去掉弱苗和小苗。玉米每拖后一个叶间苗，将延迟生育3d，所以要及早间苗。另外，在玉米茎基部腋芽发育成的分蘖，为无效分蘖，应结合铲二遍地及早去掉，减少养分的消耗。早铲勤趟，放秋垄去老叶伏里趟一犁。玉米是较强的后熟作物，生理成熟后，籽粒重量还会增加，因此适当晚收可提高成熟度，增加产量。一般玉米收获期以霜后10d左右为宜。

（二）高温胁迫应采取的措施

1. 选育推广耐热品种 应筛选和种植高温条件下授粉、结实良好，叶片短、直立上冲，叶片较厚、持绿时间长，光合积累效率高的耐逆品种。这是降低高温伤害的有效措施。一般含有唐四平头种质的品种耐热和耐湿性比较好，而部分在冷凉地区选育和含有热带种质的品种在高温易发区种植具有一定的风险。

2. 合理密植，优化群体结构 在同等条件下，不同种植密度对异常的气候现象具有不同的适应性。密度越大，个体发育越差，其适应性就越差。因此，合理密植，优化群体结构，既能保证产量又能增强适应性。在低密度条件下，个体间争夺水肥的矛盾较小，个体发育较健壮，抵御高温伤害的能力较强，能够减轻高温热害。采用宽窄行种植有利于改善田间通风透光条件、培育健壮植株，使植体耐逆性增强，有效改善田间小气候，增加玉米的通风透光性，加强对养分的吸收，从而增加对高温伤害的抵御能力，发挥玉米高光效性能。

3. 调节播期，避开高温天气 在玉米生产上要设法避开高温。较长时间的持续高温，一般集中发生在7月中旬至8月上旬。春播玉米可在4月上旬适当覆膜早播，使不耐高温的玉米品种开花授粉期避开高温天气，从而避免或减轻危害程度。在地温允许的前提下或通过覆膜适当早播，使开花盛期错开夏季的干旱高温，达到开花授粉结实良好的目的。

4. 苗期蹲苗进行抗旱锻炼，提高玉米的耐热性 蹲苗要因地制宜，一般遵循"蹲湿不蹲干，蹲肥不蹲瘦"的原则，在适墒时蹲苗15d左右。也可在播种前采用"双芽法"对种子进行抗旱锻炼。利用玉米苗期耐热性较强的特点，在出苗10～15d后进行20d的抗旱和耐热性锻炼，使其获得并提高耐热性，减轻玉米一生中对高温最敏感的花期对其结实的影响。

5. 造墒补墒，适期喷灌水，改变农田小气候环境　高温期间或提前喷灌水，可直接降低田间温度。大喇叭口期要利用一切可利用的水利设施造墒补墒。有条件的地方可利用喷灌，在开花授粉期喷施水分，以缓解干旱，降低气温，提高田间相对湿度，利于开花授粉受精。灌水后玉米植株获得充足的水分，蒸腾作用增强，使冠层温度降低，从而有效降低高温胁迫程度，也可以部分减少高温引起的呼吸消耗，减免高温热害。

6. 科学施肥　N、P、K平衡施肥，既可以及时满足玉米生育期对养分的需要，提高化肥利用率，降低生产成本，增产增收，又能促进微生物活动，改善玉米营养条件，保持和提高土壤肥力水平；增施有机肥，可增加土壤有机质含量，改善土壤质地，提高土壤抗旱能力；重视微量元素，Zn、Cu、B等对玉米生殖器官的发育有良好的促进作用，特别是 Zn、Cu 能增强雌穗花柱、雄穗花药的活力及抗高温、干旱能力。微量元素肥料可作为基肥施用，也可在喇叭口期间喷洒在叶面增强玉米耐热性。中微量元素 Zn、Cu、B 等对玉米生殖器官的发育有良好的促进作用，特别是 Zn、Cu 元素能增强花柱和花药的活力及抗高温和干旱能力。

7. 人工辅助授粉，提高结实率　在高温干旱期间，玉米的自然散粉、授粉和受精结实能力均有所下降。如果在开花散粉期遇到 38℃ 以上持续高温天气，建议采用人工辅助授粉提高玉米结实率，减轻高温对作物授粉受精过程的影响。

第三节　盐碱胁迫与对策

一、盐碱胁迫的特点

对植物来说盐胁迫和碱胁迫是两种性质不同的胁迫，二者之间虽然有一定的相关性，但其对植物的胁迫作用机制以及植物对其生理适应机制均有明显不同。通常将中性盐胁迫称为盐胁迫，而将碱性盐胁迫称为碱胁迫。

盐碱混合胁迫是自然界广泛存在的事实，盐碱混合胁迫的作用远比单纯盐胁迫或碱胁迫强烈，即二者具有协同作用。尽管目前人们在认识植物抗盐生理方面已经取得了长足进展，但大多集中在以 NaCl 为主的单纯中性盐方面，以 Na$^+$ 代谢、抗盐性相关基因的分子生物学及盐胁迫信息传导等为主要研究方向。人们对碱胁迫这一严重的环境问题认识不够深入，有关碱胁迫及盐碱混合胁迫的报道不多。

（一）NaCl 胁迫机理

Na$^+$ 和 Cl$^-$ 对植物造成的损伤是由于渗透胁迫（水分胁迫）和离子毒害而引起植物体生理功能紊乱的结果，这些原初反应直接引起叶绿体和线粒体电子传递中泄露的电子增加，活性氧（reactive oxygen species，ROS）大量产生，导致细胞内氧化损伤，引起叶绿素降解、膜结构损伤、蛋白质变性、核酸断裂、甚至细胞死亡，从而导致植物光合速率下降、能耗增加、衰老加速、生长量降低，甚至导致植株死亡。

1. 渗透胁迫　土壤盐分含量增加引起土壤溶液浓度增大，从而导致渗透压提高，植物从土壤中吸收水分的能力减小。如果土壤溶液的渗透压大于植物细胞内渗透压，植物就不能吸收土壤中的水分，发生生理干旱而死亡。当土壤盐分含量为 $0.2\%\sim0.3\%$ 时，就会降低土壤溶液的渗透势，导致植物吸水困难；当含盐量达到 0.35% 以上时，盐渍土中大量的可溶性盐可导致土壤水势及水分有效性显著降低，植株根部细胞就向外脱水，造成植株地上部吸水困难。

质膜是活细胞与环境之间的界面和屏障，各种不良的环境因素对细胞的影响往往首先作用于质膜上。研究表明，质膜膜脂物理状态的改变可能是植物感受渗透胁迫的原初反应，低温、高温、干旱、盐碱和大气污染物等的伤害都会影响质膜的结构和功能，从而使质膜透性变大。遭受盐胁迫后，质膜的组分、透性、运输、离子流率等都会发生变化，膜的正常功能受到损害，进而使植物细胞的代谢过程发生胁变，细胞的生理功能受到不同程度的破坏。

2. 离子毒害 一般植物不能在高浓度盐渍化土壤上正常生长的原因之一是高浓度的 Na^+ 对植物有毒害作用。植物体内高浓度的 Na^+ 可以置换质膜和细胞内膜系统所结合的 Ca^{2+}，膜结构完整性及膜功能受到破坏，产生膜渗透现象，从而使细胞内 Na^+ 增加，K^+、P 和有机溶质外渗，打破细胞内原有的离子平衡。Na^+/K^+ 比值增大，抑制液泡膜焦磷酸酶（H^+-PPase）活性和胞质中的 H^+ 跨液泡膜运输，使跨液泡膜运输的 pH 梯度下降，液泡碱化，从而不利于 Na^+ 在液泡内积累。此外，Cl^- 的积累也是植物发生盐害的主要原因之一，不同植物由于根系对 Cl^- 的吸收和运输量的差异而表现出不同的耐盐性。

3. 活性氧伤害 在盐胁迫等逆境条件下，植物体内活性氧代谢系统的平衡受到影响，增加活性氧的产生量，破坏或降低活性氧清除剂（SOD、CAT、POD、VitE、GSH 等）的结构活性或含量水平。植物体内活性氧含量增高启动膜脂过氧化或膜脂脱脂作用，这必然导致膜的完整性被破坏、透性丧失，电解质及某些小分子有机物大量渗漏，细胞物质交换平衡被破坏，进而导致一系列生理生化代谢紊乱，使植物受到伤害。

4. 光合下降、能耗增加 高盐造成植物叶片气孔关闭，以保持叶内相对较高的水势，这严重阻碍了 CO_2 进入叶肉细胞，从而降低了植物的光合速率。研究表明，短期 NaCl 胁迫下，植物光合降低以气孔限制为主，而在长期胁迫下光合的非气孔限制增大。植物在逆境下生长发育需要额外的能量消耗，包括有机渗透调节物质的合成、离子主动吸收、离子区域化分配以及盐诱导的代谢变化所消耗的能量。

5. 营养亏缺 盐胁迫下，植物在吸收矿物元素的过程中盐离子与各种营养元素相互竞争而造成矿质营养胁迫，打破植物体内的离子平衡，严重影响植物正常生长。

6. 内源激素的变化 盐胁迫下植株生长受抑制的生理机制是多方面的，其中一个重要的原因就是激素含量及其比值的变化。

研究表明，盐胁迫下植物根系大量合成腐胺（Put）、亚精胺（Spd）和精胺（Spm）等多胺，然后转运至叶片，并且抗盐品种中多胺积累的量显著大于盐敏感品种，长期盐胁迫下植物体内多胺含量又显著降低。

盐胁迫下，植物体内多胺代谢迅速发生变化，多胺含量的变化同时受合成、氧化和不同种类、不同形态间多胺转化的调节，且其变化幅度和速度在品种间存在差异。盐胁迫下抗盐性较强的品种根系游离态 Spd 和 Spm、结合态和束缚态多胺含量显著增加，有利于提高植株的盐胁迫抗性；而抗盐性较弱的品种游离态 Put 显著积累，胁迫伤害程度较大。

研究认为，盐胁迫下，植物根系 ABA 含量增加，ABA 在叶片中的大量积累导致叶片扩张速度下降，气孔导度降低，减少了植物蒸腾失水和盐离子随蒸腾由根部向茎叶的运输和积累，从而减轻盐胁迫对植物的伤害。同时，ABA 又是一种抑制植物生长的激素，植物体内 ABA 的增加必然会抑制生长，这可能是盐胁迫后植株矮小的原因之一。

盐胁迫下植物生长受到抑制与不同激素的含量及其平衡关系有关。抗盐性强的品种，在盐胁迫条件下能合成较多的 IAA 和较少的 ABA，保持较好的激素平衡，抗盐性弱的品种激素间的协调能力相对较差，这可能是抗盐性弱的品种比抗盐性强的品种在盐胁迫下生长受到较大抑制的一个重要的生理原因。

（二）碱胁迫机理

土壤中一旦含有 HCO_3^- 和 CO_3^{2-}，导致土壤 pH 升高之后，植物不仅受到盐胁迫，而且还受到高 pH 胁迫。植物根际环境中 pH 升高：一是使各种矿质离子的存在状态发生改变，进一步导致植物细胞内离子不平衡，干扰代谢。二是造成根系周围 O_2 供应能力的严重破坏。三是破坏根的生理功能甚至使根细胞解体导致根系结构破坏。植物欲适应碱胁迫就必须付出更多的物质和能量，因此碱胁迫对生长的抑制作用往往更为严重。

石德成等人的研究表明，盐度、缓冲量、pH 和 Cl^- 可代表复杂盐碱条件对向日葵胁迫作用的所有因素，四个因素对胁变的贡献明显不同，其中缓冲量和盐度是决定性的主导因素，pH 和 Cl^- 的作用明显次之，有时甚至可以忽略。研究表明，由碱性盐造成的高 pH 对胁变的影响与盐浓度之间密切相关。在碱胁迫较弱时胁变主要受盐度影响，随碱胁迫增大，pH 成为影响胁变的主要因素。在高盐高碱条件下，盐胁迫与碱胁迫间具有协同作用，高盐高碱的共同作用远远大于单纯的高盐或高碱。一般认为，植物根系可以通过呼吸作用或释放有机酸等代谢产物对其周围环境的 pH 进行调节，在 pH 虽然很高而盐浓度较低的情况下，根较易调节 pH 使其胁迫压力降低；但在 pH 和盐浓度都较高的情况下，植物根难以发挥调节作用，此时高 pH 的胁迫压力就较大。因此，决定 pH 变化难易程度的指标才有可能是碱胁迫强度的理想指标，而缓冲量恰恰符合这一特点，可用来表征碱胁迫强度。

孙国荣等人的研究表明，叶绿体谷胱甘肽转移酶（GST）在星星草幼苗抵抗低强度的 Na_2CO_3 胁迫中起着非常重要的作用。对于大多数农作物，盐碱胁迫不仅影响其生长发育，还会降低作物的产量和品质。番茄是耐盐碱性较强的蔬菜品种之一，据报道，一定强度的盐胁迫可以调节番茄的风味、色泽和可溶性物质含量，有利于提高番茄果实中糖和酸的比值，进而提高番茄的品质。轻度盐碱胁迫可以提高番茄果实中维生素 C 含量，而重度盐碱胁迫不利于番茄果实中维生素 C 的积累。

二、盐碱胁迫对玉米生长发育的影响

NaCl 胁迫破坏了玉米叶片叶肉细胞生物膜的正常结构，50mmol/LNaCl 处理胁迫下，玉米叶肉细胞核膜、线粒体膜、细胞膜、叶绿体膜、液泡膜都受到不同程度的破坏，叶绿体基粒类囊体膨胀，间质片层空间增大，片层紊乱。100mmol/LNaCl处理胁迫下，质膜、液泡膜、线粒体、叶绿体都受到严重的破坏。细胞质膜破坏，破损的叶绿体充斥在细胞间隙中；叶绿体外膜破坏，甚至解体消失，叶肉细胞中充满膜结构，基粒排列方向改变，基粒和基质片层界限模糊不清，有的基粒解体消失，甚至叶绿体完全解体；核膜破坏、解体，核中的染色质高度凝缩；线粒体的数量增多，线粒体膜破坏，甚至整个线粒体破损解体；液泡膜破坏；由于各种生物膜的破坏，使细胞内充满许多囊状小泡、多泡体或斑层小体；叶肉细胞发生严重的质壁分离，严重时发生细胞壁断裂；甚至整个细胞溶解。

研究表明，盐胁迫对玉米发芽和幼苗生长的影响，随盐胁迫浓度的增大，玉米种子萌发率、发芽率急剧下降，根芽伸长及根数极受抑制，0.5g/L NaCl可能是影响玉米种子发芽的临界浓度。用≥0.5g/L NaCl的盐溶液长期灌溉会因土壤中盐分累积而使玉米生长受阻，成活率下降，幼苗在形态上表现出盐害效应。随着NaCl浓度的增加和盐胁迫时间的延长两个玉米品种（垦玉7、无名-5）地上部、地下部干重、鲜重和含水量均下降。付艳等研究NaCl对玉米萌芽期生长及生理胁迫的效应得出，玉米在NaCl胁迫下，种子萌发缓慢，生长受到不同程度的抑制，发芽势、根长及芽长均受到不同程度的影响，且NaCl浓度越大抑制现象越明显。在同一NaCl浓度条件下品种间差异也较明显，杂交种垦玉7的生长情况就明显好于无名-5。由于杂种优势的产生而使杂交种的耐盐性好于其亲本自交系。

通过对盐胁迫下两个玉米品种（垦玉7、无名-5）体内游离脯氨酸含量的研究发现，两品种玉米在盐胁迫下体内游离脯氨酸均随根际NaCl浓度的增高而增加，游离脯氨酸的含量与溶液中NaCl的摩尔浓度呈良好的线性关系，当溶液中NaCl的摩尔浓度超过一定范围时，两品种体内游离脯氨酸的含量表现出明显的品种间差异，体内游离脯氨酸的含量增加幅度较大的品种，对盐渍环境的适应能力较强，即耐盐性相对较强。表明玉米可以通过积累脯氨酸来缓解盐害，脯氨酸的积累是耐盐的原因。Van Swaaij等建立的马铃薯细胞系在无盐胁迫情况下也能积累大量脯氨酸，其中有的细胞系确实具有较强的耐盐能力，表明大量脯氨酸的积累具有对抗盐害的功能。另外有人认为脯氨酸的积累是盐胁迫的偶然性结果，以大豆为例，在同样的盐胁迫条件下，脯氨酸的积累所显示的是一种栽培特性，其含量与抗渗透胁迫能力没有相关性。

植物在遭受环境胁迫时，活性氧会大大增加，盐胁迫诱导产生的活性氧若不能被及时清除，就会导致氧化损伤及其损伤的转移。植物体内存在清除活性氧的酶系统，当受盐胁迫时，清除活性氧的酶系统活动加强，以清除过多的活性氧。玉米是对盐中度敏感的作物，其品种间耐盐性差异较大，因此不同品种受盐胁迫时体内清除活性氧的酶系统如SOD、CAT等的活性变化规律有所不同。无名-5和垦玉7在正常条件下体内的SOD活性基本相同，而当NaCl浓度在0~100mmol/L范围内时，垦玉7的SOD活性明显变大，当NaCl浓度增加到100mmol/L时SOD活性达到最大值并且随NaCl浓度的增大而基本保持不变。此时，从垦玉7的发芽势及芽和根的长势来看，植株的生长没有受到明显的抑制，说明垦玉7在盐胁迫下主要是通过体内的SOD来清除活性氧自由基从而缓解盐害的；而无名-5在各浓度NaCl处理条件下，SOD活性均无明显变化，因此盐胁迫下植物体内产生的过量活性氧不能被及时清除而造成伤害，表现为发芽势大幅度降低，同时芽和根的生长受到明显抑制。而通过 CAT 活性来看，无名-5 的 CAT 活性在各 NaCl 浓度条件下均高于垦玉 7，且两个品种 CAT 活性变化均不明显，认为两个品种间耐盐性的明显差异可能是由玉米体内其他保护性酶系统（如 SOD）的作用产生的。

商丽威等研究认为，在盐分胁迫情况下，不同浓度的 NaCl、Na_2SO_4 对玉米幼苗保护酶的影响不同。低浓度的 NaCl 及低浓度 Na_2SO_4 胁迫会抑制玉米幼苗 SOD 活性，中间浓度的 NaCl 和高浓度 Na_2SO_4 胁迫会使玉米幼苗引起 SOD 活性的增加。认为玉米幼苗 SOD 活性忍耐 NaCl 胁迫的浓度范围较窄，而忍耐 Na_2SO_4 胁迫浓度范围较宽。叶绿体中尚未发现 CAT，叶绿体中产生的过氧化氢主要由 POD 清除，两种盐分胁迫下玉米幼苗的 POD 呈现先下降后上升趋势，表明随着盐分浓度的不断上升，POD 活性被激活，起到保护玉米幼苗的作用。总体上看 NaCl 对玉米幼苗的伤害大于 Na_2SO_4。

三、盐碱胁迫的应对措施

（一）利用灌溉排水措施改良盐碱地

中国盐碱地改良利用工作起步较晚。在改良盐碱地的措施中，20 世纪 60 年代在山东禹城和河南封丘采用"井灌井排"的方法，20 世纪 70 年代在中国北方部分地区采用"抽咸换淡"的方法。在上述两种方法的基础上，20 世纪 80 年代末期，根据禹城市北丘洼的具体条件，采用了"强排强灌"的方法改良重盐碱地，在强灌前预先施用磷石膏等含 Ca 物质以便于置换更多的 Na^+ 和防止碱化，然后耕翻、耙平、强灌后要加以农业措施维持系统稳定。20 世纪 50 年代末到 60 年代，在盐碱地治理上侧重水工措施，以排为主，重视灌溉冲洗。后来陈恩凤教授提出了"以排水为基础，培肥为根本"的观点，实行综合治理。

（二）利用覆盖物改良盐碱地

研究显示，在盐碱地上覆盖作物秸秆后，可明显减少土壤水分蒸发，抑制盐分在地表积聚，它阻止水分与大气间直接交流，对土表水分上移起到阻隔作用，同时还增加光的反射率和热量传递，降低土表温度，从而降低蒸发耗水。王久志在中度盐碱地上使用沥青乳剂做地面覆盖进行盐碱地改良，表明其可抑制水分蒸发，提高土温，改善土壤结构，降低土壤含盐量，提高出苗率及产量。毛建华、薛峰等的研究通过采取咸碱水、淡水混灌或轮灌的方式和施用改良剂等途径来合理利用劣质水，并伴以深耕翻、增施有机肥等农业措施，对于控制地下水位，防止次生盐渍化十分有效。

此外，根据许慰睽等人的报道，应用免耕覆盖法，即将现代土壤耕作制与覆盖措施相结合来治理盐渍地，类似于在加拿大草原区推出的残茬覆盖农作制（Trash-cover-farming），可使原生植被所形成的黑土层（有机质层）不致被破坏，再通过人工种植绿肥，切碎茎叶覆盖，更能提高土壤保水保墒能力，减少机具对土体的压实和覆盖作物根系。除利用秸秆覆盖外，还有利用地膜覆盖、水泥硬壳覆盖进行盐碱地改良。它们在减少农田土壤无效蒸发，调节盐分在土体中的分布，促进春播作物出苗，提高产量等方面皆有一定的作用。

从减少水分蒸耗的角度，施用土壤改良剂亦能起到同等的效果。有报道显示，将磷石膏、糠醛渣、沼气肥等施加到碱土上，改变了土壤结构，使作物明显增产，也起到了保护周边环境不受污染的目的。在王国琼和川上敞（日）等人编著的《草炭绿化荒漠的实践与机理》一书中介绍草炭可积累土壤有机质，降低土壤 pH，调节土壤供养能力，提高养分有效率。

（三）生物改良措施改良盐碱地

引进和种植耐盐玉米品种是减弱盐碱胁迫的重要措施之一。以色列科学家 Hugo 和 Clisabeth 最早提出发展盐地农业，并指出可在高盐沙土上种植一些耐盐作物品种。20 世纪 70 年代，一些研究者致力于培养抗盐作物，驯化野生盐生植物。引入海水灌溉体系，制定有潜力的盐生作物名单，在旱区利用盐生作物开发荒地。

将一些有经济价值的盐生作物改变为耐盐作物是应对盐碱胁迫的途径。

一是建立适应盐碱地作物生长发育相配套的栽培管理技术。选取耐盐性强的玉米品种，采用微量元素、抗盐剂、植物激素等处理种子以提高出苗率。盐渍土栽培多以施有机肥、种植绿肥、秸秆还田并结合合理灌溉以改良土壤。采用地膜覆盖措施有效抑制地表蒸发，保持耕作层湿度和温度抑制返盐，利于出苗及幼苗生长。种植耐盐植物，出苗后加强田间管理，在生长季节尽可能覆盖地面，使土壤接受太阳热能少，水分由土壤蒸发损失相对减少，使盐分不具备从土壤深层返回地表的先决条件，达到耕种盐碱地或收复弃耕地的目的。

二是培育抗盐玉米品种，充分利用作物耐盐基因培育出新的高抗盐玉米品种。将盐生植物抗盐基因导入不抗盐玉米中，使其成为抗盐的转基因作物。在 20 世纪 70 年代，美国科学家曾利用栽培番茄作母本与荒漠野生耐盐番茄杂交，获得抗盐番茄新品种，在高盐下获得丰产。巴基斯坦科学家也曾将不耐盐的枣树嫁接在耐盐的枣树上，获得优质高产又耐盐的嫁接枣树。美国和以色列已把黑海燕麦草耐盐基因转到小麦上，英国已将冰草的抗盐基因导入小麦染色体中。从中可见获得高抗盐转基因玉米品种是存在成功性的。近几年来，植物抗渗透胁迫基因工程进展十分迅速，新的基因不断涌现，转基因作物对渗透胁迫的抵抗能力不断加强，得到抗羟脯氨酸的胡萝卜细胞系，使脯氨酸含量提高 15～20 倍。目前通过基因工程手段，使细胞内积累甜菜碱、山梨醇、海藻糖等相溶性溶质，能不同程度地提高转基因作物的耐盐性。Singh 等在 1985 年首次报道了烟草适应悬浮培养细胞中的盐胁迫蛋白，以后人们又研究了幼苗中的盐胁迫蛋白。这对抗盐玉米品种的培育具有启示作用。

本章参考文献

白莉萍，隋方功，孙朝晖．2004．土壤水分胁迫对玉米形态发育及产量的影响．生态学报，24（7）：1 557～1 559

白向历，孙世贤，杨国航等．2009．不同生育时期水分胁迫对玉米产量及生长发育的影响．玉米科学，17（2）：60～63

常敬礼，杨德光，谭巍巍等．2008．水分胁迫对玉米叶片光合作用的影响．东北农业大学，39（11）：1～5

陈杰，马兴林，杨文钰．2005．玉米穗期水分胁迫对产量和水分利用效率的影响．作物杂志，（2）：21～23

陈朝辉，王安乐，王娇娟．2008．高温对玉米生产的危害及防御措施．作物杂志，（4）：90～92

付艳，殷奎德，王振华．2006．NaCl 对玉米萌芽期生长及生理胁迫的效应．植物生理科学，12（22）：66～69

高英，同延安，赵营．2007．盐胁迫对玉米发芽和苗期生长的影响．中国土壤与肥料，（2）：30～33

郭丽红，陈善娜，龚明．2002．NaCl 胁迫对玉米幼苗中谷胱甘肽还原酶活性及可溶性蛋白质含量的影响．昆明师范高等专科学校学报，24（4）：27～30

郭书奎，赵可夫．2001．NaCl 胁迫抑制玉米幼苗光合作用的可能机理．植物生理学报，27（6）6：461～466

胡宝忱，艾军，郭守东．2008．盐胁迫对玉米幼苗生长的影响．杂粮作物，28（3）：166～168

贾金生，刘昌明．2002．夏玉米水分胁迫效应的试验研究．中国农业生态学报，10（2）：97～101

刘庚山，郭安红，任三学．2004．不同覆盖对夏 E 玉米叶片光合和 WUE 日变化的影响，18（2）：152～156

刘明，齐华，孙世贤．2008．水分胁迫对玉米光合特性的影响．玉米科学，16（4）：86～90

刘学师，宋建伟，任小林．2003．水分胁迫对果树光合作用及相关因素的影响．河南职业技术师范学院学报，31（1）：45～48

鲁祝平，程志清，叶庆模．2007．水稻涝灾影响及补救措施．安徽农学通报，13（16）：246

商丽威，王庆祥，王玉凤．2008．NaCl 和 Na_2SO_4 胁迫对玉米幼苗保护酶活性的影响．玉米科学，16（5）：70～72

史占忠，贾显明．2003．三江平原春玉米低温冷害发生规律及防御措施．黑龙江农业科学，（2）：7～10

孙彩霞，沈秀瑛．2002．玉米根系生态型及生理活性与抗旱性关系的研究．华北农学报，17（3）：20～24

王静，杨德光，马凤鸣．2007．水分胁迫对玉米叶片可溶性糖和脯氨酸含量的影响．玉米科学，15（6）：57～59

王万里．1986．植物对水分胁迫的反应．植物生理学专题讲座．北京：科学出版社，357～369

王晓琴，袁继超，柯永培．2004．水分胁迫对玉米幼苗氮素代谢的影响．四川农业大学学报，22（1）：23～25

王毅民．2009．NaCl 胁迫对离体玉米叶片 Vc 含量及几种生理生化指标的影响．陇东学院学报，20（2）：62～64

王宗明，梁银丽．2003．氮磷营养对夏玉米水分敏感性及生理参数的影响．生态学报，23（4）：751～757

魏湜，曲文祥．2009．秸秆饲料玉米．北京：中国农业科技出版社，200～221

邢跃先，李凤海，吴凤新等．2007．出苗后干旱对玉米丝黑穗病发病的影响．玉米科学，15（2）：127～129

徐明慧，于晓东，马兴林．2004．水分胁迫对玉米萌芽期贮藏物质利用效率的影响．作物杂志，（6）：11～13

薛吉全，任建宏，马国胜．2000．玉米不同生育期水分胁迫条件下脯氨酸变化与抗旱性的关系．西安联合大学学报，3（2）：21～23

闫志利，牛俊义．2009．作物对干旱胁迫的响应机制研究进展．河北农业科学，13（4）：6～10

杨帆，苗灵凤，胥晓．2007．植物对干旱胁迫的响应研究进展．应用与环境生物学报，13（4）：586～591

杨涛，梁宗锁，薛吉全等．2002．土壤干旱不同玉米品种 WUE 差异的生理学原因．干旱地区农业研究，20（2）：68～71

杨镇，才卓等．2007．东北玉米．北京：中国农业出版社，191～201

于景华，王丽娟，唐中华．2006．植物对干旱胁迫的生理和分子反应．现代化农业，（12）：1～3

远红伟，陆引罡，崔保伟．2008．玉米生长发育及生理特征对水分胁迫的感应关系．华北农学报，23：109～113

张保仁，董树亭，胡昌浩，王空军．2006．玉米的高温胁迫及热适应研究进展．潍坊学院学报，6（6）：90～95

张显强，张宇斌，王家远等．2002．NaCl 胁迫对玉米幼苗叶片蛋白质降解和脯氨酸累积的影响．贵州农业科学，30（2）：3～4

赵天宏，沈秀瑛，杨德光．2002．水分胁迫对不同抗旱性玉米幼苗叶片蛋白质的影响．沈阳农业大学学报，33（6）：408～410

赵天宏，沈秀瑛，杨德光等．2003．水分胁迫及复水对玉米叶片叶绿素含量和光合作用的影响．杂粮作物，23（1）：33～35

赵雅静，翁伯琦，王义祥．2009．植物对干旱胁迫的生理生态响应及其研究进展．福建稻麦科技，27（2）：45～48

郑盛华．2006．水分胁迫对玉米苗期生理和形态特性的影响．生态学报，26（4）：32～36

郑世英，商学芳，王丽燕．2009．盐胁迫对玉米叶片叶肉细胞生物膜超微结构的影响．植物研究，29（3）：299～302

周海，李素琴，张秀河．2001．干旱高温对玉米制种结实率的影响与预防措施．种子科技，（4）：232～233

Jones R J，Brenner M L．1987．Distribution of abscisic acid in maize kernel during grain filling. Plant Physiol，83：905～909

Morilla C A，Boyer J S，Hageman R H．1973．Nitrate reductase activity and polyribosomal content of corn having low leaf water potential．Plant Physiology，51（5）：817～824

第八章

有害生物防治与防除

第一节　东北地区玉米主要病害与防治

一、玉米丝黑穗病

1919 年在中国东北首次报道了该病的发生。目前各玉米栽培区，如云南、贵州、四川、山西、陕西、河北、辽宁、吉林、黑龙江、天津、湖北、内蒙古等省（自治区）每年都有不同程度发生。从全国看，以北方春播玉米区，西南丘陵山地玉米区和西北玉米区受害较重，一般年份发病率在 2%～8% 之间，个别年份一些品种发病率可达 60%～70%，甚至达 90% 以上，成为玉米生产上最重要的病害之一。

（一）症状

玉米丝黑穗病是苗期侵染的系统性侵染病害。一般在穗期表现典型症状，主要为害果穗和雄穗，一旦发病，往往全株没有收成。

多数病株比正常植株稍矮，果穗较短，基部粗顶端尖，近似球形，不吐花柱，除苞叶外，整个果穗变成一个大的黑粉包。初期苞叶一般不破裂，后期破裂散出黑粉；也有少数病株，受害果穗失去原有形状，果穗的颖片因受病菌刺激而过度生长成管状长刺，呈绿色或紫绿色，长刺的基部略粗，顶端稍细，常弯曲，中央空松，长短不一，自穗基部向上丛生，整个果穗畸形，成刺头状。长刺状物基部有的产生少量黑粉，多数则无，没有明显的黑丝。

根据病株雄穗症状，大体可分为三种类型。

1. 个别小穗受害　多数情况是病穗仍保持原来的穗形，仅个别小穗受害变成黑粉包。花器变形，不能形成雄蕊，颖片因受病菌刺激变为畸形，呈多叶状。雄花基部膨大，内有黑粉。

2. 雄穗受害　整个雄穗受害变成一个大黑粉包，症状特征是以主梗为基础膨大成黑粉包，外面包被白膜，白膜破裂后散出黑粉。

3. 雄穗小花受害　雄穗的小花受病菌的刺激伸长，使整个雄穗呈刺猬头状，植株上部大弧度弯曲。

（二）病原菌

玉米丝黑穗病是由丝轴团散黑粉菌 [*Sporisorium reilianum* (Kühn) Langdon et

Full〕引起的，担子菌门团散黑粉菌属。

（三）发病规律

玉米丝黑穗病菌主要以冬孢子散落在土壤上越冬，有些则混入粪肥或粘附在种子表面越冬。冬孢子在土壤中能存活 2～3 年，有一些报道认为能存活 7～8 年。结块的冬孢子较分散的冬孢子存活时间长。种子带菌可作为初侵染源之一，但不如土壤带菌重要，是病害远距离传播的重要途径。用病残体和病土沤粪而未经腐熟，或用病株喂猪，冬孢子通过牲畜消化道并不完全死亡。施用这些带菌的粪肥可以引起田间发病，这也是一个重要的来源。总之土壤带菌是最重要的初侵染源，其次是粪肥，再次是种子。

玉米在三叶期以前为病菌主要侵入时期，4～5 叶期以后侵入较少，7 叶期以后不能再侵入玉米。

此病没有再侵染，发病数量决定于土壤中菌量和寄主抗病性。在种植感病品种和土壤菌量较多的情况下，播种后 4～5 叶期前这一段时间的土壤温湿度（土温又主要决定于播期）便成为决定病菌入侵数量的主导因素。此外，整地播种质量对病害也有一定影响。

1. 品种的抗病性　目前生产上没有免疫品种，但品种或自交系间抗性差异显著。普通玉米对丝黑穗病的抗性好于糯玉米、爆裂玉米，甜玉米抗病性最差。近些年生产上玉米丝黑穗病发生较重，与种植感病品种有很大关系。

2. 菌源数量　菌源数量越多，病害越重。但菌源数量的多少取决于耕作制度及推广品种的抗病性。高感品种春播连作时，土壤菌量就迅速增长，而连作年限越长，病害越重。据现有资料观察，以病株率来反映菌量，每年增长 5～10 倍。即使第一年，田间病株只有 1%，在上述条件下，连作 3 年后达 25%～100%。许多地方此病的严重流行都是这样造成的。

3. 环境条件　玉米播种至出苗期间的土壤温湿度条件与发病关系最为密切。土壤的温湿度对玉米种子发芽、生长和病菌冬孢子的萌发、侵染都有直接关系。近年来国内的试验已证明：病原菌与幼苗的生长适温是一致的，约在 25℃左右。适于侵染的土壤湿度以土壤含水量的 20% 为最适。所以春旱的年份常为病害的流行年；播种过早发病重，迟播病轻；冷凉山区此病较重；播种时整地质量好的病轻，播种浅的比播深的病轻。

（四）防治

玉米丝黑穗病的防治应采取以种植抗病品种为主，减少初侵染菌源，结合种子处理的综合防病措施。

1. 选育种植抗病品种　选育和种植抗病品种是防治此病最有效、最简便的根本措施。而且中国抗源丰富，已选育和推广了适宜种植的抗病品种。各地可因地制宜加以利用。

2. 种子处理　用含戊唑醇有效成分 0.8% 以上或三唑醇 2.8% 的悬浮种衣剂或干拌种衣剂拌种。

3. 农业栽培防病措施

（1）轮作　与非寄主植物（大豆、小麦等）实行 2～3 年以上轮作；玉米感病品种与抗病品种轮作。

（2）拔除病株 时期应在黑粉未散之前：间苗时，追肥时，在植株抽雄以后，此时症状明显，而大量冬孢子又尚未形成。集中力量在3～5d内完成，一次拔掉，把病穗、病蕈摘下，带出田间深埋，效果好。

（3）其他农艺措施 施用腐熟的厩肥。注意播种期及深度。依据墒情，适当浅播，覆土均匀；适当晚播，播前晒种，出苗早，出苗好，以减轻发病。

二、玉米大斑病

玉米大斑病主要分布于世界各地较冷凉的地区，如亚洲北部、北美、南美、南欧、北欧的一些国家。玉米大斑病于1899年首先在中国东北报道，但危害不大。20世纪70年代自从引进单、双杂交种后及栽培制度的变化，此病发生增多，并逐年危害加重。东北、西北春玉米栽培区、华北夏玉米栽培区及南方高海拔山区尤其严重，成为玉米最严重的病害之一。

（一）症状

发病初期，在叶片上产生椭圆形，黄色或青灰色水浸状小斑点。在比较感病的品种上，斑点沿叶脉迅速扩大，形成大小不等的长梭状萎蔫斑，一般长5～10cm、宽1cm左右，有的长达15～20cm，宽2～3cm，灰绿色至黄褐色。发病严重时，病斑常汇合连片，引起叶片早枯。当田间湿度大时，病斑表面密生一层灰黑色霉状物，即病菌的分生孢子梗和分生孢子，这是田间常见的典型症状。叶鞘和苞叶上的病斑开始亦呈水浸状，形状不一，后变为长形或不规则形的暗褐色斑块，难与发生在叶鞘和苞叶上的其他病害相区别，后期也产生灰黑色霉状物。受害玉米果穗松软，籽粒干瘪，穗柄紧缩干枯，严重时使果穗倒挂。

（二）病原菌

无性态为玉米大斑凸脐蠕孢菌 *Exserohilum turcicum*（Pass.）Leonard et Suggs，属无性孢子类，凸脐蠕孢属；有性态为大斑刚毛球腔菌 *Setosphaeria turcica*（Luttrell）Leonard et Suggs，子囊菌门，球腔菌属。

（三）发病规律

病菌主要以菌丝体或分生孢子在田间的病残体、含有未腐烂的病残体的粪肥、玉米秸秆、篱笆等的病残体及种子上越冬。越冬病菌的存活数量与越冬环境有关。

玉米大斑病的发生，主要与品种的抗性、气象条件及栽培管理有密切关系。

1. 品种抗性 不同玉米自交系和品种对大斑病的抗性存在着明显的差异，尚未发现免疫品种。玉米感病品种的大面积应用，是大斑病发生流行的主要因素。

2. 气候条件 在品种感病和有足够菌源的前提下，玉米大斑病的发病程度主要取决于温度和湿度。大斑病适于发病的温度为20～25℃，超过28℃就不利于其发生。在中国玉米产区 7~8 月的气温大多适于发病，因此降雨的早晚、降雨量及雨日便成为病害发生早晚及轻重的决定因素。特别是在 7~8 月份，雨日、雨量、露日、露量多的年份和地区，大斑病发生重，6 月份的雨量和气温对菌源的积累也起很大作用。

3. 栽培条件 许多栽培因素与大斑病发生有密切关系。玉米连作地病重，轮作地病轻；肥沃地病轻，瘠薄地病重；追肥病轻，不追肥病重；间作套种的玉米比单作的发病轻。合理的间作套种，能改变田间的小气候，利于通风透光，降低行间湿度，有利于玉米生长，不利于病害发生；远离村边和秸秆垛病轻；晚播比早播病重，主要是因为玉米感病时期（生育后期）与适宜的发病条件相遇，易加重病害；育苗移栽玉米，由于植株矮，生长健壮，生育期提前，因而比同期直播玉米病轻；密植玉米田间湿度大，总比稀植玉米病重。

（四）防治措施

防治玉米大斑病应采取以种植抗病品种为主，科学布局品种，减少菌源来源，增施粪肥，适期早播，合理密植等综合防治技术措施。

1. 选种抗、耐病品种 选种抗病品种是控制大斑病发生和流行的最根本的经济有效途径。中国对大斑病的防治历史已充分证实了这一点。对大斑病抗性较好的品种有登海 11、冀玉 9、冀玉 10、冀单 7、冀单 94 - 2、京科 25、鲁单 50、东单 60、丹玉 39、丹玉 46、吉星玉 199、通单 24、新铁 10、铁单 12、铁单 16、高油 115、沈丹 16、承单 22、濮单 3、濮单 4、丹科 2123 等，各地可根据实际情况因地制宜加以利用；而豫玉 22、濮单 6、东单 13、农大 84、三北 6、登海 3、先玉 335 等易感大斑病，生产中应注意防治大斑病。

2. 改进栽培技术，减少菌源

（1）适期早播 可以缩短后期处于有利发病条件的生育时期，对于玉米避病和增产有较明显的作用。

（2）育苗移栽 这是一项提早播期，促使玉米健壮生长、增强抗病力、避过高温多雨发病时期，减轻发病的有效措施。

（3）合理施肥 增施基肥，N、P、K 合理配合施用，及时进行追肥，尤其是避免拔节和抽穗期脱肥，保证植株健壮生长，具有明显的防病增产作用。大、小斑病菌为弱寄生菌，玉米生长衰弱，抗病力下降，易被侵染发病。玉米拔节至开花期，正值植株旺盛生长和雌雄穗形成，对营养特别是 N 素营养的需求量很大，占整个生育期需 N 量的 60%~70%。此时如果营养跟不上，造成后期脱肥，将使玉米抗病力明显下降。

（4）合理间作 与矮秆作物，如小麦、大豆、花生、马铃薯和甘薯等实行间作，可减轻发病。

（5）搞好田间卫生 玉米收获后彻底清除残株病叶，及时翻耕土地埋压病残，是减少初侵染源的有效措施。此外，根据大、小斑病在植株上先从底部叶片开始发病，逐渐向上部叶片扩展蔓延的发病特点，可采取大面积早期摘除底部病叶的措施，以压低田间初期菌量，改变田间小气候，推迟病害发生流行。

3. 药剂防治 玉米植株高大，田间作业困难，不易进行药剂防治。但以药剂防治来保护价值较高的自交系或制种田玉米、高产试验田及特用玉米还是可行的。使用的药剂有：50％多菌灵，75％百菌清，25％粉锈宁，70％代森锰锌，10％世高，50％扑海因，40％福星，50％菌核净，70％可杀得，12.5％特普唑和45％大生等。从心叶末期到抽雄期，间隔7～10d，共喷2～3次，100kg/亩药液。

三、玉米茎腐病

玉米茎腐病也叫青枯病、枯萎病、萎蔫病、晚枯病、茎基腐病，是多种植物病原真菌单独或复合侵染造成茎基腐烂症状的一类病害的总称，是世界玉米产区普遍发生的一种重要土传病害。中国于20世纪20年代就有发生，60年代后随着抗大、小斑病和丝黑穗病玉米品系的选育和推广，由于主推的自交系和杂交种对茎腐病多数抗性不强，因此，玉米茎腐病很快成为玉米生产上亟待解决的重要病害。中国凡是栽培玉米的地区均有该病发生。一般年份发病率10％～20％，严重年份可达50％～60％，减产约25％，重者甚至绝收。

（一）症状

1. 地上部症状 叶片一般不产生病斑，也不形成病症，是茎基腐所致的附带表现。大体分为两种类型，即青枯型和黄枯型。

（1）青枯型 也可称急性型。病发后叶自下而上迅速枯死，呈灰绿色，水烫状或霜打状，发病快，历期短。田间80％以上属于这种类型。病原菌致病力强，品种比较感病，环境条件对发病有利时，则易表现青枯状。

（2）黄枯型 也称慢性型。病发后叶片自下而上，或自上而下逐渐变黄枯死，显症历期较长。一般见于抗病品种或环境条件不利时发病的情况。

茎部开始在茎基节间产生纵向扩展的不规则状褐斑，随后很快变软下陷，内部空松，一掐即瘪，手感十分明显。剖茎检视，组织腐烂，维管束呈丝状游离，可见白色或玫瑰红色的菌丝，以后在产生玫瑰红色菌丝的残秆表面可见蓝黑色的子囊壳。茎秆腐烂自茎基第一节开始向上扩展，可达第二、三节甚至全株，病株极易倒折。

发病后期果穗苞叶青干，呈松散状，穗柄柔韧，果穗下垂，不易掰离；穗轴柔软，籽粒干瘪，脱粒困难。

2. 地下部症状 多数病株明显发生根腐，初生根和次生根腐烂变短，根囊皮松脱，髓部变为空腔，须根和根毛减少，整个根部极易拔出。

（二）病原菌

玉米茎腐病主要是由腐霉菌和镰刀菌侵染引起的。

镰刀菌主要有禾谷镰刀菌 *Fusarium graminearum* Schawbe［有性态为玉蜀黍赤霉菌 *Gibberella zeae* (Schw.) Petch］和串珠镰刀菌 *F. moniliforme* Sheldon（有性态为串珠赤霉菌 *Gibberella moniliforme* Wineland），属无性孢子类，镰刀菌属。

腐霉菌主要有瓜果腐霉菌 *Pythium aphanidermatum* (Eds.) Fitzp，肿囊腐霉菌

Pythium inflatum Matth. 和禾生腐霉菌 *Pythium graminicola* Subram。属无性孢子类，腐霉菌属。

（三）发病规律

病菌主要在病残体及土壤中越冬。镰刀菌的种子带菌率很高，因此田间残留的病茬、遗留于田间的病残体及种子是该病发生的主要侵染来源。

该病的发生与品种抗性、气候条件及栽培管理措施有着密切关系。

1. 品种　不同的玉米品种和自交系对茎腐病的抗性存在明显差异。早熟品种发病重于中晚熟品种。但同一品种对腐霉菌和镰刀菌的抗性一致，即抗腐霉菌的品种也抗镰刀菌，反之亦然。

2. 气象条件　年度间和地区间发病轻重除受品种抗性及栽培条件影响外，气象条件对发病有重要影响。玉米生长前期持续低温有利于病害发生，后期温度高对病害扩展有利。温度条件一般地区均能满足，因此湿度条件尤其是 8 月份的降雨量是影响茎腐病发生的重要环境条件。一般认为玉米散粉至乳熟初期遇大雨，雨后暴晴发病重。夏玉米生长季如前期干旱、中期多雨、后期温度偏高的年份发病重。

3. 耕作及栽培措施　连作发病重，感病品种连作年限越长，病菌积累越多，发病越重；播种早，发病重，随着播期推迟发病率降低，而且感病品种表现比抗病品种明显；追肥多和重施 N 肥发病重，多施农家肥，N、P、K 配合施用发病轻。另外适当增施 K 肥有减轻发病的作用；不论是抗病品种还是感病品种，茎腐病的发病率随种植密度的增加而提高；土壤有机质丰富，排灌良好的地块，玉米生长好，发病就轻（1.7%），反之土壤瘠薄，易涝易旱地，玉米生长差，发病较重，特别是地势低洼易积水，土壤湿度大，后期发病重。

（四）防治

对于茎腐病的防治应采取选育和推广抗病品种为主，同时加强栽培管理和进行种子处理为辅的综合防治措施。

1. 选育和种植抗病品种　实践证明，种植抗病品种是防治此病经济有效的根本措施。而且中国抗源丰富，为抗病品种选育和利用提供了保证。各地可因地制宜选用，同时注意兼抗叶斑病和丝黑穗病。

2. 搞好田间卫生　收获后及时清除田间病残体，集中烧毁处理，病重地块不能根茬还田。

3. 种子处理　针对土壤和种子带菌情况，结合防治玉米丝黑穗病用种衣剂进行种子包衣。近几年实践证明，种子包衣起一定的作用，但药效不是很好，今后应积极筛选更好的药剂，同时注意持效期。另外 25% 粉锈宁可湿性粉剂按 0.2% 拌种，有一定的防效，同时兼防丝黑穗病和全蚀病。

4. 加强栽培管理　玉米与其他非寄主作物轮作 2~3 年可减少病原菌的积累，减轻发病；适当晚播减轻发病，但要注意品种的生育期；施足基肥，N、P、K 配合施用，不要偏施 N 肥和追肥过晚，要增施 K 肥；合理密植，及时排灌水。

四、玉米灰斑病

玉米灰斑病又称尾孢菌叶斑病。早在 1925 年美国就有报道，主要发生于美国山区的一些州，如伊利诺伊州、田纳西州。在田纳西州，严重时可减产 20％。目前除美国外，墨西哥、欧洲、非洲、东南亚、印度、菲律宾等都有报道。中国 20 世纪 90 年代以前发生轻微，是玉米上的次要病害。1991 年突然在丹东、庄河等地大发生，许多玉米杂交种和自交系感染此病。目前该病已成为中国玉米产区继玉米大、小斑病之后的新型重要叶部病害，是玉米生产的新威胁。一般减产 20％左右，严重的地块减产 30％～50％，对玉米生产影响很大。

（一）症状

病害主要发生在玉米开花授粉后，主要侵染叶片，严重时也可侵染叶鞘和苞叶。

发病初期为淡褐色斑点，以后逐渐扩展为浅褐色条纹或不规则的灰色至褐色长条斑，这些条斑与叶脉平行延伸，病斑大小为 0.5～3mm×0.5～29mm，有时病斑汇合连片使叶片枯死。通常在叶片两面产生灰色霉层，即分生孢子梗和分生孢子，以叶背面产生最多。

病害一般从下部叶片开始发病，逐渐向上扩展，条件适宜时，可扩展到整株叶片，最终导致植株叶片干枯，严重降低光合作用。重病株所结果穗下垂，籽粒松脱、干瘪，千粒重下降，严重影响玉米产量和质量。

该病害的病斑初期不易与弯孢菌叶斑病区分，但后期两者明显不同。玉米弯孢霉叶斑病病斑黄色或灰白色，多为圆形或椭圆形，灰斑病病斑灰色，多为长条状斑。

（二）病原菌

无性态为玉蜀黍尾孢菌 *Cercospora zeae - maydis* Tehon & Daniels，属无性孢子类，尾孢属。有性态为子囊菌门球腔菌属 *Mycosphaerelle*，少见。

（三）发病规律

灰斑病病原菌以菌丝体、子座在病残体上越冬，病原菌在地表的病残体上可存活 7 个月，但埋在土壤中的病残体的病菌则很快失去生命力不能越冬。次年春季子座组织重新产生分生孢子，借风雨传播到寄主上，分生孢子在适宜条件下萌发产生芽管，分枝的芽管在气孔表面形成多个附着孢，进一步产生侵染钉从气孔侵入，侵入后约 9d 可见褪绿斑点，12d 后出现褐色的长条斑。条件适宜时病斑产生分生孢子借风雨传播进行多次再侵染。

1. 品种的抗病性　连续多年大面积种植感病品种，是病害严重流行的重要因素。

2. 气候条件　病害的发生与气候条件关系密切，均在高温、高湿条件下易于流行，其流行所需温度比玉米大斑病所需最高温度要高出 5～10℃。在温度条件满足的情况下，湿度便成为病害发生的关键因素，其中尤以 7、8 月份的降雨对病害的影响最大。降雨早，病害发生就早，雨量大、雨日多、雨量分布均匀和气温高，病害发生就重，雨后又遇高温，病害发展迅速。此外，玉米生长后期遇到高温干旱不利于植株的生长发育，降低了植株的抗病性，也有利于病害的发生。沿海地区和温暖潮湿的山区发病较重，主要与这些地区温暖润湿和雾日数较多有关。

3. 栽培管理措施 灰斑病早播重，晚播病轻。

4. 地势和土壤类型 灰斑病岗地发病轻，平地和洼地发病重，壤土发病轻，沙土和黏土病害发生重。

（四）防治措施

对病害的防治应以种植抗病品种为主，加强栽培管理，适当辅以药剂防治。

1. 选育和利用抗病品种 实践证明，种植抗病品种可以迅速控制该病害的流行，减轻为害程度。目前生产上的主栽抗病品种不多，所以必须加强抗病优质高产新品种的选育。

2. 搞好田园卫生 收获后及时清理玉米秸秆，集中烧毁，并进行深翻，减少初侵染源。

3. 加强栽培管理 适期播种，施足基肥，增施有机肥，N、P、K配合施用，及时追施N肥，防止后期脱肥，增强植株的抗病力；合理密植，间作套种。

4. 药剂防治 在玉米大喇叭口期用药灌心，效果比喷雾法效果好且省工，易操作。如采用喷雾法可掌握在病株率达10%左右喷第一次药，隔10d再喷1~2次。施用药剂有：50%多菌灵，70%的甲基托布津，40%福星，70%代森锰锌，50%退菌特，80%炭疽福美，45%大生，75%百菌清，10%世高等，共喷2~3次。

五、弯孢菌叶斑病

弯孢菌引起的叶斑病也叫黄斑病、拟眼斑病、黑霉病，过去一直不严重。20世纪80年代以来以黄早4为亲本的玉米杂交种的大面积推广，使该病日趋严重，目前已成为河南、河北、山东、山西、北京、天津、辽宁、吉林等玉米产区的重要叶部病害。一般减产20%~30%，严重减产达50%，制种田可绝收。

（一）症状

初生褪绿小斑点，逐渐扩展为圆形至椭圆形褪绿透明斑，中间枯白色至黄褐色，边缘暗褐色，四周有浅黄色晕圈，大小0.5~4mm×0.5~2mm，大的可达7mm×3mm。湿度大时病斑正、反两面均可见灰色分生孢子梗和分生孢子，背面居多。该病症状变异较大，在一些自交系和杂交种上，有的只生一些白色或褐色小点。可分为抗病型、中间型、感病型3个类型。抗病型病斑：如在唐玉5号植株上，病斑小，1~2mm，圆形、椭圆形或不规则型，中间灰白色至浅褐色，边缘无褐色环带或环带很细，外围具狭细半透明晕圈。中间型病斑：如E28，病斑小，1~2mm，圆形、椭圆形或不规则形，中央灰白色或淡褐色，边缘具窄或宽的褐色环带，外围褪绿晕圈明显。感病型病斑：病斑较大，长2~5mm，宽1~2mm，圆形、椭圆形、长条形或不规则形，中央苍白色或黄褐色，有较宽的褐色环带，外围具较宽的半透明黄色晕圈，有时多个斑点可沿叶脉纵向汇合而形成大斑，最大的可达 10mm，导致整叶枯死。潮湿条件下，病斑正反面均可产生灰黑色的霉状物，即病菌的分生孢子梗和分生孢子。

（二）病原菌

新月弯孢霉 *Curvulairia lunata* (Walker) Boed. 属无性孢子类，弯孢霉属，有性阶段是新月旋孢腔菌 *Cochliobolus lunatus* Nelson&Haasis，属子囊菌门，旋孢腔菌属。引起弯孢霉叶斑病的病菌还有不等弯孢菌 *Curvularia inaeguacis* 、苍白弯孢霉 *C. pallescens*、画眉草弯孢霉 *C. eragrostidis*、棒状弯孢 *C. clavata* 和中隔弯孢 *C. intermedia* 等。

（三）发病规律

病菌以菌丝体潜伏于地表的病残体组织中或以分生孢子在玉米秸秆垛中越冬。据研究，土表下 5～10cm 的病残体病菌越冬率很低或不能越冬，因此地表的病残体和玉米秸秆垛是弯孢菌叶斑病菌的主要越冬场所。另外由于病菌可危害水稻、高粱和一些禾本科杂草，因此水稻、高粱的病残体及田间的杂草也是病害发生的初侵染源。越冬后适宜条件下，病残体上的菌丝体产生分生孢子，借风雨传播到田间玉米叶片上，在有水膜存在下分生孢子萌发直接侵入，经 7～10d 可表现症状，并产生分生孢子进行再侵染。该病害潜育期短（2～3d），在一个生长季节可有多次再侵染。病害的发生主要与品种的抗性、气象条件和栽培管理有关。

1. 品种的抗病性　连续多年大面积种植感病品种，是病害严重流行的重要因素。

2. 气候条件　病害的发生与气候条件关系密切。在高温、高湿条件下易于流行，其流行所需温度比玉米大斑病所需最高温度要高出 10℃左右。在温度条件满足的情况下，湿度便成为病害发生的关键因素，其中尤以 7、8 月份的降雨对病害的影响最大。降雨早，病害发生就早，雨量大、雨日多、雨量分布均匀和气温高，病害发生就重，雨后又遇高温，病害发展迅速。此外，玉米生长后期遇到高温干旱不利于植株的生长发育，降低了植株的抗病性，也有利于病害的发生。沿海地区和温暖潮湿的山区发病较重，主要与这些地区温暖润湿和雾日数较多有关。

3. 栽培管理措施　弯孢菌叶斑病早播病轻，晚播发病重；弯孢菌叶斑病对 N 肥敏感，随拔节期追肥使用量的增加，病害发生随之减轻。

（四）防治措施

对病害的防治应以种植抗病品种为主，加强栽培管理，适当辅以药剂防治。

1. 选育和利用抗病品种　实践证明，种植抗病品种可以迅速控制这两种病害的流行，减轻为害程度。目前生产上的主栽抗病品种不多，所以必须加强抗病优质高产新品种的选育。

2. 搞好田园卫生　收获后及时清理玉米秸秆，集中烧毁，并进行深翻，减少初侵染源。

3. 加强栽培管理　适期播种，施足基肥，增施有机肥，N、P、K 配合施用，及时追施 N 肥，防止后期脱肥，增强植株的抗病力；合理密植，间作套种。

4. 药剂防治　在玉米大喇叭口期用药灌心，效果比喷雾法效果好且省工，易操作。如采用喷雾法可掌握在病株率达 10% 左右喷第一次药，隔 10d 再喷 1～2 次。施用药剂有：50% 多菌灵，70% 的甲基托布津，40% 福星，70% 代森锰锌，50% 退菌特，80% 炭疽福美，45% 大生，75% 百菌清，10% 世高等，共喷 2～3 次。

六、玉米纹枯病

玉米纹枯病是 20 世纪 70 年代后逐渐发展起来的重要病害。在辽宁、吉林、黑龙江、河北、河南、安徽、山东、山西、湖北、江苏、陕西、广东、湖南、四川、安徽、广西和浙江等省（自治区）的玉米产区均有不同程度的发生，一般年份损失减产 10%～35%，严重时可达 50%，发生穗"霉包"时损失可达 100%。四川省已将其列为抗病育种的目标。

（一）症状识别

纹枯病主要发生在玉米生长后期，危害高峰期为玉米籽粒形成至籽粒充实期，苗期很少发生。主要危害叶鞘、叶片、果穗，也可危害茎秆。最初多由近地面的叶鞘发病，由下而上逐渐发展，病斑开始时呈水渍状，椭圆形或不规则形，中间灰白色或浅褐色，边缘深褐色，随后病斑扩大或多个病斑融合形成云纹状大斑，包围整个叶鞘，致使叶鞘腐败，其上叶片早枯。叶鞘病斑可向上扩展至果穗基部，常使果穗停止发育并迅速发展至全穗，最后枯死。茎秆被害，病斑褐色，不规则，后期茎秆质地松软，组织解体，露出纤维束，病株极易倒伏。果穗受害，苞叶上产生云纹状大斑，果穗秃顶，籽粒灌浆不足，瘪粒增多，严重时果穗干缩、霉变、穗轴腐败。病害发生后期，在潮湿情况下，病斑上可见白色菌丝体并陆续产生初为乳白色，后变淡褐色，最后为深褐色的菌核。菌核形状、大小不一，多为扁圆形，极易从病组织中脱落，遗留于土壤中。

（二）病原菌

无性态为立枯丝核菌 *Rhizoctonia solani* Kühn，属无性孢子类，丝核菌属。有性态为瓜亡革菌 *Thanatephorus cucumeris* (Frank) Donk，属担子菌门，亡革菌属，自然条件下很少见，在侵染循环中作用不大。

（三）发病规律

病菌主要以菌核遗落在玉米田土表和浅土层越冬。当翌年或下季的温度、湿度条件适宜时，越冬菌核萌发长出菌丝，在玉米叶鞘上延伸，并从玉米基部叶鞘缝隙进入叶鞘内侧，通过表皮、气孔和自然孔口侵入，引起发病。病部长出的气生菌丝向邻近组织继续扩展或通过病健叶片接触向邻近植株扩展蔓延，进行再侵染。病部形成的菌核落入土中，通过雨水反溅也可进行再侵染。一般拔节期开始发病，抽穗期后发病加重，乳熟期减轻，灌浆中期病情基本稳定。玉米收获后菌核落入土中，成为次年的初侵染来源。

玉米纹枯病的发生和流行与气候条件、品种抗病性及耕作栽培措施关系密切。

1. 气候条件　纹枯病属高温高湿病害。日平均温度在 25℃ 左右有利于病害的发生，低于 20℃或高于 30℃不利于纹枯病的发展。纹枯病发生的轻重与雨水的多少、湿度高低密切相关，尤其与 6 月下旬～7 月上旬的湿度关系更为密切。6～7 月雨水多的年份，日照时数少，土壤和田间湿度都较大，病害发生重。

2. 品种抗病性 玉米品种间对纹枯病的抗病性存在差异，一般生育期长的品种比生育期短的品种发病重，穗位低的品种比穗位高的品种发病重。玉米对纹枯病的抗病性存在生育阶段和叶鞘位置差异。玉米在营养生长期拔节期，上位叶鞘的抗病性明显较强，在抽雄抽丝期，上位叶鞘的感病性增加；而下位叶鞘无论在营养生长期或生殖生长期，它们的抗病性都很弱。

3. 耕作与栽培方式 连作重茬田病情明显比轮作田重，单作田田间郁蔽，湿度增大病害重于间作田；密植程度高，N 肥施用量大发病重，而 K 肥对玉米纹枯病有明显的控制作用；土壤湿度对玉米纹枯病也影响很大。据调查，靠近水稻田及常积水田块病株率最高；积水、灌过水的田块病株率较高；不积水、不灌水的田块病株率较低；地势偏高且远离稻田的田块病株率最低；平地和岗坡地发病较轻。

（四）防治措施

防治策略应以栽培抗病品种为基础，加强田间管理，辅以必要的药剂防治。

1. 种植抗病品种 目前生产上可用的抗病品种不多，应加强抗纹枯病玉米品种的选育和鉴定。在此基础上，各地可在兼顾当地玉米其他主要病害的同时，加以利用。

2. 加强栽培管理 适当早播可以提高玉米对纹枯病的抗病能力。春播以 4 月下旬为宜；在低洼地块实行玉米与大豆、小麦、马铃薯等矮秆作物间作，增加田间通风透光及土壤蒸发量，降低植株下部湿度，可减轻纹枯病的危害。有条件的地方实行玉米与非寄主作物轮作可减轻发病；合理密植对减轻病害都有明显效果；施足基肥，增施有机肥，不偏施迟施 N 肥，适当增施 K 肥；大雨过后及时开沟排水，降低地下水位，减少田间湿度，可减轻纹枯病的发生。

3. 搞好田间卫生 减少初侵染源。收获后及时清除田间及地头的病残体和杂草并进行秋季深翻；及时中耕除草，尤其是田间生育后期的杂草；在心叶期，连续两次摘除病叶，并带出田间烧毁，切断纹枯病的再侵染，可控制对玉米的后期危害。

4. 药剂防治 防治纹枯病应掌握在玉米受害叶位较低、病情急增的抽雄期前以保护穗位节叶及相邻上下两片叶即"棒三叶"为主要目标。首选有效药剂是井冈霉素，其次还有 23％宝穗水乳剂、50％多菌灵、50％甲基托布津、50％粉锈宁和退菌特等。在茎基部喷雾，间隔 7～10d，共喷 1～2 次。

七、玉米黑粉病

玉米黑粉病又称瘤黑粉病，是中国玉米上分布普遍、危害严重的病害之一。一般北方比南方、山区比平原发生普遍而严重。该病对玉米的危害主要是在玉米生长的各个时期形成菌瘿，破坏玉米的正常生长所需的营养。减产程度因发病时期、病瘤大小、数量及发病部位而异，发生早、病瘤大，在植株中部及果穗发病时减产较大。一般病田病株率 5％～

10%，发病严重时可达 70%～80%，有些感病的自交系甚至高达 100%。

（一）症状

此病为局部侵染性病害，在玉米整个生育期，植株地上部的任何幼嫩组织如气生根、茎、叶、叶鞘、腋芽、雄花及雌穗等均可受害。一般苗期发病较少，抽雄前后迅速增加。症状特点是玉米被侵染的部位细胞增生，体积增大，由于淀粉在被侵染的组织中沉积，使感病部位呈现淡黄色，稍后变为淡红色的疱状肿斑，肿斑继续增大，发育而成明显的肿瘤。病瘤的大小和形状变化较大，小的直径仅有 0.6cm，大的长达 20cm 或更长；形状有球形、棒形或角形，单生、串生或集生。病瘤初为白色，肉质白色，软而多汁，外面包有由寄主表皮细胞转化而来的薄膜，后变为灰白色，有时稍带紫红色。随着病瘤的增大和瘤内冬孢子的形成，质地由软变硬，颜色由浅变深，薄膜破裂，散出大量黑色粉末状的冬孢子，因此得名瘤黑粉病。拔节前后，叶片或叶鞘上可出现病瘤。叶片上的病瘤小而多，大小如豆粒或米粒，常串生，内部很少形成黑粉。茎部病瘤多发生于各节的基部，病瘤较大，不规则球状或棒状，常导致植株空秆；气生根上的病瘤大小不等，一般如拳头大小；雄花大部分或个别小花感病形成长囊状或角状的病瘤；雌穗被侵染后多在果穗上半部或个别籽粒上形成病瘤，严重的全穗形成大的畸形病瘤。

病苗茎叶扭曲畸形，矮缩不长，茎基部产生小病瘤，苗 33cm 左右时症状更明显，严重时早枯。

冬孢子萌发的温度 5～38℃，适温为 26～30℃。

（二）病原菌

玉米瘤黑粉菌 *Ustilago maydis*（DC.）Corda，属担子菌亚门，黑粉菌属。冬孢子球形或椭圆形，暗褐色，壁厚，表面有细刺状突起，直径为 8～12μm。冬孢子萌发时，产生有 4 个细胞的担子（先菌丝），担子顶端或分隔处侧生 4 个梭形、无色的担孢子。担孢子还能以芽殖的方式形成次生担孢子。担孢子和次生担孢子均可萌发。

（三）发病规律

病菌主要以冬孢子在土壤和病残体上越冬，混在粪肥里的冬孢子也是其侵染来源，黏附于种子表面的冬孢子虽然也是初侵染源之一，但不起主要作用。越冬的冬孢子，在适宜条件下萌发产生担孢子和次生担孢子，随风雨传播，以双核菌丝直接穿透寄主表皮或从伤口侵入叶片、茎秆、节部、腋芽和雌雄穗等幼嫩的分生组织。冬孢子也可直接萌发产生侵染丝侵入玉米组织，特别是在水分和湿度不够时，这种侵染方式可能很普遍。侵入的菌丝只能在侵染点附近扩展，在生长繁殖过程中分泌类似生长素的物质刺激寄主的局部组织增生、膨大，形成病瘤。最后病瘤内部产生大量黑粉状冬孢子，随风雨传播，进行再侵染。玉米抽穗前后为发病盛期。

玉米瘤黑粉病的发生程度与品种抗性、菌源数量、环境条件等因素密切相关。

1. 品种抗病性　目前尚未发现免疫品种。品种间抗病性存在差异，自交系间的差异更为显著。一般杂交种较抗病，硬粒玉米抗病性比马齿型强，糯玉米和甜玉米较感病；早熟品种比晚熟品种病轻；耐旱品种比不耐旱品种抗病力强；果穗的苞叶长而紧密的较抗病。

2. 菌源数量 玉米收获后不及时清除病残体，施用未腐熟的粪肥，多年连作田会积累大量冬孢子，发病严重；较干旱少雨的地区，在缺乏有机质的沙性土壤中，残留在田间的冬孢子易于保存其生活力，次年的初侵染源量大，所以发病常较重，相反在多雨的地区，在潮湿且富含有机质的土壤中，冬孢子易萌发或易受其他微生物作用而死亡，所以该病发生较轻。

3. 环境条件 高温、潮湿、多雨地区，土壤中的冬孢子易萌发后死亡，所以发病较轻；低温、干旱、少雨地区，土壤中的冬孢子存活率高，发病严重。玉米抽雄前后对水分特别敏感，是最易感病的时期。如此时遇干旱，抗病力下降，极易感染瘤黑粉病。前期干旱，后期多雨，或旱湿交替出现，都会延长玉米的感病期，有利于病害发生。此外，暴风雨、冰雹、人工作业及螟害均可造成大量损伤，也有利于病害发生。

（四）防治措施

防治策略应采取以种植抗病品种为主、多种措施并用的综合防治措施。

1. 选用抗病品种 积极培育和因地制宜地利用抗病品种。郑单 18、迪卡 1、濮单 6、郑单 518、铁单 16、吉单 261、通科 1、聊单 565、聊单 120、沈单 10、银河 14、丹科 2123、鲁单 50、海玉 8 号为高抗品种。农家品种中野鸡红、小青棵、金顶子等也较抗病。

2. 减少菌源 在病瘤未破裂之前，将各部位的病瘤摘除，并带出田外集中处理；收获后彻底清除田间病残体，秸秆用作肥料时要充分腐熟；重病田实行 2～3 年轮作。

3. 加强栽培管理 合理密植，避免偏施、过施 N 肥，适时增施 P、K 肥；灌溉要及时，特别是抽雄前后要保证水分供应充足；及时防治玉米螟，尽量减少耕作时的机械损伤。

4. 种子处理 同玉米丝黑穗病。也可用 25％粉锈宁 WP、17％羟锈宁及 12.5％特普唑进行种子处理。

5. 药剂防治 玉米未出苗前可用 25％粉锈宁进行土表喷雾，减少初侵染源；幼苗期再喷洒 1％的波尔多液具较好防效；在抽雄前（病瘤未出现）喷 25％粉锈宁、12.5％特普唑（速保利、烯唑醇）；花期喷福美双可降低发病率。

八、玉米粗缩病

（一）症状

玉米整个生育期都可感染发病，以苗期受害最重。玉米幼苗在 5～6 叶期即可表现症状，初在心叶中脉两侧的叶片上出现透明的断断续续的褪绿小斑点，以后逐渐扩展至全叶呈细线条状；叶背面主脉及侧脉上出现长短不等的白色蜡状突起，又称脉突；病株叶片浓绿，基部短粗，节间缩短，有的叶片僵直，宽而肥厚，重病株严重矮化，高度仅有正常植株的 1/2，多不能抽穗。发病晚或病轻的仅在雌穗以上叶片浓绿，顶部节间缩短，基本不能抽雄穗，即使抽出也无花粉，抽出的雌穗基本不能结实。病株根系少而短，不足健株的

1/2。病株轻重因感染时期的不同而异,一般感染越早发病越重。

(二) 病原菌

由水稻黑条矮缩病毒 Rice black streaked dwarf virus,RBSDV 引起,属植物呼肠孤病毒属 *Phytoreovirus*。粒体球形,60~70nm。钝化温度为80℃。在半提纯情况下,20℃可以存活37d。基因组为12条双链 RNA,与水稻黑条矮缩病毒同源性很高。RBSDV 寄主范围广泛,除玉米外,还可侵染57种禾本科植物。RBSDV 主要由灰飞虱传播,属持久性传毒。

(三) 发病规律

水稻黑条矮缩病毒主要在小麦和杂草上越冬,也可在传毒昆虫体内越冬。当玉米出苗后,小麦和杂草上的灰飞虱即带毒迁飞至玉米上取食传毒,引起玉米发病。在玉米生长后期,病毒再由灰飞虱携带向高粱、谷子等晚秋禾本科作物及马唐等禾本科杂草传播,秋后再传向小麦或直接在杂草上越冬,完成病害循环。

播种越早,发病越重,一般春玉米发病重于夏玉米。原因是玉米出苗时,冬小麦近于成熟时,第一代灰飞虱带毒传向玉米,一般6月上旬后播种的,玉米苗期躲过了灰飞虱发生盛期,发病轻;夏玉米套种小麦发病重于单种玉米,原因是套种玉米与小麦有一段共栖期,玉米出苗后有利于灰飞虱从小麦向玉米上转移。

高温干旱,有利于灰飞虱活动传毒,所以发病重。另外,玉米田靠近树林、蔬菜或耕作粗放、杂草丛生,一般发病都重,主要是这些环境有利于灰飞虱的栖息活动,而且许多杂草本身就是玉米粗缩病毒的寄主。

种植感病品种,发病重。如山东近年来种植的掖单13等不抗粗缩病,也是病毒病流行的原因之一。

(四) 防治措施

防治策略应选种抗耐病品种和加强栽培管理,配合治虫防病等综合防治措施。

1. 选用抗耐病品种 是防治该病害的最有效途径。目前没有发现对病毒病免疫的品种,抗病品种也不多,生产上有一些较耐病的品种,可选择使用。鲁单50、农大108、山农3号对粗缩病抗性较强;掖单12、烟单14、中单2号、中单4号、沈单7号、鲁玉2号和鲁玉16等中度抗病;京黄113耐病;掖单13、掖单19、掖单20、西玉3号为高度感病,应避免使用。较抗玉米矮花叶病毒病的品种有农大108、鲁单46、鲁单052、东岳11、东岳13、丹玉6号、户单2000、东单60、三北6、承玉5、浔单20、冀玉10、冀玉988、冀单94-2、丹玉·46、承单19、农大62、京科25、沈单16等,抗病自交系有黄早4等。

2. 加强和改进栽培管理 针对各地发生的病毒病种类调整播期,适期播种,尽量避开灰飞虱的传毒迁飞高峰。河北和山东的播期可提前至4月份,夏玉米在麦收前1周播种,使苗期提前,减少蚜虫传毒的有效时间;对田间发病重的玉米苗,应尽快拔除改种,发病轻的地块应结合间苗拔除病苗,并加大肥水,使苗生长健壮,增强抗病性,减轻发病;在播种前深耕灭茬,彻底清除田间及地头、地边杂草,减少侵染来源。同时避免抗病品种的大面积单一种植，避免与蔬菜、棉花等插花种植。

3. 治虫防病 用含克百威的种衣剂进行包衣防治苗期害虫；在害虫向玉米田迁飞盛期喷洒杀虫剂，如吡虫啉等。

另外在苗后早期喷洒植病灵、83-增抗剂、菌毒清等药剂，每隔 6～7d 喷 1 次，连喷 2～3 次。这些药剂对促进幼苗生长、减轻发病有一定的作用。

九、玉米矮花叶病

(一) 症状

玉米整个生长期都可发病，以苗期受害最重，抽穗后发病的受害较轻。玉米 3～5 叶期，大发生年 1～2 叶期即可出现症状。病苗最初在心叶基部叶脉间出现许多椭圆形褪绿小点或斑驳，沿叶脉排列成断续的长短不一的条点。随着病情发展，症状逐渐扩展至全叶，在粗脉之间形成几条长短不一、颜色深浅不同的褪绿条纹。叶脉间叶肉失绿变黄，叶脉仍保持绿色，因而形成黄绿相间的条纹症状，尤以心叶最明显（故称花叶条纹病）。随着玉米的生长，病情逐渐加重，叶绿素减少，叶片变黄，组织变硬，质脆易折，从叶尖叶缘开始逐渐出现淡红色条纹，最后干枯。病株黄弱瘦小，生长缓慢，株高常不足健株的 1/2。病株多不能抽穗而提早枯死；少数病株能抽穗结籽，但穗小籽粒少而秕。有些病株不形成明显的条纹，而呈花叶斑驳，并伴有不同程度的矮化，因此称矮花叶病。

该病与甘蔗花叶病毒（SCMV）引起的玉米普通花叶病的症状区别是普通花叶病病株不矮化，心叶基部出现梭形斑，并沿叶脉延伸至全叶，或呈现褪绿条纹状。

(二) 病原菌

由甘蔗矮花叶病毒 Sugarcane mosaic virus，SCMV 引起，属马铃薯 Y 病毒属 *Potyvirus*。病毒粒体线状，750nm×12～15nm。基因组为正单链 RNA，编码一个大的多聚蛋白，经自己编码的蛋白酶切割后形成功能蛋白。国外报道的 MDMV 株系很多，如 A、B、C、D、O 株系，最主要的是 A 和 B 株系。中国 MDMV 的主要株系是 B 和 O 株系。MDMV 主要由玉米蚜、麦二叉蚜、棉蚜、桃蚜等以非持久方式传播，也可由种子传播。主要侵染玉米、高粱、谷子等禾本科作物及虎尾草、狗尾草、马唐、白草等禾本科杂草。

(三) 发病规律

病毒主要在田间多年生禾本科杂草寄主上越冬，作为主要初侵染来源。条件适宜时，蚜虫从越冬带毒的寄主植物上获毒，迁飞到玉米上取食传毒。发病后的植株作为毒源中心，随着蚜虫的取食活动将病毒传向全田，并在春、夏玉米和杂草上传播危害，玉米收获后蚜虫又将病毒传至杂草上越冬。

此病的发生与流行程度与品种抗病性、种子带毒率、越冬毒源基数、蚜虫数量和气候条件有关。玉米自交系和品种间对 SCMV 的抗病性差异，可能与品种间抗蚜虫的能力和玉米本身抗病机制有关；玉米种子可以传带 SCMV，种子带毒率越高，田间发病率也越高。掖单 2 号种子带毒率可达 3.09%，自交系 Mo17 的带毒率可达 2.35%；一般越冬杂草寄主数量多，毒源基数高，蚜虫密度大，春季传毒几率高，春玉米发病重，夏玉米发病也重。夏玉米发病还直接受田间寄主植物及杂草上病毒的影响，尤其夏玉米苗期正是麦田蚜虫迁飞的高峰，各种寄主植物上病毒毒源数量已经增多，所以夏玉米比春玉米受害重；气候条件主要影响蚜虫种群数量和传毒蚜虫的活动。一般在蚜虫迁飞危害时期，降雨次数多，降雨量大，气温偏低，对蚜虫繁殖和迁飞不利，同时玉米生长发育健壮，植株抗病力增强，病害发生轻，反之，久旱无雨，天气干热，蚜虫繁殖迅速，迁飞活动频繁，有利于发病。气温在 28℃以上，症状减轻或隐症。16℃以下症状不明显或不表现症状；此外，春、夏玉米早播病轻，晚播病重；土质肥沃，保水力强的地块病轻，沙质土、保水力差的瘠薄地病重；田间管理好、杂草少的病轻，管理粗放的病重；套种田比单种田病轻。

（四）防治

见粗缩病。

十、玉米小斑病

小斑病又称玉米斑点病、玉米南方叶枯病，是国内外温暖潮湿玉米产区的重要叶部病害，世界各国均有不同程度的发生。小斑病在 20 世纪 70 年代以前很少造成灾害。1970 年，美国小斑病大流行，损失玉米 165 亿 kg，产值 10 亿美元，在植病界引起极大震动。

小斑病在中国虽早有发生，但危害一直不重。20 世纪 60 年代后，由于感病自交系的引进及大面积种植感病杂交种，使小斑病成为玉米生产上的重要叶部病害。目前小斑病主要分布于河北、河南、北京、天津、山东、广东、广西、陕西、湖北等省（直辖市、自治区）。据估计一般中等发病年份感病品种的产量损失约 10%～20%，严重时可达 30%～80%，甚至毁种绝收。

（一）症状

从苗期到成株期均可发生，但苗期发病较轻，玉米抽雄后发病逐渐加重。病菌主要危害叶片，严重时也可危害叶鞘、苞叶、果穗甚至籽粒。

叶片发病常从下部叶片开始，逐渐向上蔓延。病斑初为水渍状小点，随后病斑渐变黄褐色或红褐色，边缘颜色较深。

根据不同品种对小斑病菌不同小种的反应常将病斑分成 3 种类型。

1. 病斑椭圆形或长椭圆形　黄褐色，有较明显的紫褐色或深褐色边缘，病斑扩展受叶脉限制。

2. 病斑椭圆形或纺锤形　灰色或黄色，无明显的深色边缘，病斑扩展不受叶脉限制。

3. 病斑为坏死小斑点　黄褐色，周围具黄褐色晕圈，病斑一般不扩展。前两种为感病型病斑，后一种为抗病型病斑。感病类型病斑常相互联合致使整个叶片萎蔫，严重株会提早枯死。天气潮湿或多雨季节，病斑上出现大量灰黑色霉层（分生孢子梗和分生孢子）。以上是 0 小种侵染叶片的症状特点，T 小种侵染 T 型、P 型细胞质叶片产生的病斑比较大，一般为 10～20mm×5～10mm，病斑周围的中毒晕圈明显，产孢速度快，霉层厚，颜色深。C 小种在 C 型细胞质玉米上所产生的病斑中部灰白色，边缘褐色并有较宽的黄色晕圈，可引起大面积黄化，产孢速度快、数量大。

（二）病原菌

无性态为玉蜀黍平脐蠕孢菌 *Bipolaris maydis*（Nishik. et Miyake）Shoemaker，属无性孢子类，平脐蠕孢属；有性态为异旋孢腔菌 *Cochliobolus heterostrophus* Drechsler，属子囊菌亚门，旋孢腔菌属。异名为 *Ophiobolus heterostrophus* Drechsler。

（三）发病规律

玉米小斑病的发生，主要与品种的抗性、气象条件及栽培管理有密切关系。

1. 品种抗性 不同玉米自交系和品种对小斑病的抗性存在着明显的差异，尚未发现免疫品种。玉米感病品种的大面积应用，是小斑病发生流行的主要因素。美国、前苏联和中国玉米大、小斑病的发生发展及大面积的流行记录都说明这一点。如美国 1970 年小斑病大流行的原因就是在 20 世纪 60 年代中后期 80％地区推广感病的 T‑cms 玉米，遗传单一的结果使 T 小种上升为优势小种导致抗病性的丧失。

在同一植株的不同生育期或不同叶位对小斑病的抗病性也存在差异。玉米生长前期抗病性强，后期抗病性差。一般新叶生长旺盛，抗病性强，老叶和苞叶抗病性差。因此玉米对小斑病菌的抗性存在着阶段抗病性问题，即玉米在拔节前期，发病多局限于下部叶片，当抽雄后营养生长停止，叶片老化，抗病性衰退，病情迅速扩展，常导致病害流行。

2. 气候条件 在品种感病和有足够菌源的前提下，玉米小斑病的发病程度主要取决于温度和湿度。小斑病适于发病的日平均温度为 25℃ 以上，要求相对湿度在 90％ 以上。在中国玉米产区 7～8 月的气温大多适于发病，因此降雨的早晚、降雨量及雨日便成为两种病害发生早晚及轻重的决定因素。特别是在 7～8 月份，雨日、雨量、露日、露量多的年份和地区，大、小斑病发生重，6 月份的雨量和气温对菌源的积累也起很大作用。

3. 栽培条件 许多栽培因素与小斑病发生有密切关系。玉米连作地病重，轮作地病轻；肥沃地病轻，瘠薄地病重，追肥病轻，不追肥病重；间作套种的玉米比单作的发病轻，合理的间作套种，能改变田间的小气候，利于通风透光，降低行间湿度，有利于玉米生长，不利于病害发生；远离村边和秸秆垛病轻；晚播比早播病重，主要是因为玉米感病时期（生育后期）与适宜的发病条件相遇，易加重病害；育苗移栽玉米，由于植株矮，生长健壮，生育期提前，因而比同期直播玉米病轻；密植玉米田间湿度大，总比稀植玉米病重。

（四）防治

见大斑病防治。

十一、玉米病害的综合治理

（一）选用抗耐病的品种

根据各地的气候条件，选择抗当地主要病害的优良玉米品种，注意兼顾对其他病害的抗性及当地的优势小种，并采用优良的栽培措施。

（二）种子处理

主要针对黑穗病、茎腐病及苗期病害等土传病害。可以选择含有杀虫剂（克百威、丁硫克百威、毒死蜱、吡虫林等）及杀菌剂（戊唑醇、三唑醇、三唑酮等）的种衣剂包衣或者单剂拌种。

（三）搞好田间卫生，减少初侵染来源

玉米收获后，及时清除田间及地头的病残体和杂草并带出田外烧毁。冬前深翻，茎腐病重的地块严禁秸秆及根茬还田。

（四）加强栽培管理，改进栽培措施

1. 轮作　与非寄主植物轮作 2～3 年，或抗感品种轮作，减少土壤中菌量的积累。

2. 适期播种　根据要防治的病害的种类、土壤的墒情、品种的生育期适时播种，同时要提高播种质量，覆土深浅适宜。

3. 合理施肥　施足基肥，增施有机肥。N、P、K 配合施用，适当增施 K 肥，不偏施迟施 N 肥，及时追肥，防止后期脱肥。

4. 合理密植　实行间作套作，增加田间的通风透光，降低田间湿度。

5. 铲趟及时　注意铲除后期的田间杂草；雨后及时排除积水。

（五）药剂防治

1. 叶斑病类　发病初期，喷施 50％多菌灵，70％的甲基托布津，40％福星，70％代森锰锌，50％退菌特，80％炭疽福美，45％大生，75％百菌清，10％世高等，共喷 2～3 次。

2. 锈病　粉锈宁、特普唑、戊唑醇等喷雾。

3. 纹枯病　井冈霉素，茎秆喷雾。

4. 病毒病　喷吡虫啉防虫治病；喷植病灵、菌毒清、83-增抗剂等促进植物生长，减轻病害。

第二节　东北地区玉米主要虫害与防治

一、玉米地下害虫

（一）地下害虫的种类、为害特点及发生规律

1. 蛴螬类　蛴螬是金龟子幼虫的通称，是玉米地下害虫中分布最广、种类最多、为害也较为严重的一大类群，常见的即有 30 余种。

蛴螬食性杂，除为害玉米外，还为害高粱、小麦、薯类、豆类等大田作物和蔬菜、果树、林木的种子、幼苗及根茎，食害播下的玉米种子或咬断玉米幼苗的根、茎，咬断处茬

口整齐。

（1）大黑鳃金龟　其成虫为中大型的甲虫，体长 16～22cm，黑色或黑褐色，有光泽。每鞘翅上有 4 条明显的纵棱。幼虫（蛴螬）体白色或黄白色，有细毛，弯曲成 C 形，长25～45mm。

大黑鳃金龟在吉林省两年 1 代，以成虫和幼虫隔年交替越冬。越冬成虫于春季当10cm 深度的土温达 14～15℃时开始出土。5 月中、下旬田间开始见到卵，6 月上旬至 7月上旬为产卵高峰期，末期在 9 月下旬。卵于 6 月上、中旬开始孵化。幼虫除极少一部分当年化蛹完成 1 代外，大部分于秋季向深土层移动，进入越冬状态。翌年春季再开始活动，6 月初开始化蛹，7 月羽化成虫，羽化成虫即在土中潜伏越冬。因此，大黑鳃金龟越冬虫态既有成虫又有幼虫。以幼虫越冬为主的年份，来年春季玉米受害重，出现隔年严重为害的现象。

成虫于傍晚出土活动，趋光性弱，一般灯下诱到的虫量仅占田间实际出土虫量的0.2%左右。具假死性。飞翔力弱，活动范围一般以虫源地为主。

幼虫有 3 个龄期，全部在土壤中度过，随一年四季土壤温度变化而上下潜移。以 3 龄幼虫历期最长，为害最重。

（2）其他种类

①棕色鳃金龟。为干旱瘠薄、灌溉条件差的耕作区的主要地下害虫。两年发生 1 代，成、幼虫均可越冬。成虫黄昏时开始出土，觅偶交配；雄成虫不取食，雌成虫少量取食；天黑以后潜入土中。

②云斑鳃金龟。3～4 年发生 1 代，以幼虫越冬。成虫交配产卵前昼伏夜出，趋光性强，雄虫更甚；灯下虫量占全夜活动虫量的 61.6%～75.2%。交配产卵后白天取食，夜间迁飞。喜食玉米叶片。

2. 金针虫类　金针虫成虫俗称叩头虫，金针虫是幼虫的通称。金针虫的成虫在地面以上活动时间不长，只能吃一些禾类和豆类作物的嫩叶，不造成严重为害；而幼虫长期生活于土壤中，为害玉米、高粱、谷子、麦类、薯类、甜菜、豆类及各种蔬菜和林木幼苗，因此是玉米苗期的重要害虫。

金针虫咬食播下的玉米种子，食害胚芽使之不能发芽；咬食玉米幼苗须根、主根或茎的地下部分，使生长不良甚至枯死。一般受害苗主根很少被咬断，被害部不整齐而呈丝状，这是金针虫为害后造成的典型受害状。在东北，广泛分布的有两种：一种为沟线角叩甲，另一种为细胸锥尾叩甲。

（1）沟线角叩甲　沟线角叩甲，以前称为沟金针虫。末龄幼虫体长 20～30mm，尾节 2 侧边缘隆起，有 3 对锯齿状突起，尾端分叉，并向上弯曲，各叉内侧均有 1 小齿。

沟线角叩甲 3 年发生 1 代，以成虫和幼虫在土中越冬。一般越冬深度为 15～40cm，最深可达 100cm 左右。越冬成虫在土温 10℃左右时开始出土活动，产卵期从春季至 6 月上旬。新孵化的幼虫为害至 6 月底，下土越夏休止。待 9 月中旬又上升到表土层活动，至10 月上、中旬开始在土壤深层越冬。翌年 4 月初，越冬幼虫开始上升活动，4 月下旬至 5月上旬为害最重，随后越夏休止，秋季再次为害。第 3 年春，幼虫再次为害，至 8～9 月幼虫老熟，钻入 15～20cm 土中化蛹。9 月初开始羽化为成虫。成虫当年不出土，仍在土中栖息，第4年春才出土交配、产卵。

成虫昼伏夜出，白天潜伏在田间或田旁杂草中和土块下，晚上出来交配产卵。雄虫不取食；雌虫偶尔取食。雄虫善飞，有趋光性；雌虫不能飞翔，行动迟缓，只能在地面上爬行。卵散产于土下3～7cm处，每雌虫平均产卵200粒。

过去该虫是重要的农林害虫，在贫瘠的沙土中数量较多。但是，近些年来吉林省的种群数量极低，处于下降趋势。

（2）细胸锥尾叩甲　细胸锥尾叩甲，过去叫细胸叩头虫。该虫末龄幼虫体长23mm，淡黄色，有光泽。尾节圆锥形，背面近前缘2侧各有褐色圆斑1个，并有4条褐色纵线。

细胸锥尾叩甲3年1代。6月中下旬成虫羽化，活动能力强，对刚腐烂的禾本科草类有趋性。6月下旬至7月上旬为产卵盛期，卵产于表土内。在吉林省西部地区，卵发育历期10～20d。幼虫喜潮湿及微偏酸性的土壤。在5月份10cm土温7～13℃时，为害严重，7月上中旬土温升至17℃时即逐渐停止为害。

3. 蝼蛄类　蝼蛄俗称拉拉蛄、地拉蛄。

蝼蛄是最活跃的地下害虫，食性杂，成虫、若虫均为害严重。咬食各种作物的种子和幼苗，特别喜食刚发芽的种子，咬食幼根和嫩茎，扒成乱麻状或丝状，使幼苗生长不良甚至死亡，造成严重缺苗断垄。特别是蝼蛄在土壤表层窜行为害，造成种子架空，幼苗吊根，导致种子不能发芽，幼苗失水而死。田间幼苗最怕蝼蛄窜，一窜就是一大片，损失非常严重。

（1）种类　在东北主要有两种，分别为单刺蝼蛄（以前称华北蝼蛄）和东方蝼蛄（以前称非洲蝼蛄）。

东方蝼蛄成虫体长30～35mm，灰褐色。前足腿节下缘平直，后足胫节背侧内缘有棘3～4个。单刺蝼蛄成虫体长39～66mm，黄褐色。前足腿节下缘呈S形弯曲，后足胫节背侧内缘有棘1个或没有。

单刺蝼蛄需3年完成1代。东方蝼蛄2年左右完成1代，在吉林省越冬成虫活动盛期在6月上、中旬，越冬若虫的羽化盛期在8月中、下旬。

蝼蛄均是昼伏夜出，晚9～11时为活动取食高峰。

（2）主要习性

①群集性。初孵若虫有群集性，怕光、怕风、怕水。东方蝼蛄孵化后3～6d群集一起，以后分散为害；单刺蝼蛄若虫3龄后才分散为害。

②趋光性。蝼蛄昼伏夜出，具有强烈的趋光性。利用黑光灯，特别是在无月光的夜晚，可诱集到大量东方蝼蛄，且雌性多于雄性，故可用黑光灯诱杀之。

③趋化性。蝼蛄对香、甜气味有趋性，特别嗜好煮至半熟的谷子及炒香的豆饼、麦麸等。因此可制毒饵诱杀之。此外，蝼蛄对未腐烂的马粪、有机肥等有趋性。

④趋湿性。蝼蛄喜欢栖息在河岸、渠旁、菜园地及轻度盐碱潮湿地，有"蝼蛄跑湿不跑干"之说。东方蝼蛄比单刺蝼蛄更喜湿。

4. 地老虎类　地老虎，别名地蚕、夜盗虫、切根虫。成虫为中等大小的蛾子。东北地区的地老虎有几种，主要发生危害的是小地老虎、黄地老虎和八字地老虎。其中，小地老虎为害最重。

地老虎为害多种植物幼苗，咬食嫩叶，吃成孔洞或缺刻。3龄以后幼虫咬断幼苗茎部，使植株枯死，造成缺苗断垄，严重的甚至毁种重播。

（1）小地老虎

①形态。小地老虎成蛾体长16～23mm，体、翅暗褐色，在前翅外中部有1个明显的尖端向外的三角黑斑，在近外缘内侧有2个尖端向内的黑斑，3个黑斑尖端相对。末龄幼虫体长37～50mm。体色较深，由黄褐至暗褐色不等，体背面有暗褐色纵带，表皮粗糙，布满大小不等的小颗粒。

②习性。小地老虎属杂食性害虫，几乎所有大田植物的幼苗均可为害。在吉林省1年发生1～2代，不能越冬。春季虫源主要是由南方向北迁飞而来，待秋季后再由北向南迁回到越冬区过冬。以当地发生最早的1代造成的危害大。为害盛期为6月中、下旬。

成虫昼伏夜出，白天栖息在田间草丛中，夜间羽化、飞行、取食、产卵。成虫对黑光灯及糖醋酒等物质趋性较强。成虫羽化后需经取食，3～5d后交配、产卵。卵散产或成堆产在低矮杂草或幼苗的叶背或嫩茎上。成虫产卵选择叶片表面粗糙多毛的植物。每雌虫可产卵800～1 000粒。

小地老虎喜温暖潮湿的环境，月平均气温在13～25℃，均有利其生长发育，温度超过30℃成虫不能产卵。土壤含水量为15%～20%，地势低洼、湿润多雨的地区发生量大。一般沙壤土、壤土、黏壤土等土质疏松、保水性强的地区适于小地老虎发生，而高岗、干旱及黏土、沙土均不利发生。

（2）黄地老虎

①形态。黄地老虎成蛾体长14～19mm，前翅黄褐色，散布小黑点；后翅白色，半透明，前缘略带黄褐色。末龄幼虫体长33～43mm，体黄褐色，表皮多皱纹，颗粒较小不明显。腹末端上有中央断开的2块黄褐色斑。

②习性。黄地老虎1年发生2代，主要以老熟幼虫在土中越冬，主要集中在田埂和沟渠堤坡的向阳面5～8cm土中越冬。

成虫习性与小地老虎相似，昼伏夜出，趋光性和趋糖醋酒物质性较强。但越冬代发生期较小地老虎晚15～20d左右。由于此时蜜源植物较多，故用糖醋液诱集的蛾量不多。

卵多散产在地表的枯枝、落叶、根茬及植物近地表1～3cm处的叶片上。卵期一般为5～9d；在17～18℃时为10d左右；28℃时，只需4d。幼虫多为6龄，个别7龄，幼虫期25～36d，在25℃时为30～32d。

以春季发生为害最重。气候干旱有利于大发生。

（3）八字地老虎

①形态。八字地老虎成蛾体长11～13mm，前翅灰褐色带紫色，中部前缘有1近矩形大斑，大斑上部呈三角形缺口。末龄幼虫体长33～37mm，体黄至褐色，背面可见不连续的倒八字形斑纹。

②习性。幼虫共6龄，白天潜伏在浅土中，夜间出来取食；4龄以上幼虫多从植株茎基部咬断，将苗拖入土中或土块缝中继续取食；5～6龄进入暴食期，占总取食量的90%以上。3龄后幼虫还有假死性、相互残杀性。幼虫期约为1个月。老熟幼虫潜入地下筑土室化蛹。

八字地老虎1年发生2代，主要以老熟幼虫在土中越冬，幼虫春秋两季为害，习性近似于黄地老虎。

5. 油葫芦　油葫芦也叫蛐蛐、蟋蟀，成虫、若虫均可为害玉米，主要取食根部和地上幼嫩组织，虫口密度高时能造成严重为害。

雄成虫体长 22～24mm，雌成虫体长 23～25mm，黑褐色，具油光。若虫褐色，无翅。

1年完成1代，以卵在土中越冬，来年5月孵化为若虫，经6次脱皮，于7月末陆续羽化为成虫。8～9月进入交配产卵期。交尾后2～6日产卵，卵散产在杂草丛、田埂上，深约2cm。雌虫共产卵34～114粒。成虫和若虫昼间隐蔽，夜间活动，觅食、交尾。成虫有趋光性。

（二）地下害虫的防治

地下害虫的防治指标因种类、地区不同而有差异。地下害虫防治的参考指标如下。

蝼蛄：80 头/亩；蛴螬：2 000 头/亩；金针虫：3 000 头/亩。

在自然条件下，蝼蛄、蛴螬、金针虫等地下害虫混合发生，防治指标以 1 500～2 000 头/亩为宜。

1. 农业防治　搞好农田基建，消灭虫源滋生地；合理轮作倒茬；深耕翻犁；合理施肥。

2. 化学防治

（1）施用颗粒剂　5％的辛硫磷颗粒剂或4％克百威颗粒剂，2～3kg/亩。

（2）施毒土　用48％乐斯本乳油150ml/亩，拌干细土15～20kg/亩埋施。

（3）毒谷与种子混播　用干谷子或糜子5kg，90％敌百虫30倍液150g，先将谷子煮至半熟捞出晾至七成干，然后拌药即可施用。用量1kg/亩。也可用种子重量1％的50％辛硫磷微胶囊缓释剂拌种。

（4）药液灌根　若发生较重，可用40％乐果乳剂或50％辛硫磷乳剂1 000～1 500倍液灌根。或用48％乐斯本乳油，150～200ml/亩，加水200kg/亩，浇灌根部。

（5）种子包衣　是最简便最有效的方法。用含克百威7％以上的玉米悬浮种衣剂按1∶40～50拌种包衣。

3. 物理防治　地老虎、蝼蛄、多种金龟子、沟线角叩头甲雄虫等具有强烈的趋光性，利用黑光灯进行诱杀，效果显著。用黑绿单管双光灯（一半绿光、一半黑光）诱杀效果更为理想。

二、亚洲玉米螟

亚洲玉米螟（*Ostrinia furnacalis* Guenee），其幼虫俗称箭杆虫。东北发生的主要是亚洲玉米螟，以幼虫钻蛀为害玉米。在苗期为害造成玉米"花叶"；拔节、抽穗后为害则影响养分输送，致使籽粒空瘪、灌浆不足而减产，同时遇风易折，减产尤甚。玉米螟一直是玉米生长中的一种主要害虫，一般年份如缺少有效控制，可造成减产5％～10％。

（一）发生规律

末龄幼虫体长 20～30mm，黄白至淡红褐色，体背有 3 条褐色纵线。

玉米螟在吉林省 1 年发生 1～2 代，以末龄幼虫在秸秆、根茬中越冬。

成虫昼伏夜出，飞翔能力强，有趋光性。成虫羽化后即可交尾，大部分当天即可产卵。通常产卵于叶片背面，20～30 粒排成鱼鳞状卵块。1 头雌虫产卵 300～600 粒。成虫对产卵环境、玉米发育状态以及株高等都表现一定选择性。喜爱在播期早、株高 50cm 以上，生长浓绿，小气候阴郁潮湿的低洼地玉米上产卵。株高不足 35cm 的植株上产卵较少。幼虫有趋糖、趋湿和负趋光性，所以多选择玉米植株含糖量较高，组织比较幼嫩，便于潜藏而阴暗潮湿的部位取食为害。长势好的玉米上虫口密度明显高于长势一般的玉米。同样情况下，丰产田的虫口数量远比一般田高，因而，防治时必须早治、重点治丰产田。

（二）为害特点

在玉米心叶期，初孵幼虫大多在心叶内为害，取食未展开的心叶叶肉，残留表皮，或将纵卷的心叶蛀穿，到心叶伸展后，叶面呈现半透明斑点，孔洞呈横列排孔，通称"花叶"或"链珠孔"。至雄穗打苞时，幼虫大多集中苞内为害幼嫩雄穗。抽穗后，幼虫先潜入未散开的雄穗中为害，而至雄穗散开扬花时，则向下转移开始蛀茎为害。一般在雄穗出现前，幼虫大多蛀入雄穗柄内，造成折雄，或蛀入雌穗以上节内。至玉米抽丝时，原在雄穗上一些较小的幼虫，大多数自雌穗节及上下茎节蛀入，严重破坏养分输送和影响雌穗的发育，甚至遇风造成折茎而减产，尤以穗下折茎影响产量最重。

在玉米吐丝授粉期（穗期），幼虫孵化后，少数潜于雌穗以上几个叶腋间的花粉中，而大部分初孵幼虫则集中在雌穗顶花柱基部，取食花柱和未成熟的嫩粒，并常引起腐烂。幼虫发育至 4～5 龄时开始蛀茎为害，或自穗顶蛀入穗轴，或自雌穗基部蛀入穗柄，或蛀入雌穗节上下的茎秆内，此时玉米已进入灌浆的中后期，所以损失比心叶期要小。

（三）防治

1. 利用赤眼蜂防治玉米螟　放蜂时间在玉米螟的第 1 代卵高峰期，通常放 2 次蜂。第 1 次放蜂在 7 月 5～10 日，隔 5d 再放第 2 次蜂（也有将 2 次放蜂并为 1 次放，释放混合不同发育时间蜂卡）。具体做法是放蜂 1.5 万头/亩蜂，共分两次放。每次放的卵卡的卵粒 120～130 粒，以每粒卵出 60 头蜂计算，可出蜂 7 200～7 800 头。设 2 个/亩放蜂点，选择上风头 10 垄（60cm/垄）为第 1 个放蜂垄，距地头 15 步为第 1 个放蜂点。顺垄走，每隔 40 步为另 1 个放蜂点。以后，每 28 垄为 1 个放蜂点。将玉米叶片中间撕开一半，向茎方向下卷成筒，将蜂卡别在里面。如遇大雨应停止放蜂，暂时将蜂卡放在凉爽的地方（不能冷冻），天好时再放。

2. 白僵菌防治玉米螟　主要有封垛、田间喷粉和撒颗粒剂。封垛的方法有两种，第一种方法是在堆玉米秸秆或根茬时，分层撒施菌粉，用菌土 1kg/m³。第二种方法是在 5

月中旬到 6 月中旬,用手摇喷粉机或机动喷粉剂喷粉封垛。菌粉用量是 0.1kg/m³。田间喷粉是在玉米螟产卵盛期前后,7 月上中旬进行喷粉。具体做法是,按 20kg/hm² 的菌粉,用手摇或机动喷粉机将菌粉喷于玉米上部叶片。撒颗粒剂是在玉米螟产卵盛期前后,时间为 7 月上中旬。

3. 种植抗病品种 通过种植抗病品种,达到防治玉米螟的目的。

三、黏虫

黏虫(*Mythimna separate* Walker),俗称五色虫,剃枝虫等,是一种暴食性害虫,以幼虫为害玉米。

(一)形态及发生规律

末龄幼虫体长 38mm 左右,体色多变。虫口密度低时,体色较浅,大发生时体呈浓黑色。体表有许多纵行条纹,背上有 5 条纵线。

1 年发生 2～3 代。黏虫耐寒能力差,在当地不能越冬。每年成虫于 5 月下旬至 6 月上旬从河北、山东、山西迁来,产卵。幼虫多在 6 月末出现,7 月中下旬化蛹羽化。除少数成虫在本地繁殖外,大部分又向南飞到华北为害。成虫白天潜伏草丛中,傍晚及夜间活动。成虫喜取食蜜源植物,对糖酒醋混合液趋性很强,对普通灯光的趋性不强,但对黑光灯有较强的趋性。繁殖力强,每雌虫产卵 1 000～2 000 粒。

幼虫初孵后先食卵壳,群集不动,经一定时间便开始分散。夜间活动较多。大发生时,4 龄以上幼虫可群集向外迁徙。6 龄幼虫老熟后钻到深约 1～2cm 的松土中,结土茧化蛹。

(二)为害特点

以幼虫暴食玉米叶片,1～2 龄时仅食叶肉,将叶片食成小孔,3 龄后可将叶片食成残缺,5～6 龄为暴食期,常将叶片全部食光。黏虫可取食百余种植物,尤其嗜食玉米、谷子、小麦、稗等禾本科作物。

(三)防治

1. 诱杀成虫 在成虫发生期每 2～3 亩设 1 个糖酒醋诱杀盆,或设 2～3 个稻草把诱杀。也可利用黑光灯诱杀。

2. 化学防治 用于防治的化学药剂种类很多,常用 50% 辛硫磷乳油 1 000～2 000 倍、25% 西维因可湿性粉剂、90% 万灵、5% 来福灵乳油、2.5% 功夫乳油、2.5% 敌杀死乳油等喷雾。为提倡无公害防治,建议于幼虫 3 龄期前用灭幼脲 3 号 1 000 倍液喷雾,3 龄后喷洒 1.2% 苦·烟乳油 1 000 倍液,或其他无公害农药,有利于保护天敌,维护生态平衡,减少环境污染。

3. 结合栽培管理 摘除卵块、初孵幼虫。

4. 清除杂草 减少滋生和传播条件。

四、玉米旋心虫

玉米旋心虫（*Apophylia flaroviens* Fairmaire ），在昆虫分类上称玉米异跗萤叶甲，习称钻心虫，是近几年来对玉米苗造成极大为害的一种害虫。因其活动隐蔽，不易被发现。

（一）形态和发生规律

成虫体长约5mm，头部黑褐，鞘翅绿色，具有绿色光泽。幼虫黄色，头部褐色，体长8～12mm，各节体背排列着黑褐色斑点。

玉米旋心虫1年发生1代，以卵在玉米地土壤中越冬。5月下旬～6月上旬越冬卵陆续孵化，幼虫钻蛀食害玉米苗根茎处，蛀孔处褐色，苗叶上出现排孔、花叶，或萎蔫枯心，叶片卷缩畸形。幼虫在玉米幼苗期可转移多株为害。苗长至近30cm左右后，很少再转株为害。幼虫为害期约1个半月左右，于7月下旬幼虫老熟后，在地表或2～3cm深处做土茧化蛹，蛹期10d左右。8月上、中旬成虫羽化出土，白天活动，夜晚栖息在株间，一经触动有假死性。成虫多产卵在疏松的玉米田土表中，每头雌虫可产卵10余粒，多者20～30余粒。

（二）为害特点

以幼虫蛀入玉米苗根茎部为害。蛀孔处褐色，常造成黄条花叶或形成枯心，形成"君子兰"苗，还使幼苗分蘖多，生长畸形。而且被害苗极易染病，带来更大损失。

（三）防治

1. 农艺措施　进行合理轮作，避免连茬种植，以减轻为害。

2. 药剂防治　用2.5%的敌百虫粉剂1～1.5 kg，拌细土20 kg，搅拌均匀后，在幼虫为害初期（玉米幼苗期）顺垄撒在玉米根周围，可杀伤转移为害的害虫。发现田间出现花叶和枯心苗后或发现幼虫为害时，用90%晶体敌百虫1 000倍液，80%敌敌畏乳油1 500倍液，50%辛硫磷1 500倍液喷雾，喷药液60～75kg/亩或每株500ml药液灌根。

3. 种子包衣　用含克百威8%以上的玉米悬浮种衣剂拌种包衣，效果较好。

五、玉米蚜

玉米蚜（*Rhopalosiphum maides* Fitch），俗称腻虫、蜜虫等，是东北危害逐年加重的害虫。

（一）形态及发生规律

有翅胎生雌蚜体长1.5～2.5mm，头胸部黑色，腹部灰绿色，腹管黑色。无翅胎生雌蚜体长 1.5～2.2mm，灰绿至蓝绿色，常有一层蜡粉，腹管略带红褐色。1 年发生 10 余代。以成蚜或若蚜在禾本科杂草上越冬，玉米出苗后迁移其上危害。玉米抽雄前，群集于新叶里危害、繁殖，抽雄后扩散至雄穗、雌穗危害。扬花期是玉米蚜繁殖为害的有利时期和盛期。高温干旱年份发生重，而暴风雨对玉米蚜有较大控制作用，杂草较重发生的田块，玉米蚜也偏重发生。

（二）为害特点

玉米蚜以成虫、若虫群集玉米的叶鞘、叶片、雄穗、果穗苞叶上，通过刺吸玉米对生长造成危害。同时可分泌蜜露，造成玉米被害部位变黑形成霉污病，影响玉米的光合作用、花粉的形成及散出，严重时造成玉米授粉不良或不结实。还能传播多种禾本科谷类病毒。

（三）防治

1. 农艺防治　及时清除田间地头杂草，消灭玉米蚜的滋生基地。

2. 药剂防治　可用 50％抗蚜威 3 000 倍液，或 10％吡虫啉 1 500 倍液，或 2.5％敌杀死 3 000 倍液均匀喷雾，也可用上述药液灌心。还可用 40％的氧化乐果 50～100 倍液涂茎。

六、玉米蛀茎夜蛾

别名大菖蒲夜蛾、玉米枯心夜蛾。

（一）形态及发生规律

末龄幼虫体长 28～35mm，头部深棕色，前胸盾板黑褐色，腹部背面灰黄色，腹面灰白色。臀板后缘向上隆起，上面具向上弯的爪状突起 5 个，中间 1 个大。

1 年发生 1 代，以卵在杂草上越冬，来年 5 月中旬孵化，6 月上旬为害玉米苗。幼虫无假死性。6 月下旬幼虫老熟后在 2～10cm 土层中化蛹，7 月下旬羽化为成虫。成虫在 8 月上旬至 9 月上旬于鹅观草、碱草上产卵越冬。低洼地或靠近草荒地受害重。

（二）为害特点

以幼虫从近土表的茎基部蛀入玉米苗，向上蛀食心叶茎髓，致使心叶萎蔫或全株枯死。每头幼虫连续为害几棵玉米幼苗后，入土化蛹。一般每株只有 1 头幼虫。

（三）防治

1. 除草、捕虫　注意及时铲除地边杂草。定苗前捕杀幼虫。

2. 药剂防治　发现玉米苗受害时，用 50％辛硫磷乳油 0.5kg，加少量水，喷拌 120kg 细土；也可用 2.5％溴氰菊酯配成 45～50mg/kg 毒沙，撒施拌匀的毒土或毒沙 20～25kg/亩，撒在幼苗根际处，使其形成 6 厘米宽的药带。

七、玉米叶螨

玉米叶螨俗称玉米红蜘蛛。在东北玉米产区的玉米叶螨有几种尚不能十分肯定。过去认为有截形叶螨、朱砂叶螨、二斑叶螨等，但现在认为以往的很多记载均为误定。

（一）形态及发生规律

朱砂叶螨雌螨体长 0.42～0.52mm，雄螨体长 0.38～0.42mm，体深红色或锈红色，体背两侧有黑色斑纹。朱砂叶螨 1 年发生 10 余代，发生世代重叠。以雌成螨在作物和杂草根际或土缝里越冬。成螨和若螨在玉米的叶背活动，先为害下部叶片，渐向上部叶片转移。卵散产在叶背中脉附近，气候条件和耕作制度对玉米叶螨种群消长影响很大。繁殖为害的最适温度为 22～28℃，干旱少雨年份发生较重，大雨冲刷，可使螨量快速减少。

（二）为害特点

玉米叶螨以成螨和若螨刺吸玉米叶背组织汁液，被害处呈现失绿斑点。严重时叶片完全变白干枯，籽粒瘪瘦，造成减产。

（三）防治

1. 合理灌溉和施肥　天气干旱时要注意灌溉并合理施肥（减少 N 肥，增施 P 肥），减轻为害。

2. 化学防治　可以采用 25％抗螨 23（N23）乳油 500～600 倍液、或 73％克螨特乳油 1 000～2 000 倍液、20％灭扫利乳油 2 000 倍液、2.5％天王星乳油 3 000 倍液、或 5％尼索朗乳油 2 000 倍液、1.8％爱福丁（BA-1）乳油杀虫杀螨剂 5 000 倍液、10％吡虫啉可湿性粉剂 1 500 倍液、15％哒螨灵（扫螨净、牵牛星）乳油 2 500 倍液及 20％速螨酮等喷雾。隔 10d 左右 1 次，连续防治 2～3 次。

第三节　东北地区玉米杂草与防除

一、东北地区玉米田主要杂草及其危害

（一）概况

东北地区是中国主要的商品粮基地，而玉米是东北地区主要粮食和饲料作物。农田草害一直是东北地区玉米可持续发展的一个主要障碍。近年来，随着化学除草剂的大量使用、耕作制度和栽培方法的改变，使农田杂草群演替加速，种类也发生了变化，给玉米田杂草防除带来了一些新问题。目前，危害东北地区玉米田的杂草种类繁多，以被子植物杂草为例，即有 22 科、38 属、43 种。

（二）常见杂草种类、形态特征、发生规律及危害程度

在此以 20 种对玉米田危害严重的杂草举例。按克朗奎斯特系统的科序编排。

1. 问荆

学名：*Equisetum arvense* L.

别名：接续草，公母草、节节草、接骨草、败节草等。

木贼科，木贼属。

（1）形态特征 根茎匍匐生根，黑色或暗褐色。地上茎直立，营养茎在孢子茎枯萎后生出，高 15～60cm，有棱脊 6～15 条。叶退化，下部联合成鞘，鞘齿披针形，黑色，边缘灰白色，膜质；分枝轮生，中实，有棱脊 3～4 条，单一或再分枝。孢子茎早春先发，常为紫褐色，肉质，不分枝，鞘长而大。孢子囊穗 5～6 月抽出，顶生，钝头，长 2～3.5cm；孢子叶六角形，盾状着生，螺旋排列，边缘着生长形孢子囊。

（2）危害程度 东北地区玉米田重要杂草，个别田受害相当严重。

（3）发生规律和生物学特性 多年生草本。根茎繁殖为主，孢子也繁殖。

2. 藜

学名：*Chenopodium album* L.

别名：灰条菜、灰藋、灰菜等。

藜科，藜属。

（1）形态特征 高 30～120cm，茎直立，有分枝，有棱和条纹。叶互生，具长柄；基部叶片较大，多呈菱状或三角状卵形，边缘有不整齐的浅裂齿；上部叶片较窄狭，全缘或有微齿。花序圆锥状，花被黄绿色或绿色，胞果完全包于花被内或顶端稍露；种子双凸镜形，深褐色或黑色，有光泽。幼苗下胚轴发达，子叶肉质，近条形；初生叶 2 片，长卵形，主脉明显，叶背紫红色，有白粉。

（2）危害程度 世界及中国恶性杂草，东北地区的重要杂草。除危害玉米外，可危害多种作物。

（3）发生规律和生物学特性 一年生草本。种子繁殖。3 月中旬出苗，花果期 6～10 月。种子发芽的最低温度为 10℃，最适 20～30℃，最高 40℃；适宜土层深度在 4cm 以内。

3. 反枝苋

学名：*Amaranthus retroflexus* L.

别名：西风谷，野苋菜等。

苋科，苋属。

（1）形态特征 茎直立，绿色，较粗壮，单一或分枝，高 20～80cm。叶互生；叶柄长 3～10cm；叶片菱状广卵形或三角状广卵形，长 4～12cm，宽 3～7cm，钝头或微凹，基部广楔形，叶有绿色、红色、暗紫色或带紫斑等。花序在下部者呈球形，上部呈稍断续的穗状花序，花黄绿色，单性，雌雄同株；苞片卵形，先端芒状，长约 4mm，膜质；萼片 3，披针形，膜质，先端芒状，雄花有雄蕊 3，雌花有雌蕊 1，柱头 3 裂。胞果椭圆形，萼片宿存，长于果实，熟时环状开裂，上半部成盖状脱落。种子黑褐色，近于扁圆形，两面凸，平滑有光泽。

（2）危害程度 中国恶性杂草，东北玉米田重要杂草，发生普遍。

（3）发生规律和生物学特性 一年生。种子繁殖，喜温作物。5～6 月出苗，8～9 月为花果期。耐寒力较弱，幼苗遇0℃低温即受冻害，成株遭霜冻后很快枯死。根系入土较浅，不耐旱。适应能力极强，喜生肥沃地，瘠薄地也能生长。

4. 马齿苋

学名：*Portulaca oleracea* L.

别名：马齿菜，马蛇子菜等。

马齿苋科，马齿苋属。

（1）形态特征　全株光滑无毛，茎伏卧，多分枝，绿色或紫红色，肉质。单叶互生或近对生，长圆形或倒卵形，长10～25mm，全缘，先端钝圆或微凹，肉质。花3～8朵，顶生；萼片2，花瓣5，黄色。蒴果卵形至长圆形，盖裂；种子细小，肾状卵圆形，黑褐色，具小疣状突起。

（2）危害程度　东北地区玉米田主要常见杂草。

（3）发生规律和生物学特性　一年生。除种子繁殖外，营养繁殖发达。发芽温度20～30℃，土深3cm以内。春夏季都有幼苗，盛夏开花，夏末秋初果熟。果实边熟边开裂落于土中，也可随堆肥传播。

5. 葎草

学名：*Humulus scandens*（Lour.）Merr.

别名：拉拉秧。

大麻科，葎草属。

（1）形态特征　缠绕型杂草，茎和叶柄都有倒刺钩。叶对生，掌状5～7深裂，叶缘具粗锯齿，双面均具粗糙的毛。花单性，雌雄异株，雄花小，淡黄绿色，着生在圆锥花序上，花被片和雄蕊各5枚；雌花序穗状，每2朵花外有1卵形的苞片，瘦果淡黄色，扁圆形，表面有深褐灰色斑纹，直径2～3.5mm。

（2）危害程度　东北玉米田主要杂草。

（3）发生规律和生物学特性　一年生。种子繁殖。发芽适温10～20℃，15℃为最适，适宜土深2～4mm。深土层内未发芽的种子一年后即丧失发芽力。花果期7月，8～9月种子成熟落入土中，经冬眠后萌发。

6. 酸模叶蓼

学名：*Polygonum lapathifolium* L.

别名：酸不溜、大马蓼、假辣蓼等。

蓼科，蓼属。

（1）形态特征　茎直立，高30～200cm，上部分枝，粉红色，节部膨大。叶片宽披针形，大小变化很大，顶端渐尖或急尖，表面绿色，常有黑褐色新月形斑点，两面沿主脉及叶缘有伏生的粗硬毛；托叶鞘筒状，无毛，淡褐色。花序为数个花穗构成的圆锥花序；苞片膜质，边缘疏生短睫毛，花被粉红色或白色，4深裂；雄蕊6；花柱2裂，向外弯曲。瘦果卵形，扁平，两面微凹，黑褐色，光亮。

（2）危害程度　中国玉米田恶性杂草，东北地区玉米田主要杂草，可危害多种作物。

（3）发生规律和生物学特性　一年生草本。种子繁殖。种子有休眠习性。种子发芽的适宜温度为15～20℃；适宜土层深度在5cm以内。花期6～8月，果期7～10月。种子脱落后混于收获物或堆肥中传播。

7. 苘麻

学名：*Abutilon theophrasti* Medic.

别名：青麻，芙蓉麻，顷麻，白麻等。

锦葵科，苘麻属。

(1) 形态特征 茎直立，圆柱形，高 30～150cm，分枝或不分枝，有柔毛。叶互生，具长柄，叶片圆心形，先端尖，基部心形，边缘有粗细不等的锯齿，两边均有毛。花着生于顶端叶腋的花轴上，有花柄，每朵花具有花萼、花瓣各 5 片，呈钟形，花冠橙黄色。雌蕊多枝，雌蕊子房有 10 余室，每室有胚珠 3 粒，蒴果呈半磨盘形，密生短茸毛，成熟时呈黄褐色，不完全开裂，只部分地散落种子；种子肾形，呈黑色或浅灰色，有细小的短毛。

(2) 危害程度 东北地区玉米田主要杂草。对绝大多数除草剂不敏感，土壤处理较难防除。

(3) 发生规律和生物学特性 一年生。种子繁殖。生长期 4～9 月。

8. 荠菜

学名：*Capsella bursa-pastoris*（L.）Medic

别名：荠、靡草、护生草等。

十字花科，荠菜属。

(1) 形态特征 全株稍有分枝毛或单毛。茎直立，有分枝。基生叶丛生，叶片大头羽状分裂，裂片常有齿，具长柄；茎生叶互生，叶片狭披针形或长圆形，基部抱茎，边缘有缺刻或锯齿。花序总状顶生或腋生；花瓣白色，4 枚，呈十字排列。短角果倒三角形或倒心形，扁平；种子长椭圆形，黄至黄褐色。幼苗子叶椭圆形；初生叶 2 片，卵圆形；后生叶形状多变。

(2) 危害程度 全国玉米田主要杂草，可危害多种作物。此外，还是棉蚜、麦蚜、棉盲椿象和甘蓝霜霉病、白菜病毒病的寄主。

(3) 发生规律和生物学特性 越年生或一年生草本。种子繁殖，幼苗或种子越冬。种子经短期休眠后即可萌发。

9. 铁苋菜

学名：*Acalypha australis* L.

别名：人苋、血见愁、海蚌含珠、叶里含珠、野麻草等。

大戟科，铁苋菜属。

(1) 形态特征 茎直立，高 30～50cm，多分枝。全体有灰白色细毛。叶互生，叶片卵形，长 2.5～8cm，边缘有锯齿。花单生，雌雄同序，无花瓣；穗状花序腋生；雄花生于花序上部，穗状；雌花在下，生于叶状苞片内。蒴果小，钝三棱状，种子倒卵形，常有白膜质的蜡层。幼苗子叶 2，近圆形，初生叶 2，卵形。

(2) 危害程度 东北地区玉米田主要常见杂草，吸肥吸水能力强，生长快，对玉米生长有一定影响。

(3) 发生规律和生物学特性 一年生草本。种子繁殖。花果期 8～9 月，多生于村落、城镇庭园中，田野、路旁也常有生长。

10. 打碗花

学名：*Calystegia hederacea* Wall.

别名：小旋花，面根藤、狗儿蔓等。

旋花科，打碗花属。

（1）形态特征　主根较粗长，横走。茎细弱，长0.5～2m，匍匐或攀援。叶互生，叶片三角状戟形或三角状卵形，侧裂片展开，常再2裂。花萼外有2片大苞片，卵圆形；花蕾幼时完全包藏于内。萼片5，宿存。花冠漏斗形（喇叭状），粉红色或白色，果近圆形微呈五角形。与同科其他常见种相比花较小。

（2）危害程度　全国各地广泛分布，为田间、野地常见杂草。

（3）发生规律和生物学特性　多年生草质藤本。打碗花一次种植可多年开花不绝，枝叶茂盛，花大而美丽，花色为红紫色，花期7～10月。同时又能观果，瘦果上长有绵毛，似团团棉花。性喜凉爽、潮湿，阳光充足的环境，忌高温高湿，较耐寒。

11. 刺儿菜

学名：*Cephalanoplos segetum*（Bge.）Kintam.

别名：小蓟。

菊科，刺儿菜属

（1）形态特征　茎直立，高30～50cm，幼茎被白色蛛丝状的毛，有棱。单叶互生无柄，缘具齿，基生叶早落，下、中部叶椭圆状披针形，长7～10cm，两面被白色蛛丝状的毛，中上部叶有时羽状浅裂。雌雄异株，雄株头状花序小，花冠长15～20mm；雌株花序较大，花冠长25mm；花冠均为紫色，全为筒状花。瘦果椭圆形或长卵形，略扁，浅黄色至褐色，有波状横皱纹，冠毛白色，羽毛状，脱落。地下除有直根外，并有水平生长产生不定芽的根。

（2）危害程度　东北地区玉米田主要常见杂草。

（3）发生规律和生物学特性　多年生，不定芽和种子繁殖。苗期4～5月，花果期6～7月。繁殖力极强。

12. 山苦荬

学名：*Ixeris chinensis*（Thunb.）Nakai

别名：苦菜、苦荬菜等。

菊科，苦荬菜属。

（1）形态特征　全株具乳汁，无毛。高10～40cm。地下根状茎匍匐，地上茎倾斜或直立。基生叶丛生，叶片条状披针形或倒披针形，先端钝或急尖，基部下延成窄叶柄，全缘或具疏小齿或不规则羽裂。茎生叶互生，向上渐小，细而尖，无柄，稍抱茎。头状花序排列成稀疏的聚伞状，总苞在花未开时呈圆筒状，花全为舌状花，黄色或白色，具长喙，冠毛白色。种子长椭圆形或纺锤形，稍扁，黄褐色。

（2）危害程度　东北地区玉米田多年生恶性杂草，种群密度大，危害严重。无防除山苦荬的特效药。

（3）发生规律和生物学特性　多年生草本。种子和根芽繁殖。花果期7～9月。

13. 苣荬菜

学名：*Sonchus brachyotus* DC.

别名：曲荬菜、甜苣菜等。

菊科，苦苣菜属

（1）形态特征　高 30～60cm。全株具乳汁。地下根状茎匍匐，着生多数须根。地上茎直立，少分枝，平滑。叶互生；无柄；叶片宽披针形或长圆状披针形，长 8～16cm，宽 1.5～2.5cm，先端有小尖刺，基部呈耳形抱茎，边缘呈波状尖齿或有缺刻，上面绿色，下面淡灰白色，两面均无毛。头状花序，少数，在枝顶排列成聚伞状或伞房状。头状花序直径 2～4cm，总苞及花轴都具有白绵毛，总苞片 4 列，最外 1 列卵形，内列披针形，长于最外列；全部为舌状花，鲜黄色；舌片条形，先端齿裂；雄蕊 5，药合生；雌蕊 1，子房下位，花柱纤细，柱头 2 深裂，花柱及柱头皆被白色腺毛。瘦果，侧扁，有棱，有与棱平行的纵肋，先端有多层白色冠毛。

（2）危害程度　玉米田多年生恶性杂草，无防除苣荬菜的特效药，玉米田苣荬菜的危害日趋严重。

（3）发生规律和生物学特性　多年生草本。根茎和种子繁殖。北方农田 4～5 月出苗，终年不断。花果期 6～10 月，种子于 7 月开始逐渐成熟飞散，秋季或次年春季萌发，第 2～3 年可成熟开花。花果期夏、秋季。苣荬菜适应性广，抗逆性强，耐旱、耐寒、耐贫瘠、耐盐碱。

14. 苍耳

学名：*Xanthium sibiricum* Patr.

别名：虱麻头、老苍子等。

菊科，苍耳属。

（1）形态特征　茎直立，粗壮，高可达 1m，上部多分枝，有钝棱及长条状斑点。叶卵状三角形，长 6～10cm，宽 5～10cm，顶端尖，基部浅心形至阔楔形，边缘有不规则的锯齿或常成不明显的 3 浅裂，两面有贴生糙伏毛；叶柄长 3.5～10cm，密被细毛。果壶体状无柄，长椭圆形或卵形，长 10～18mm，宽 6～12mm，表面具钩刺和密生细毛，钩刺长 1.5～2mm，顶端喙长 1.5～2mm。

（2）危害程度　东北地区玉米田主要杂草，部分田块受害严重。

（3）发生规律和生物学特性　一年生。种子繁殖。生长期 5～9 月。适应性强。苍耳种子的最适萌发温度为 15～25℃，pH 为 2～10 范围内均可萌发；最适播深为 0～4cm。花果期 8～9 月。果实随熟落地或附着于动物体上传播。

15. 鸭跖草

学名：*Commelina communis* L.

别名：蓝花菜、鸭趾草、竹叶草等。

鸭跖草科，鸭跖草属。

（1）形态特征　鸭跖草仅上部直立或斜伸。茎圆柱形，长约 30～50cm，茎下部匍匐生根。叶互生，无柄，披针形至卵状披针形，第一片叶长 1.5～2.0cm，有弧形脉，叶较肥厚，表面有光泽，叶基部下延成鞘，具紫红色条纹，鞘口有缘毛。小花每 3～4 朵一簇，由一绿色心形折叠苞片包被，着生在小枝顶端或叶腋处。花被6片，外轮3片，较小，膜质，内轮3片，中前方一片白色，后方两片蓝色，鲜艳。蒴果椭圆形，2室，有4粒种子。种子土褐色至深褐色，表面凹凸不平。

（2）危害程度　是玉米田主要杂草。近十几年来，鸭跖草的危害日益严重。

（3）发生规律和生物学特性　一年生。种子繁殖。鸭跖草适应性强，喜湿耐旱。一般5～6月出苗，7～8月开花，8～9月成熟，种子过冬。发芽适温15～20℃，土层内出苗深度0～3cm。鸭跖草茎节下可生根，每个断节沾土即可成活。平均分枝数277个，每个枝都可成苞开花结籽，每株平均结籽3 894粒。适应性强。

16. 马唐

包括马唐 *Digitaria sanguinalis*（L）Scop，毛马唐 *D. ciliaris*（Retz.）Koeler 和升马唐 *D. adscendens*（HBK）Henr.

别名：抓地草、鸡爪草、红水草等。

禾本科，马唐属。

（1）形态特征　禾本科一年生草本。秆基部倾斜，着地后节易生根，高40～100cm，光滑无毛。叶片条状披针形，两面疏生软毛或无毛；叶鞘大都短于节间，多少疏生有疣基的软毛，稀无毛；叶舌膜质，先端钝圆。总状花序3～10枚，指状排列或下部的近于轮生；颖果椭圆形，淡黄色或灰白色。为旱秋作物田和果园、苗圃的主要杂草。

（2）危害程度　世界和中国的恶性杂草，东北地区玉米田的主要杂草，发生普遍，危害多种作物。东北玉米约有1/2面积受到不同程度的草害危害，严重草害的面积约占10％～20％。

（3）发生规律和生物学特性　一年生草本。种子繁殖。马唐发芽适宜温度25～40℃，最适相对湿度63％～92％，最适深度1～5cm。喜湿喜光，潮湿多肥的地块生长茂盛，4月下旬至6月下旬发生量大，8～10月结籽，种子边成熟边脱落，生活力强。繁殖力强，成熟种子有休眠习性。借风、流水与禽鸟取食后从粪便排出而传播。经越冬休眠后萌发。

17. 稗草

学名：*Echinochloa crus - galli*（L.）Beauv.

别名：芒旱稗、水田草、水稗草等。

禾本科，稗草属。

（1）形态特征　直立或基部膝曲。叶鞘光滑；无叶舌、叶耳；叶片条形，叶脉灰白色，无毛。圆锥形总状花序，较开展，直立或微弯，常具斜上或贴生分枝；小穗含2花，密集于穗轴的一侧，卵圆形，长约5mm，有硬疣毛；颖具3～5脉；颖果卵形，米黄色。幼苗胚芽鞘膜质，长0.6～0.8cm；第1叶条形，长1～2cm，自第2叶始渐长，全体光滑无毛。

（2）危害程度　稗草是世界性和中国的恶性杂草，北方地区玉米田的重要杂草。

（3）发生规律和生物学特性　一年生草本。种子繁殖。种子萌发温度10～35℃，最适温度为20～30℃；适宜的土层深度为1～5cm，尤以1～2cm出苗率最高，土壤深层未发芽的种子可存活10年以上；对土壤含水量要求不严，特别能耐高湿。发生期早晚不一，但基本为晚春型出苗的杂草。5～6月为发芽生长期，7月上旬至9月为花果期。稗草适应性极强，抗旱、抗涝、耐盐碱。繁殖力极强，每株分蘖 10～100 多枝，每穗结籽 600～1 000 粒。可借风力、水流、动物及作物种子传播。

18. 牛筋草

学名：*Eleusine indica*（L.）Gaertn.。

别名：油葫芦草、扁草、櫻子草等。

禾本科，蟋蟀草属。

（1）形态特征　茎秆丛生，有的近直立，株高 15～90cm。叶片条形；叶鞘扁，鞘口具毛，叶舌短。穗状花序 2～7 枚，呈指状排列在秆端；穗轴稍宽，小穗成双行密生在穗轴的一侧，有小花 3～6 个；颖和稃无芒，第一颖片较第二颖片短，第一外稃有 3 脉，具脊，脊上粗糙，有小纤毛。颖果卵形，棕色至黑色，具明显的波状皱纹。须根细而密，根深。

（2）危害程度　世界和中国的恶性杂草，东北地区玉米田的主要杂草，也是豆类、薯类、蔬菜、果园等重要杂草。

（3）发生规律和生物学特性　一年生。种子繁殖。4 月中下旬出苗，5 月上、中旬进入发生高峰，6～8 月发生少，部分种子 1 年内可生 2 代。秋季成熟的种子在土壤中休眠 3 个多月，在 0～1cm 土中发芽率高，深 3cm 以上不发芽。发芽需在 20～40℃变温条件下有光照。恒温条件下发芽率低，无光发芽不良。种子随熟随落；由风、水及动物传播。

19. 芦苇

学名：*Phragmites communis* Trin.

别名：苇子。

禾本科，芦苇属。

（1）形态特征　具粗壮根状茎，株高 100～300cm，节上常有白粉。叶片带状披针形，长 15～50cm，宽 1.0～3.5cm，叶舌极短，顶端被毛。圆锥状花序顶生，长 10～40cm，微垂头，有多数纤细分枝，下部分枝的腋间具白柔毛。小穗两侧压扁，长 16～22mm，通常含 4～7 小花，第一小花常为雄性；颖片及外稃均有 3 条脉；外稃无毛，孕性外稃的基盘具长 6～12mm 的柔毛。

（2）危害程度　东北地区玉米田主要恶性杂草，尤以低湿玉米田受害最重。

（3）发生规律和生物学特性　多年生杂草。根茎和种子繁殖。粗壮的根茎横走地下，在沙质地可达 10 余 m。4～5 月出苗，8～9 月开花。喜湿。

20. 狗尾草

学名：*Setaria viridis*（L）Beauv

别名：绿狗尾草、谷莠子、狐尾等。

禾本科，狗尾草属。

（1）形态特征　高 30～100cm。稀疏丛生，直立或基部膝曲上升。叶片条状披针形，叶鞘松弛，光滑，鞘口有毛；叶舌毛状。圆锥花序呈圆柱状，直立或稍弯垂，刚毛绿色或变紫色；小穗椭圆形，长 2～2.5mm，2 至数枚簇生，成熟后与刚毛分离而脱落；第一颖卵形，长约为小穗的 1/3；第二颖与小穗近等长；第一外稃与小穗等长，具 5～7 脉，内稃狭窄。谷粒长圆形，顶端钝，具细点状皱纹。颖果椭圆形，腹面略扁平。

（2）危害程度　为中国常见主要恶性杂草，北方玉米田重要杂草，可危害多种作物。发生严重时可形成优势种群密被田间，争夺肥水力强，造成作物减产。

（3）发生规律和生物学特性　狗尾草为一年生晚春性杂草。以种子繁殖，一般4月中旬至5月份种子发芽出苗，发芽适温为15～30℃，5月上、中旬为大发生高峰期，8～10月份为结实期。种子可借风、流水与收获物、粪肥传播，经越冬休眠后萌发。种子出土适宜深度为2～5cm，土壤深层未发芽的种子可存活10年以上。一株可结数千至上万粒种子。适生性强，耐旱耐贫瘠，酸性或碱性土壤均可生长。

二、玉米田杂草防除措施

由于东北地区玉米多年连作，又长期应用莠去津除草剂防除阔叶杂草，使得玉米田原来密度较大的藜、苋、蓼等杂草群落得到了有效控制，而耐药性的苘麻、鸭跖草、风花菜和抗药性的小蓟、苣荬菜、苦菜等多年生杂草危害上升。因此，玉米田杂草的治理必须从大量使用除草剂转变为在了解杂草生物学、生态学特点的基础上，因地制宜地运用一切可以利用的农业、物理、化学、生物等措施，创造有利于作物生长发育，而不利于杂草休眠、繁殖、蔓延的条件。通过少用除草剂及其他措施配合，将杂草控制在其生态及经济危害水平以下，达到成本低、质量好、不污染环境的目的。玉米田杂草防除方法如下：

（一）植物检疫

在引种或调种时，必须严格执行杂草检疫制度，防止检疫性杂草如豚草、假高粱的输入、传出和蔓延。

（二）化学农药防除

1. 播前或播后苗前的土壤处理

（1）除草剂的种类、用量及防除对象

①72％都尔乳油　100～150ml/亩。

②50％乙草胺乳油　100～150ml/亩。

③50％西玛津可湿粉剂　200～300ml/亩。

④40％阿特拉津悬浮剂　200～300ml/亩。

⑤50％氰草津悬浮剂　200～300ml/亩。

⑥乙阿悬乳剂（乙草胺＋阿特拉津）　150～300ml/亩。

⑦都阿悬乳剂（都尔＋阿特拉津）　120g/亩。

⑧丁阿悬乳剂（丁草胺＋阿特拉津）　120g/亩。

⑨50％乙草胺乳油　100～200ml/亩＋38％莠去津悬浮剂150～300ml/亩＋72％2，4-滴丁酯乳油50～75ml/亩。

⑩50％异丙草胺乳油　100～200ml/亩＋38％莠去津悬浮剂150～300ml/亩＋56％2甲4氯钠盐可湿性粉剂75～100g/亩。

⑪50％异丙草胺乳油　100～200ml/亩＋40％氰草津悬浮剂150～300ml/亩＋72％2，

4-滴丁酯乳油 50～75ml/亩。

⑫72％异丙甲草胺乳油　100～200ml/亩＋38％莠去津悬浮剂 150～300ml/亩＋56％2甲4氯钠盐可湿性粉剂 75～100g/亩。

⑬72％异丙甲草胺乳油　100～120ml/亩＋40％氰草津悬浮剂 200～300ml/亩＋72％2，4-滴丁酯乳油 50～75ml/亩。

⑭48％甲草胺乳油　100～120ml/亩＋38％莠去津悬浮剂 150～300ml/亩＋56％2甲4氯钠盐可湿性粉剂 75～100g/亩。

⑮60％丁草胺乳油　100～120ml/亩＋38％莠去津悬浮剂 150～300ml/亩＋72％2，4-滴丁酯乳油 50～75ml/亩。

⑯50％乙草胺乳油　100～200ml/亩＋50％扑草净可湿性粉剂 50～100g/亩＋56％2甲4氯钠盐可湿性粉剂 75～100g/亩。

⑰50％乙草胺乳油　100～200ml/亩＋80％莠灭净可湿性粉剂 50～100g/亩＋72％2，4-滴丁酯乳油 50～75ml/亩。

①、②、③、④、⑤主要防治一年生的禾本科杂草及部分阔叶杂草，但杀草谱较窄。⑥～⑰对玉米田大多数杂草均有效，丁阿混剂对土壤墒情要求较高，所以不宜用在干燥的玉米地。

（2）使用时期、方法及注意事项　以上药剂使用时期为玉米播后苗前，土壤喷雾处理，施药液量 60kg/亩。

单位面积用药量应视地区土壤质地、土壤墒情、气温等条件而有差异。土壤墒情越好用量越少；有机质含量越高用量越多。容易发生春旱的地区，必须浇足底墒水，细整地播后然后用药。如果土壤墒情不好，施药后可浅混土或进行喷灌。

2. 苗后茎叶处理的除草剂

（1）除草剂种类、用量及防除对象

① 4％玉农乐（烟嘧磺隆）乳油　75～100ml/亩。

② 75％ 噻吩磺隆干悬浮剂　1～2g/亩。

③ 48％苯达松水剂　100～200ml/亩。

④ 48％百草敌水剂　25～40ml/亩。

⑤ 72％2，4－D 丁酯乳油　50～75ml/亩。

⑥ 20％2甲4氯水剂　200～300ml/亩。

⑦ 22.5％伴地农乳油　100ml/亩。

⑧ 20％使它隆乳油　40～50ml/亩。

⑨ 4％玉农乐（烟嘧磺隆）乳油　75～100ml/亩＋40％阿特拉津悬浮剂 100～150ml/亩。

①和②对禾本科杂草和阔叶杂草均有效，③、④、⑤、⑥、⑦、⑧、⑨主要防治阔叶杂草。⑨对苘麻效果不理想，但对绝大多数杂草效果较好，是生产上常用的茎叶处理剂。

（2）除草剂进行茎叶喷雾时的注意事项　用除草剂进行茎叶处理，主要是土壤干旱地区或土壤封闭效果较差时采用。选择玉米 3～5 叶期，单子叶杂草 1.5～2.5 叶期，双子叶杂草 2～4 叶期，此时玉米耐药性最强，而杂草处于幼嫩时期容易防除。另外，要注意施药天气状况，如风的大小、阴晴、降雨等。

（三）农业防除

农业防除是指利用农田耕作技术、栽培技术和田间管理等措施，防止草害，降低其危害程度所采取的措施，是减少草害的重要措施。如实行秋翻和春耕可有效地消灭越冬杂草和早春出土的杂草，并将前一年散落于土表的杂草种子翻埋于土壤深层，使其当年不能萌发出苗。通过中耕培土既可消灭大量行间杂草，也消灭了部分株间杂草。秋耕可消灭春、夏季出苗的残草、越冬杂草和多年生杂草。在同一块地，经过多次耕翻后，可有效地抑制问荆、苣荬菜、芦苇、小蓟等多年生杂草的根茎及块茎的萌发生长；高温堆肥（50～70℃堆沤处理2～3周）可杀死肥料中的杂草种子，减少田间杂草种子来源。轮作如禾谷类作物与豆科作物轮作，可明显减弱稗草、狗尾草的危害，并能抑制豆田菟丝子的发生。水旱轮作可控制马唐、狗尾草、问荆、小蓟等旱生杂草。另外合理施肥，适度密植，使玉米植株在竞争中占据优势地位也可减少草害的发生。

风力、筛选、水选及人工拾捡等措施，把杂草种子去除，精选种子，减少杂草的传播危害，提高农作物产量。

（四）物理防除

如利用黑色地膜等覆盖玉米田，不仅可以控制杂草危害，并且能够增温保水，促进玉米生长。

（五）生物防除

据自然界生态平衡的原理，利用昆虫、病原物、植物及其他动物等生物抑制和消灭杂草。如用叶甲和象甲取食黎、蓼等；利用鲁保1号防治菟丝子；在玉米田以及在果园内放养鹅来消灭清除杂草等。

第四节　东北地区玉米鼠害与防治

一、东北地区鼠害的种类、形态特征及危害特点

在东北地区，对农作物造成危害的老鼠有18种左右，分属1个目，7个科，分别是：黑线仓鼠、小家鼠、黑线姬鼠、大仓鼠、褐家鼠、中华鼢鼠、草原鼢鼠、长爪沙鼠、巢鼠、五趾跳鼠、棕背、达乌尔黄鼠、花鼠、松鼠、大林姬鼠、三趾跳鼠和黄胸鼠等。玉米田主要优势种有黑线仓鼠、大仓鼠、小家鼠、褐家鼠、达乌尔黄鼠、黄胸鼠、黑线姬鼠、岩松鼠、北方田鼠等。

东北地区玉米田害鼠在一年中有两个繁殖高峰期，分别为5～7月和10～11月，鼠的怀孕率达到50%以上。每只雌鼠平均怀幼鼠为3～6只。主要是春秋季节气候温和、田间食料丰富，对鼠类繁殖有利。由于春秋鼠类大量繁殖，使害鼠种群数量于每年7月和11月出现两次高峰，此时正值早、晚玉米抽穗成熟期，易造成严重为害。

　　害鼠盗食刚播下的种子，形成盗食洞。逐穴扒食，造成缺种，重者须补种或重播。害鼠在幼苗基部扒穴，随着种子营养的耗尽、腐烂，使幼苗缺少营养和水分而枯死，造成缺苗断垄，重者须补种或重播。黑线姬鼠喜食果穗，撕开苞叶，由上而下啃食籽粒。一般将果穗的上半部啃掉，有时将整个果穗全部啃光。地上部分常留有苞叶碎片和籽粒的皮壳。害鼠危害籽粒，特别是倒伏的玉米，受害更重。

（一）黑线仓鼠（*Cricetuls barabensis* Pallas）

又名仓鼠、花背仓鼠、小仓鼠等。

1. 形态特征　体型较小，体长 80～120mm。体肥壮，耳圆，吻钝。尾短，为体长的1/4。有颊囊，乳头 4 对。背中央有一黑色纵纹，背毛灰褐至棕黄色；腹毛灰白色；前后肢背面白色。背腹毛分界明显。

2. 发生规律　栖息玉米田及草原、山地、平原农田、疏林等各种生境。在农田和栽培草地，常在田埂打洞。其洞穴分为临时洞、贮粮洞和栖息洞三种。临时洞较简单，仅1～2 个洞口，供临时躲避用；贮粮洞内有仓库，可见到粮油种子和草籽；栖息洞较复杂，内有窝巢、仓库、厕所等，洞道长达 2m 以上。夜间活动，有贮粮习性。年繁殖 4～5 胎，每胎产仔 4～8 个。

3. 危害特点　主要为害田间玉米。以盗食种子为主，也少量采食植物绿色部分。在盗食过程中践踏的粮食远超过其取食的量。

（二）大仓鼠（*Cricetulms triton* Winton）

俗名大腮鼠、齐氏鼠、搬仓等。

1. 形态特征　在仓鼠中体形最大。体长 100～180mm，尾长约为体长的 1/2。口内有颊囊。知足粗壮。背毛灰略带沙黄，腹毛灰白，尾上下均灰暗色。后足背面白色。

2. 发生规律　栖息于玉米田、田埂、沟渠、荒坡及灌丛中。洞穴复杂，洞道深长，有洞口 6～8 个，仓库 2～4 个，每一仓库均存粮 1～2kg。其窝巢位于洞穴最深处，垫以植物茎叶。通常夜间活动。秋季活动频繁，常远距离搬运冬粮。5～9 月为繁殖期，每胎产仔 5 个左右。

3. 危害特点　主要取食豆类、花生、小麦、玉米及苹果等植物性食物，特别是种子，为害很大。

（三）小家鼠（*Mus musculus* Linnaeus）

俗名小鼠、鼷鼠、小耗子、米仔鼠等。

1. 形态特征　体形小，长 60～70mm，尾长与体长基本相等。后足长小于 17mm。耳短，前折不达眼部。背毛灰、棕褐或棕灰色，腹面灰褐或灰白色。前后足背面与体背毛相同。

2. 发生规律　为家野两栖种。在室内，常在家具角落、物品堆放处作窝，以棉花、纸屑等为铺垫。野外，则在草垛、柴堆下作窝。一般以夜间活动，但密度高时白天亦活动。有季节性迁移现象。杂食性，以盗食粮食为主，春季取食青苗和昆虫。全年可繁殖，野外以春秋两季为盛期。产后即能马上交尾受孕。每窝 6～8 仔。其种群量随环境条件影响很大，条件适宜时，短期内可暴发成灾。

3. 危害特点　危害各种农作物的禾苗、果实，居民区内的食品、粮食、衣物、家具等。

（四）褐家鼠（*Rattus norvegicus* Rerkonhout）

俗名沟鼠、大家鼠、粪鼠等。

1. 形态特征　体型大，体长 110～210mm。尾短于体长。后足长于 28mm。乳头胸部 2 对、腹部 1 对、鼠蹊部 3 对。背毛棕色或灰褐色，间有黑色长毛。腹毛污灰白色。尾上面灰褐、下面灰白色，尾部鳞片明显。前后足背面均为污白色。

2. 发生规律　栖息地广泛，为家野两栖的人类伴生种。在居民区内，常栖息于阴沟、厕所、厨房、仓库、屠宰场、垃圾堆等处。在野外，栖息于河堤、路旁、稻田、菜地、果园等地。在工矿企业、港口、码头、车站、隧道，甚至火车、轮船等大型运输工具上都有躲藏。该鼠喜在水源附近栖息。室内常在墙缝、地板下打洞筑巢，野外常在田埂、沟边、渠边及堤岸上打洞。一般洞穴有 2～4 个洞口，巢内以杂草、碎纸垫窝。洞内常能发现大量的贮存食物。食性杂，偏爱含水量多的食物。周年可繁殖，5～9 月为盛期。每窝产仔 8～10 只。

3. 危害特点　以居民区内的各种食物、家具和建筑物为主。在野外则取食玉米等农作物、水果以及家禽、家畜等。

（五）达乌尔黄鼠（*Citellus dauricus* Brandt）

又名草原黄鼠、达乌时黄鼠等。

1. 形态特征　体粗壮，体长 190～250mm。尾短，仅为体长的 1/4～1/3。尾毛蓬松，向两侧展开。头圆，眼大。四肢粗短，可用后肢直立。前足拇指不显著，足掌裸露，有掌垫 3 个。各爪尖锐，黑褐色。有乳头 5 对。体色随亚种的不同有变化。一般体背黄褐色，杂有黑毛；腹毛沙黄略带青灰色；体侧与足背均为淡黄色。尾毛形成围绕尾轴的黑色毛环，这是与另一种赤颊黄鼠的区别之一。

2. 发生规律　在玉米田、荒地及滩地、灌丛均可栖息。一般一鼠一洞。洞系的结构简单，可分为临时洞和越冬洞。临时洞有多个洞口，无巢窝；越冬洞中最深处有巢窝。以白天活动为主，有季节性变化。春秋季在中午活动频繁，夏季则避开炎热的中午。其活动有领域行为，领域直径在 7～15m。当食物条件恶化或受到惊吓时，可进行迁移。具有冬眠习性，冬前具较长育肥期。入蛰和出蛰均与气温有关。出蛰后 10d 左右即进入繁殖期。每年只繁殖一次，每胎产仔 4～11 个，5～6 月为繁殖盛期。幼鼠夏末与母鼠分居，第二年才可繁殖。一年中，其生活周期可划分为冬眠期、出蛰期、交配期、产仔哺乳期、幼鼠出窝期和分散期 6 个时期。

3. 危害特点　是北方农田和草原的重要害鼠。在农区，可为害玉米、小麦、谷子、糜黍、莜麦、向日葵等。春季刨食种子、啃咬幼苗和茎秆，造成缺苗或作物倒伏、断折；秋季大量盗食谷物。也为害蔬菜、瓜果。在牧区盗食牧草，破坏植被。

（六）黄胸鼠（*Rattus flavipectus* Milne-Edwards）

别名黄腹鼠、长尾鼠等。

1. 形态特征　体形细长，约130～190mm，尾长超过体长。耳薄弱而大。乳头胸部2对以上、鼠蹊部3对。喉及胸部中间呈棕黄色或褐色。体背毛棕褐或黄褐色，但细鼠背毛灰暗、腹部毛灰色。前足背面深褐色。

2. 发生规律　行动敏捷，攀登，性狡猾。在农田栖息时，洞穴简单，窝巢内垫有草叶、果壳等；在居室内栖息时，常在天花板、椽瓦间或夹墙内筑巢。居室内与小家鼠竞争激烈，常呈此消彼长之势。在南方的火车、轮船等交通工具上，亦可严重为害。食性杂，并喜食含水量多的食物。夜间活动为主，晨、昏时最为活跃。由于食物关系，春季常迁往农田，秋季又迁回村镇。繁殖力强，全年3～4窝，每窝5～6仔。4～6月为繁殖盛期。嗅觉灵敏。

3. 危害特点　主要为害农作物、甘蔗及粮库、食品厂居室内贮粮及食物。

（七）黑线姬鼠（*Apodemus agrarius* Pallas）

又名田姬鼠、长尾黑线鼠等。

1. 形态特征　体形较小，体长65～120mm。耳长前折不达眼部。尾长为体长的2/3。尾毛不发达，鳞片裸露呈环状。四肢短小。胸腹各有乳头2对。雄鼠个体大于雌鼠。毛色随栖息环境而变化，生活在农田的为棕色或沙褐色，在林缘和灌丛的为灰褐带有棕色。体背有一黑色暗纵纹，在北方清晰，在长江以南趋于隐没。背毛棕灰或棕黄，腹毛灰白，体背与体侧无明显分界。尾毛深灰或棕灰色，前后足背面污白色。

2. 发生规律　玉米田、草甸、沼泽及居民区及农田周围均有分布。洞穴结构简单，有洞口2～3个，窝巢以草叶、秸秆筑成。主要是夜间活动，以晨、昏活动最频繁。有季节性迁移现象。年繁殖3～5胎，每胎产仔5～7个，细鼠3个月达性成熟。

3. 危害特点　危害各种农作物禾苗、粮食、果实。喜食稻、麦、花生、红薯、豆类等。春季常盗食种子和青苗，夏季咬食植物绿色部分、瓜果及昆虫，冬季食物缺乏时可窜入居民区内盗食粮食。

（八）岩松鼠（*Sciurotamias davidianus* Milne-Edwards）

又名扫毛子、石老鼠等。

1. 形态特征　体型中等，体长200～250mm。尾粗大，约为体长的2/3，静止时向上起，尾毛长而蓬松，但较稀疏。耳短且无簇毛，有颊囊。掌部裸露，拇指退化，第4趾长于第3趾。胸部有乳头1对，腹部2对。体色与亚种有关。背面多为黄褐色或黑棕色，腹部黄灰色。眼眶围以白圈。耳背面有灰斑。

2. 发生规律　为半树栖半地栖种类。栖息于山地、陵多岩石的地方及附近的树林果园、灌丛中，如核桃、山桃、山杏等林木，也采食种子和浆果，也进入农田为害作物。在颊囊中，曾发现过许多小麦粒。在旅游区常进入游人憩息处，寻觅食物。白天活动，常出现于岩石中。善攀树，行动敏捷，活动路线比较固定。早晨和傍晚为活动高峰期。洞穴多建于岩石缝隙中，结构简单。洞口建于灌木或杂草下，不易被发现。不冬眠。体毛有季节性更换。夏季毛色灰，冬季偏黄，且绒毛丰富。在华北地区以 11 月份的毛皮质量最好。

3. 危害特点　山区林业和农业的重要害鼠。主要为害玉米、干果、杏、桃等果实，也危害谷子和豆类。

（九）北方田鼠（*Microtus mandarinus* Milne-Edwards）

又名棕色田鼠、地老鼠等。

1. 形态特征　系小型田鼠，体圆桶状，静止时缩成短粗的球状。体长 88～115mm。头钝圆，耳短，眼极小。尾长为体长的 1/4～1/3。背毛呈棕黄或棕黑色，有光泽。腹毛白色。体侧为浅棕黄色。足背面污白色，尾上面黑褐色，下面灰白色，尾尖白色。

2. 发生规律　营地下生活，很少到地上来。喜栖居于潮湿、土质松软、草被茂密的地方。洞系复杂，洞道多支，沿主道挖掘取食道。洞系外有抛土形成的小土丘。土丘较小，且分散不成链状，可与鼢鼠土丘区分。洞道分上下两层，上层为取食道，有许多分支；下层为主干道，通向仓库和窝巢。洞内有仓库 2～7 个，窝巢在洞穴最深处，有 2 层垫草。为群居种类，每个洞系有 5～7 只鼠生活。不冬眠。年产仔 2～4 窝，每窝 2～5 仔。

3. 危害特点　主要为害玉米田作物、蔬菜及苗木等。

二、防治措施

鼠害的防治应贯彻"预防为主，综合防治"的植保方针，即从生态系统的观点出发，采取各种防治措施，尽可能使害鼠的种群发生量维持在一个较低的水平，突出"预防为主"的观点；要控制危害和减少鼠害，灭鼠策略是毒饵诱杀为主，常年综合防治为辅。在害鼠种群密度较高时，应协调应用各种防治方法，以求在经济有效防治鼠害的同时，获取最大的生态和社会效益。实践中常用的害鼠防治方法可归纳为以下几种。

（一）化学农药防治

化学药剂灭鼠必须抓住两个关键问题。

一是化学农药防治必须把住三个时机投药。第 1 次是春季的 2、3 月份，此期是鼠类繁殖能力强的季节，玉米正处于出苗阶段，鼠饥不择食，田间又无隐蔽，鼠龄小，是毒饵诱杀的黄金时期。第 2 次是 5、6 月份，此期鼠洞浅显，鼠类集中，洞口易识别，是幼鼠分居开始，又是成鼠怀孕和哺乳阶段。鼠仔警惕性差，易活动，而此时正是玉米乳熟期，适宜取食，是消灭鼠害的关键时期。第 3 次是秋末冬初，10、11 月灭鼠。玉米成熟待收，鼠类数量倍增，达最高峰，猖獗为害，大量取食，积极育肥和贮运粮食，准备迁居住宅等，这时投放饵料诱杀，可减少玉米损失。

二是选好药剂，投喂对路。一般使用的药剂是敌鼠钠盐原粉，以配制毒饵防治为主。毒饵中有效成分含量为 0.025%～0.10%，浓度低，适口性好。另外，还有 0.005% 溴敌隆、杀鼠灵、大隆、杀它仗等慢性杀鼠剂及急性杀鼠剂磷化锌、安妥、灭鼠优、袖带毒鼠磷等。使用中一般采用低浓度、高饵量的饱和投饵，或低浓度、小饵量、多次投饵方式。

投毒前查清鼠情，做到有的放矢，分类投放，重点放在鼠类适生密度大的田块，采取长期投放方式，量少堆多，每个饵点堆200粒，5g左右，尽力扩大覆盖面，以广泛消灭鼠害。另外注意急、慢性交替使用的鼠药。

（二）农业防治

鼠害特别是农业鼠害的防治，要根据不同地区以及不同耕作制度下农田生态系统的特点，结合农田基本建设和农事操作活动，创造不利于害鼠栖息、生存和繁衍的生态环境，以达到减轻害鼠发生与为害的目的。农业防治是预防鼠害的主要途径，在鼠害综合治理中占有非常重要的地位。农业防治主要包括以下几个方面。

1. 耕翻土地，清除杂草　耕翻土地不仅能熟化土地，而且可除草、治虫、防病，还可以灭鼠。耕翻和平整土地，可破坏害鼠的洞穴，恶化害鼠的栖息环境，提高害鼠的死亡率，抑制其种群的增长。秋耕、秋灌及冬闲整地，对黑线仓鼠的越冬均有破坏作用。

2. 整治农田周边环境　很多种害鼠的种群密度和农田生态环境关系密切。结合冬季兴修水利、冬季积肥、田埂整修等农田基本建设活动，可铲除杂草、土堆等，保持田边及沟渠的清洁，破坏害鼠的生境。

3. 及时收割，颗粒归仓　在作物的收获季节，特别是秋收时，应及时收获，快打快运，做到颗粒归仓，寸草归垛。减少害鼠取食和贮粮越冬的机会。

4. 合理布局农作物　合理农作物布局及品种搭配，可以降低鼠害。大面积连片种植同一种作物，与多种作物共栖相比，鼠害较轻；在单一作物种植区，播种期及各品种的成熟期应尽可能同步，否则过早或过晚播种（成熟）的地块易遭鼠害。

（三）物理防治

物理防治是指利用鼠器械来防治害鼠。如用捕鼠夹、捕鼠笼、电子捕鼠器（常用的有电猫、超声波灭鼠器、全自动捕鼠器等）。是根据强脉冲电流对生物体的杀伤原理制成的，具有无毒、无害、无污染、成本低、操作简便等优点。

（四）生物防治

是利用捕食性天敌动物和病原微生物等进行灭鼠的方法。天敌动物养猫吃鼠是传统的生物防治措施。

总之，控制鼠害的发生与迁移，同时在鼠害猖獗之前灭鼠，争取主动，以最少的人力、物力、财力换取最大的灭鼠效果。

本章参考文献

白金铠 . 1997. 杂粮作物病害 . 北京：中国农业出版社

陈捷，唐朝荣，高增贵等 . 2000. 玉米纹枯病菌侵染过程研究 . 沈阳农业大学学报，31（5）：503～506

董金皋，黄梧芳 . 1998. 玉米小斑病菌致病毒素的研究进展 . 河北农业大学学报，11（2）：123～129

杜长玉，孙艳，王云江．2008．我国北方化学除草存在问题与对策．现代农业科技，（12）：143～144，149

高卫东，戴法超．1996．玉米大斑病研究进展．植物病理学报，23（3）：193～195

高增贵，陈捷，薛春生等．2000．玉米灰斑病发生规律及其发病条件的研究．沈阳农业大学学报，31（5）：460～464

何振昌．1997．中国北方农业害虫原色图鉴．沈阳：辽宁科学技术出版社

侯明生．2007．农业植物病理学．北京：科学出版社

李栋，宁宝常，姜志强．2009．玉米田鼠害防治法．新农业，（1）：22

李富华，叶华智，王玉涛等．2004．玉米弯孢菌叶斑病的研究进展．玉米科学，12（2）：97～101，107

李宏周，魏雪辉，陈景煜．2009．鼠害防治技术的推广应用．广东农业科学，（5）：111，117

李晓，杨小蓉，何文风等．1999．玉米大斑病菌生理小种组成变异的研究．西南农业大学学报，21（1）：37～39

梁俊勋，黄汉宏，吴庆泉．1994．杀鼠剂混合剂型的研究Ⅱ．混合型杀鼠剂防制农田小兽效果观察．中国媒介生物学及控制杂志，5（3）：187～194

吕国忠，王芳，王翠萍等．1998．玉米灰斑病研究进展．沈阳农业大学学报，29（4）：346～349

马奇祥．1999．玉米病虫草害防治彩色图说．北京：中国农业出版社

马奇祥．2004．农田杂草识别与防除原色图谱．北京：农业出版社

强胜．2001．杂草学．北京：中国农业出版社

阮芳贻．2007．农田害鼠的为害和防治．福建农业，7（8）：24

舒畅．2006．南方农区鼠害防治技术200问．南昌：江西科学技术出版社

苏剑梅．2003．玉米田化学除草存在的问题及对策．黑龙江农业科学，（5）：47

苏少泉．2004．我国东北地区除草剂使用及问题．农药，43（02）：53～55

唐海涛，荣延昭，杨俊品．2004．玉米纹枯病研究进展．玉米科学，12（1）：93～96，99

王伯辉．2001．农田杂草识别与防除图谱．北京：农业出版社

汪诚信．1996．我国鼠害及其防治对策．中国媒介生物学及控制杂志，7（1）：62～65

汪诚信．2000．中国鼠害治理的五十年．中华流行病学杂志，21（3）：231～234

汪笃栋．2004．农田鼠害及其防治．南昌：江西科学技术出版社

王桂清，陈捷．2000．玉米灰斑病抗性研究进展．沈阳农业大学学报，31（5）：418～422

王晓鸣．2002．玉米病虫害田间手册．北京：中国农业出版社

王枝荣．1990．中国农田杂草原色图谱．北京：农业出版社

王志学．2005．农田鼠害及其防治措施．吉林农业，（11）：20

鄢洪海，高增贵，陈捷．1999．玉米弯孢菌叶斑病研究．沈阳农业大学学报，30（3）：369～371

杨力，李崇云，郑健等．2000．玉米纹枯病菌侵染过程研究．沈阳农业大学学报，31（5）：503～506

臧少先，孙宪君，李贺年等．1998．杀菌剂防治玉米大斑病试验简报．河北农业大学学报，221（1）：45

张殿京．1987．中国农垦农田杂草及防除．北京：中国农业出版社

张定法．1998．玉米弯孢菌叶斑病初侵染来源的研究．河南农业科学，（8）：24～25

张慧丽，王文众，曲力涛等．2000．东北地区农田主要杂草种类及其地理分布．沈阳农业大学学报，31（6）：565～569

张美文，黄璜，王勇等．2005．我国农田害鼠种群分布与演替．植物保护，31（4）：10～13

张益生，吕国忠，梁景颐等．2003．玉米灰斑病菌生物学特性的研究．植物病理学报，33（4）：

292～295

张玉聚．2000．除草剂及其混用与农田杂草化学防治．北京：农业出版社

郑丽娇，郑朝荣．2009．药剂安全灭鼠技术．现代农业科技，（1）：155

中国科学院动物研究所．1980．中国经济昆虫志（第二十册）．北京：科学出版社

中国科学院动物研究所．1981．中国蛾类图鉴Ⅰ．北京：科学出版社

中国科学院动物研究所．1995．中国经济昆虫志（第四十六册）．北京：科学出版社

中国科学院动物研究所．1996．中国农业昆虫（上、下）．北京：农业出版社

朱明旗，赵利平，樊璐．2004．玉米弯孢菌叶斑病生物学特性的研究．西北农林科技大学学报（自然科学版），32（3）：44～46

第九章 ··········

灾害性天气防御

"自然灾害"是人类社会赖以生存的自然界中所发生的异常现象。自然灾害对人类社会所造成的危害往往是触目惊心的。其中既有地震、火山爆发、泥石流、海啸、台风、洪水等突发性灾害，也有地面沉降、土地沙漠化、干旱、海岸线变化等在较长时间中才能逐渐显现的渐变性灾害，还有臭氧层变化、水体污染、水土流失、酸雨等人类活动导致的环境灾害。这些自然灾害与对环境破坏之间又有着复杂的相互联系。人类要从科学的意义上认识这些灾害的发生、发展以及尽可能防御和减小其造成的危害，已成为当今国际社会所研究的共同主题。

第一节　中国东北地区灾害性天气的类型

地球上的自然灾害，包括人类活动诱发的自然灾害，无时无刻无地不在发生。当自然变异给人类社会带来危害时，即构成自然灾害。因为它给人类的生产和生活带来了不同程度的损害，包括以劳动为媒介的人与自然之间以及与之相关的人与人之间的关系。灾害都有消极的或破坏的作用。

世界范围内重大的突发性自然灾害包括：旱灾、洪涝、台风、风暴潮、冻害、雹灾、海啸、地震、火山、滑坡、泥石流、森林火灾、农林病虫害等。

中国自然灾害种类繁多。中国东北地区灾害性天气的防御对于玉米的生长和产量至关重要。中国东北地区灾害性天气的主要类型如下。

一、低温

（一）低温的特征

在作物生长季节内，由于气温降低而使作物遭到危害，称为低温灾害。发生低温灾害时，一般常出现低温、寡照和多雨的天气。人们对低温灾害有不同的称呼，有些地区称冷害、寒害，广东、广西对双季晚稻抽穗扬花期遭受的低温灾害叫寒露风。低温灾害和霜冻灾害是不相同的。霜冻灾害是指短时间的低温冻害，使作物枯萎死亡；而低温灾害是指温度下降到低于作物当时所处生长发育阶段的下限温度时，使作物生理活动受到障碍，严重时可使作物某些组织受到危害。农作物的不同发育期，对温度条件的要求是不相同的。例如，冬小麦开花期，温度降低到10℃以下时，生育过程就会停止；灌浆期温度低于20~22℃，就会影响灌浆速度。水稻苗期温度低于12~14℃时，不利于秧苗生长；温度低于15~16℃，影响分蘖；温度低于16～18℃，就会危害开花授粉过程的正常进行，造成空壳和秕粒现象。

东北地区为温带大陆型季风气候，作物生长季热量变化的波动比较大，夏季低温是该地区主要的农业气象灾害。2009年入夏以来，东北地区中北部持续低温阴雨，导致玉米发育期延迟，玉米冷害特征又逐渐显现。

根据不同生育期遭受低温伤害的情况，可以将玉米冷害分为延迟型冷害、障碍型冷害和混合型冷害。延迟型冷害指玉米由于生长季中温度偏低，发育期延迟致使玉米在霜冻前不能正常成熟，籽粒含水量增加，千粒重下降，最终造成玉米籽粒产量下降。障碍型冷害是玉米在生殖生长期间，遭受短时间的异常低温，使生殖器官的生理功能受到破坏。混合型冷害是指在同一年度里或一个生长季节同时发生延迟型冷害与障碍型冷害。

低温对玉米的影响主要有两个方面，一是对玉米生理生化的影响：主要表现为生理过程受阻、光合作用减弱、呼吸强度降低、作物生理失调；二是对玉米生长发育的影响，主要表现为营养生长、生殖生长受阻，最终导致产量降低。

低温灾害的轻重，取决于低温强度和低温持续日数的长短。低温灾害一般可以分为两种情况：一是在作物营养生长阶段，因低温引起作物生育期延迟，以致在作物生长季节内不能正常成熟，造成减产欠收；二是在作物生殖生长阶段，生殖器官受低温危害，不能健全发育，产生空壳秕粒，造成减产。

（二）低温指标

作物受害的低温指标，因作物及不同发育期而有差异。一般可从以下两方面来确定低温灾害指标。一是利用多年作物产量和气温资料，统计分析出低温灾害指标；二是根据作物对温度要求的敏感时期，分析确定各时期的低温灾害指标。

例如：东北地区主要种植春玉米，种植面积和产量均为全国之首，玉米生长好坏、受灾与否直接关系到整个东北地区的粮食产量，对全国的粮食产量也有很大的影响。目前对玉米低温冷害的监测手段主要有三种。

1. 遥感监测技术 卫星遥感具有范围广、周期短、信息量大和成本低的特点，卫星遥感资料应用于监测有以下特点：

①遥感数据为面数据。

②可获取多时相信息。

③具有较高的时间和空间分辨率。

④多光谱、数字化存储。

⑤可获得无人区或者偏远区域信息。

2. 作物发育期变化的监测技术 农作物的生长发育对温度的要求较为敏感，当环境气温低于作物生长发育的适宜温度时，其生长速度会下降。农作物的发育过程是有规律的各个阶段的连锁反应，只有完成前一个阶段，才能顺利进入下一个阶段。因此，任何发育阶段的低温都会使发育期延长，发育期出现时间推迟。因此，通过对发育期的观测可检测作物的低温冷害。

3. 作物生长量变化的监测技术 低温冷害是由于温度偏低，使作物的光合作用强度降低，单位时间内累计的干物质减少，而造成农业减产。因此，低温冷害对作物生长及影响程度的监测，实际上就是对生物量累积的监测。当评价各发育阶段温度对产量的影响时，只要有该时段的平均气温即可得到该时段干物质累积量，即可以比较分析温度对产量的影响。

长江流域晚稻抽穗扬花期的低温灾害指标为：粳稻为候平均气温 20～21℃，籼稻为候平均气温 22～23℃。又如，早春的低温阴雨天气，常常会引起早稻不同程度的烂秧，根据烂秧，对照气象条件，可以确定低温灾害指标：籼稻为日平均气温 10～11℃，低温阴雨天气持续 2～3d 为开始烂秧指标；日平均气温 9～10℃，低温阴雨天气持续 3d 以上或者日平均气温小于 9℃，低温阴雨天气持续 2d 以上为严重烂秧指标。粳稻为日平均气温 9～10℃，低温持续日数在 4d 以上为烂秧指标。

总之，农业生产的地域性很强，气象条件差异很大，因作物品种及作物生长状况的差异，各地指标是不相同的。

（三）低温的防御

低温冷害也是影响玉米生长发育造成减产的主要气象灾害。据统计，每 3～4 年发生 1 次，减产 20%～30%。所以玉米低温冷害防御技术显得尤为重要，具体做法如下：

1. 品种选择　玉米冷害多为延迟型冷害，主要是由于积温不足引起的，且玉米品种间耐低温差异很大，因此在选择品种时，应充分考虑当地的自然状况，品种本身所需积温要求和栽培条件等，选用生育期适宜的耐低温高产优质品种，杜绝越区种植，确保玉米在成熟时留有 150℃ 的活动积温，否则，或因早霜，或因过于早熟而减产。同时延长站秆晾晒的时间，降低玉米的含水量，提高玉米品质。

2. 适期早播　适期早播可延长玉米的生长期，充分利用光热资源，巧夺前期积温 100～240℃，增加营养物质的积累，避免因秋霜冷害而造成的玉米减产，起到"秋霜春防"的作用。一般情况下，当土壤表层 5～10cm 的地温稳定在 7～8℃ 时即可播种，过早易导致种子霉烂。

3. 育苗移栽　育苗移栽可以控制幼苗的生长，使植株矮壮，根系发达，实行等距定向栽植，植株在田间分布合理，可充分利用光能和地力，为玉米丰产打下基础。采用育苗移栽这种栽培方式，选择品种时要选择生育期比当地直播的主栽品种长 10～15d 的品种，由于提早育苗，把生育期相应延长半个月左右，增加积温 200～300℃，使高产的中晚熟品种获得充分的生长时间，避免了生育后期的低温和霜冻，从而充分发挥晚熟品种的增产潜力。

4. 采取农业措施，促进早熟　掌握当地的气候规律，选择适宜于本地种植的耐低温的早熟高产品种；加强田间管理，增施暖性肥料，促进作物早熟，可以避免低温灾害。例如，长江中下游地区秋季低温一般出现在 9 月 23 日以后，因此，对晚稻在品种选择及田间管理方面，应促进其在 9 月 23 日以前齐穗，就能大大减少低温造成的空壳秕粒。

5. 以水调温，改善农田小气候　目前在水稻产区，普遍采用灌水法来提高近地面层的温度，防御低温灾害。例如，低温来临时，在早稻秧田中进行灌水和加盖物，提高秧田温度，防止低温引起烂秧。晚稻抽穗扬花期遇低温，灌水也可以提高株间温度，对抗御低温灾害也有显著效果。

6. 喷水、喷磷，防止低温灾害　此方法对抗御干冷型的低温灾害比较有效，两广地区应用较为普遍，喷磷不仅能防低温，还能达到及时给水稻补充养分的目的。此外，还有熏烟法、使用增温剂等等，对防御低温灾害均有一定效果。

二、初霜（霜冻）

温度低于 0℃ 的地面和物体表面上有水汽凝结成白色结晶的是白霜，水汽含量少没结霜称黑霜。它们使农作物发生的冻害，称霜冻。

（一）霜冻的防御方法

霜冻的直接原因是气温降低到 0℃ 以下引起的作物冻害，因此一些常用的方法必然以延缓温度降低或提升温度来开展的。

1. 烟雾防霜法 烟雾防霜是古老的方法之一，目前大面积防霜仍然采用。

2. 空气扰动法 将近地层大气上下扰动混合，可将上层热量传输到地表面，弥补因地面强烈辐射而损失的热量，减缓气温持续下降引发霜冻。

3. 覆盖保温法 利用覆盖法防霜在中国比较普遍。例如，西部一些地区，利用秸秆、树叶、纸张、薄膜等简易覆盖方法，预防苗期霜冻。更简单的覆盖是利用沙土培埋幼苗，也具有一定的防霜效果。

图 9-1 初霜冻必然会拉低温度

另外，灌溉喷雾法、药剂防治、生物防治、噬菌体防霜及某些农艺措施，如适时追肥灌溉、中耕除草、开展病虫害防治等，也可以促进作物健壮生长发育，提高自身的抗低温能力，从而起到防霜作用。

（二）初霜冻

初霜冻（primaryfrost）指的是每年入秋后，第一次出现的霜冻，称为早霜冻，也叫初霜冻（图 9-1）。初霜冻的出现日期明显受纬度和地形的控制，有从北向南、从西向东推移的趋势。东北平原区，由于纬度较高，受冷空气影响较早，故初霜冻出现最早，一般出现在 9 月下旬，最早在 9 月上旬；华北平原和淮河流域，初霜一般在 10 月底，即"霜降"前后出现；淮河流域初霜出现在 11 月初，即"立冬"前后；长江中下游地区，初霜一般在 11 月中下旬至 12 月初出现；华南北部初霜在 12 月中旬，华南中部初霜在 1 月上旬；青藏高原地区初霜一般在 9 月上中旬。相对于初霜冻，就必然会有晚霜冻，也就是每年春季前最后一次出现的霜冻，也叫终霜冻。

人们对"冻害"的第一感觉是它会对农业和生活带来极大负面影响。一般在霜冻正常期对农作物影响不大。但是如果初霜提前或终霜滞后，就会影响作物生长。在中国，受霜冻影响最严重的地带有两条，走向均为北东向。一条在固原—集宁—大庆一线；一条在湘西南—九江—南通一线。一般来讲，山的北坡、西坡、山谷、洼地霜冻较重，海滨及山南坡较轻。

人们常把霜和霜冻混为一谈，其实霜和霜冻是两种不同的概念，它们之间有着根本的区别。通常，当地面或近地面空气温度下降到0℃以下时，近地层空气中的水汽就在地面和地面物体表面直接凝成白色的像冰屑一样的晶体，这种结晶物就叫做霜。霜本身对农作物并无直接影响，但结霜时的低温却会引起农作物的冻害。

对于霜冻的理解，关键是在于"冻"，而不在于"霜"。因为有霜出现时，如果环境温度不太低，或者作物抗寒能力较强，作物也可能不致受到冻害。相反，没有霜出现，农作物并不一定不受危害。一方面可能是因为热带、亚热带喜温作物在温度并不很低的情况下就会受到冻害；另一方面也可能是由于空气中水汽太少，温度虽然已经降到0℃以下，但却没有生成霜。

总之，霜冻并不是因为有霜出现才对农作物产生冻害，而是出现霜冻时温度低于农作物所能耐受的最低温限度，从而使农作物受害。

（三）霜冻的危害程度

1. 强度 霜冻强度愈大，即气温越低，作物受害也愈大。

2. 持续时间 霜冻持续时间愈久，即低温持续的时间越长，作物受害也愈重。

霜冻发生的强度和持续时间与地形、土壤、植被、农业技术措施及作物本身等条件密切相关。如就地形影响而言，洼地、谷地、小盆地和林中空地，霜冻多于邻近开阔地（图9-2）。

（四）霜冻的类型

1. 平流型 由于强冷空气入侵引起剧烈降温而发生的霜冻。这种霜冻发生时，时常伴有烈风，所以也有"风霜"之称。

2. 辐射型 一般多是受冷高压的控制，在晴朗无风的夜间或早晨，地面强烈辐射而发生的霜冻。朝北的坡地比朝南的坡地容易发生霜冻，洼地比平地容易发生霜冻。

图9-2 霜冻来的早晚会对农业有影响

3. 平流辐射型 冷空气影响与辐射同时作用下发生的霜冻。通常是先有冷空气侵入，气温明显下降，到夜间天空转晴，地面有效辐射加强，地面温度进一步下降而发生霜冻。

（五）霜的类型

1. 白霜 近地面空气中水汽直接凝结在温度低于0℃的地面上或近地面物体上的白色的冰晶。

2. 黑霜 有的时候地面温度虽然降到0℃以下，但由于近地面空气中水汽含量少，地面没有结霜，但仍旧给农作物带来冻害，这种现象称为黑霜。

3. 冻露 在近地面的物体上，先凝结成露水，在气温降到0℃以下后，又形成冰珠，也是霜的一种形式。

三、干旱与洪涝

干旱是中国常见的一种自然灾害，和其他各种自然灾害一样有其自身特点。

要战胜和克服干旱，首先必须认识干旱；只有了解干旱，才能在防旱抗旱中处于主动，减少不必要的损失。因此研究和总结干旱的特点具有重要的现实意义。

（一）干旱的严重性

水旱灾害是农业主要的自然灾害，在经历了1991年特大洪涝灾害后，人们充分认识到了水灾的严重性。但是对农业来说，事实上旱灾要比水灾更为严重，旱灾是中国农业最主要的自然灾害。旱灾的严重性主要表现在以下三个方面。

1. 中国干旱受灾面积远大于洪涝受灾面积　根据1950—1990年的资料统计，中国年平均干旱受灾面积为2 085.1万 hm^2，洪涝受灾面积842.5万 hm^2。干旱受灾面积占干旱和洪涝受灾总面积的71.2%。1991年江淮地区发生了特大洪涝灾害，但这一年全国旱灾面积仍高于水灾面积。

2. 干旱发生的次数多于洪涝发生的次数　在1951年至1990年的30年中，全国共发生干旱300次，洪涝236次，干旱次数占干旱和洪涝总次数的56%。

3. 干旱灾害是影响农业产量的最主要的自然灾害　1978年至1989年间全国政治形势和农业体制均基本稳定，因而粮食单产的上升趋势主要源于农业科技进步，而其上下波动则主要由于自然灾害的影响。对1978年至1989年12年全国旱灾面积、水灾面积和粮食单产进行序列分析发现，粮食单产与旱灾面积显著相关，其相关系数达－0.77，而与水灾面积无相关关系。观察1949年至20世纪60年代初的统计资料，也能得出相似结论。如1954年中国虽遭遇特大洪涝灾害，但粮食单产仍与上年持平，而1959年至1961年遭遇特大旱灾，粮食产量则显著下降。

中国南方部分地区（如长江中下游平原地区），即使遇到比较大的干旱，粮食单产却不一定下降。究其原因主要是这些地区有比较好的水源条件，借助水利工程可以抵御干旱灾害。例如在1978年的特大干旱中，江苏江都抽水站共引长江水215亿 m^3，相当于洪泽湖正常蓄水量的近10倍。农业虽然保住了丰收，但付出的代价是高昂的。

（二）干旱的地区性

按照干旱发生的原因，干旱可分为土壤干旱、大气干旱和生理干旱三种。其中，土壤干旱是最主要的。而土壤干旱是由于降水不足引起的。中国地域辽阔，各地降水量相差悬殊，因此干旱程度差异很大。

中国南方年均降水量达850～1 800mm，少数地区达2 000mm以上；北方除长白山地区年降水量达1 000mm左右，其他地区年均降水量一般都在850mm以下，北部和西部的内蒙古、宁夏、青海、新疆、甘肃、西藏的大部分地区年均降水量不足400mm。因此南方干旱程度较轻，北方干旱程度较重。中国最大的干旱区为黄淮海地区，其干旱发生的次数最多，干旱面积也居全国之首。这一地区的耕地面积占全国总耕地面积的 36%，而拥有的地面径流量仅占全国地面径流总量的 4.9%，全国每公顷耕地拥有地面径流量为 27 000m³，而黄、淮、海三个流域每公顷耕地拥有地面径流量分别只占全国平均值的 16%、14% 和 10%。据统计，1950—1983 年的 34 年中，黄淮海地区旱灾受灾面积和成灾面积分别占全国旱灾受灾和成灾面积总和的 46.4% 和 48.1%。

干旱严重程度与地形地貌有关。南方山丘地区虽然年降水量较多，但因地面坡度较大或植被较差，土壤滞水保水能力较差，因而干旱威胁也比较严重。

（三）干旱与洪涝的季节性与随机性

中国的气候为明显的季风气候，降水量季节差异较大，总的说来夏多冬少。由于夏季风自南向北推进有一个过程，因此各地雨季到来时间有所差异。一般而言，雨带于 5 月中旬到达华南地区，华南进入雨季，6 月中旬转移到达长江流域，形成长江流域的梅雨期，7 月中旬梅雨结束，雨带到达淮河以北地区，华北进入雨季，9 月上旬雨带开始退至华南，并逐渐离开中国向东南方向移去。10 月初冬季风开始南下，气候变得干燥少雨，翌年 3 月初冬季风开始减弱，4 月初自南向北逐渐撤退。由于上述季风气候的影响，以及形成气候的其他因素的影响，中国各地区干旱的发生具有一定的季节性。

以下以吉林省和黑龙江省为例。

1. 吉林省　吉林省是国家重点商品粮生产基地，盛产玉米、大豆。

据 1981—1990 年 10 年统计分析，全省 10 年水、旱、霜等三种主要自然灾害总受灾面积 1 597.6 万 hm²，其中旱灾 561.6 万 hm²，占总受灾面积的 35.2%，居 5 种自然灾害之首。据 1951—1990 年 40 年统计，平均每年受旱面积 53.3 万 hm²，其中成灾面积达 22.7 万 hm²，40 年由于旱灾减少粮食 168.1 亿 kg，平均每年 4.2 亿 kg。其中受旱最重的 1989 年，旱灾成灾面积 125.1 万 hm²，占播种面积的 34%，减产粮食 48.4 亿 kg，占当年实收粮食总产量的 31.2%。

1981—1990 年 10 年累计水灾面积 537 万 kg，占 33.6%，仅次于旱灾。水灾直接经济损失 40 年总计达 116.5 亿元，平均每年接近 2.9 亿元，居自然灾害之首。损失最重的是 1986 年，直接经济损失 46.2 亿元，其中成灾面积 141.3 万 hm²，接近水灾可能最大面积 158.7 万 hm²。

吉林省历年来主汛期均在 7 月下旬至 8 月上旬，特大洪水主要是台风影响，一般情况下吉林省在 8 月 22 日左右如果无台风影响，汛期就过去了。

2. 黑龙江省　黑龙江省总面积 45.4 万 km²，东北和西部为平原区，中部和北部为山丘区。降水量一般在 400~600mm，西部少、东部多，7~8 月降水占全年 50%，4~5 月占 10%，有明显的丰枯周期现象。该省水旱灾害分特大洪涝、重洪涝、一般洪涝、正常、一般干旱、重旱和极旱 7 级。1949—1990 年中有 16 个水灾年份，1 年极涝，6 年重洪涝，9 年一般洪涝，6 年重旱，8 年一般干旱，11 年正常，水旱灾害共 31 年，平均 4 年中有 3 年发生水旱灾害。在统计的 42 年中，各种自然灾害累计受灾耕地总面积 9 170km²，水灾减产粮食 302 亿 kg，折合人民 118 亿元（当年价），累计旱灾受灾面积 3 460km²，成灾面积 2 570km²，减产粮食 239 亿 kg。水旱合计受灾面积 6 500km²，成灾面积 5 010km²，合计减产粮食 541 亿 kg，占实际产量的 13.7%，折合人民币 213 亿元。

根据灾害描述评估，黑龙江省在 42 年中有极旱 1 年；重旱 6 年；一般干旱 8 年。极涝 1 年；重洪涝 6 年；一般洪涝 9 年。

（1）极旱　如 1982 年全省大旱，5～7 月降水偏少 50%，春、夏、秋连旱，减产粮食 36.95 亿 kg。

（2）重旱　1989 年全省春旱或春、夏、秋连旱，减产粮食 27.24 亿 kg。

（3）一般干旱　中西部春旱、东部夏旱，减产粮食 8.34 亿 kg。

（4）极涝　1981 年全省多雨，普遍发生洪涝灾害，三江平原灾害最重，全省因水灾减产粮食 35.08 亿 kg。

（5）重洪涝　1956 年全省雨成灾，松花江干支流均发生洪水，中部地区受灾最重，哈尔滨水文站第三位洪水，最大洪峰流量为 12 100m³/s，减产粮食 7.84 亿 kg。

（6）一般洪涝　1969 年西部地区雨成灾，嫩江出现约 50 年一遇的洪水，减产粮食 7.82 亿 kg。

（四）干旱的连发性和连片性

与水灾相比，干旱具有更明显的连发性和连片性。干旱的连发性指干旱往往会连年发生，干旱连年发生的几率要比洪涝连年发生的几率大得多，连旱的年数一般也多于连涝年数。再就南北方相比较，北方地区干旱连发性比南方地区更为显著。干旱的连片性指干旱的波及面往往很大。

干旱和洪涝的成因决定了其分布总是"旱一片，涝一线"。水灾可能波及数省，而旱灾有可能波及全国大部分地区。

连年连片的干旱会造成特别严重的灾害，1876 年至 1878 年连续三年干旱，遍及河南、山西、陕西、甘肃、山东、安徽等 18 个省。这次旱灾是中国近代各次自然灾害中最严重的一次灾难。1959 年至 1961 年也为全国大范围的三年连旱，长江、淮河、黄河和汉水流域等广大地区遭受严重干旱，三年共减产粮食 611.5 亿 kg，相当于 1950 年的全国粮食总产量，或相当于 1958 年粮食总产量的 61%，这三年连旱，再加上其他一些因素的影响，对国民经济造成了十分严重的危害，全国粮食产量直到 1966 年才恢复到 1958 年的水平。

（五）干旱的周期性

对历史干旱资料进行序列分析，可以发现干旱的发生具有一定的周期性。从干旱的成因来看，由于干旱的某些影响因素，如太阳黑痣的变化，日月食的出现和厄尔尼诺现象等都具有一定的周期性，因此干旱的发生也具有一定的周期性。因为干旱的发生受到多种因素的影响，因而干旱发生的周期不是单一周期，而是复杂的混合周期。初步的研究结果表明，干旱发生的周期有 2～3 年、5 年、11 年、22 年、26 年、35 年和 180～200 年等，另外不同地区干旱的周期性也有所不同。

上述干旱周期性的研究结果有些尚不成熟，但都具有一定的可信度。以 22 年的干旱周期为例，1876 年至 1878 年三年连旱，1900 年、1920 年和 1942 年均遇大旱，1959—

1961 年遇三年连旱，1972 年和 1994 年也遇大旱，以上 7 次大旱基本上以 22 年为周期；再如 1994 年为大旱年，35 年前的 1959 年也是大干旱年。干旱的 180～200 年的大周期是根据近 500 年的干旱资料分析得出的，从这 500 年的干旱资料可看出，16 世纪和 17 世纪偏旱，18 世纪和 19 世纪偏涝，19 世纪末又进入偏旱期，20 世纪 80 年代和 90 年代大约位于这一偏旱期的中期。由于干旱成因十分复杂，上述周期都为准周期，因此只能作为预报干旱的依据之一，不能作为预报干旱的唯一依据。

深刻认识中国干旱的特点，对于政府部门制定防灾减灾政策、水利部门更好地做好防旱抗旱工作有一定的指导意义。中国是一个农业大国，干旱又是农业最主要的自然灾害，因此必须对防旱抗旱给予应有的重视。干旱的地区性要求北方地区和南方山丘区比其他地区更要做好防旱工作；干旱的季节性和随机性要求既要做好旱季的防旱抗旱工作，也要预防雨季可能出现的干旱；干旱的连发性和连片性则要求充分做好防大旱的准备；干旱具有一定的周期性，可作为预报大旱年份的依据之一。20 世纪 90 年代正处于偏旱大周期的中期，决不能只重视防御洪涝，而忽视防旱减灾。

由于世界工业化的发展，大气污染愈加严重，形成所谓"温室效应"，因而使水旱灾害更趋频繁。如长江流域，20 世纪 50 年代受旱面积为 3 645 万 hm^2，80 年代受旱面积为 10 089 万 hm^2，增加了 1.77 倍。另外，由于工业化的发展，水体污染也愈为严重，加剧了旱情，如 1993 年 7 月江苏南通红庙子河受到工业污水严重污染，影响水稻灌溉 4 万多 hm^2。

四、风害

风害是指风给农业生产所造成的危害。

风速适度对改善农田环境条件起着重要作用。近地层热量交换、农田蒸散和空气中的 CO_2、O_2 等输送过程随着风速的增大而加快或加强。风可传播植物花粉、种子，帮助植物授粉和繁殖。中国盛行季风，对作物生长有利。

风对农业生产也会产生消极作用。它能传播病原体，蔓延植物病害。高空风是黏虫、稻飞虱、稻纵卷叶螟、飞蝗等害虫长距离迁飞的气象条件。大风使叶片机械擦伤、作物倒伏、树木断折、落花落果而影响其产量。大风还造成土壤风蚀、沙丘移动，而毁坏农田。在干旱地区盲目垦荒，风将导致土地沙漠化。牧区的大风和暴风雪可吹散畜群，加重冻害。地方性风，如海上吹来的含盐分较多的海潮风、高温低湿的焚风和干热风，都严重影响果树开花、坐果和谷类作物的灌浆。

防御风害的措施有：培育矮化、抗倒伏、耐摩擦的抗风品种，营造防风林，设置风障等。北方早春的大风，使树木常发生风害，出现偏冠和偏心现象，偏冠会给树木整形修剪带来困难，影响树木功能作用的发挥；偏心的树易遭受冻害和日灼，影响树木正常发育。

预防和减轻风害的主要措施如下：

（一）选择抗风树种

在种植设计时，风口、风道处选择抗风性强的树种，如垂柳、乌桕等，选择根深、矮干、枝叶稀疏坚韧的树木品种。不要选择生长迅速而枝叶茂密及一些易受虫害的树种。

（二）注意苗木质量及栽植技术

苗木移栽时，特别是移栽大树，如果根盘起的小，则因树身大，易遭风害。所以大树移栽时一定要立支柱，以免树身吹歪。在多风地区栽植，坑应适当大，如果小坑栽植，树会因根系不舒展，发育不好，重心不稳，易受风害。对于遭受大风危害的风树及时顺势扶正，培土为馒头形，修去部分枝条，并立支柱。对裂枝要捆紧基部伤面，促其愈合，并加强肥水管理，促进树势的恢复。

北方早春风沙较大，树木易发生风害，出现偏冠和偏心现象。偏冠会给树木整形修剪带来困难，影响树木功能作用的发挥；偏心的树易遭受冻害和日灼，影响树木正常发育。

五、雹害

雹害是冰雹给农业生产造成的直接或间接危害。

中国历史上雹害频繁。

例如，明嘉靖三十七年（1558年）七月，"雹大如斧"，击坏若干民居，伤及牲畜。

万历二十四年（1596年）正月初五日午时，大雷雨，伴有冰雹。

万历三十八年（1610年），"降雹如弹丸"。

清光绪十年（1884年）三月十五日，降冰雹。

近代关于雹害的报道更是屡见不鲜。

（一）雹害对农业生产的危害

雹害发生范围小，但地区分布广，尤以中纬度高原及山区出现频繁。中国雹害较重的地区除青藏高原外，还有祁连山区。甘肃东南部、内蒙古昭乌达盟、太行山区，四川、云南等地降雹也较多见。一般降雹时期和地区都相对固定。降雹常突然发生，每次持续时间一般 5～15min；间歇性降雹可达 3～4h。大部分地区 70％的降雹发生在 13～19 时，以 14～16 时最为常见。冰雹使农作物受机械损伤，从而引起各种生理障碍和诱发病虫害。降雹造成土壤板结；导致作物受冻害。对牲畜和农业设施也有危害。雹害轻重取决于冰雹的破坏力（冰雹的大小、密度和下降速度）和作物所处的发育期。

冰雹是从发展旺盛的积雨云中降落的一种固态水。由于大气层中具有高度不稳定的层结、丰富的水汽和不均匀的上升气流以及适当的温度层高度等条件而产生。亚洲的青藏高原、北美的落基山脉、南美的安第斯山脉、欧洲的阿尔卑斯山脉等山区都是多雹区；肯尼亚、阿根廷和加拿大的阿尔伯达、意大利的波河流域、日本的关东、俄罗斯的外高加索、法国西南部等地区都是有名的雹害区。

一般降雹的时期和地区都相对固定。冰雹发生地区多为一狭长地带，长约几千米至 30km，最长可达百余千米，宽度只有几千米，最宽 20～30km。

冰雹使农作物叶片、茎秆遭受机械损伤，从而引起作物的各种生理障碍和诱发病虫害。

降雹造成土壤板结。

雹块内的温度在0℃以下，还导致农作物遭受冻害。

此外，冰雹对牲畜和农业设施也有一定危害。

雹害的轻重，取决于冰雹的破坏力和作物所处的发育期。冰雹的破坏力决定于冰雹的大小、密度和下降的速度。可分为轻、中、重3级。轻雹害的雹块直径约为0.5～2.0cm；中雹害的雹块直径约2～3cm，雹块盖满地，农作物折茎落叶；重雹害的雹块直径3～5cm或更大，雹块融化后地面布满雹坑，土壤严重板结，农作物地上部分被砸秃，地下部分也受一定程度伤害。

(二)防御雹害的措施

1. 掌握地区内冰雹的气候规律　依据其种植制度合理安排种植，使作物主要生育期避开多雹时期。

2. 植树造林　改善生态环境，使大气下垫面温度变化趋于缓和。

3. 提前做好降雹预报　以便及时采取应急措施。

4. 农艺措施　受害后，对能恢复生长的作物尽量抓紧时机中耕松土，破除土壤板结，提高地温，结合浇水灌溉，追施速效肥料，以促进作物迅速恢复生长。

(三)几种作物的雹后管理

雹灾是夏季常见的一种灾害性天气，对农业生产威胁极大。下面几种农作物遭受雹灾后，一般不要轻易改种其他作物，只要管理及时、措施得当，仍能获得较好收成。

1. 棉花　棉花具有很强的生理补偿作用和再生能力，一般遭受雹灾后，只要加强管理，仍能获得较好收成，不要轻易翻种。

(1)及时中耕松土　雹灾过后容易造成地面板结，地温下降，使棉花根系的正常生理活动受到抑制。必须及早进行中耕、晾墒，以增温通气，控制死苗，促进早发，特别是盐碱地棉花，更应及时松土，防止返盐死苗。

(2)追施速效氮肥　灾后及时给棉花追施N肥，可以改善棉株营养状况，使其在尽快恢复生长的基础上，促进后期的生长发育，以弥补灾害损失。一般地块，可追施尿素5～7.5kg/亩或碳酸氢铵13～15kg/亩。追肥时，肥料要离开棉株10～13cm，以防烧根。

(3)及时治虫　棉株受灾后萌发的枝叶幼嫩，前期蚜虫多，后期易受棉铃虫、棉小造桥虫等害虫为害。要早治、狠治，做到每叶必保，每蕾(铃)必争，必要时可在棉株萌芽初期打一遍"保险药"防治蚜虫。

(4)科学整枝　受灾棉株恢复生长后，往往多头丛生，五股六叉，不利于现蕾结铃，必须合理修剪。对顶心完好、断枝破叶的棉株，要及早去掉赘芽和疯杈，保证顶心生长；对顶心被砸坏，仅留残叶及少量果枝的棉株，可在主茎上部选留1～2个大芽，代替顶心生长；在现蕾前后被砸成断头、光秆的棉株，可在主茎中上部选留1～3个健壮新芽；如果棉株在接近开花时遭受雹灾，由于生长季节有限，应多留、早留健壮新芽，在大部分新枝开始现蕾后，要及时去除无效蕾枝，并适当早打顶，争取多结有效铃。

2. 玉米 玉米苗期遭受雹灾，只要生长点未被砸坏，一般就不要轻易翻种，而应及时采取补救措施，加强田间管理。

（1）剪叶 雹灾过后，及时剪去枯叶和被冰雹打碎的烂叶，使顶心似露未露，以促进心叶生长。

（2）中耕 雹灾过后，容易造成地面板结，地温下降，使玉米根部正常的生理活动受到抑制。应及时进行划锄、松土，以提高地温，促使玉米苗早发。

（3）追肥 灾后及时追肥，对玉米植株恢复生长具有明显促进作用。一般地块可施碳酸氢铵 5kg/亩左右。

（4）移栽 对雹灾过后出现玉米缺苗断垄的地片，可选择健壮大苗带土移栽，移栽后及时浇水、追肥，促进缓苗。

3. 高粱 高粱的适应性很强，再生能力也很强，是较好的抗灾作物之一。即使是苗高 33～67cm 的高粱，雹灾后茎叶打成麻状，仅剩下 3～7cm 的茬子，只要分蘖节未被打坏，及时采取中耕、松土、除草、追肥等田间管理措施，均可重新生长、抽穗，获得一定的产量。据调查表明，高粱雹灾后 4～5d 开始从分蘖节发芽，一棵可发 3～5 个权；40d 后抽穗，每株成穗 2～3 个，多者 4～5 个，成熟期略晚半个月左右。据有关资料介绍，高粱受雹灾后，不要去掉被打的残茎叶，要加强田间管理，仍可获得较好收成。

4. 大豆 大豆的再生能力较强，在苗期遭受雹灾后，只要子叶节未被打断，而且子叶节处有部分茎皮，经过加强田间管理，仍能恢复生长，还能形成分枝、开花、结荚，并能获得较高的产量。在大豆侧枝形成期受雹灾，严重的被打成光秆，经过中耕松土、肥水管理，一般 6～7d，子叶节上部叶腋中会发芽，并长成分枝、开花、结荚，其产量可比翻种大豆高 10%～30%。

5. 花生 花生具有很强的分枝能力和再生能力，且茎叶柔软、富有弹性，每当傍晚和阴雨天气，叶片闭合，是极强的抗雹灾作物。花生在生育期间可抗不同程度的雹灾袭击，只要加强灾后管理，对产量影响不大，因此雹灾后不要随意翻种。

6. 谷子 谷子适应性广，生育期短，如果在苗期受雹灾，其恢复较快，受害较轻，对产量影响不大。如在拔节后遭雹灾，叶片被打成乱麻状，植株茎秆被折断 30% 左右，不需剪去被打断的茎叶，否则会造成减产。轻灾后的谷子地只要多锄几遍，进行追肥治虫，于灾后 1 周就可发芽，仍可穗大粒多获高产。受灾严重的谷子，分蘖节被打伤，或被砸成光秆，恢复较困难的，应及早改种其他作物。

7. 甘薯 甘薯在扎根前，抗雹灾能力弱，受害重，且灾后易发生烂秧死苗，应及时翻种或补栽。当甘薯苗扎根或爬秧后如受雹灾，尽管蔓叶被砸烂，只要还留有拐子，不要翻种，而要及时松土、追肥，即能迅速恢复生长，获得较好收成。

8. 西瓜 西瓜遭受雹灾后，只要少数植株留有残叶断蔓，大多数植株剩有 2cm 左右的根茬，一般就不要拔秧改种，而应及时采取补救措施，搞好田间管理。

（1）修剪残蔓 凡被冰雹砸伤的瓜蔓，应逐条进行修剪，在伤口后 0.5cm 处剪断，促其萌发新蔓；对已经打秃的瓜蔓，在距地面 2cm 处剪去伤口。

（2）培土围根 由于冰雹袭击常使西瓜根部裸露，应结合剪蔓进行培土，把潮湿的细土围在植株基部，并把被冰雹砸破的地膜全部用土封严、压实，以利增温保墒和减少杂草。

（3）及时追肥　灾后及时追肥，对西瓜恢复生长具有明显促进作用。根部追肥，用硝酸铵 5～7kg/亩，或尿素 2～4kg/亩（如有复合肥更好），开穴施于距根部 5cm 处，深度 8cm 左右。根外追肥，用 0.2%～0.3%磷酸二氢钾溶液、或 1.4%丰收素 6 000 倍液、或 1.8%爱多收 5 000 倍液叶面喷施，均有良好效果。

（4）浅锄松土　雹灾过后容易造成地面板结，地温下降，必须及时在行间浅锄松土，以增温通气，促进根系发育，但要防止深锄断根。

（5）防治病虫害　结合修剪残蔓，及时用托布津 800～1 000 倍液，每隔 5～7d 喷 1次，连喷 2～3 次，以控制病害蔓延。发现蚜虫为害，及时用 40%乐果乳油 1 500 倍液喷杀。

六、涝害

涝害是因降水过多、土壤含水量过大，田间水分过多，出现渍、淹、涝，致使作物生长受到危害的现象。一般在地势低洼易积水、排水不良的烟田，暴雨过后往往会产生涝害。

涝害多出现在夏季降雨频繁的季节里。

土壤含水量超过作物生长适宜含水量的上限，而田面未现出明水时，称为渍；田面有积水时，称为淹；降雨积水成灾，谓之涝。渍、淹、涝对作物生长所造成的危害，总称为涝害。这是阴雨连绵或集中暴雨，排水条件差，过多的雨水不能及时排走，滞留地面而形成的。地下水埋深浅，上层土壤极易蓄满，易形成渍涝，并伴有沼泽化和盐碱化。

（一）涝害的种类

涝害分为多种，常见的有积涝、洪涝和沥涝。

积涝由暴雨所致，因降雨量过大，地势低洼，积水难以下排，作物长时间泡在积水中。

洪涝则是由山洪暴发引起，常见于山区平地。

另一种是沥涝，由于长时间阴雨，造成地下水位过高，积水不能及时排掉，通常把这种情况叫做"窝汤"。玉米发生涝害后，土壤通气性能差，根系无法进行呼吸，得不到生长和吸收肥水所需的能量，因此生长缓慢，甚至完全停止生长。遇涝后，土壤养分有一部分会流失，另有一部分经过反硝化作用还原为气态氮而跑入空气中，致使速效 N 大大减少。受涝玉米叶片发黄，生长缓慢。另外，在受涝的土壤中，由于通气不良还会产生一些有毒物质，发生烂根现象。在发生涝害的同时，由于天气阴雨，光照不足，温度下降，湿度增大，常会加重草荒和病虫害蔓延。

（二）涝害的防御

1. 正确选地　尽量选择地势高的地块种植。地势低洼、土质黏重和地下水位偏高的地块容易积水成涝，多雨地区应避免在这类地块种植玉米。

2. 排水防涝　修建田间三级排水渠系，是促进地面径流，减少雨水渗透的有效措施。所谓三级排水渠系，是指将玉米田中开出的三种沟渠联成一体。这三种沟渠分别是玉米行间垄沟与玉米行间垂直的主排渠（腰沟）以及每隔 25m 左右与行间平行的田间排水沟。沟深一级比一级增加，使田间积水迅速排出。为便于排水，南方地区可采用畦作排水的方法。做法是：种玉米时，在地势高、排水良好的地上采用宽隧浅沟，沟深 33cm 左右，每畦种玉米 4 行至 6 行，在地势低、地下水位高、土壤排水性差的低洼地，则采用窄畦深沟，沟深 50～70cm，每畦种玉米 2～4 行。为了便于排出田间积水，要求做到畦沟直、排水沟渠畅通无阻。华北地区采用的方法是起垄排涝，也就是把平地整成垄台和垄沟两部分，玉米种在垄背上。这样散墒快，下雨时积水可以迅速顺垄沟排出田外，从而保证根系始终有较好的通气条件。对一些低洼盐碱地，为了防涝和洗盐，常将土地修成宽度不等的台田。台田面一般比平地高出 17～20cm，四周挖成深 50～70cm、宽 1m 左右的排水沟。有的地区还把土地修成宽幅的高低畦，高畦上种玉米，低洼里种水稻，各得其所。

3. 修筑堰下沟　在丘陵地区，由于土层下部岩石"托水"，加上土层较薄，蓄水量少，即使在雨量不很大的情况下，也会造成重力水的滞蓄。重力水受岩石层的顶托不能下渗，便形成小股潜流，由高处往低处流动，通常把它称为"渗山水"。丘陵地上开辟的梯田因土层厚薄不匀，上层梯田渗漏下来的"渗山水"往往使下层梯田形成涝状态，出现半边涝的现象。堰下沟就是在受半边涝的梯田里挖一条明沟，深度低于活土层 17～33cm，宽 60～80cm，承受和排泄上层梯田下渗的水流，并结合排除地表径流。这种方法是解决山区梯田涝害的有效措施。

4. 选用抗涝品种　不同的玉米品种在抗涝方面有明显的差异。抗涝品种一般根系里具有较发达的气腔，在受涝条件下叶色较好，枯黄叶较少。如北京地区的京早 7 号和京杂 6 号就比其他杂交品种抗涝。各地可在当地推广的玉米杂交品种中，选一批比较抗旱或耐涝的品种使用。

5. 增施氮肥　"旱来水收，涝来肥收"，这是农民在长期的生产实践中总结出来的经验。受涝甚至泡过水的玉米不一定死亡，但多数表现为叶黄秆红，迟迟不发苗。在这种情况下，除及时排水和中耕外，还要增施速效 N 肥，以改善植株的 N 素营养，恢复玉米生长，减轻涝害所造成的损失。

第二节　灾害性天气对玉米的影响与防御措施

　　自然灾害和灾害性天气给人类生产和生活带来了不同程度的损害，自然灾害是人与自然矛盾的一种表现形式，具有自然和社会两重属性，是人类过去、现在、将来所面对的最严峻的挑战之一。

一、灾害性天气对玉米生产的影响和损害

　　以涝害为例。

玉米生长发育和产量形成虽然需水量很大，但却很不耐涝。涝害和湿害是造成玉米减产的主要原因。

水分过多对玉米的危害主要表现如下。

（一）生长减慢，植株较弱

根系吸收水分和养分需要能量，土壤水分过多使根系周围缺氧，只能进行无氧呼吸，能量转换效率降低，不能提供足够的能量供给根系吸收水肥的需要。因此，玉米受涝时根系吸收的水分很少，在晴天中午前后，叶片发生萎蔫，光合作用减弱，制造的有机物质减少。另一方面，根系吸收的营养物质也因能量供应不足而大大减少。这就使玉米的生长缺少必要的物质基础，表现为生长缓慢，植株软弱。

（二）叶片发黄，茎秆变红

玉米的 N 素营养主要来源于溶解在水中的硝态 N 和铵态 N 及有机质中的有机 N。当受涝时，前者一部分流失，另一部分会经反硝化作用而还原为气态氮而跑到大气中去。另一方面，由于缺乏 O_2，土壤中好气性微生物无法分解有机物质，所以有机质中的 N 素也就不能转化为根系可吸收的速效 N。由于这两方面的原因，受涝地块土壤中速效 N 含量很低，玉米由于吸收不到足够的 N 素，叶片变黄。为了增强对这种不利环境的抵抗能力，茎秆中的叶绿素转变成花青素，呈现紫红色。

（三）根系发黑、腐烂

在受涝土壤中，由于缺乏 O_2，嫌气性微生物活动加强，有机质发酵分解，大量积累 CO_2，会使根系细胞受害。同时土壤氧化还原电势下降，有害的还原物质硫化氢、氧化亚铁等大量出现，都会使根系受害。受害比较轻的表现为部分根系变黑，重的全部变黑、霉烂，以至整个植株死亡。

涝害常与寡照同时发生，低温、寡照与涝害相结合，对玉米危害比较重，并且常常诱发病害蔓延，使玉米减产。

农田积水，但天气晴朗，太阳辐射强烈，温度剧烈上升时，蒸腾加强，叶片很快发生萎蔫；土壤中嫌气性微生物活动加剧，根系受害加重，所以高温强光的涝害对玉米的危害比较严重。

不同品种和不同生育阶段抗涝能力不同。苗期抗涝能力弱，广东春种玉米是春季播种，苗期正值阴雨连绵季节和夏种玉米苗期常遭遇持续大雨至暴雨，故常常发生涝害和湿害。据研究，七叶前土壤含水量达到田间持水量的 90%（相当于壤质土的土壤湿度 23%）时，玉米开始受害。土壤水分处于饱和状态时，玉米根系受到严重损伤，生长停止。土壤积水，根系腐烂，地上部变红，下部叶片枯死，时间过长则全株死亡。拔节后抗涝能力逐渐增强。抽雄前后抗涝能力进一步增强，这时近地面的茎节上长出几层气生根，有很好的抗涝作用。据有关部门试验，抽雄前淹水 3d，气生根很快喷出，平均每株气生根增加 27.5m，植株基本无受涝症状。成熟期根系衰老，抗涝能力降低。

二、灾害性天气的防御措施

(一) 暴雨预警防御

暴雨预警信号分黄色、橙色和红色三级。当获知暴雨黄色预警信号后，家长、学生、学校要特别关注天气变化，采取防御措施；收盖露天晾晒物品，相关单位做好低洼、易受淹地区的排水防涝工作；驾驶人员应注意道路积水和交通阻塞，确保安全；检查农田、鱼塘排水系统，降低易淹鱼塘水位。当获知暴雨橙色预警信号后，应暂停在空旷地方的户外作业，尽可能停留在室内或者安全场所避雨；相关应急处置部门和抢险单位加强值班，密切监视灾情，切断低洼地带有危险的室外电源，落实应对措施；交通管理部门应对积水地区实行交通引导或管制；转移危险地带以及危房居民到安全场所避雨。当获知暴雨红色预警信号后，人们应留守在安全处所，户外人员应立即到安全的地方暂避；相关应急处置部门和抢险单位随时准备启动抢险应急方案；已有上学学生和上班人员的学校、幼儿园以及其他有关单位应采取专门的保护措施，处于危险地带的单位应停课、停业，立即转移到安全的地方暂避。

(二) 高温预警防御

高温预警信号分橙色和红色两级。当获知高温橙色预警信号后，人们应尽量避免午后高温时段的户外活动，对老、弱、病、幼人群提供防暑降温指导，并采取必要的防护措施；有关部门应注意防范因用电量过高，电线、变压器等电力设备负载大而引发火灾；户外或者高温条件下的作业人员应当采取必要的防护措施；注意作息时间，保证睡眠，必要时准备一些常用的防暑降温药品；媒体应加强防暑降温保健知识的宣传，各相关部门、单位落实防暑降温保障措施。当获知高温红色预警信号后，应注意防暑降温，白天尽量减少户外活动；有关部门要特别注意防火；建议停止户外露天作业。

(三) 寒潮预警防御

寒潮预警信号分蓝色、黄色、橙色三级。在获知寒潮蓝色预警信号后，要注意添衣保暖，对水产养殖品种应采取一定的防寒和防风措施；把门窗、围板、棚架、临时搭建物等易被大风吹动的搭建物固紧，妥善安置易受寒潮大风影响的室外物品；船舶应到避风场所避风，通知高空、水上等户外作业人员停止作业；在生产上做好对寒潮大风天气的防御准备。当获知寒潮黄色预警信号后，要做好防寒保暖和防风工作；做好牲畜、家禽的防寒防风，对有关水产、农作物等种养品种采取防寒防风措施。当获知寒潮橙色预警信号后，要加强相关人员（尤其是老弱病人）的防寒保暖和防风工作；进一步做好牲畜、家禽的防寒保暖和防风工作；农业、水产业、畜牧业等要积极采取防霜冻、冰冻和大风措施，尽量减少损失。

(四) 大雾预警防御

大雾预警信号分黄色、橙色和红色三级。在获知大雾黄色预警信号后，驾驶人员注意浓雾变化，小心驾驶；机场、高速公路、轮渡码头注意交通安全。当获知大雾橙色预警信号后，因浓雾会使空气质量明显降低，居民需适当防护；由于能见度较低，驾驶人员应控制速度，确保安全；机场、高速公路、轮渡码头采取措施，保障交通安全。当获知大雾红色预警信号后，受强浓雾影响地区的机场要暂停飞机起降，高速公路和轮渡要暂时封闭或者停航；各类机动交通工具采取有效措施保障安全。

（五）雷雨大风预警防御

雷雨大风预警信号分蓝色、黄色、橙色、红色四级。当获知雷雨大风蓝色预警信号后，做好防风、防雷电准备；注意有关媒体报道的雷雨大风最新消息和有关防风通知，学生停留在安全地方；把门窗、围板、棚架、临时搭建物等易被风吹动的搭建物固紧，人员应当尽快离开临时搭建物。当获知雷雨大风黄色预警信号后，要妥善保管易受雷击的贵重电器设备，断电后放到安全的地方；危险地带和危房居民，以及船舶应到避风场所避风，千万不要在树下、电杆下、塔吊下避雨，出现雷电时应当关闭手机；切断霓虹灯招牌及危险的室外电源；停止露天集体活动，立即疏散人员；高空、水上等户外作业人员停止作业，危险地带人员撤离；当获知雷雨大风橙色预警信号后，人员切勿外出，确保留在最安全的地方；相关应急处置部门和抢险单位随时准备启动抢险应急方案；加固港口设施，防止船只走锚和碰撞。当获知雷雨大风红色预警信号后，相关部门和人员要进入特别紧急防风状态；相关应急处置部门和抢险单位随时准备启动抢险应急方案。

（六）大风预警防御

大风（除台风、雷雨大风外）预警信号分蓝色、黄色、橙色、红色四级。当获知大风蓝色预警信号后，要做好防风准备；注意有关媒体报道的大风最新消息和有关防风通知；把门窗、围板、棚架、临时搭建物等易被风吹动的搭建物固紧，妥善安置易受大风影响的室外物品。当获知大风黄色预警信号后，要进入防风状态，建议幼儿园、托儿所停课；关紧门窗，危险地带和危房居民以及船舶应到避风场所避风，通知高空、水上等户外作业人员停止作业；切断霓虹灯招牌及危险的室外电源；停止露天集体活动，立即疏散人员。当获知大风橙色预警信号后，要进入紧急防风状态，建议中小学停课；居民切勿随意外出，确保老人小孩留在家中最安全的地方；相关应急处置部门和抢险单位加强值班，密切监视灾情，落实应对措施；加固港口设施，防止船只走锚和碰撞；当获知大风红色预警信号后，要进入特别紧急防风状态，建议停业、停课（除特殊行业）；应尽可能呆在防风安全的地方，相关应急处置部门和抢险单位随时准备启动抢险应急方案。

（七）冰雹预警防御

冰雹预警信号分橙色、红色两级。当获知冰雹橙色预警信号后，要注意天气变化，做好防雹和防雷电准备；妥善安置易受冰雹影响的室外物品、小汽车等；老人、小孩不要外出，留在家中；将家禽、牲畜等赶到带有顶棚的安全场所；不要进入孤立的棚屋、岗亭等建筑物或大树底下，出现雷电时应当关闭手机；做好人工消雹的作业准备并伺机进行人工消雹作业。当获知冰雹红色预警信号后，户外行人立即到安全的地方暂避；相关应急处置部门和抢险单位随时准备启动抢险应急方案。

（八）雪灾预警防御

雪灾预警信号分黄色、橙色、红色三级。当获知雪灾黄色预警信号后，相关部门做好防雪准备；交通部门做好道路融雪准备；农牧区要备好粮草。当获知雪灾橙色预警信号后，相关部门做好道路清扫和积雪融化工作；驾驶人员要小心驾驶，保证安全；将野外牲畜赶到圈里喂养。当获知雪灾红色预警信号后，道路交通管理部门关闭道路交通；相关应急处置部门随时准备启动应急方案。

（九）道路结冰预警防御

道路结冰预警信号分黄色、橙色、红色三级。当获知道路结冰黄色预警信号后，交通、公安等部门要做好应对准备工作；驾驶人员应注意路况，安全行驶。当获知道路结冰橙色预警信号后，行人出门注意防滑；公安等部门注意指挥和疏导行驶车辆；驾驶人员应采取防滑措施，听从指挥，慢速行驶。当获知道路结冰红色预警信号后，相关应急处置部门随时准备启动应急方案；必要时关闭结冰道路交通。

（十）沙尘暴预警防御

沙尘暴预警信号分黄色、橙色、红色三级。

三、倒春寒的防御

倒春寒（coldness in the late spring）是指初春（一般指 3 月）气温回升较快，而在春季后期（一般指 4 月或 5 月）气温较正常年份偏低的天气现象。长期阴雨天气或频繁的冷空气侵袭，抑或持续冷高压控制下晴朗夜晚的强辐射冷却易造成倒春寒。一般来说，当旬平均气温比常年偏低 2℃以上，就会出现较为严重的倒春寒。而冷空气南下越晚越强、降温范围越广，出现倒春寒的可能性就越大。浙江省倒春寒的标准：4 月 5 日（清明）以后，出现连续 3d 以上日平均气温≤11℃的天气。不利秧苗生长，如果降温伴随着阴雨，危害就更大。倒春寒是春季危害农作物生长发育的灾害性天气之一，尤其是对早稻生产危害甚大，如果管理不当往往引起大面积的烂秧、死苗。

倒春寒对农作物的危害主要是低温及伴随的阴雨造成农作物烂秧死苗、生长不良、病害加重等。个别年份阴雨过多造成局部田块渍害。

认真收听气象部门的天气预报，随时掌握倒春寒信息，及时将降温幅度、影响范围、阴雨持续时间、是否伴有较大的降水过程等有关情况通报各县（市、区）、镇（乡、街道）农技部门和种植大户。并根据倒春寒来袭时农作物所处的生育时期，有针对性地做好防寒保温、清沟排水、补播改种、病害防治等各项工作。

本章参考文献

布鲁克史密斯（美）.1999.未来的灾难.海口：海南出版社

陈颙，史培军．2007．自然灾害．北京：北京师范大学出版社

国家减灾委员会．2009．全民防灾应急手册．北京：科学出版社

国家科委全国重大自然灾害综合研究组．1994．中国重大自然及减灾对策．北京：科学出版社

里普利（美）著，陈建华译．2009．当灾难降临．长沙：湖南科技出版社

马宗晋．2009．面对大自然的报复：防灾与减灾．广州：暨南大学出版社

帕帕若斯著，太美玉·张佳佳译．2007．Why? 自然灾害．北京：世界知识出版社

高淀粉玉米的综合利用与深加工

高玉米淀粉广泛应用于食品、医药、造纸、化学、纺织等工业。据调查，以玉米淀粉为原料生产的工业制品达500余种。因此，发展高淀粉玉米综合利用与深加工，不但可为淀粉工业提供含量高、质量佳、纯度好的淀粉，同时还可获得多种深加工产品和较高的经济效益。本章除重点阐述了高淀粉玉米的综合利用外，还介绍了高支链与高直链淀粉玉米的深加工。

第一节 高淀粉玉米的综合利用

一、高淀粉玉米籽粒的综合利用

玉米食品营养价值很高，随着玉米深加工的开展以及人们饮食结构的变化，玉米由饭桌上的主食逐渐成为调剂食品。通过玉米简单加工，可以使玉米产品比原料价值增值3倍以上。玉米除加工成淀粉、麦芽糖、葡萄糖等产品外，还可加工成其他多种类型产品。

（一）食粮

1. 玉米粒（1.5～10mm） 原料玉米粒→清洗→晒干→石碾压成1/2大小。食用时蒸煮，味道鲜美。较耐储藏。

2. 玉米细粒（0.01～1.5mm） 原料玉米粒→清洗→晒干→粉碎机中度粉碎。常与其他食物搭配制成各种食物。

3. 玉米面粉（＜0.01mm） 根据玉米加工的方法不同，可分为干磨玉米粉和湿磨玉米粉。根据营养的不同分为普通玉米粉、特制玉米粉和强化玉米粉等。

（1）干磨玉米粉 原料玉米粒→清洗→晒干→粉碎→过筛，成为产品。

（2）湿磨玉米粉 有两种方法。

其一：原料玉米粒→清洗→浸泡→水磨（或电磨）→过滤→细箩再过滤→晾晒→成品。

其二：原料玉米粒→清洗→浸泡→沥干→70％乙醇处理→清水洗净→催芽（保温）→干燥→磨碎→过筛→成品。

（二）玉米食品

用玉米制成的许多风味不同的方便食品受到了普遍欢迎。如用玉米制成的玉米米、玉米片、方便粥、爆米花，用精玉米面加工的面包、糕点、面条等等。

1. 玉米人造米　主要类型如下：

（1）人造米　玉米经过清理、制粉、加水、搅拌、膨化、挤压、成型、烘干等工艺过程，可生产出米粒象大米的人造玉米米。呈半膨化状态，有一定的透明度，口感好，易消化，不含胆固醇。用这种米做饭比玉米面、玉米渣做的饭好吃，质地松软，滑溜可口。如果添加各种营养素和药物，则可制成有一定疗效的营养米、疗效米等。

（2）营养米　在生产人造米时，可根据人体需要，按科学的配方和工艺流程加入各种谷物粉、添加剂、氨基酸、矿物质等营养成分，生产出各种人造营养米。

（3）颗粒米　由玉米面加水混合，经过两次挤压成形、切断、烘干制成。颗粒米可单独食用，或同大米按比例混合食用、也可用作方便食品。

2. 普通玉米食品　用玉米粉、小麦粉、脱脂大豆粉制成混合粉，其中加入胶黏剂可制成玉米粉面条、玉米粉饼干、玉米粉蛋糕、乳制品、玉米粉发糕、玉米粉面包等食品，能显著提高食用品质。以玉米淀粉为原料的人造肉，味道和营养价值可与肉类媲美。

3. 玉米膨化食品　玉米籽粒经过膨化处理可改善食用品质。玉米膨化食品疏松多孔，蜂窝致密，结构均匀，质地柔软，蛋白质消化率从 75% 提高到 85%，营养价值提高。在膨化食品中可加入胶黏剂和其他各种必需的营养配料，如赖氨酸等，或加入牛奶、鸡蛋、可可、虾仁、维生素等，加工制成各种形、色、香、味俱佳，种类繁多的膨化玉米粉面包、面条，膨化压缩饼干、膨化粉烧饼、膨化米粉糕点、膨化粉面茶、代乳粉等方便食品，营养丰富，风味别致。

4. 玉米小食品　美国、日本等地常见的玉米小食品有油炸或烘焙的玉米脆片、玉米薄片、点心球、玉米角等。中国目前主要有风味玉米片、锅巴、虾条、虾片及玉米饮料等。

（1）玉米片（饼）　玉米片可直接食用，或用沸水调制成玉米片冲剂，也可将玉米片放进调好的汤内，做成玉米片汤或加不同的调料并着色制成各种风味独特的食品。

加工方法：新鲜干玉米→着水（使其水量达 16%）→剥皮去胚→浸泡（加入食盐、花椒、大料等调料，使其水分含量为 30%～50%）→蒸煮→破团与压片→烘干→成品（一部分装袋密封入成品库，一部分制成油炸后成品）。

玉米经过清理、破碎、蒸煮、压片、烘烤等工艺，既可做休闲小食品，又可与牛奶、豆浆混合食用。

（2）非油炸玉米方便面　以纯玉米胚乳为原料，全部采取物理改性技术生产低脂肪食品，对于以精细食品为主的人群可提供一种新型粗粮方便食品。无任何化学添加剂，具有纯玉米的营养与功能。

（3）膨香酥　以谷物为原料经膨化而成。膨香酥品种繁多，外形精巧，营养丰富，酥脆香美。工艺流程：玉米→破碎过筛（16～30 目）→小粒→膨化→烘烤→加味→干燥。

（4）玉米纤维食品　利用玉米胚芽乳粉加工过程中所产生的胚芽渣，制成一种以富含纤维为主的小食品、休闲食品，以促进胃肠蠕动，调整人体内环境，提高人们身体素质，具有一定的保健功能。

二、高淀粉玉米籽粒加工

高淀粉玉米提高了籽粒中的淀粉含量，其籽粒的物理性状和营养成分也发生了变化。高淀粉玉米的籽粒粒重、胚乳重比普通玉米和高油玉米高，而胚重则较低，胚乳较大，占籽粒的比例也最大，而胚所占比例较小，胚/胚乳比值最小，籽粒淀粉含量达到 74% 以上，显著高于普通玉米和高油玉米。淀粉成分中支链淀粉和直链淀粉均比普通玉米高，支链/直链的值相差较小，这说明混合型高淀粉玉米同时提高了支链淀粉和直链淀粉的含量。籽粒蛋白质含量与普通玉米差异不大。但籽粒脂肪的含量低于普通玉米和高油玉米。

（一）玉米淀粉加工及其再加工产品

1. 生产玉米淀粉　淀粉是食品工业的基础原料。全世界淀粉年产量 4 600 万 t，其中 90% 以上是玉米淀粉，其余为木薯、小麦、马铃薯淀粉。玉米是生产淀粉的主要原料。据资料介绍，每 100kg 玉米可制得 67kg 淀粉。与薯类制取淀粉相比较，玉米原料的特点是便于贮藏和运输，淀粉加工不受季节限制；玉米籽粒淀粉含量较高，达 71% 左右，生产淀粉成本低、质量高，纯度可达 99.5%；玉米综合利用经济效益可观；玉米制淀粉过程中产生的浆液比薯类少，易于回收。除此之外，玉米籽粒中还含有维生素 A、维生素 B_2 和维生素 B_6；玉米胚中含维生素 E。

用玉米生产淀粉，有湿法和干法两种。湿法，是将玉米用温水浸泡，经粗磨和细磨后，分离胚芽、纤维和蛋白质，从而得到高纯度的淀粉产品。干法是不用大量的温水浸泡，主要是靠磨碎、筛分和风选的方法，分出胚芽和纤维，从而得到低脂肪的玉米粉。湿法加工玉米淀粉，其主产品淀粉质量纯净，可以满足医药和特殊发酵制品的加工需要。其副产品玉米蛋白、油脂和麸质纤维饲料的回收率高，整体经济效益高。湿法加工设备大部分是从国外引进的。而干法的加工设备可以全部国产化，而且也有许多改进，投资较小，规模可大可小，以中小型为宜。干法生产玉米淀粉的缺点也相当突出，例如玉米油的回收，湿法是干法的 2 倍以上。

（1）湿法生产玉米淀粉　湿法生产玉米淀粉的工艺流程如下（图 10-1）。

第一步，玉米的净化。制作淀粉的原料玉米，必须是完全成熟的玉米，不能使用高温、干燥、过热的玉米。去除玉米粒中的尘土、沙石、铁钉、木片等杂质，采用筛选、风选、比重去石、磁铁等方法，使之净化。经净化的玉米用水力或机械输送入浸泡系统。

第二步，玉米的浸泡。玉米的浸泡是在亚硫酸水溶液中逆流进行。玉米浸泡的适宜条件与玉米的品种、类型、贮存时间等因素有关。一般的操作条件为，亚硫酸水溶液的浓度为 0.22%～0.33%，pH 为 3.5。在浸泡的过程中浸泡水的 CO_2 被玉米吸收，亚硫酸溶液的浓度逐渐降低。到浸泡结束时，浸泡液中亚硫酸的浓度降到 0.01%～0.02%，pH 为 3.9～4.1。浸泡液的温度 48～55℃。这是因为低温浸泡玉米吸水慢，时间长，所以要适当提高浸泡的温度，但超过 55℃ 时会造成玉米淀粉的糊化，不利于淀粉提取，也影响淀粉的质量。浸泡时间一般为 60～70h。

浸泡好的玉米含水 40%～60%，可溶性物质含量不高于 1.8%，浸泡的程度，以将玉米放在手中压捏有软化感并流出乳白色汁液时为好。

第三步，玉米的破碎。浸泡后的玉米由湿玉米输送泵经除石器进入湿玉米贮斗，再进入头道凸齿磨，将玉米破碎成 4～6 瓣，含整形玉米量不超过 1%，并分出 75%～85% 的胚芽，同时释放出 20%～25% 的淀粉，将此第一次粗碎的物料，进行第一次的胚芽分离，底物流经曲筛滤去浆料，筛上物进入二道凸齿磨进行第二次破碎，将玉米破碎成 10～12 块的小块。要求在浆料中不应含有整粒玉米，处于结合状态的胚芽不超过 0.3%。

第四步，胚芽分离。经上述两次破碎后的物料，要分别进行胚芽的分离。目前主要利用胚芽旋液分离，在一定的压力下，将破碎的物料以正切的方向泵入旋液分离器的上部，破碎玉米的较重颗粒做旋转运动，在离心力作用下抛向设备的内部，沿着内壁向底部出口喷。利用旋液分离器分离胚芽速度快，效率高，可达 95% 以上，适合于规模较大的淀粉厂采用。

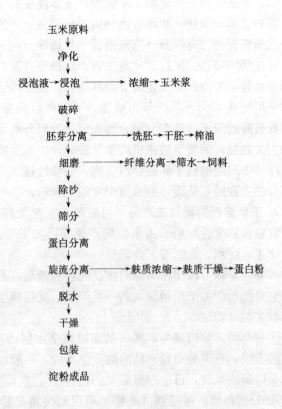

图 10-1　玉米淀粉生产工艺流程

第五步，玉米研磨。由于分离胚芽以后，稀淀粉浆、淀粉粒和内胚层的蛋白质连在一起，在筛上无法分离，所以必须经过细磨，使淀粉和纤维、麸质分离开。

第六步，淀粉筛分。经细磨得到的玉米浆，可用六角筛或平筛或曲筛将淀粉和粗渣及细渣分开。

第七步，蛋白质分离。蛋白质分离过去采用流槽，但占地大，分离效率低。现在逐步改用离心机，分离效率高。经离心机分离蛋白质以后的淀粉乳，还需要在旋液分离机（串联起来共 9 个）中进一步分离蛋白质。一般经离心机分离后淀粉中蛋白质的含量为 2.5%，经旋液分离机分离以后，蛋白质含量降至 0.3%。

第八步，离心脱水。淀粉乳含水 78%，用离心机脱水，使水分降至 45%，可以得到湿淀粉。

第九步，干燥湿淀粉。过去采用滚筒真空干燥，现在大多采用气流干燥，经干燥后的淀粉，水分为 12%，即得成品。有时还须经筛分，保证细度再行包装。

在这些工序进行过程中，得到了淀粉、胚芽、玉米浆、玉米麸质蛋白及玉米纤维，这些物质可进一步加工再利用。

（2）干法生产玉米淀粉　干法生产玉米淀粉的工艺流程如下。

原料玉米→净化→润水、汽→闷料→泼渣→吸风分离→筛里分级→一道磨粉→一道筛分→二道磨粉→二道筛分→三道磨粉→三道筛分

首先采用筛选、风选、比重去石、磁选等方法，去除玉米中的杂质。然后对干燥的玉米调节水分，寒冷的天气还需要加些蒸汽，使玉米迅速吸水膨胀，在闷料仓内闷料，使玉米水分增加到 $16\%\sim19.5\%$ 为最佳。对闷料后的玉米，用破碎机进行破碎。处理后的物料中有破碎的渣子。这部分混合料先经过吸风分离器分出其中的大皮，然后筛里分级。筛上物为大颗粒，回流至破碴机内重新破碎；中间层物料进行后道加工工序；筛下物进入筛分工序。中间层的碴子和胚芽混合物，一般经过三道磨粉筛粉系统处理，基本上可以提出大部分的皮和胚，从而得到所需细度的玉米粉。

2. 玉米淀粉的再加工产品　目前淀粉工业发展很快。以玉米淀粉为原料可以进一步生产淀粉糖、变性淀粉、玉米发酵产品等，加工产品有 100 多种，被广泛用于食品、医药、化工、纺织、造纸等工业。

（1）淀粉糖　以淀粉为原料生产的各种糖品，是结晶葡萄糖、淀粉糖浆、果糖等的总和。它是淀粉深加工产量最大的一类产品。淀粉糖生产有酸法、酶法和酸酶法。在生产上应用较多的是酶法。

①葡萄糖。葡萄糖为单糖，是淀粉完全水解的产物，甜度为蔗糖的 70%。由于生产工艺的不同，所得葡萄糖产品的纯度也不同，一般可分为结晶葡萄糖和全糖两类。结晶葡萄糖采用酶法生成，目前产量最大的是含有一个 H_2O 的 α-葡萄糖，另外还有无水 α-葡萄糖和 β-葡萄糖；葡萄糖（全糖）采用酶法将淀粉转化成 $95\%\sim97\%$ 葡萄糖的糖化液，纯度高、甜味纯正，在食品工业中可作为甜味剂代替蔗糖，还可作为生产食品添加剂焦糖色素。玉米葡萄糖也可加工成麻醉剂。

②淀粉糖浆。是玉米淀粉经过再加工而制成的糖浆，又叫"人造蜂蜜"。主要产品包括麦芽糖、低聚糖、低转化糖等。

麦芽糖不存在于天然植物中，只能由淀粉水解而成。是由两个葡萄糖残基通过 α-1，4-葡糖基连接而成的二糖，是麦芽糖浆的主要成分。液化淀粉经过酶作用制得不同麦芽糖含量的糖浆。从而形成不同的糖浆类别。

麦芽糖浆是以淀粉为原料，直接用玉米酶法生产的，是利用玉米脱出胚芽，磨成80～140 目的细粉，用自来水调成乳状，加细菌 α-淀粉酶进行糊化，再加麦芽进行糖化、脱色和过滤，再蒸发浓缩而制成。

生产工艺流程：玉米→磨粉→调浆→液化→过滤→真空浓缩→成品。

与液体葡萄糖（葡麦糖浆）相比，麦芽糖浆中葡萄糖含量较低（一般在 10% 以下），而麦芽糖含量较高（一般在 $40\%\sim90\%$）。按制法和麦芽糖含量不同可分别称为饴糖、高麦芽糖浆、超高麦芽糖浆等。

玉米饴糖也叫麦芽糖，是淀粉糖的一种。其主要组分是麦芽糖（一般含量在 50% 左右）、糊精（含量在 30% 左右）。由于饴糖具有吸湿性，加在各种食品中可防止干燥以及制品中砂糖的"发沙"现象，并使食品的甜味柔和。因此饴糖成为糖果、糕点、果酱、罐头、婴儿营养食品等食品的必需原料。饴糖的营养价值很高，用于医药有健胃、止咳、滋

补的功效，常作为婴幼儿的营养食品。

饴糖还具有黏稠性和还原性，可用于机械行业翻沙车间的活沙，起到改进产品光泽、色彩，以及增加产品滋润性、弹性和起发性的作用。

酶法饴糖生产工艺流程：淀粉乳→调浆→液化→糖化→过滤→浓缩→成品

高麦芽糖浆生产工艺流程：淀粉乳→调浆→液化→淀粉酶糖化→过滤→脱色→离子交换→真空浓缩→成品

超高麦芽糖浆生产工艺流程：淀粉乳→调浆→喷射液化→淀粉酶和切枝酶混合糖化→过滤→脱色→离子交换→真空浓缩→成品

③果葡糖浆（高果葡糖浆、异构糖）。是淀粉经 α-淀粉酶液化，葡萄糖淀粉酶转化形成的葡萄糖糖液，通过葡萄糖异构酶的异构化反应，将一部分葡萄糖转化成含有一定数量果糖糖浆，从而形成的果糖和葡萄糖的混合糖浆。由于含有果糖，因而甜味素质量优良。果糖易于代谢，并不受胰岛素控制，适于糖尿病人食用，食用后所产生的血糖增高程度低于葡萄糖。果糖的代谢速度较快，利于手术病人的复原。工业化生产有三代产品，果葡糖浆是新发展起来的淀粉糖浆，第三代产品为结晶果糖，是用高纯度果糖液为原料，加入果糖晶体，经冷却结晶、分离、干燥而制得。甜度为蔗糖的 1.5～1.7 倍。以味纯、渗透压高、吸湿性好、抗结晶、甜味大等特点，广泛应用在糖果、饮料、面包、水果罐头、冰淇淋等食品功能性甜味剂。此外，果糖近年来在口服液、甜味果酒、利口酒、除口臭糖果中也开始应用。

将葡萄糖、麦芽糖、果糖都可以加氢处理分别得到山梨酸、麦芽糖醇和甘露糖醇，它们统称多元糖醇。由于多元糖醇具有较好的保温性、降压、利尿、提高生物抗逆耐受力等特性，加上价格上的优势，使其在分子生物学、医学、食品工业、化妆品工业、农业等领域有着广阔的市场前景。另外，经微生物作用制得的微生物多糖，也有很大的用途，如黄原胶由于具有良好的抗剪切、抗盐、耐酸碱、耐高温等特性，被大量用于石油钻井、医药和食品。

（2）变性淀粉　生产变性淀粉的目的是为了改变淀粉原来的特性，以适应各种不同的需要。玉米经过物理过程生产的淀粉，其性质与籽粒中的淀粉没有什么变化，称为原淀粉。这种淀粉性质较单一，进一步用化学、物理、酶等方法处理原淀粉，改变其性能，形成变性淀粉。

变性淀粉的性质主要考察几个方面：糊的透明度、溶解性、溶胀能力，冻融稳定性、黏和性、老化性等。大多数的天然淀粉不具备很好的性能，在现代工业特别是在新技术、新工艺、新设备等方面的应用是有限的。因此，结合淀粉的结构特点，开发研制出具有更优良性质的变性淀粉。工业上生产的变性淀粉主要有：氧化淀粉、交联淀粉、阳离子淀粉、酶变性淀粉、接枝共聚物等。这些变性淀粉广泛用于造纸、纺织、食品等工业。

①用于纸制品生产。国外变性淀粉的最大市场是纸和纸制品工业。美国用于纸和纸制品工业的变性淀粉占变性淀粉生产总量的 60% 左右，中国目前还处于低水平的阶段。

②用于纺织业。中国纺织业每年所用变性淀粉只占纺织浆料的 10%，相对美国浆料使用 69% 的变性淀粉的水平，除浆料以外，变性淀粉在纺织的印染、织物后整理、无纺布等方面都可应用。

③用于石油钻井。石油钻井需压裂液，中国多用植物胶类，平均每口井需 1.5t。但植物胶价格太高，有的还要进口。若用变性淀粉替代，既可降低成本，又可节约外汇。

④用于食品工业。用于食品加工的淀粉应当在高温、高剪切力和低 pH 条件下保持较好黏度稳定性，低温时不易凝沉、脱水和析水，低浓度时能产生光滑的非凝胶结构，有清淡的风味且溶液透明。原淀粉无法满足这些要求，而变性淀粉却可做到。目前在食品中使用的变性淀粉有酸变性淀粉（糊黏度低，适用于胶姆糖、果冻、蜜饯等）、氧化淀粉（糊稳定性好，适用于蛋黄酱、胶冻和软糖）、淀粉脂（糊透明度好，抗冷冻，作增稠、保形之用）、淀粉醚（抗老化，用于果冻、冰淇淋）、预糊化淀粉（冷水中膨胀，适用于方便食品），以及一种代替油脂类的风味却产生很少热量。

⑤其他用途。随着科技不断发展，变性淀粉的品种越来越多，用途也愈发广泛。医药工业开始用它生产片剂，羟乙基淀粉用来代血浆，淀粉黄原酸酯用于电镀废水处理，淀粉接枝共聚物因吸水力特强而用于卫生巾、面巾纸、婴儿尿布、绷带，在农业上可用于土壤保墒及种子包衣等。由此可见，变性淀粉生产的发展，还可以带动相关产业的发展。

（3）玉米发酵加工　北方地区的玉米资源丰富，从含量成分看，玉米的淀粉含量接近大米而高于大麦；蛋白质含量接近大米而低于大麦。以玉米为主料或辅料，经发酵可加工成多种产品，如酿酒、酒精、玉米红色素、米醋等产品。玉米产量高、价格低、生产效率高。

①制啤酒。以玉米为原料采用全酶法生产啤酒，原料价格低，来源广，工艺简单，效益好。

原料配方：玉米 68%～69%，麦芽 30%，麸皮 1%～2%。

工艺流程：玉米→玉米面→浸泡→液化（加入 5%～10%的麸皮）→糖化（加入麦芽和剩余的麸皮）→过滤→煮沸→沉淀→前酵→后酵→过滤→装罐→成品。

②制黄酒。黄酒营养丰富，除含有糖分、醇类、有机酸及多种维生素等成分外，还含有多种人体必须的氨基酸。黄酒浓郁纯香、鲜美可口，是深受人们喜爱的低度酒饮料。

原料：玉米和糯玉米、混合曲霉。

黄酒根据糖的含量分为：甜黄酒（含糖 10%以上）、半甜黄酒（含糖 3%～10%）、干黄酒（含糖 0.5%～3%）、黄酒（含糖 0.5%以下）。

甜黄酒工艺流程：玉米渣→清洗→浸米→蒸饭→水冷却→落缸→加曲→投酒→沉清→压榨→灭菌→装坛→成品。

干黄酒工艺流程：玉米渣→清洗→浸米→蒸饭→揉合→加曲（加酶）→入坛→发酵→压榨→沉清→灭菌→贮存→过滤→成品。

③制酒精。酒精作为现代食品、医药、化工及新型能源方面，在国民经济中占有重要的地位。目前，用含淀粉原料发酵法生产酒精是世界上生产酒精的主要方法。不仅可以作配料生产白酒、药酒、葡萄酒等用在食品工业上，也是生产使用醋酸和食用香料的主要原料；在医药上，酒精常作为溶剂提取医药制剂，也可配制酒精消毒剂；利用酒精合成的化工有机化合物达 100 多种。

玉米生产酒精分全粒法、干法和湿法三种方法。生产工艺流程见图 10 - 2。以玉米为原料，不经过处理，去除杂质、粉碎后投料成为全粒法玉米制酒精；玉米预先湿润一下，

然后破碎粉筛，分去部分玉米皮和玉米胚，获得低脂玉米
粉作为酒精原料的方法称为干法玉米酒精；湿法是指玉米
先经浸泡，破碎、去皮分离出胚芽和蛋白质后，用淀粉浆
生产酒精的方法。据美国报道，湿法生产玉米酒精比全粒
法成本约低 10%。

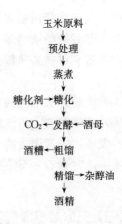

图 10-2　玉米制酒精工艺流程

国外大量采用湿法生产玉米酒精。湿法生产酒精，耗
用同样多的玉米，除获得酒精外，还可得到更多的副产品
（精制玉米油、胚芽饼、玉米蛋白粉和玉米渣饲料 20%）。
用湿法生产的酒精纯度较高。美国湿法酒精主要用于代替
汽油燃料——乙醇汽油，是用 90% 的普通汽油与 10% 的燃
料乙醇调和而成的一种新燃料。其价格低廉，不仅可维持
汽车的正常能耗，而且有环保作用，可减去汽油污染的
30% 以上，不会引起汽车发动机的不良反应，市场潜力巨
大。燃料乙醇作为再生能源，对替代和缓解中国石油不足具有重要意义。

（二）玉米蛋白及其利用

1. 玉米蛋白的加工　玉米籽粒的蛋白质总量一般为 8%～14%。这些蛋白质 76% 在
胚乳中，20% 在胚芽中。根据其溶解度的不同，从玉米中分离出 4 种蛋白即醇溶蛋白、谷
蛋白、白蛋白、球蛋白。玉米籽粒中蛋白质，主要是醇溶蛋白和谷蛋白，分别占 40% 左
右，而白蛋白、球蛋白只有 8%～9%；玉米的胚芽部分，蛋白质中白蛋白、球蛋白分别
含 30%，是生物学价值较高的蛋白质。

在湿法玉米淀粉的加工过程中，玉米中所含蛋白质分别存于三种副产品中。一是水
溶性的蛋白质，在浸泡过程中浸入浸泡液，浓缩后得到商品玉米浆，主要用于抗菌素生产
的营养源。二是胚芽榨油后获得的胚芽饼。胚芽饼含蛋白质 25% 左右。三是玉米蛋白粉，
这是从淀粉乳分离蛋白质时得到的黄浆水，经过滤得到的不溶于水的蛋白质，玉米蛋白粉
含蛋白质 60% 以上，有的达到 70%，其余为残留淀粉和纤维。玉米蛋白粉所含蛋白主要
是醇溶蛋白。玉米醇溶蛋白水解液含有较多谷氨酸和亮氨酸，但缺少色氨酸和赖氨酸等人
体必需氨基酸，过去常做饲料蛋白出售，现在进一步开发醇溶蛋白的新途径，可作被膜剂
和药物的长效胶囊等。

2. 玉米蛋白粉的利用

（1）用玉米蛋白粉提取黄色素　玉米蛋白粉俗称黄粉子。呈鲜艳的黄色，可在糕点中
起着色的作用。玉米蛋白粉主要含有蛋白质和淀粉，只有把玉米蛋白粉中的黄色素分离出
来，才能成为商品色素，应用于人造黄油、人造奶油、糖果等食品加工。

玉米黄色素的催化萃取，是将玉米粉放入醇液中进行醇提，同时加入无机盐催化剂，
搅拌均匀，浸泡 24h 后离心分离，取上清液加热蒸馏回收乙醇，得玉米黄色素。采用无机
盐催化剂可抑制玉米醇溶蛋白的析出，提高玉米色素的萃取率，玉米的脱色率可达70%～
80%，制得的产品具有良好的耐光性、耐热性、耐生物性和很好的着色性，适用于工业化
生产。提取后的玉米粉还可以用于加工精饲料、制作餐具及化工原料，大大降低了黄色素

的生产成本。

(2) 用玉米蛋白粉提取谷氨酸　玉米蛋白的氨基酸结构中，谷氨酸的含量较高，所以可作为生产谷氨酸或酱油的原料。谷氨酸是除生产味精的原料外，在医药上也有很多用途。对改进和维持脑机能是必要的，对神经衰弱、易疲劳、记忆力衰退、肝昏迷等有一定疗效。

工艺流程：玉米蛋白粉的水解→脱色→交换→精制→谷氨酸结晶

(3) 酱油酿造　传统的酱油一般以大豆为原料，现已被豆饼、豆粕代替。但随着市场经济的发展，国家调拨的大豆改为市场供应，使酱油的生产成本提高。玉米麸质含丰富的蛋白质，同时含有一定的淀粉，油脂含量很低，经合理调配完全可以代替豆饼来酿造酱油。

（三）玉米浆提取蛋白饲料

玉米浆即玉米浸泡液，是生产玉米淀粉的副产物。目前各玉米淀粉厂产出的玉米浆，一般外观呈暗棕色膏状，含固形物 70％左右，蛋白质 40％左右。玉米浆经浓缩干燥可获得沉淀粉，这种沉淀粉的氨基酸含量很高，是优良的饲料配料、蛋白质和矿物质饲料的原料。

（四）玉米胚芽的利用

1. 玉米油

(1) 玉米油的精炼　玉米胚中含量最高的是脂肪，普通玉米籽粒含脂肪一般在 4％～5％，而玉米籽粒脂肪的 85％都在玉米胚中，其余部分分布在胚乳和皮壳。玉米脂肪含有72.3％的液体脂肪和 27.7％的固体脂肪，是半干性油。玉米胚是很好的油源，近 20 年，玉米油在国际上发展较快，已成为世界主要食用植物油品种之一。

玉米胚榨油工艺流程：玉米胚→预处理（筛选、磁选）→热处理（调节水分）→轧胚→蒸炒→压榨→毛油

干法分离的胚芽，出油率不超过 20％，对玉米的毛油得率 1％～2％；湿法分离的胚芽出油率 40％～50％，对玉米的毛油得率 3％～3.5％。毛油经过沉淀，可作原料油出厂，但不适于食用，作为精炼玉米油的原料。

玉米油的精炼工艺流程：玉米油（毛油）→水化脱胶→碱炼→水洗→脱水脱色→过滤→脱臭→精炼玉米油

毛油经过水化脱胶除去磷脂；碱处理中和游离脂肪酸、吸附油脂中的杂质；脱色过程吸附色素，除去油脂中少量的皂脚等胶体物质；脱臭，除去异味和游离脂肪酸。整个过程需 19～20h，精炼玉米油损耗 10％左右。

玉米油的熔点低，易被人体吸收，吸收率可高达 98％以上。毛玉米油的色泽较深，带暗红，经过精炼后的色泽也比其他植物油的色泽要深一些，呈淡黄透明，有芳香气味；不皂化物和游离脂肪酸也高于质量相当的其他植物油。但重要的是玉米油中含有丰富的维生素 E，是其稳定性好的原因。

(2) 玉米油的营养价值　玉米油是由玉米胚加工制得的植物油脂，也称玉米胚芽油，

是营养价值较高的食用油，含有 10 余种脂肪酸，其中亚油酸含量占 50％以上，在人体内可与胆固醇相结合，有防治动脉硬化等心血管疾病的功效；玉米油中的谷固醇是一种降低胆固醇的重要因子，可干扰胆固醇在肠道的吸收，从而对于冠心病和动脉硬化症有疗效。人们还发现谷固醇有防止皮肤皱裂和抗哮喘的作用；玉米油富含维生素 A 和维生素 E。维生素 E 有抗氧化作用，在很多含油食品中，为了防止氧化而加入维生素 E。维生素 E 又叫生育酚，对安胎助产有良好功效。可防治干眼病、夜盲症、皮炎、支气管扩张等多种疾病，并具有一定的抗癌作用。维生素 E 还可防止产生褐色素，即老人斑。美国加州大学研究人员通过实验证实，维生素 E 具有促进细胞分裂、繁殖，防止细胞衰老，保持机体青春常驻的功效。维生素 E 还有抑制过氧化脂质沉淀在血管壁上的作用，从而延缓动脉硬化症的发生。

玉米油的营养价值仅次于红花油和葵花油而优于豆油、花生油和菜籽油，属优质食用油。日本国立营养研究所对几种植物油脂进行降低胆固醇的试验，结果是：玉米胚芽油降低 16％、葵花籽油 13％、胡麻油 9％、花生油 6％、大豆油 5％。可见，在上述几种植物油脂中，玉米油的效果最为显著。因此对于高血脂、糖尿病、动脉硬化症及肥胖症患者而言，食用玉米胚芽油有助于改善和缓解病情，恢复身体健康，在国内外称其为健康营养油。

（3）玉米油的利用　由于精制玉米油的味觉十分好，又不易变质，用于煎炸食品的效果很好。玉米油的基本用途是用于煎炸食品和调配色拉油，制作凉拌菜。玉米油加工的人造黄油质地好，有 30％～35％的玉米油用于生产人造黄油。在玉米的加工过程中有大约 10％被转化为皂角，其余部分用于起酥油生产或其他方面，在工业上是制造肥皂、润滑油、油漆涂料等产品的原料。

2. 胚芽饼的利用　经过干燥、压榨或浸渍的工艺，将胚芽中油脂提出而得到的胚芽饼，仍含有一定量的蛋白质与氨基酸。此时胚芽的一些生味、异味已被去除，香味增多，适口性特别好，且容易被动物吸收，是高营养的饲料，可使鱼类和动物抗病，增强食欲，从而提高肉蛋白的品质。另外，胚芽饼还可用来提取磷脂。

（五）玉米皮（玉米粒皮）的利用

玉米皮指玉米籽粒的表皮部分，又称玉米渣和玉米纤维，是以玉米为原料湿法加工淀粉的副产品。由于加工淀粉分离出的玉米皮中夹带着少量淀粉，所以商品玉米皮的总重量一般达到玉米的 14％～20％，其中主要含淀粉 20％以上、半纤维素 38％、纤维素 11％、蛋白质 11.8％、灰分 1.2％以及其他微量成分。

1. 玉米皮制饲料酵母　当前，配合饲料原料中，最紧缺的是饲料蛋白，特别是动物蛋白。利用玉米皮生产饲料酵母以部分代替鱼粉是开发饲料蛋白资源的重要途径。玉米皮用酸水解（低温稀酸法）可获得各种糖类，产糖率可达 60％～70％，既有六碳糖，又有五碳糖。饲料酵母对六碳糖和五碳糖均能代谢。采用玉米皮水解液作饲料酵母，能将水解所获得的糖类转化成饲料酵母，糖的转化率高达（对糖）45％左右，即每吨玉米皮产糖 50％，最终产饲料酵母 22.5％。从加工淀粉过程中筛分出的玉米皮加入稀酸调节固定比的办法，然后水解获得水解液，作为培养饲料酵母的原料，方法简单易行，原料处理费用低。

饲料酵母的生产方法较多，一般采用下述工艺：玉米皮（湿粉渣）→稀酸水解→水解液→氨水中和→过滤→发酵→离心分离→干燥→粉碎→包装

玉米皮经过整个工艺处理，形成商品饲料酵母收率 22.3%，即每吨饲料酵母耗玉米皮 4.45t。饲料酵母含 45%～50% 的蛋白质，20 多种氨基酸，与鱼粉蛋白的氨基酸含量基本相近，但其 B 族维生素含量高于鱼粉和肉粉；饲料酵母中的蛋氨酸略低于鱼粉，胆碱使脂肪转化成能溶于血中的卵磷脂，再输送到体内各组织，起到补充的作用；饲料酵母还含有各种酶和激素，能促进动物的新陈代谢，提高幼禽的抗病能力。配合饲料中添加饲料酵母，能提高饲料的吸收利用率。试验表明，猪饲料中加入 10% 的饲料酵母，可使猪增重 15%～20%，饲料耗重减少 10%，肉质成品蛋白质相应提高，其效果超过豆饼、玉米等精饲料；用于鸡饲料，使鸡加速生长，提高产蛋率和孵化率，此外，对貂、狐、狸等使用饲料酵母可改善皮毛质量，使其光洁挺拔，并可促进繁育，发育效果良好。

2. 玉米皮制食物纤维 食物纤维又称膳食纤维，是指以纤维素、半纤维素、木质素、果胶等人体消化酶难以分解的高分子物质。近 10 余年来，随着营养学的研究进展，食物纤维预防和控制成人疾病的作用愈趋明朗化，对于改变血清胆固醇、预防高血脂、肥胖症以及促进中毒性物质的排除有一定的关系，被誉为"第七营养"受到普遍关注。

玉米外皮与其他谷类外皮相比，除含有丰富的纤维素、半纤维素以及木质素外，还含有较多的淀粉、一定量的葡萄糖、脂肪和蛋白质以及少量 B 族维生素，是一种良好的膳食纤维源。玉米纤维的活性部分，主要是半纤维，特别是可溶性部分，作为食品添加剂，其口感比不溶性部分要好。玉米皮在未经生物、化学、物理加工前，难以显示其纤维成分的生理活性，这已经为国外的研究证实。必须使玉米皮中的淀粉、蛋白质、脂肪通过分离手段除去，获得较纯的玉米皮纤维，才能成为食物纤维，用作高纤维食品的添加剂。

现阶段主要是采用提取的方法，去除淀粉、脂肪和蛋白质等物质，进行高含量的膳食纤维开发。提取食物纤维的方法主要有酒精沉淀法、中性洗涤法、酸解法。

原料：玉米淀粉厂新鲜的玉米渣皮，NaOH（分析纯），α-淀粉酶（活力 2 000U/g）。

提取工艺：玉米淀粉下脚料渣皮→加水过筛→中和残酸→加水煮沸→α-淀粉酶→软化→洗涤→脱水→干燥→粉碎、过筛→成品

另外，玉米皮也是玉米制粉、玉米罐头等加工的副产品，利用这种方法可从玉米种皮中提取 12%～13% 的食物纤维素，此项技术是长春市卫生防疫站研制成功的。

食物纤维素对于心血管病、糖尿病、肠癌等均有良好的防治作用，同时还可降低血液中胆固醇含量。随着人们膳食结构的改变，精制食品的不断增加，导致人们胃肠功能减退。这种食物纤维素作为食品、饮料添加剂，可弥补人们纤维素食量不足，有助于改善肠胃机能。

（六）玉米饲料

加工玉米用作饲料，玉米有饲料之王的美称。据称，世界玉米总产量的 75% 以上用作饲料。

第二节　高支链淀粉玉米的利用与深加工

一、高支链淀粉玉米的利用

高支链淀粉玉米食用消化率高，具有高的黏滞性、良好的适口性、高度的膨胀率、较强的吸水能力和透明性。籽粒中水溶性蛋白、盐溶性蛋白比例较高，醇溶性蛋白比例较低，赖氨酸含量一般比普通玉米高16%～74%。鲜食糯玉米籽粒含糖量一般在7%～9%，营养丰富，适口性好，易被消化吸收。这些优良特性使糯玉米在产品开发和综合利用方面具有宝贵的价值和广阔的前途。目前，开发的主要产品有果穗鲜食和速冻，加工罐头和制作多种食品，还可用于酿造、加工淀粉和淀粉糖、饲料以及制药、造纸和纺织等工业。

（一）糯玉米的鲜食与速冻

1. 鲜食　糯玉米所含的淀粉基本上由分子量较小的支链淀粉组成且高度分支，具有较强的黏质性和适口性。鲜食糯玉米具有典型的香、黏、甜、软风味，食用消化率比普通玉米高20%以上。另外，其籽粒中蛋白质约占10.6%，氨基酸约为8.3%，分别高于普通玉米两个百分点。丰富的营养和优良的适口性等综合评价优于甜玉米和普通玉米，同时还具有降低胆固醇、抗高血压等作用，成为当前国内最佳的鲜食玉米。

2. 速冻果穗　糯玉米是适口性好、营养丰富、风味独特的新型绿色食品。但作为鲜食，其保鲜难度大、货架寿命短，采收后保存不当会使品质变差，限制了它的迅速发展。因此，除了排开播种期、调节上市量外，自然就要采取速冻保鲜的方法，以增加市场供应量。

（1）速冻保鲜方法　目前常用空气冷冻法，即在隔热室内用空气鼓风冷冻机进行冷冻，室温在−30～−46℃，冻结速度 W＝5～10cm/J·h。如果温度不够，形成慢冻，会影响品质。

速冻工艺流程：采收→剥皮→去丝→水洗→蒸煮→冷却→分级→冻结→包装→冷藏

①适期采收。适期采收很重要，同一品种的采收时间不同，其品质也大不相同。一般在玉米株抽丝后23～28d之间进行采收，即以乳熟末期到蜡熟初期为最佳。不同品种的采收适期有差异，可摸索标记性状，如花柱颜色、苞皮色、籽粒缝隙大小等决定采收时期，过早或过晚会使产品的风味变差。同一地块一般根据成熟情况分2～3次采收完。要尽可能缩短采收速冻的时间间隔。

②剥皮去丝。玉米采收后要及时剥皮，摘掉玉米穗上的花柱，切除顶部黑尖。此过程要避免阳光直接照射。

③水洗。用清水洗去穗上黏附的尘土及杂物。特别要注意的是，应尽量缩短采收至蒸煮的时间，一般以不超过4h为宜，时间过长，口感明显变差，即所谓"跑浆"。

④蒸煮。将玉米放入锅中，蒸至玉米熟透为止。切忌蒸煮时间过长，以防玉米粒破裂。

⑤冷却。煮熟的玉米出锅后要及时进行风冷或自然冷却，使玉米穗中心温度降至

常温。

⑥速冻。将玉米穗摆放在托盘中，放入-35～-40℃速冻冷库中进行速冻，约4h后，当玉米穗中心温度降至0℃以下（结冻），速冻结束。速冻工序是速冻糯玉米加工的核心环节，是保持糯玉米原有养分、风味、口感的关键。

⑦包装冷藏。速冻结束以后，便可将玉米送入-18℃冷藏库中进行产品包装并冷藏，在此条件下速冻糯玉米的保质期为12个月。

（2）真空保鲜速冻　糯玉米鲜果穗的加工工艺流程为：鲜果穗→去苞叶→清洗（擦干）→蒸煮→冷却→沥干→真空包装→速冻→冷藏

把农户当日采收的果穗剥去苞叶，去须、去柄，切去秃顶和病虫为害部分，然后清洗干净。加工过程包括蒸煮、冷却。采用蒸或水煮法，使原材料达到基本熟化程度后出锅，再以20℃左右的清洁水喷淋或浸泡原材料，使其表面温度降至60℃左右。沥干水分，分级后，根据市场需要选用不同规格的塑料袋封装单穗、双穗或多穗，将处理好的果穗进行真空密封，真空度（W）在0.08～0.10MPa兆帕之间，抽空时间为20min，再以3～4min进行封口加热。要注意的是，必须先将穗头插入，而所有盛载物要离袋口3～4cm。

经速冻或真空包装后的糯玉米，只需稍加温便可食用，可保持糯玉米原有的形态、色泽与风味，并满足在非生长季节人们对鲜食玉米的需求。

3. 速冻糯玉米粒　所用糯玉米，要求成熟度适当，籽粒饱满，色泽乳白，淡黄或金黄，无虫蛀霉变的新鲜糯玉米。过老、过嫩或玉米粒表面呈凹面或干硬者，均不能选用。

加工工艺流程：原料验收→去苞叶去须→预冷→分级→剥粒→漂洗→热烫→护色→冷却→挑选→沥干→速冻→包装→冷藏

（二）加工罐头

糯玉米可以加工成玉米鲜粒罐头、八宝粥等罐制食品，便于储运，可四季上市，口味较佳，颇受顾客欢迎。糯玉米由于其原料中不含直链淀粉，从而摆脱了其他高淀粉原料加工贮藏过程中的淀粉老化问题。用糯玉米籽粒制作罐头，其适宜的硬度高于甜玉米，因此加工脱粒方便，破碎粒少，省工省料，效益较高。

1. 玉米粒罐头　乳熟期采摘带包叶青穗，糯玉米和高赖氨酸玉米由于籽粒较硬，可直接脱粒，然后筛选、清洗、加工。

其工艺流程为：原料→去苞叶→预煮→脱粒→装罐→配汤料→排气封罐→灭菌→成品

糯玉米果穗采收后，先将苞叶和花柱去掉，然后用清水漂洗干净，经95℃预煮10min或100℃蒸汽蒸15min。完成定浆过程。蒸煮后用清水及时冷却，使穗轴温度降到25℃以下，捞出沥干。手工或机械脱粒，脱下的籽粒用40℃温水漂去浆状物、碎片、花柱及胚芽，然后装罐，装罐时玉米粒重与汤汁（20%的蔗糖水或清水）重量的比例一般在1：0.45左右。在53～60kPa、100℃下排气30min后封罐，高温下杀菌处理20min，即为成品。

2. 玉米糊或羹罐头　甜玉米、糯玉米、高赖氨酸玉米、普通玉米等都可作为原料。玉米糊罐头多一步粉碎工序，其他工艺与玉米笋罐头要求相同。玉米糊罐头为半片细碎的玉米粒，呈糊浆状，稠度较适宜，软硬适中；玉米羹罐头有较完整的片状碎玉米粒，软硬适中，汤汁浑浊成稀浆状。

（三）糯玉米饮料

糯玉米授粉 22～26d，籽粒皮薄、味美，用于制作饮料最适宜。采收应在凌晨低温时进行。采收后立即进行整理或送冷库速冻保鲜，以免气温升高后引起变质。

生产工艺流程：采收原料→整理→分级→铲粒→打浆→细磨→配料→均质→排气、灌浆→杀菌、冷却→检验、贴标→成品

（四）糯玉米螺旋藻复合饮料

采摘鲜果穗，以授粉 20～25d 最为适宜，此时糯玉米皮薄、味美，用于制作饮料，品质和风味都达到最佳程度。

生产工艺流程：

螺旋藻干粉
↓
原料采收→整理→分级→铲粒→打浆→细磨→调配→均质→排气→灌装压盖→杀菌、冷却→检验、贴标、装箱→成品

（五）糯玉米花生奶

是以糯玉米和花生为主要原料，采用现代加工技术，所生产的一种含有玉米天然香味，并含有植物蛋白等营养的糯玉米花生饮料。

优质花生米→炒香除皮　　奶粉、白砂糖、稳定剂等
↓　　　　　　↓
精选糯玉米粒→浸泡（或蒸煮）→磨浆→过滤→调制定量→加热→均质→罐装封盖→高温灭菌→冷却→包装→成品

（六）糯玉米速冻汤圆

生产工艺流程：

糯玉米粒→脱皮去胚→磨粉→称重→制面团、面皮 ┐
　　　　　　　　　　　　　　　　　　　　　├→汤圆
馅料→馅料的处理→调制成馅 ┘

成型→速冻→包装→检验→冷藏→成品

（七）糯玉米黄酒

一般黄酒以大米、糯稻米为原料，加入麦曲、酒母、边糖化边发酵而成。用糯玉米碴酿制黄酒，可以增加黄酒原料的来源，既找到了一条糯玉米加工的新路，又降低了成本，提高了经济效益。

生产工艺流程：糯玉米粒→去皮、去胚→破碎→淘洗→浸米→淋饭→拌料（加麦曲、酒母）→人罐→发酵→压榨→澄清→灭菌→贮存→过滤→成品

选择当年产的新糯玉米为原料，经去皮、去胚后，根据玉米品种的特性和酿酒的需要，粉碎成玉米粒，一般玉米粒度约为大米粒度的一半。粒度太小，蒸煮时容易黏糊，影响发酵；粒度太大，因玉米淀粉结构致密坚固，不易糖化，并且遇冷后容易老化回生，蒸煮时间也长。

（八）即食糯玉米营养粥

是根据乳熟期糯玉米可溶性多糖含量高，淀粉α化程度高、籽粒清香、皮薄无渣、口感香甜、糊化后糯性强、无回生现象的特点，并结合传统"药食同源"的理论，研制而成的。

生产工艺流程：原料验收及选用→剥苞叶、去穗丝→脱粒→破碎→捞去皮渣→辅料选择→辅料预处理（清洗、浸泡、预煮）→煮制→糊化→装罐→脱气→封罐→杀菌→冷却→检验→装箱入库或出厂

二、高支链淀粉玉米籽粒的加工

高支链淀粉玉米与普通玉米籽粒成分含量有很大区别，见表10-1。其籽粒的开发利用已引起有关方面重视并已着手开发，主要是生产淀粉、制作食品、酿造酒类、加工饲料，支链淀粉凝胶透明度好和稳定的性质，使其适用于增稠预制、罐装和冷冻仪器的生产，并广泛用于胶带、黏和剂和造纸等工业。

表10-1　糯玉米与普通玉米的区别

类型	蛋白质（%）	粗脂肪（%）	淀粉（%）	直链淀粉（%）	支链淀粉（%）	消化率（%）
普通玉米	11.97±1.06	4.88±0.62	68.21±1.77	28.7±62.63	71.24	69
糯玉米	12.26±1.24	5.20±0.61	66.74±2.08	4.26±5.18	95.74	85

（一）糯玉米淀粉和淀粉糖

以糯玉米为原料生产支链淀粉时可省去普通玉米加工的分离及变性工艺，从而大幅度提高淀粉产量和质量，降低生产成本，提高经济效益。糯玉米淀粉的提取率较普通玉米（65%左右）低，为50%左右，其生产成本较普通玉米高，但市场价格是普通玉米淀粉的2～3倍。

1. 糯玉米淀粉　糯玉米籽粒一般含淀粉66%左右，是生产淀粉的好原料。在美国年生产糯玉米淀粉80多万t，糯玉米淀粉产量已占整个湿磨淀粉产量的10%，价格比普通玉米淀粉高1倍以上。

（1）生产工艺流程　糯玉米干籽粒→去杂→浸泡→脱胚→细磨→过滤去皮渣→蛋白分离→滚筒干燥→包装→成品

（2）生产工艺　加工生产可完全利用玉米淀粉的生产线，无须增加任何设备。其主要工艺流程与玉米淀粉的生产工艺大致相同。

支链淀粉是一种优质淀粉，其膨胀系数为直链淀粉的2.7倍，加热糊化后黏性高，强度大，可作为多种食品工业产品和轻工业产品的原料。糯玉米淀粉加工过程中经过一定方

式的化学修饰作用，可大大提高糯玉米预案淀粉的性能，预糊化淀粉、氧化淀粉、交联淀粉等变性淀粉在透明度、溶解性、溶胀能力、冻融稳定性、黏和性、老化性等方面有很大提高，增强了抗切割、抗震动、耐酸碱、耐冷冻等性能，用作增稠剂、乳化剂、黏着剂和悬浮剂等，广泛应用于食品工业和各类快餐方便食品的加工部门，例如，香肠、汤羹罐头、甜玉米罐头、果冻、调味浆汁、冷冻食品，由于某些变性淀粉有特殊味道，增加独特的风味；在制作方便面中可增加面条的韧性，也可用在咖啡等高级饮料的制作中。在工业方面，也可用于造纸、纺织、制药等许多特殊加工要求和重要环节，还可用于石油钻探、黏合剂制造等有关领域。目前。中国支链淀粉需要量大，而且主要靠进口，因此，用糯玉米为原料生产支链淀粉具有较好的市场发展前景。

2. 加工淀粉糖　利用糯玉米淀粉生产淀粉糖可简化工艺流程，更利于用酶法制糖，提高产品质量和产量。

（二）加工糯玉米汤圆粉

加工方法分为干法和湿法两种。

干法生产工艺流程：糯玉米干籽粒→净化→着水、闷料→脱皮→破碎→吸风分离（去皮）→筛理分级→去胚→超微粉碎→包装→成品

湿法生产工艺流程：糯玉米干籽粒→净化→浸泡→破碎→胚芽分离→细磨→纤维分离→脱水→干燥→包装→成品

（三）制作食品

高支链淀粉玉米（糯玉米）粒如珍珠，柔软细腻、甜黏清香、皮薄无渣，加之营养丰富，易于吸收。在云南、广西的少数民族地区，糯玉米长期作为主要粮食之一，在华东地区的一些省、市，人们常把糯玉米食品作为膳食结构的调剂食品。配以红枣、小豆、花生、桂圆等辅料在家庭可制作成八宝粥。糯玉米含8％～9％的蛋白质和8.09％～8.33％氨基酸，比糯稻米粉高2.75％和0.83％～1.07％。

糯玉米粉含蛋白质10％左右，糯性与糯米粉相似，可以代替糯米制作人们喜爱的各种黏性的小食品、加工年糕、元宵等糯性食品或用作食品增稠剂，不仅可以降低成本，而且综合营养成分高于糯米食品，风味独特。也可将不去皮籽粒直接磨成粉，由于其籽粒的胚较糯米大，种皮中又富含核黄素等营养成分，其营养更丰富，适于现代市民素食粗粮的潮流，也可制成种类繁多的各种保健品。

糯玉米粥是以糯玉米粉为主料，配以麦片、奶粉等辅料，采用挤压膨化技术加工成的。具有玉米的天然芳香味，口感细腻，清爽可口。特别是富含多种防病、抗衰老和促进儿童正常生长发育的微量元素。

糯玉米面条是用30％～50％的糯玉米粉与50％～70％的小麦面粉混合而制成的特色风味面条。糯玉米面条口感淡香，筋道爽口，营养丰富，市场前景好。

（四）用于酿造

利用谷物酿酒，主要是利用谷物中的淀粉经液化、糖化转变为糖，再经发酵酿制成

酒。糯玉米具有较高的淀粉含量，而且全部是支链淀粉，不存在吸附游离的原料，所以，用糯玉米作原料酿造的酒，具有特有的醇厚口感。实践证明，糯玉米用于酿造酒，其出酒率比普通玉米高20％以上，用糯玉米酿造的浓香型白酒，有利于发挥白酒的回甜风味。

传统酿制啤酒方法中主要原料是麦芽，由于其加工复杂，成本较大。国内外啤酒厂在不影响啤酒质量的前提下，最大限度地使用了替代淀粉原料，主要有大米、糯玉米、小麦和普通玉米等，而尤以糯玉米为替代辅料制成的啤酒质量最佳。因糯玉米缺少β-蛋白，有利于防止啤酒的浑浊，在感官上，具有清凉透明、色泽浅、有光泽而无明显悬浮物、稳定性高等特点；在口感上，具有醇厚爽口、酒味纯正、香气浓等特点。另外，组氨酸含量低，饮后"不上火"，以糯玉米为替代辅料酿成特色啤酒，可获得较高的经济效益。一般使用的配方为：脱胚糯玉米粉30％，麦芽70％。

黄酒是中国的特产，也是世界上最古老的酒精饮料之一。营养丰富，除含有糖分、醇类、有机酸及多种维生素等成分外，还含有多种人体必须的氨基酸。黄酒浓郁纯香、鲜美可口，酒性温和，是深受人们喜爱的低度酒饮料。适量饮用黄酒可增进食欲，帮助消化及解除肌肉疲劳，安神补益。有活血健体的功能。在长春、吉林等地研究出利用玉米或糯玉米代替糯米和大米酿制黄酒的新方法。用糯玉米酿造的黄酒，其产品质量、色泽和风味均好。

制黄酒原料：玉米或糯玉米、混合曲霉。

黄酒根据糖的含量分为：甜黄酒（含糖10％以上）、半甜黄酒（含糖3％～10％）、干黄酒（含糖0.5％～3％）、黄酒（含糖0.5％以下）。

甜黄酒工艺流程：玉米渣→清洗→浸米→蒸饭→水冷却→落缸→加曲→投酒→沉清→压榨→灭菌→装坛→成品

干黄酒工艺流程：玉米渣→清洗→浸米→蒸饭→揉合→加曲（加酶）→入坛→发酵→压榨→沉清→灭菌→贮存→过滤→成品

（五）加工饲料

糯玉米的消化率比普通玉米高20％以上，从营养角度讲，糯玉米的营养价值高于普通玉米，糯玉米所含粗蛋白、粗脂肪和赖氨酸都比普通玉米高，它的饲料单位高于普通玉米和其他作物，所以糯玉米是高产、优质的饲料。用糯玉米作饲料，不仅可以提高奶牛的产奶量，而且还能提高奶中的奶油含量。用糯玉米喂羊，羔羊的日增重比普通玉米提高20％，饲料效率提高14.3％，饲喂糯玉米的育肥牛，饲料效率比普通玉米高10％以上。因此，美国许多奶牛场都改用糯玉米。玉米经过加工粉碎后再添加骨粉和其他成分制成优质配合饲料，这是目前使用玉米最多的领域。

三、秸秆的利用

糯玉米的茎叶多汁柔软，比普通玉米养分更多，更有益于禽畜的生长。经上海市牛奶公司饲料研究中心对糯玉米秸秆的整株养分进行分析，得出结论：糯玉米秸秆的粗蛋白含量在植株含水量82.42％的情况下达1.83％，比青贮玉米的粗蛋白含量还高0.3个百分点；含粗脂肪 0.46%，也略高于青贮玉米；含粗纤维 4.41%，略低于青贮玉米 1 个百分点。由此可见，糯玉米营养品质高于普通玉米，且糯性好、糖量高、口味佳等特点是牛、羊等牲畜的上好饲料。将糯玉米秸秆粉碎以后直接饲喂奶牛，减少了青贮带来的麻烦，又可补充青绿饲料不足，是糯玉米秸秆利用的好途径。

糯玉米与普通玉米一样可以秸秆青贮和还田，糯玉米秸秆还田时，由于鲜果穗采摘后，整个植株仍很青绿鲜嫩，为防止秸秆组织老化后增加操作和腐烂难度，应立即压青还田。糯玉米秸秆还田，是一种很理想的有机肥料，而且可以改良土壤。

此外，糯玉米加工后的种皮和胚，还可以研制优质玉米油，并且可以利用糯玉米酒渣制酱油，利用淀粉渣生产饲料等。

第三节 高直链淀粉玉米的利用与深加工

直链淀粉在轻工业（如薄膜、涂料、黏合剂等）、食品工业、制药业、工业上生产照相胶卷和电影胶片等方面起着重要作用。直链淀粉含量的增加，加速了淀粉的糊化，生成的淀粉糊强度较高。这些性质用于糖果工业，使糖块成形稳定和完整。高直链淀粉的改性开辟了淀粉的新用途。

一、直链淀粉的多种用途

直链淀粉具有近似纤维的性能，相对于一般淀粉具有独特的应用价值，尤其是经过理化修饰后的直链淀粉功能进一步加强，为开拓淀粉在工业生产中的应用提供了新原料。

（一）制作薄膜

直链淀粉制成的薄膜，具有好的透明度、柔韧性、抗张强度和水不溶性，并且无毒、无污染，广泛应用于密封材料、包装材料和耐水耐压材料。由于直链淀粉较高的抗切力和强度，以及良好的抗水性能，还被用于起皱和胶黏剂工业。由于直链淀粉的特殊作用，高直链淀粉玉米在工业品市场上占有较稳定的地位。

（二）制作胶片和胶条

直链淀粉可用于多种胶片和各种胶条的制造。用直链淀粉制造的胶片具有突出的透明度、弹性、抗拉强度和抗水性。

（三）制作生物降解塑料

直链淀粉是制造生物降解塑料的最佳原料。目前，全世界都在呼吁治理白色污染。即农用地膜、生活垃圾中的塑料污染已成为世界一大公害，特别是在中国尤为突出。而以直链淀粉为原料制成的光解膜已成为在塑料工业中应用的最新科技成果，这也是高直链淀粉玉米最具吸引力的地方。利用高直链淀粉取代聚苯乙烯生产光解塑料，这使塑料有可能应用于包装工业和农用薄膜加工业，是解决目前日益严重的白色污染的有效途径，它的利用将为世界环保事业带来一次重大革命。

二、高直链淀粉玉米的发展前景

白色污染给人类生存环境带来难以估量的损失，这已引起全社会乃至全人类对环境保护的高度重视。降解塑料进入市场必须达到以下要求。

(一) 实用性

具有与同类普通塑料近似的应用性能。

(二) 降解性

在完成使用功能后能在自然环境中较快地降解，成为易被环境消纳的碎片，最终回归自然。

(三) 安全性

降解过程中和降解过程后的残留物对自然环境无害或无潜在危害。

(四) 经济性

价格比普通塑料产品的价格高 50％以上，其中能完全降解的高出 4～8 倍，成为其推广应用的最大障碍。为了降低成本，保证产品的降解性能，淀粉可生物降解塑料成为全国都在关注的热点产品。

淀粉是目前使用最广泛的一类可完全生物降解的多糖类天然高分子，具有原料来源广泛、价格低廉和易生物降解等优点，在生物降解材料领域占有重要的地位。国内外公布的各种牌号淀粉塑料的力学性能一般可以与同类应用的传统塑料相比，但其使用性能往往不尽如人意，其主要缺点之一是含淀粉的降解塑料耐水性都不好，湿强度差，一遇水其力学性能则严重降低，而耐水性恰恰是传统塑料在使用过程中的优点。高直链淀粉相对于普通淀粉有较好的抗水性、耐剪切性和成膜性，因此，在塑料工业中的发展潜力巨大。从混合淀粉中分离直链淀粉的成本是很高的，如果只靠进口，到目前为止，中国对高直链淀粉玉米还没有进行完整系统的研究，尚无可推广的杂交种育成。美国培育含高直链淀粉的玉米杂交新品种，曾希望能由普通玉米品种的直链淀粉含量约 27％提高到 100％，大量种植加工成淀粉。现这项科研取得的成果被称为高直链玉米新品种，目前直链淀粉含量提高到了 70％～80％，美国已种植。工业上也加工成高直链玉米淀粉。中国直链淀粉主要从美国进口，价格十分昂贵，一般为 2 000～2 500 美元/t。需要加强对高直链淀粉玉米品种的培育，希望选育出优质、高产、多抗性的高直链淀粉玉米品种投入生产，从而促进高直链淀粉玉米的进一步发展，使得玉米从单纯的粮食作物、饲料作物逐步向经济作物和工业原料过渡，由单纯产量型向品质型和专用型转变。

本章参考文献

曹广才，黄长玲，徐雨昌等．2001．特用玉米品种·种植·利用．北京：中国农业科技出版社

常春．1998．玉米在食品工业应用的评述．粮油食品科技，(3)：21～22

陈宏斌．2005．玉米的综合利用．粮食储藏，(5)：27～30

陈永欣，翟广谦．2001．甜糯玉米采收与保鲜技术研究．华北农学报，16 (4)：87～91

胡新宇，宁正祥．2000．玉米的综合加工与利用．玉米科学，8 (3)：83～89

李惠生，董树亭，高荣岐．2007．鲜食玉米品质特性研究概述．玉米科学，15 (2)：144～146

刘弘．2000．速冻玉米穗加工工艺．食品科技，(2)：22～23

马涛．2008．玉米深加工．北京：化学工业出版社

石德权，郭庆法，汪黎明等．2001．我国玉米品质现状、问题及发展优质食用玉米对策．玉米科学，9 (2)：2～6

石桂春，刘熙．1998．玉米加工利用的现状与途径．玉米科学，6 (4)：67～69

宋雪皎，马兴林，关义新等．2005．影响糯玉米鲜食品质因素的研究．玉米科学，13 (1)：115～118

王德陪，白卫东．2001．粮油产品加工与贮藏新技术．广州：华南理工大学出版社

王立丰，王振华，彤东光．2001．玉米加工利用的现状和趋势．黑龙江农业科学，(2)：36～38

王润琴．2004．玉米深加工产品的利用．甘肃农业科技，(6)：55～56

威桂军．2000．玉米加工利用新途径．食品科技，(1)：154～158

杨德光．2007．特种玉米栽培与加工利用．北京：中国农业出版社

杨镇，李刚，刘晓丽．2003．特用玉米的经济价值及发展策略．杂粮作物，23 (3)：142～143

杨镇，才卓，景希强，张世煌．2007．东北玉米．北京：中国农业出版社

尤新．1999．玉米深加工技术．北京：中国轻工业出版社

张力田．1998．淀粉糖．北京：中国轻工业出版社

高淀粉玉米种子生产

第一节 种子生产

一、亲本种子类型及繁育程序

高淀粉玉米的亲本种子包括育种家种子、自交系原种、自交系良种、亲本姊妹种和亲本单交种。

亲本种子的生产，特别是自交系原种和自交系良种必须有一定的储备，可采用一次繁殖分批使用的方法，每个亲本至少要有两个地点同时进行生产。

（一）育种家种子

育种家种子是指育种者育成的遗传性状稳定的最初一批自交系种子，也有人称其为原原种、超级原种等。

（二）自交系原种

由育种家种子直接繁殖出来的或按照原种生产程序生产，并经过检验达到规定标准的自交系原种种子。

原种的生产分两种方法，一种是由育种家种子直接繁殖；一种是采用"二圃制"方法，以"选株自交，穗行比较，淘汰劣行，混收优行"的穗行筛选法进行。

1. "二圃制"生产原种的方法

（1）选株自交 在自交系原种圃内选择具有典型性状的单株套袋自交。制作袋纸以半透明的硫酸纸为宜。当花柱未抽出前先套雌穗，待有柱头的丝状花柱露出 3.3cm 左右时，当天下午套好雄穗，次日上午露水干后进行人工控制授粉。一般应采用一次性授粉，个别自交系因雌雄不调的可进行两次授粉，授粉工作在 3～5d 内结束。收获期按单穗收获，按单穗保存、单穗脱粒。

（2）穗行圃 将上年决选的单穗在隔离区内种成穗行圃，每系不得少于 50 个穗行，每行种 40 株。生育期间进行系统观察记载，建立田间档案，出苗至散粉前将性状不良或混杂穗行全部淘汰。每行有一株杂株或非典型株即全行淘汰，全行在散粉前彻底拔除。决选优行经室内考种筛选，合格者混合脱粒作为下年的原种圃用种。

（3）原种圃 将上年穗行圃种子在隔离区内种成原种圃，在生育期间分别于苗期、开花期、收获期进行严格去杂去劣，全部杂株最迟在散粉前拔除。雌穗抽出花柱占 5% 以后，杂株率累计不能超过 0.01%；收获后对果穗进行纯度检验，严格分选，分选后杂穗率不超过 0.01%，方可脱粒，所产种子即为原种。

2. 原种的生产要求　无论是育种家种子直接繁殖，还是采用"二圃制"生产原种，都要按照操作规程进行。

（1）定点　由种子部门负责安排，每个原种至少要同时安排两个可靠的特约基地进行生产。

（2）选地　原种生产地块必须平坦，地力均匀，土层深厚，土质肥沃，排灌方便，稳产保收。

（3）隔离　原种生产田采用空间隔离时，与其他玉米花粉来源地至少相距 500m。

（4）播种　原种生产田采取规格播种，播种前要进行精选、晒种，将决选穗行的种子混合种植。

（5）去杂　凡不符合原自交系典型性状的植株（穗）均为杂株（穗），应在苗期、散粉前和脱粒前至少进行 3 次去杂。原种生产田中，性状不良或混杂的植株最迟在雄穗散粉前全部淘汰。从植株抽出花柱起，不允许有杂株散粉，可疑株率不得超过 0.01%；收获后应对果穗进行严格检查，杂穗率不得超过 0.01%。

（6）收贮　穗行圃实行当选穗行混收混脱。原种圃所产原种要达到 GB4404.1 标准，单独贮藏，并填写质量档案。包装物内外各加标签，写明种子名称、种子纯度、净度、发芽率、含水量、等级、生产单位、生产时间等。

（三）自交系良种的生产

1. 生产方法　自交系良种指直接用于配制生产用杂交种的自交系种子。用原种再次繁殖即为一代良种。一代良种再次繁殖，即为二代良种。制种田的父本种子不宜留种连用。自交系良种的生产应做到至少由两个基点同时进行生产。

2. 生产要求

（1）选地　原种生产地块必须平坦，地力均匀，土层深厚，土质肥沃，灌排方便，稳产保收。

（2）隔离　生产自交系良种隔离条件要求与生产原种的要求相同，隔离是良种生产的第一要素，尽量采取空间隔离、自然屏障隔离法，避免使用高秆作物隔离。总的原则是安全可靠，其中中间隔离不少于 500m。

（3）播种　自交系良种的生产要求做到精细播种，努力提高繁殖系数，满足杂交种子生产田的需要。

（4）去杂　在苗期、雄穗散粉前和脱粒前，至少进行 3 次严格去杂。全部杂株最迟要在散粉前拔除，散粉杂株率累计超过 0.1% 的繁殖田，生产的种子报废；收获后要对果穗进行纯度检查，杂穗率不得超过 0.1%。

（5）收贮　为了预防人为混杂和机械混杂，一律采取果穗收获，单穗储存，并填写质量档案。包装物内外各加标签，写明种子名称、种子纯度、净度、发芽率、含水量、等级、生产单位、生产时间。

（四）亲本单交种和亲本姊妹种的配制

亲本单交种是指配制三交种、双交种时的单交种亲本。亲本姊妹种是指经过鉴定，两个亲缘关系相近的姊妹系间杂交种，是配制改良单交种的亲本种子。二者均可称为单交亲本。

1. 定点　亲本单交种和亲本姊妹种的配制应安排生产条件好的基地进行。每个单交亲本应有两个以上单位同时进行配制。

2. 选地、隔离　单交亲本的选地隔离条件要求与原种相同。

3. 播种　按照育种者的说明，同时结合当地实践经验制定播种方案。播种前要对种子进行精选、晾晒，特别要注意错期、行比和密度的设置。错期是要保证父母本花期相遇良好；行比的确定要有利于提高制种产量、保证父本有足够的花粉供应母本，同时要方便田间作业。种子田的两边和开花期季风的上风头，要在父本播种3～5d后，再顺行播种两行以上的父本作采粉用。对父本行应做好标记。

4. 去杂　父本的杂株必须在散粉前拔除。若母本已有5%的植株抽出花柱，而父本的散粉杂株数占父本总数的0.2%时，种子田报废。母本的杂株在散粉前完全拔除。母本的果穗要在收获后脱粒前进行穗选，其杂穗率在0.3%以下时，才能脱粒。

5. 去雄　母本行的全部雄穗要在散粉前及时、干净、彻底拔除，要坚持每天至少去雄一次，风雨无阻，对紧凑型自交系要采取带1～2片叶去雄的办法。拔除的雄穗应埋入地下或带出制种田妥善处理。母本花柱抽出后至萎缩前如果发现植株上出现花药外露的花在10个以上时，即定为散粉株。在任何一次检查中，发现散粉的母本植株数超过0.2%，或在整个检查过程中3次检查母本散粉株率累计超过0.3%时，所产种子报废。

6. 人工辅助授粉　为保证种子田授粉良好，应根据具体情况进行人工辅助授粉。特别要注意开花初期和末期的辅助授粉工作。如发现母本抽丝偏晚，可辅之以剪苞叶和带叶去雄等措施。授粉结束后，要将父本全部砍除。

7. 收贮　配制合格的亲本单交种子，一定要严防混杂，单独脱粒、单独收贮，包装物内外各加标签，种子质量达到GB4404.1标准。

（五）提高自交系繁殖产量的措施

提高自交系繁殖产量的途径大体上有二：一是选育高产自交系和姊妹系，利用姊妹单交种来配制杂交种；二是采用科学的栽培管理措施。其主要措施有以下几个方面。

1. 选用好地，加强肥水管理　自交系生产基地的选择，最好是有利灌排设施，并要兼顾土壤肥力。自交系生长势弱、发苗慢，忌旱薄地。田管以促为主，突出早间苗、早中耕、早追肥，防旱防涝。提前重施追肥，抽雄时遇旱浇水。

2. 增加密度　与杂交种相比，自交系植株矮小，应通过增株增穗提高单产。一般增加30%～50%的密度。

3. 适期早播　春繁适当早播，在伏旱、高温之前开花；夏繁自交系早播积温多，生长势好。

4. 精量点播与南繁加代　对于稀有自交系及套繁原种和株系原种，采用精量点播的办法。必要时南繁加代，加快自交系利用速度。

5. 调整花期与错期播种　对个别雌雄花期不协调的品系需进行调整，错期播种是主要办法。一期与二期行比为 5：1。根据自交系特点，一般第二次播种时间为第一次播种后的 5～10d。

6. 人工辅助授粉　人工辅助授粉增产 10%～25%。特别是花粉少或雌雄开花不协调的自交系繁殖时，可采用隔行分期播种的方法或干湿种子隔行播种，延长散粉时间，再施以辅助授粉，可大幅度提高结实率。

7. 其他　采用覆盖地膜、扒皮晾晒等措施，加快脱水速度，提高产量和发芽率。

（六）自交系混杂退化的原因

1. 自交系种源纯度不高　自交系种源纯度不高，对自交系纯度鉴定和繁种程序不严格、不规范，而使混杂扩散和累加。有些育种者为了快出品种，将自交世代不够、基因纯合度不高、性状还在分离的自交系，过早投入繁殖中，自交系性状分离，很快出现混杂。另外，一些同源优系、分系、姊妹系在繁殖中因系别模糊、标准不清而出现混杂。

2. 生物学混杂　自交系繁殖要求有 500m 以上的隔离区。不少繁殖隔离区不符合要求，致使外来花粉飘入自交系繁殖区，或因蜜蜂等昆虫飞入，造成授粉受精混杂现象。繁殖田去杂去劣不及时，不彻底，使杂株种子得以逐代扩大散粉杂交或回交，加重自交系混杂退化。

二、生产用高淀粉杂交种子的配制

（一）选地隔离

制种地块要求地势平坦，土壤肥沃，肥力均匀，排灌方便，旱涝保收，尽可能做到集中连片。制种田采用空间隔离时，与其他玉米花粉来源地不应少于 300m，甜玉米、糯玉米和白玉米要在 400m 以上；采用时间隔离时，错期应在 40d 以上。

（二）规格播种

制种区内父、母本要分行相间种植，以便授粉杂交。

1. 确定父、母本播种期　通过播种期的调节，使生育期不同的父、母本开花期相遇良好是杂交制种成败的关键，特别对那些花期短的组合尤为重要。

一般情况下，如果父、母本的花期相同，或母本比父本早开花 2～3d，尽可能采用同期播种。在实践中，应按照育种者的说明，并结合当地实践经验进行播种。

2. 按比例播种父、母本　父、母本行比的确定因作物和具体的杂交组合而异，与父本的植株高度、花粉量大小以及散粉期的长短等因素有关。以辽宁省为例，多数杂交组合采用的父母本种植比例是 1：4～6，其原则是，在保证父本花粉量充足的前提下，尽量增加母本行数，以便提高杂交种子产量。

3. 父本分期播种　为了保证花粉充足，花期相遇良好，制种田的父本可采用分 2～3 期播种的方法。通常的做法是，在同一父本行上，采用分段播种的办法。2m 为一段，即在父本行上，播第一期父本时，种 2m 留 2m，留下的 2m 待第二期播种。父本分期播种可起到两个作用，一是在正常气候条件下可延长制种田的散粉期，让一期父本的末花期和二期父本的初花期重叠，形成三个盛花期；二是在异常气候条件下，能保证父本有一个盛花期与母本吐丝盛期相遇良好。

（三）除杂去劣

制种区亲本纯度的高低，直接影响杂交种种子的质量和增产效果。因此制种区的亲本必须严格去杂去劣。一般应分三次进行。

1. 定苗期 一般在 4～5 叶时，结合间苗、定苗进行。根据幼苗叶片、叶鞘颜色，叶片形状，幼苗长相和长势等亲本的明显典型特征和综合性状，即把苗色不一、生长过旺过弱、长相不同的杂苗和劣苗全部拔除。

此期去杂非常重要，不仅能减少后期去杂的工作量，同时还能保证全苗，有利于提高产量。

2. 抽雄前 有些杂株在苗期的特征并不十分明显，难以全部拔除。在拔节后抽雄前还要根据植株的生长势、株形、叶片宽窄、色泽和雄穗形态等特征，拔除杂株和劣株。此期去杂工作务必于散粉前结束，不允许杂株散粉。根据 GB/T17315—1998 的规定，若父本散粉的杂株数超过父本植株总数的 0.5%，该制种田应报废。

3. 收获后 母本果穗收获后，在脱粒前应根据原亲本的穗形、粒形、粒色进行鉴别，对不符合原亲本典型性状的杂穗再进行一次淘汰，然后再脱粒。

（四）调节花期

制种区的父母本花期能否相遇是制种成败的关键。虽然在播种时已经根据父母本的生育期采取了错期播种的措施，但由于不同年份间环境条件的差异，或因栽培管理不当，仍然存在着花期不育的可能性。因此，在出苗后至开花前还要多次地进行预测花期，掌握双亲的生长发育动态，判断花期是否相遇。理想的花期相遇是母本抽丝比父本散粉早 1～3d。如发现有花期不育的现象，应及时调节花期，使父母本花期相遇良好。

1. 预测花期的常用方法

（1）叶龄指数法 一个自交系的叶片数是比较稳定的，而叶片的生长速度又有一定的规律性。因此可根据父母本的出叶速度来判断是否花期相遇。具体做法是在制种田中选择有代表性的地段 3～5 个点，每点 10 株。从苗期开始，随着植株的生长，在第 5、10、15 片叶上，用彩色铅油涂上标记，定期调查父母本的抽出叶片数，在双亲总叶片数相近的情况下，父本比母本抽出的叶片数少 1～2 片，即可实现花期相遇，否则就要及时采取调节措施。

（2）幼穗观察法 玉米拔节后（13～17 片叶），幼穗已开始分化。通过父母本幼穗分化进程的比较，可以更准确地预测花期。做法是，在制种田选择有代表性植株，细心剥开外部叶片，观察比较父母本的幼穗大小，在幼穗 5～10mm 左右时，父本幼穗比母本幼穗小 1/3～1/2，花期就能够相遇。

2. 调节花期的原则和方法 经花期预测，如果发现问题，应及时采取措施进行花期调整。其原则是，在时间上以"早"为好；在措施上以"促"为主；在尺度上以"宁让母本等父本，不让父本等母本"为原则，力争制种田早熟、早收。通常可采取以下方法。

①对生长缓慢或发育不良的亲本，采取早疏苗、早定苗，偏水、偏肥，增加产趟次数，加强田间管理促进发育的措施。对发育较快的亲本一般不采取抑制生长的措施。

②根外追肥，或喷施激素。在肥水促进的同时，在拔节后对发育较迟的亲本可在叶面上喷洒 20mg/kg 的九二〇和 1% 尿素混合液，150～300kg/hm^2。

③深耕断根、打叶。

④母本剪苞叶、剪花柱等。

（五）及时去雄

制种田的母本必须在散粉前将雄穗及时拔除，使其雌蕊柱头接受父本的花粉以产生杂交种子。

母本去雄要求做到及时、彻底、干净。所谓及时是指一定要在散粉前拔除。彻底是把制种区内所有母本的雄穗，一株不漏地全部拔除。干净就是不留分枝。在整个去雄过程中，母本散粉株率累计不得超过 1%，植株上的花药外露的小花达 10 个以上时即为散粉株。

去雄工作一般是在母本吐丝前开始，母本吐丝时应每天进行，风雨无阻，大约要持续 7～14d。如果地力不匀，或有三类苗，去雄的时间就会延长。去雄的标准是雄穗露出顶叶 1/3 左右为宜，过早容易带叶，过晚雄穗节不易断裂。有些母本自交系，特别是紧凑自交系或遇有如干旱等不良环境条件，雄穗刚一露头或还没有露出顶叶就开始散粉。因此，可采取带 1～2 片叶的"摸苞去雄"方法。拔除的雄穗应理入地下或带出制种田妥善处理。

关于摸苞去雄，目前还存在着不同看法，有的人试验结果认为会造成减产。但多数研究结果认为带 1～2 片顶叶不影响产量，甚至还有一定的增产趋势，特别是在母本偏晚的时候，"摸苞带叶"去雄有促进母本提前吐丝的作用。

（六）人工辅助授粉

为了保证制种田授粉良好，应根据具体情况采用相应的人工辅助授粉，以提高母本的结实率，增加种子产量。授粉结束后，要将父本全部割除。

（七）分收分藏

配制成功的杂交种，要及时收获严防混杂。

（八）东北玉米种子生产技术要点

东北玉米种子生产关键环节是降低种子水分，保证种子安全越冬。一般应选择有水浇地条件的地块，采取覆膜制种技术，适时早播种、早收获。采用站秆扒皮技术，高茬晾晒，降水效果明显。站秆扒皮最适宜于玉米种子蜡熟初期。高茬晾晒具体做法是先收父本，将父本从地上 30cm 处割断，母本从地面割倒后，扒棒绑挂，2～4 个一串，挂在父本行的高茬上进行风干。

第二节　种子加工与贮藏

一、种子加工原理

(一)种子加工意义

种子加工是指对种子从收获后到播种前进行加工处理的全过程。目前种子加工主要包括：干燥、预处理、清选、分级和选后处理、计量包装等。种子加工主要意义体现在：实现机械化，减小劳动强度，提高劳动效率和质量。加工后种子适用机械化作业，提高劳动效率，减轻劳动强度；有利于种子的贮存与运输；方便后续加工工作，增加种子附加值，提高种子销售竞争能力。种子加工可按不同的用途及销售市场，加工成不同等级要求的种子，实行标准化包装销售，提高种子商品性；提高净度，去除不良种子，提高了抵抗病虫害能力，增加了发芽率，能够使作物增产优产。发芽率提高 5%～10%，一般增产5%～10%。

(二)种子加工干燥原理

1. 干燥意义　一般收获的种子水分高达 25%～45%，水分高，呼吸强度大，放出热量多。通过种子干燥能够把水分降低到安全贮藏的状态，达到长时间保持种子生命力和活力的目的。干燥的主要意义：防止霉变、防虫蛀和防冻害；确保安全包装、安全贮藏和安全运输；保持包衣种子和处理种子的活力；为制种单位赢得了售种的最佳时机。种子干燥常见方法有自然干燥、自然通风干燥、通风干燥、热空气干燥、干燥剂干燥和冷冻干燥等几种方法。干燥机械主要分为堆放式分批干燥机（物料静止），连续流式干燥机（物料运动）两大类。

2. 种子干燥过程基本原理　通过干燥介质给种子加热，利用种子内部水分不断向表面扩散和表面水分不断蒸发来实现。

种子内部水分移动现象为内扩散。内扩散分湿扩散和热扩散。形成两个梯度：湿度梯度和温度梯度。湿度梯度，引起水分转移，向低含水率移动；种子受热后，表面温度高于内部温度，形成温度梯度，温度由高处移向低温。

干燥开始阶段，种子水分移动近似直线进行，种子处于等速干燥。经过一段时间后，种子水分按曲线降低。种子水分降低速度，随着干燥时间的延长而不断减慢，种子处于减速干燥阶段，进入缓苏阶段，虽然不再加热，但水分还继续降低。直到曲线的一定点后，种子水分基本保持不变。

等速干燥所有种子接受的热量都用于汽化，温度保持基本不变。随着干燥继续，种子表面水分不断降低，种子内外水分出现较大差异，种子表面温度高于内部温度，种子内部水分向外移动，种子干燥速度降低，开始减速阶段。当达到种子的平衡水分时，种子温度与热空气温度基本接近，种子水分下降很慢。进入缓苏阶段，停止供热，种子保温，以消除种子内应力，含水率略有下降。冷却阶段，对种子进行通风冷却，种子温度下降到常温，种子含水率不变。

影响种子干燥的主要因素有相对湿度、温度、气流速度和种子本身生理状态和化学成分。相对湿度决定种子干燥速度和一次失水量。相对湿度小，对含水量一定的种子，干燥速度和一次失水量大；反之小。干燥环境温度高，因在相同的相对湿度下，干燥潜力能力大。环境温度过高，种子表面温度太高，对种子生命力破坏。一般是，空气流速高，单位时间流过的空气多带走水气量大。但热量和水分交换时间短，不利于温度和水分交换，干燥能力有可能下降。种子本身生理状态和化学成分决定种子吸热、传水能力。刚收获的种子含水率高，大部分处于后熟状态，新陈代谢旺盛，干燥要缓慢些。

（三）种子清选分级原理

1. 种子清选目的　种子清选主要去除混入种子中的茎、叶、穗、损伤种子的碎片、异种作物种子、杂草种子、泥沙、石块、空瘪等掺杂物，以提高种子纯净度，并为种子干燥和包装贮藏做好准备。种子精选的目的剔除混入的异种作物或品种种子、不饱满的虫蛀或劣变的种子，以提高种子的精度级别和利用率，可提高纯度、发芽率和种子活力。

2. 清选基本原理　清选主要根据种子尺寸大小、比重、空气动力学特性、种子表面特性、种子静电特性的差异，进行分离。以下主要对根据种子尺寸大小、空气动力学特性原理进行介绍。

（1）根据种子尺寸大小特性分离

①种子形状和大小。种子形状和大小通常用长度（L）、宽度（b）、和厚度（a）三个尺寸来表示。

按照种子长、宽、厚关系划分种子：

- L>b>a，为扁长形种子，如水稻、麦子。
- L>b＝a，为圆柱形种子，如小豆。
- L＝b>a，为扁圆种子，如野豌豆。
- L＝b＝a，为球形种子，如豌豆。

②筛子种类和形状。筛子包括溜筛、平摇筛、摇动筛、圆筒筛等。筛孔形状有圆孔、长孔、三角孔、鱼鳞孔、波纹孔等。目前主要应用圆孔和长孔筛。长孔筛按照种子厚度分选；圆孔筛按照种子宽度分选。长孔宽度应大于种子厚度而小于种子宽度，筛孔长度大于种子长度，种子不需竖立起来就可以通过筛孔。圆孔筛筛孔直径小于种子的长度而大于种子厚度，分选时种子颗粒竖起来通过筛孔。筛孔形状和尺寸应与被分离物尺寸和最后成品的要求来选择。

（2）根据空气动力学特性分离　不同作物的种子之间，同一品种的种子与杂质之间、饱满程度不同的种子之间，其物体的空气动力学特性各不相同。物体的空气动力学特性可用飘浮速度表示。飘浮速度是指该物体在垂直气流作用下，当气流对物理的作用力等于该物体本身的重力而使物体保持飘浮状态时气流所具有的速度（也称临界速度）。

在气流清选中，物料的飘浮速度是一个重要因素，它与谷粒的重量、形状、位置和表面特性等有关。在气流中谷粒与夹杂物的运动大体分为 3 种情况。

- 当物料的飘浮速度小于气流速度时，物料顺着气流的方向运动。
- 当物料的飘浮速度大于气流速度时，物料依靠自重下落。

• 当物料的飘浮速度等于气流速度时，物料呈现悬浮状态。

因此可以根据飘浮速度进行种子分选（表 11 - 1）。

表 11 - 1　常见种子飘浮速度

名　称	飘浮速度（m/s）
玉　米	11～12.2
籼　稻	8.1～9.6
粳　稻	11.3～1.26
小　麦	8.4～10.3

3. 不同清选机基本清选过程原理

（1）风筛清选机　风筛清选机的工作原理和种子预清机相同，利用种子在气流中临界速度的不同进行进一步的分选。在筛选上按种子宽度或厚度尺寸进行筛选，进一步淘汰种子中的轻杂质、大粒及瘦小粒种子，是种子加工生产线中重要的主机之一。

风筛清选机一般具有前、后吸风道，以提高机器风选质量。加工能力主要体现在筛片的层数上，一般三层筛片。底筛让小杂通过去除大杂，好种子留在筛面。中筛用于除去大杂，好种子通过筛孔，大杂留在筛面由尾部排除。上筛用于除去特大杂，种子流动和筛面分布均匀（图 11 - 1）。

（2）比重清选机　比重清选机主要用于分离尺寸、形状和表面特征与好种子非常接近

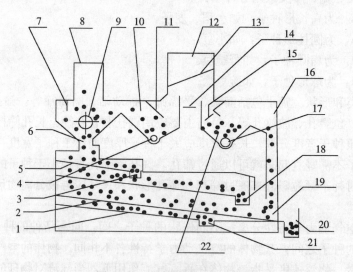

图 11 - 1　风筛清选过程示意图

1. 底筛　2. 中筛　3. 大杂出口　4. 轻杂搅龙　5. 上筛

6. 前吸风道　7. 喂料挡板　8. 喂料斗　9. 喂入辊　10. 前沉降室

11. 前吸风道调节阀门　12. 吸风口　13. 风量总阀　14. 微调阀

15. 后吸风道调节阀　16. 后吸风道　17. 残种绞龙　18. 中杂出口

19. 小筛　20. 好种出口　21. 小杂出口　22. 后沉降室

的不良种子和掺杂物。如虫蛀的种子，变质的、发霉的或腐烂的种子；牧草种子中空壳的、瘪的或无生命的籽粒等；混杂在种子中与种子尺寸基本相同的土块、沙粒等。

利用种子在振动或气流状态下产生偏析，物料颗粒形成有序的层化现象来进行清选。对于物料分层后，受台面振动影响，台面上紧贴底边的较重颗粒由于摩擦力作用向台面高边移动，而浮在上层较轻的颗粒则向下方流动。当物料到达排料端时，分离就结束了。这样，较重的物料集中在台面较高部位，而较轻物料集中在台面较低边，处于重物料与轻物料之间且难以分离的物料集中在台面中间。

影响重力清选效果的因素主要有喂入量、纵向倾角、横向倾角、空气流量、振动频率和振幅6个。喂入量是指进入筛面的种子流量。喂入量应当均匀，保证种子覆满整个筛面，在保证精选质量条件下，尽量增大喂入量，提高生产率。一般喂入量大，分选效果变差。纵向倾角是进料端与排料端的斜率。纵向倾角小，种子在筛面上停留时间较长会分离得较好。喂入量与纵向倾角共同影响筛选效果，喂入量大，纵向倾角也应当增加。横向倾角是筛面宽度方向上筛面的倾斜角度。增加横向倾角，种子流向筛面的底边增多。横向倾角与振动频率共同影响种子分离质量。横向倾角不能过大或过小。空气气流使种子分层，流量过大，种子沸腾，重种子上浮，与轻种子混合；流量过小，种子分层不明显。振动频率越快，好种子向高处运动的速度增加；振动频率越慢，好种子向高处运动的速度降低，生产能力减低。

（3）窝眼分选过程 窝眼是唯一按种子长度进行分选的清选设备。窝眼清选机能将混入好种子中的长、短、杂清除出去。生产效率比较低。

窝眼筒做旋转运动，喂入到筒内的种子，短小的种子进入窝筒底部时，长粒种子受重力、离心力、摩擦力作用，在较低处筒壁无相对运动，上升到一定高度开始下滑，不再继续上升，短小种子因陷入窝眼内而随旋转的筒体上升到一定高度，因自重而落入到集料槽内，并被排除，而未入窝眼内的长物料则沿筒内壁向后划移从另一端流出。实现长短物料分离。通过组合，可实现多级分离。

4. 圆筒筛分级原理 圆筒筛分级利用筛孔与种子间的大小关系进行分级。需要分级的种子由进料口喂入，落到圆筒筛的起始段，由于圆筒筛本身具有一定的斜度1°～3°，喂入端较高，随着筛筒的转动，种子边翻动边做轴向移动，在这个过程中，尺寸小于第一级筛孔的种子穿过第一级筛孔；较大的种子留在筛面上沿着筛面继续翻动和轴向移动，进入筛孔较大的第二段圆筒筛，尺寸小于第二级筛孔的种子穿过第二级筛孔；依此类推，最大的种子从筛筒末端排出，实现种子分级要求。

影响圆筒分级筛分级的主要因素：筛筒转速，转速一般在30～35转/min，线速度0.8～1.5m/s；筛筒倾角，倾角太大，轴向移动速度提高，生产能力加大，但是分级质量下降；筛面负荷，单位面积的负荷一般取值范围为500～1 000kg/m²（按小麦种子计）。滚筒直径小时取小值；合理设计筛孔形状，有利于提高筛面负荷能力。

（四）种子包衣原理

常用包衣机施药的雾化方式主要采用通过高压气流雾化或高速转盘将药剂雾化，以便将药剂均匀喷洒在种子表面。搅拌方式有滚筒式、螺选搅拌式和毛刷搅拌式。种子包衣利用黏着剂或成膜剂，将杀菌剂、杀虫剂、微肥、植物生长调节剂、着色剂或填充剂等，包裹在种子外部，达到使种子成球形或基本保持原来形状。

包衣机一般由药桶和供药系统、喂料斗和计量药箱、雾化装置、搅拌和传动部分、机架等组成。

1. 药桶和供药系统 药箱用来储存供作业时需要的药液，药桶与药泵相连接，回流口把药泵输出的多余药液返回药桶，排药口在工作结束后，排除桶内剩余的药液。溢流口把从计量药箱返回的药液输入药桶。有的药桶还有搅拌装置，用于搅拌桶内的药液使其不产生沉淀。供药系统由药泵、输药管、给药阀门、回流阀门、管道等部分组成。药液经药泵打开，给药阀门控制进入计量药箱的药量，多余的药液经回流阀门返回药桶。

2. 喂料斗和计量药箱 喂料斗，由喂入手柄、喂料门、计量料斗、配重杆和可配重锤组成。用喂入手柄调整喂料门的开度大小。计量料斗由两个完全一样的料斗组成，当种子流入一侧料斗时，另一侧料斗是翻转的。在种子重量大于配重锤时，料斗自动翻转倒出种子，另一侧料斗上来开始接料。每斗种子的重量是依靠改变配重锤在配重杆上的高度来调节。

计量药箱，由箱体、接药盒、药勺支架、药勺等部分组成。药箱上开有进药口、排药口各1个，溢流口2个。进药口与药泵相连，排药口与接药盒下端，与雾化装置相连接，2个溢流口与药箱的溢流口相连接。

3. 雾化装置 气体雾化包衣机，由空气压缩机、调压阀、压力表、喷嘴等组成。空气压缩机、调压阀、压力表保证工作时正常的空气流量和稳定压力。喷气中心是进药管，压缩空气在进药管四周和进药管端部的排药处排出。气体通过几个有一定角度的排气道排出，排出来的空气形成旋转高压气流，冲击排除的药液使其雾化。

甩盘雾化式包衣机（图11-2），在雾化室内有一个高速旋转的甩盘，药液在甩盘上被撞击雾化。

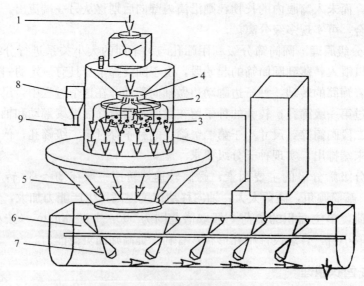

图11-2 甩盘式包衣机工作图

1. 种子喂入口　2. 计量叶片　3. 传感器　4. 种子用盘
5. 药剂用盘　6. 控制箱　7. 计量泵　8. 搅龙　9. 排料口

4. 搅拌和传动部分　螺旋搅拌式包衣机的搅拌杆安装在搅拌壳体内，种子从带有螺旋的一端喂入，进行搅拌包衣。另一端传动装置，包好的种子从下部排料口排出。电机和安装在电机轴上的无级变速器及传动轮带动螺旋搅拌式包衣机的搅拌杆转动。

（五）种子计量原理

1. 种子计量包装要求　根据种子商品化要求，对加工后的种子进行计量、装袋、包装，《农作物商品种子加工包装规定》中规定了有性繁殖的作物种子的籽粒、果实、马铃薯微型脱毒种薯的种子应当进行加工、包装。

种子加工包装要求种子包装满足不同贮藏需要，保证种子原有质量和活力，包装材料无毒、重量轻、不容易破裂，种子重量或粒数准确等。

2. 种子计量给料装置　种子计量是指能够连续、均匀、稳定地向种子加工设备提供种子原料，确保种子加工设备在其有效的加工范围内能够正常稳定地工作，并能加工出高质量的种子。种子加工中常用的计量给料形式有：电磁振动给料、螺旋计量给料和叶轮式给料。其中：电磁振动给料主要用于籽粒大小均匀、流动性较好的种子，通过调节电流的大小，改变给料机振动频率的快慢，从而达到调节给料量的目的；螺旋给料采用容积式计量方式，主要用于籽粒不易分散、流动性较差的种子，通过调节螺旋转速，达到调节单位时间内的给料能力。叶轮式给料采用容积式计量方式，主要用于流动性较好的种子进行均匀给料，用于单机计量给料的情况较多。

3. 电脑计量秤工作原理　现在广泛使用的电脑计量秤为半自动化计量方式和全自动化计量方式。

依靠称重传感器用重力法测量物料重量，并将秤斗重量信号转化为电压信号，该电压信号输入电脑以后，由模/数转换器将电压信号转变为计算机可以处理的数字信号。转换器模/数以中断方式工作。电脑定量秤系统中的大给料点、小给料点与称斗中的物料重量进行比较，当秤斗中的物料重量达到大给料点时，给料点比较程序关闭大给料，当秤斗中的物料重量达到小给料点时，给料点比较程序关闭小给料，完成计量。当完成后可对系统定量误差进行修正和优化。一般分为两级或三级给料形式。添加物料过程由系统按预先设定的程序自动完成。

计量速度和计量精度是衡量电脑计量秤性能的主要指标，一般说计量速度快，计量精度低；计量精度高，计量速度慢。

配合相应的承载装置和机电设备，可实现自动装卸功能。

二、种子加工程序

种子加工是改善种子物理特性的一种方法，是种子分级过程中不可缺少的重要内容之一。实践证明，对种子进行科学的加工，可以有效延长种子的贮藏寿命，提高种子的播种品质和活力，为作物的前期生长发育打下良好的基础。相反，则会直接影响种子的安全贮藏，影响种子的播种品质和活力，降低种用价值，给农业生产造成不可挽回的损失。

（一）种子加工的内容

1. 清除种子中的各类杂质 如作物茎叶、杂草种子、颖壳、泥沙、其他作物种子和未成熟的、破碎的、退化的、遭受病虫害损伤和机械损伤的种子及废种子，以提高种子净度和发芽率等。

2. 干燥 对种子进行干燥，降低种子含水量，使之达到安全贮藏的目的。

3. 分级 按种子尺寸大小和比重等特性进行分级，实现精量播种。

4. 种子处理 用保护性化学药剂和其他物理成分对种子进行拌种、丸粒化等包衣处理，以提高种子的播种品质，达到防病防虫，促进作物生长发育，提高产量的目的。

实践证明，种子在入库和播种前做好种子加工工作，是增加产量和提高贮藏稳定性的重要措施。

（二）种子的加工程序

根据种子的种类，种子中夹杂物的性质和种类，气候条件，加工条件，以及要求达到的种子质量标准等的不同，种子的加工过程也各有不同。

1. 果穗剥皮 玉米种子收获时，所含水分较多，一般为 30%～35%，如直接进行剥皮脱粒，机械损伤较大，而且也不易分离混杂的种子。所以，玉米果穗在收获后要及时进行人工剥皮。这样做一方面有利于玉米果穗上的种子快速脱水，另一方面可以减轻机械剥皮对种子造成损伤。

2. 干燥 玉米种子收获剥皮后，要及时采取有效措施：烘干和晾晒，以降低果穗含水量，使玉米果穗在脱粒后种子含水量达到安全贮藏的标准，在脱粒过程中减轻机械损伤。

3. 脱粒 脱粒时，为使玉米种子的机械损伤减小到最低程度，应控制玉米种子的水分含量在 17% 以下时进行脱粒。

4. 预清 在预清过程中，主要是把影响种子流动的碎茎叶、玉米芯等较大的混杂物和比重小的、轻的混杂物等从种子中清除掉。

5. 精选分级 玉米种子经过预清后往往达不到要求的质量标准，还需要按照种子的大小（长度、厚度、宽度）尺寸和比重分级，选出饱满优良的种子并分成等级。玉米种子加工工艺见图 11-3。

6. 种子包衣 分级后的种子，一般要用专用种衣剂进行拌种、丸粒化等包衣处理。因种衣剂中含有一定数量的化学药剂和微量元素肥料，包衣后的种子，在播种后，可以有效防治病虫害，促进种子发芽，有利于机械化作业。

7. 计量包装 加工好的种子，必须进行计量包装。一般有人工计量包装、半自动计量包装和全自动计量包装。目前，国内应用较广的有电脑定量包装机和全自动计量包装机。

种子加工除了一些基本工序外，还有许多辅助工序，如进料、除尘、开运、称重、装袋、缝袋、贴标签和贮藏等。

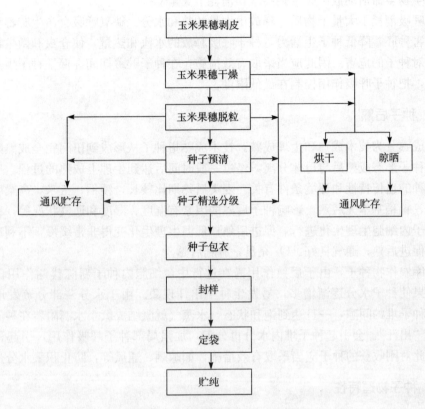

图 11-3 玉米种子加工工艺流程

(来源：张财祥)

三、种子贮藏原理

种子贮藏任务是采用合理的设备和先进科学贮藏技术，使种子劣变降低到最低限度，最有效地保持种子发芽力和活力，从而确保种子的价值。

(一) 种子呼吸

种子呼吸分为有氧呼吸和无氧呼吸。

呼吸作用用两个指标衡量：呼吸强度和呼吸系数。呼吸强度是指一定时间内，单位质量种子放出 CO_2 和 O_2 量。呼吸强度大，物质消耗多。

呼吸系数是指在单位时间内，种子呼吸时放出 CO_2 和 O_2 的体积比。呼吸系数体现呼吸的性质，系数等于 1 或稍少于 1，种子进行正常的有氧呼吸，呼吸系数远小于 1，表示种子进行强烈的有氧呼吸；呼吸系数大于 1，种子进行无氧呼吸。

影响种子呼吸强度的因素除作物本身、收获期、种子大小等外，还有环境中的水分、温度、通气状况、仓虫和微生物等。水分含量高呼吸作用提高；在一定温度下呼吸作用随温度升高增强；有通气条件特别是在种子水分和温度高的情况下种子呼吸强度大于密闭。

仓虫和微生物生命活动放出大量热和水，消耗了大量 O_2。

种子呼吸消耗了大量干物质，释放出大量的热和水分。缺氧呼吸会产生有毒物质，积累后会毒害种胚，降低种子生活力。种子呼吸释放的水汽和热量，使仓虫和微生物活动加强，加剧对种子的危害。因此应当采取有效措施，在种子贮藏期间在保证种子生命力和活力基础上，把种子呼吸作用控制在最低限度。

（二）种子后熟

种子成熟分为技术成熟和生理成熟。技术成熟指种子从形成到田间完全成熟阶段；生理成熟指种子形态成熟后与母体分离，经过一段时间后达到生理上成熟的过程。后熟时间与作物品种的遗传特性和环境条件有关。麦类后熟期比较长，粳稻、玉米、高粱后熟期较短，油菜、籼稻基本无后熟。影响种子后熟的因素有温度、湿度和通气状况等。较高温度有利于种子内细胞生理生化进行，促进后熟；低温生理生化变得非常缓慢，不利后熟。相对湿度低促进后熟；通气良好、O_2 充足，有利后熟。

新入库农作物种子，由于后熟作用尚在进行中，细胞内种子新陈代谢作用仍比较旺盛，其结果使种子水分逐渐增多，易发生种子出汗现象。由于水分一部分蒸发形成水蒸气，充满种子堆的间隙，一旦达到饱和状态，水蒸气就凝结成微小水滴附着在种子颗粒表面。发生"出汗"，会引起种子堆内水分再分配，加强局部种子呼吸作用，引起种子回潮发热。因此对刚收获的种子应当采取有效措施，如晾晒、通风等，防止积聚水分过多。

（三）种子物理特性

种子物理特性分为两类：单个种子表现，如大小、硬度和透明度；群体特征，如重量、比重、容重、密度、空隙度、散落性等。

种子清选、输送及保管过程，与种子物理特性有关。例如常利用散落性以提高工作效率，保证安全，减少损耗。如输送机运送种子，其坡度应调节到略小于种子的静止角。

种子吸附性和吸湿性也影响种子贮藏。

（四）种子贮藏期间的变化

种子进入贮藏期后，环境条件由自然状态转为干燥、低温、密闭状态，随着环境的改变，种子生命活动变为缓慢。种子本身的代谢作用和环境影响，仓库内部温度状况逐渐发生变化。了解种子贮藏期间的各种变化对于做好种子贮藏工作十分重要。

1. 种子温度和水分变化　仓库种子温度变化除了各类作物种子本身特点外，与它所处的环境条件密切相关。一般情况下，大气温湿度的变化影响着仓库内温湿度，仓库内温湿度的变化，影响着种温和种子水分。掌握"三温三湿"变化规律对种子安全贮藏有重要意义。"三温三湿"指大气温度湿度、仓内温度湿度和种子堆温度湿度。变化规律主要是指 1 年中和 1d 中的变化规律。如果种子温度变化偏离了这种变化规律，而发生异常现象，就有发热的可能，应采取必要的措施加以处理，防止种子变质而遭到损失。

（1）温度变化　种温在一昼夜之间的变化叫日变化。通常 1d 中，12 时到下午 2 时气温高，凌晨 4 时左右气温最低。仓温日变化最高值和最低值较气温迟 1~2h，随仓房结构与密闭情况不同而异。

种子温度在 1 年之中的变化称为年变化。种温的年变化较大，在正常的情况下随着温度变化而变化。

（2）水分的变化

①种子水分的日变化和年变化。种子水分受空气湿度影响反应较快，变化也较大，1d 中以每日上午 2～4 时最高，下午 4～6 时最低。变化范围在种子堆表面 15～20cm 下，对种子堆 30cm 以下影响变得较小。种子堆内的水分主要受大气相对湿度的影响而变化。一年中的变化随着季节而不同，在正常情况下，低温和梅雨季节的种子水分较高，夏、秋季种子水分较低。

②种堆内冷热空气对流。种堆内冷热空气对流，会造成种子水分分层。种子堆内热空气比重轻而上升，水汽也随着上升，至表面遇冷空气，达到饱和状态或相对湿度增大。上层种子吸湿，水分含量增加，产生水分分层现象。常发生在秋冬季节。要经常翻动种堆的表面层，使内部水分向外散发，降低种子的水分，防止结露、结顶。

③种堆内的水分热扩散。种堆内的水分热扩散也叫湿热扩散。种堆内的温度是不平衡的，常存在着温度差。种堆水分按照热传递的方向而移动，称作水分热扩散现象，也就是种堆内水汽总从温暖不断向冷凉部位移动的现象。因为种温高部位空气中含水汽量大，水汽压力大，而低温部位的水汽压力小。根据分子运动规律，水汽压力大的高温部位的水汽分子总是向水汽压力小的低温部位扩散移动，使低温部位水分增加。

④种堆水分的再分配。种子水分能通过水汽的解吸和吸附作用而转移，这一规律叫做水分再分配。当高水分的和低水分的种子堆在一起时，高水分种子解吸水汽，降低水分，并在籽粒间隙中形成较高的湿度，使低水分的种子吸附水汽而增加水分。经过再分配的种子水分，只能达到相对的平衡，这是因为存在吸附滞后现象。温度越高，水分再分配速度越快。

2. 种子结露　结露是空气中水汽量达到饱和状态后，凝结成水的现象，发生在种子上就叫种子结露。开始出现结露的温度，称为露点温度也叫露点。因此露点定义是水分含量一定的空气，当达到饱和状态时，所对应的温度。结露主要原因是由于热空气遇到冷种子后，温度降低，使空气的饱和含水量减小，相对湿度变大。当温度降低到空气饱和含水量等于当时空气的绝对湿度时，相对湿度达到 100%，此时在种子表面上开始结露。只要存在温度差，一年四季种子都可能出现结露现象。种子水分与结露温度的关系见表 11-2。

表 11-2　种子水分与结露温度关系

种子水分（%）	10	11	12	13	14	15	16	17	18
结露温度（℃）	12～14	10～12	8～10	7～8	6～7	4～5	3～4	2	1

仓内结露的部位，常见以下 7 种：种子堆表面结露；种子堆上层结露；地坪结露；垂直结露；种子堆内结露；冷藏种子结露；覆盖薄膜结露。

（五）种子发热

种子发热受种子呼吸、微生物的迅速生长和繁殖、仓虫活动等放热影响。种子堆放不合理热量散发不出去。此外种子本身生理生化特点、环境条件和管理措施等也影响种温。种子发热是综合因素影响造成的结果，在分析时应根据实际情况。

（六）种子霉变

引起种子霉变的微生物种类繁多，主要包括真菌（青霉属、根霉属、毛霉属、链格孢属、镰刀菌属等）、细菌、放线菌等。影响微生物的环境条件主要包括水分、湿度、温度、通风条件及种子质量状况等。

1. 水分条件 几乎所有的细菌、放线菌以及真菌中的根霉、毛霉、链格孢、镰刀菌等都是湿生微生物，生长发育的最低相对湿度为 90%，与其平衡的种子水分在 15%～20%以上。

2. 微生物与种子霉变 微生物在种子上活动时，不能直接吸收种子中各种复杂的营养物质，必须将这些物质分解为可溶性的低分子物质，才能吸收利用而同化。所以种子霉变过程，就是微生物分解和利用种子有机物质的生物化学过程。种子一般都带有微生物，但不一定就会发生霉变。因为除健全种子对微生物的为害具有一定的抗御能力外，贮藏环境条件对微生物的影响是决定种子是否霉变的关键。

种子霉变是一个连续的统一过程，一般分为 3 个阶段：初期变质；中期生霉阶段；后期霉烂阶段。通常以达到生霉阶段作为霉变事故发生的标志。

（1）初期变质阶段 初期变质阶段是微生物与种子建立腐生关系的过程。种子上的微生物，在适宜环境，利用自身分泌的酶类开始分解种子，破坏籽粒表面组织，而侵入内部，导致种子的"初期变质"。此阶段种子逐渐失去原有色泽，接着变灰发暗。有轻微异味，种堆有发热趋势或已经发热。

（2）种子霉变的中期阶段（生霉） 种子微生物在外界环境持续适宜的条件下，开始分解种子有机物并吸收营养迅速发育。首先种子胚部破损处形成菌落，而后蔓延逐渐到种粒的局部或全部，出现种子"生毛"、"点翠"等现象。该阶段种子已经严重变质，有很浓的霉味，变色明显，种子生活力几乎全部丧失，失去种用价值。

（3）种子霉变的后期（霉烂） 随着种子微生物种类及数量增加，种粒受霉害程度越来越重。此时种粒中的有机物遭受到微生物的严重分解，种粒开始霉烂、腐败，并产生霉、酸、腐臭等难闻气味，种粒变形，成团结块，严重的完全失去利用价值。

（七）种子贮藏期间害虫与鼠类

1. 害虫 贮藏期害虫食性复杂，繁殖速度快，抗干耐热耐饥等逆境力强。害虫的主要种类：玉米象、古蠹、大谷盗、绿豆象、黑毛皮蠹、麦蛾、棉红铃虫、印度谷螟、粉斑螟等。主要危害方式：钻蛀式，使种子仅剩空壳；缀食式，蛾类幼虫一般能吐丝将种子连缀起来，幼虫潜居其中取食；侵食式，一般由种子外部向内部侵食，多从胚部侵害；粉食式仅以种子的碎屑、粉末为食，不对完整种子造成为害。常见防治方法一般有机械防治、物理防治、生物防治、化学防治等。

2. 鼠类 仓库中的鼠类，直接取食种子，造成种子数量减少。在取食种子的同时，还排泄大量尿粪，污染种子，种子受潮霉变，严重降低发芽率。鼠类活动破坏包装及仓库建筑物，影响和破坏种子安全贮藏条件。仓库害鼠防治可在墙基和墙壁应用水泥填缝，地面硬化；保持仓库内清洁、卫生，尽量用包装袋；利用器械或化学药物灭鼠。

四、东北玉米贮藏技术要点

（一）越冬贮藏技术

玉米保管关键是种子水分，低水分有利于越冬。在辽宁、吉林普遍应用站秆扒皮技术，适当早收，高茬晾晒，降水效果明显。站秆扒皮最适宜时期是玉米种子蜡熟初期。高茬晾晒具体做法是先收父本，将父本从地上 30cm 处割断，母本从地面割倒后，扒棒绑挂，2～4 个一串，挂在父本行的高茬上进行风干。玉米种子入库前，必须经过清理与干燥，使水分降低到 14％以下入库，方可保证安全越冬。东北冬贮时间较长，要定期检查种子含水量和发芽率，及时发现问题，采取补救措施。

（二）过夏贮藏技术

玉米种子水分应在 14％以下，种温不高于 25℃。做好防潮隔湿、防漏工作，及时检查仓库的墙壁、门窗、风洞等，使其保持密闭状态。用木、砖等垫高种子，使种子与地面隔开，及时检查维修屋顶、门窗等，防止漏雨。经常检查堵塞鼠洞、蚁穴等，防止漏水。夏季贮存玉米种子要定期定点检查，大风、雨后要及时检查，以便及早发现问题，采取措施。检查的主要内容是种子温度、水分，虫害一般 7～10d 检查 1 次。

本章参考文献

董海洲 . 1977. 种子贮藏与加工 . 北京：中国农业科技出版社，314～318

胡晋 . 2001. 种子贮藏加工 . 北京：中国农业大学出版社，100～106

胡晋 . 2001. 种子贮藏原理与技术 . 北京：中国农业大学出版社，89～104

魏湜，曲文祥 . 2009. 秸秆饲料玉米 . 北京：中国农业科学技术出版社，288～311

颜启传 . 2001. 种子学 . 北京：中国农业出版社，2～86

颜启传，成灿土 . 2001. 种子加工原理与技术 . 杭州：浙江大学出版社，70～74

杨华，王玉兰，张保明等 . 2008. 鲜食与爆裂玉米育种和栽培：北京：中国农业科学技术出版社，337～377

杨镇，才卓，景希强等 . 2007. 东北玉米 . 北京：中国农业出版社，254～267

张宝石 . 1996. 作物育种学 . 北京：中国农业科技出版社

东北地区高淀粉玉米优良新品种简介

一、吉农大 578

【品种来源】吉林农业大学科茂种业有限责任公司以自交系 KM36 为母本，自交系 KM27 为父本杂交育成的高淀粉玉米单交种。其中，母本 KM36 来源于（四 287×哲 446）×四 287；父本 KM27 来源于 7922×835。2008 年通过国家农作物品种审定委员会审定。

【特征特性】该品种在东北早熟春玉米区出苗至成熟 123d，需有效积温 2 650℃左右，比吉单 261 早熟 5d。成株叶片数 20 片。幼苗叶鞘紫色，叶片绿色，叶缘绿色。株型平展，株高约 277cm，穗位高约 109cm。雌穗花柱绿色，雄穗花药和颖壳均为绿色。果穗短筒型，穗长 20.4cm，穗行数 14 行，穗轴红色，籽粒黄色、马齿型，百粒重 40g，容重 726g/L。抗丝黑穗病，中抗大斑病、茎腐病和玉米螟，感弯孢菌叶斑病。

【产量和品质】2006—2007 年参加东北早熟春玉米品种区域试验，两年平均产量 10 864.5kg/hm²，比对照吉单 261 增产 5.6％。2007 年生产试验，平均产量 10 471.5kg/hm²，比对照吉单 261 增产 11.0％。经农业部谷物及制品质量监督检验测试中心（哈尔滨）测定，粗淀粉含量 74.74％，粗蛋白含量 8.50％，粗脂肪含量 3.71％。

【适宜种植范围】适宜在辽宁东部山区、吉林中熟区、黑龙江第一积温带下限、内蒙古赤峰市种植。

二、吉农大 115

【品种来源】吉林农业大学科茂种业有限责任公司以自交系 KM36 为母本，自交系 KM12 为父本杂交育成的高淀粉玉米单交种。其中，母本 KM36 来源于（四 287×哲 446）×四 287；父本 KM12 来源于（78599×Mo17）×Mo17。2007 年通过国家农作物品种审定委员会审定。

【特征特性】该品种在东北早熟区出苗至成熟 125d，需有效积温 2 600℃左右，比四单 19 晚熟 2d。成株叶片数 18 片。幼苗叶鞘紫色，叶片绿色，叶缘紫色。株型半紧凑，株高约 275cm，穗位高约 106cm，雌穗花柱浅紫色，雄穗花药和颖壳均为浅紫色。果穗长筒型，穗长约 22cm，穗行数 14 行，穗轴红色，籽粒橙红色、半马齿型，百粒重 40g，容重 744g/L。抗瘤黑粉病和丝黑穗病，中抗茎腐病、弯孢菌叶斑病和玉米螟，感大斑病。

【产量和品质】2005—2006 年参加东北早熟玉米品种区域试验，两年平均产量 10 285.5kg/hm²，比对照增产 7.8%。2006 年生产试验，平均产量 10 204.5kg/hm²，比对照吉单 261 增产 2.8%。经农业部谷物及制品质量监督检验测试中心（哈尔滨）测定，粗淀粉含量 75.08%，粗蛋白含量 8.39%，粗脂肪含量 4.17%，赖氨酸含量 0.26%。

【适宜种植范围】适宜在辽宁东部山区、吉林中熟区、黑龙江第一积温带（双城市除外）等地区种植。

三、吉东 28 号

【品种来源】吉林省吉东种业有限责任公司以自交系 KX 为母本，自交系 D22 为父本杂交育成的高淀粉玉米单交种。其中，母本 KX 来源于德国杂交种导入热带早熟材料；父本 D22 来源于（掖 478×7922）×6314。2007 年通过国家农作物品种审定委员会审定。

【特征特性】该品种在东北地区出苗至成熟 125d，需有效积温 2 600℃左右，比吉单 261 早熟 2d。成株叶片数 17 片。幼苗叶鞘深紫色，叶片绿色，叶缘紫色。株型半紧凑，株高约 270cm，穗位高约 108cm。雌穗花柱绿色，雄穗花药和颖壳均为紫色。果穗短锥型，穗长约 21cm，穗行数 16 行，穗轴红色，籽粒黄色、硬粒型，百粒重 36g，容重 720g/L。感大斑病、丝黑穗病、茎腐病、弯孢菌叶斑病和玉米螟。

【产量和品质】2005—2006 年参加东北早熟玉米品种区域试验，两年平均产量 10 591.5kg/hm²，比对照增产 11.1%。2006 年生产试验，平均产量 10 465.5kg/hm²，比对照吉单 261 增产 9.2%。农业部谷物及制品质量监督检验测试中心（哈尔滨）测定，粗淀粉含量 75.73%，粗蛋白含量 8.54%，粗脂肪含量 4.22%，赖氨酸含量 0.24%。

【适宜种植范围】适宜在辽宁、吉林、内蒙古等省、自治区春播种植。也适宜在辽宁东部山区、吉林中熟区、黑龙江第一积温带等地区种植，但在丝黑穗病和玉米螟重发区要慎用。

四、雷奥 1 号

【品种来源】沈阳市雷奥玉米研究所以自交系 L4005 为母本，自交系吉 853 为父本杂交育成的高淀粉玉米单交种。其中，母本 L4005 来源于 478×7922；父本吉 853 引自吉林省农业科学院。2007 年分别通过国家农作物品种审定委员会审定。

【特征特性】该品种在东北早熟区出苗至成熟 125d，需有效积温 2 650℃左右，比对照四单 19 晚熟 2d。成株叶片数 18 片。幼苗叶鞘浅紫色，叶片深绿色，叶缘绿色。株型半紧凑，株高约 280cm，穗位高约 110cm。雌穗花柱浅紫色，雄穗花药和颖壳均为绿色。果穗筒型，穗长约 22cm，穗行数 14 行，穗轴粉红色，籽粒黄色、半马齿型，百粒重 45g，容重 729g/L。抗瘤黑粉病，中抗丝黑穗病、大斑病、茎腐病、弯孢菌叶斑病和玉米螟。

【产量和品质】2005—2006 年参加东北早熟玉米品种区域试验，两年平均产量 10 296.0kg/hm²，比对照增产 8.0%。2006 年生产试验，平均产量 10 713.0kg/hm²，比对照吉单 261 增产 8.2%。农业部谷物及制品质量监督检验测试中心（哈尔滨）测定，粗淀粉含量 74.60%，粗蛋白含量 9.01%，粗脂肪含量 3.82%，赖氨酸含量 0.25%。

【适宜种植范围】适宜在辽宁东部山区、吉林中熟区、黑龙江第一积温带等地区种植。

五、富友 99

【品种来源】辽宁省东亚种业有限公司以自选系 C7112 为母本，自交系吉 853 为父本杂交育成的高淀粉玉米单交种。其中，母本 C7112 来源为（8902×7922）×4112 选系；父本吉 853 从吉林省农业科学院引入。2005 年通过国家农作物品种审定委员会审定。

【特征特性】该品种在东北地区出苗至成熟约 127d，需≥10℃的活动积温 2 800℃左右，比对照四单 19 晚 4d，比对照本玉 9 号晚 1d。成株叶片数 21 片。幼苗叶鞘紫色，叶片绿色，叶缘绿色。株型紧凑，株高 285cm 左右，穗位高 121cm 左右。雌穗花柱粉色，雄穗花药绿色。果穗锥型，穗长约 20cm，穗行数 14～18 行，穗轴白色，籽粒黄色，半马齿型，百粒重 42.6～43.8g，容重 758g/L。高抗黑粉病，抗茎腐病，中抗大斑病和玉米螟，感丝黑穗病和弯孢菌叶斑病

【产量和品质】2003—2004 年参加东北早熟春玉米品种区域试验，两年 19 点次增产，6 点次减产，平均产量 10 536kg/hm²，比对照四单 19 增产 6.7%，比对照本玉 9 号增产 5.8%；2004 年参加生产试验，平均产量 11 023.5 kg/hm²，比对照四单 19 增产 11.0%。经农业部谷物品质监督检验测试中心（北京）测定，粗淀粉含量 73.26%，粗蛋白含量 9.05%，粗脂肪含量 4.72%，赖氨酸含量 0.30%。

【适宜种植范围】适宜在辽宁、吉林、黑龙江省第一积温带等地区种植，但丝黑穗病重发区慎用。

六、32D22

【品种来源】铁岭先锋种子研究有限公司以自交系 PH09B 为母本，自交系 PHPMO 为父本杂交育成的高淀粉玉米单交种。其中，母本 PH09B 和父本 PHPMO 均来源于先锋国际良种公司。2004 年通过了吉林省农作物品种审定委员会审定；2005 年分别通过国家和辽宁省农作物品种审定委员会审定。

【特征特性】该品种在东北华北地区出苗至成熟 127～133d，约需≥10℃的活动积温 2 800℃，比对照农大 108 早 4d 以内。成株叶片数 21 片。幼苗叶鞘紫色，叶片绿色，叶缘绿色。株型半紧凑，株高约 295cm，穗位高 110～117cm。雌穗花柱紫色，雄穗花药紫色，颖壳绿色。果穗筒型，穗长 20.2cm，穗行数 16～20 行，穗轴红色，籽粒黄色，粒型为马齿型，百粒重 38.9g，容重 774g/L。抗纹枯病、灰斑病和玉米螟，中抗弯孢菌叶斑病和丝黑穗病，感大斑病。

【产量和品质】2003—2004 年参加东北华北春玉米组区域试验，两年 42 点次增产，2 点次减产，平均产量 11 050.5kg/hm²，比对照农大 108 增产 15.4%；2004 年参加生产试验，平均产量 10 839kg/hm²，比对照农大 108 增产 13.3%。经农业部谷物品质监督检验

测试中心（北京）测定，粗淀粉含量 73.82%，粗蛋白含量 10.59%，粗脂肪含量 3.68%，赖氨酸含量 0.31%。

【适宜种植范围】适宜在辽宁、吉林、内蒙古等省、自治区春播种植。

七、辽单 565

【品种来源】1999 年，辽宁省农业科学院以自交系中 106 为母本，自交系辽 3162 为父本杂交育成的高淀粉玉米单交种。其中，母本中 106 来源为中国农业科学院作物科学研究所，父本辽 3162 来源为美国杂交种选系。2004 年通过国家农作物品种审定委员会审定。

【特征特性】该杂交种在东北地区生育期 126d，约需 ≥10℃的活动积温 2 800℃，比对照四单 19 晚 3d，与对照本玉 9 号熟期相同。成株叶片数 20～21 片。幼苗叶鞘紫色，叶片绿色，叶缘紫色，生长势强。株型紧凑，株高约 276cm，穗位约 110cm。雌穗花柱深红色，雄穗花药褐色。果穗筒型，穗长 19.1cm，穗行数 14～16 行，穗轴红色，籽粒黄白色，粒型为半马齿型，百粒重 44.1g。容重 748g/L。高抗黑粉病、茎腐病，抗弯孢菌叶斑病和大斑病，抗丝黑穗病和玉米螟。

【产量和品质】2002—2003 年参加东北早熟春玉米品种区域试验，两年 19 点次增产，6 点次减产，平均产量 10 846.5kg/hm²，比对照四单 19 增产 9.2%，比对照本玉 9 号增产 9.8%；2003 年参加同组生产试验，平均产量 10 308.0kg/hm²，比对照四单 19 增产 11.0%。经农业部谷物品质监督检验测试中心（北京）测定，粗淀粉含量 74.09%，籽粒粗蛋白含量 8.71%，粗脂肪含量 4.05%，赖氨酸含量 0.30%。

【适宜种植范围】适宜在辽宁、吉林、黑龙江、内蒙古通辽地区种植。

八、金玉 5 号

【品种来源】1998 年，黑龙江省久龙种业有限公司以自选系金 98056 为母本，自选系金 98082 为父本，杂交育成的高淀粉玉米单交种。2005 年通过黑龙江省农作物品种审定委员会审定，定名为金玉 5 号。

【特征特性】该杂交种生育期为 125d，需 ≥10℃的活动积温 2 750℃，与对照品种本育 9 熟期相似。幼苗早发性好，苗强苗壮。幼苗绿色，叶鞘浅紫色，叶片深绿。株型紧凑。成株株高约 280cm，穗位高约 120cm。雌穗花柱和雄穗花药均绿色。果穗长筒型，穗长约 30cm，穗行数 14～16 行，穗轴粉色，籽粒黄色，半马齿型，百粒重 43g 左右，容重 710g/L。中抗玉米大斑病，高抗玉米丝黑穗病和茎腐病。

【产量和品质】2003—2004 年参加区域试验，两年 14 点次均表现增产，无减产点。平均产量 10 087.3kg/hm²，比对照品种本育 9 平均增产 10.2%。平均粗蛋白质含量 8.33%，粗脂肪含量 4.29%，粗淀粉含量 74.68%，赖氨酸含量 0.27%。

【适宜种植范围】适宜在黑龙江省南部第一积温带晚熟区、吉林省中北部地区及内蒙古的东部地区广泛种植。

九、锦单 10 号

【品种来源】2002 年，锦州农业科学院玉米研究所以自选系 97-54 为母本，外引系丹 360 为父本杂交育成。其中，97－54 是来源于美国杂交种 CM190～011，外引系丹 360 来源于旅大红骨血缘。2005 年通过辽宁省农作物品种审定委员会审定。

【特征特性】全株叶片 21～22 片。幼苗叶绿色，叶鞘浅红色，叶缘紫色。成株株高约 300cm，穗位约 138cm，株形清秀。花药黄色。花柱粉红色。果穗长筒型，穗轴粉红色，苞叶适中，穗长 22～25cm，穗粗 5.6cm，穗行数 16～18 行。籽粒金黄色，半马齿型，大粒，百粒重 40.6g，容重 754.5g/L。高抗玉米大、小斑病和丝黑穗病、黑粉病、青枯病。

【产量和品质】2004 年参加省中晚熟专用组区域试验，平均产量 10 114.5kg/hm²。2005 年参加省中晚熟 D 组区域试验平均产量 9 049.5kg/hm²，2005 年参加省中晚熟 C 组生产试验，平均产 9 070.5kg/hm²。粗蛋白质含量 9.8%，粗脂肪含量 4.28%，总淀粉含量 75.02%，赖氨酸含量 0.34%。

【栽培要点】适宜土壤肥力较好的地块种植。施农家肥 45 000 kg/hm²，磷酸二铵 300kg/hm²，K 肥 225kg/hm²，大喇叭口期追施尿素 237～450kg/hm²。一般田间保苗 45 000～48 000 株/hm²。辽西地区一般在 4 月中下旬播种比较合适，播种时注意种肥隔离，以免烧苗，保证全苗。

【适宜种植范围】适合于辽宁、内蒙古、吉林南部以及河北等地种植。适宜农大 108、吉单 180、郑单 958 等品种的地区均可种植。

十、绿单 1 号

【品种来源】1999 年，黑龙江省牡丹江市农技总站以合 344 为母本、绿 951 为父本杂交育成的玉米单交种。2004 年 2 月通过黑龙江省农作物品种审定委员会审定，命名为绿单 1 号。

【特征特性】幼苗第一叶圆匙形，叶色深绿色，叶鞘紫色。成株株型收敛。株高约 250cm，穗位高约 95cm。花柱红色。雄穗分枝中等，花药黄色，花粉量大，雌雄协调。果穗呈短锥型，穗长 19.5cm，穗粗约 5cm，穗行数 14～16 行，行粒数 39 粒左右，百粒重约 35g，穗轴红色，籽粒黄色，半马齿中硬粒型。抗玉米大斑病、丝黑穗病和青枯病。

【产量和品质】2002 年参加省专用组区域试验，平均产量 7 781.9kg/hm²，比对照品种绥玉 7 号玉米平均增产 11.3%。2003 年生产试验平均产量 8 626.3kg/hm²，比对照品种绥玉 7 号玉米平均增产 9.7%。品质分析结果，粗蛋白 11.39%，粗脂肪 3.91%，淀粉 74.28%，赖氨酸 0.28%。

【栽培要点】种植密度 5.5 万～6 万株/hm²。用种子包衣剂按药种比 1∶50 包衣，以减轻苗期病虫为害，确保苗全苗壮。留足田间预定穗数的 2% 作预备苗，当田间出现缺株时，用移苗器移栽，一栽成活。

【适宜种植范围】2004—2007 年，在哈尔滨市、齐齐哈尔市、牡丹江市、佳木斯市、绥化市、鸡西市、林甸县、罗北县等地区大面积推广应用。

十一、通单 37

【品种来源】1998 年，吉林省通化农业科学研究院玉米研究所以自选系通 908 为母本，外引系 7922 为父本杂交育成的中晚熟玉米杂交种。2005 年 3 月通过吉林省农作物品种审定委员会审定。

【特征特性】出苗至成熟 128d，需≥10℃的活动积温 2 750℃。全株 21 片叶。幼苗叶鞘紫色。株高约 300cm，穗位 132cm 左右。雌穗花柱、雄穗花药均为黄色。果穗长锥型，穗长 21.5cm，14～16 行，穗轴红色，单穗粒重 271.6g。籽粒灌浆速度快，马齿型，橙黄色，百粒重 38.9g，容重 721g/L。高抗丝黑穗病和茎腐病，抗弯孢菌叶斑病、玉米大斑病和灰斑病，抗玉米螟。

【产量和品质】2002 年参加吉林省预备试验，平均产量 9 933.3kg/hm²，比对照吉单 180 增产 6.7%。2003—2004 年参加省区试，平均产量 10 922.1kg/hm²。2005 年参加吉林省生产试验，平均产量 11 369.0kg/hm²。籽粒蛋白质含量 8.70%，脂肪含量 4.16%，淀粉含量 75.26%，赖氨酸含量 0.26%。

【栽培要点】种植密度一般保苗 4.5 万～5.0 万株/hm²。施足底肥，一般种肥施磷酸二铵 150～200kg/hm²，K 肥 150kg/hm²，追肥尿素 300kg/hm²。

【适宜种植范围】东北三省及内蒙古自治区。在吉单 180、本育 9 产区内种植。

十二、丹玉 201

【品种来源】2003 年，丹东农业科学院玉米研究所以自选系 C89 为母本，自选系 S96 为父本组配而成的杂交种。2007 年由辽宁省农作物品种审定委员会审定。

【特征特性】辽宁省春播生育期 130d 左右，需活动积温 2 800℃左右。成株叶片数 20～22 片。幼苗叶鞘紫色，叶片绿色。株型半紧凑。株高约 279cm，穗位约 117cm。花柱淡紫色。雄穗分枝数 16～26 个，花药绿色，颖壳绿色。果穗筒型，穗长 20.7cm，穗粗 5.3cm，穗行数 16～20 行，穗轴红色，籽粒黄色，粒型为半马齿型。百粒重 33.5g，出籽率 83.2%。抗大斑病和灰斑病，中抗弯孢菌叶斑病、茎腐病和丝黑穗病。

【产量和品质】2006—2007 年参加辽宁省区域试验，平均产量 10 775.3kg/hm²，比对照种丹玉 39 号增产 11.8%。2007 年参加辽宁省生产试验，平均产量 9 568.5kg/hm²，比对照丹玉 39 号增产 14.8%。经农业部农产品质量监督检验测试中心（沈阳）测定，粗淀粉含量 76.30%，粗蛋白含量 11.38%，粗脂肪含量 3.86%，赖氨酸含量 0.34%。

【栽培要点】一般春播在 4 月下旬播种为宜。种植密度 48 000～52 500 株/hm²。抽雄前追施尿素 375kg/hm² 左右。

【适宜种植范围】适宜吉林省大部、辽宁、内蒙古、河北等东北、华北大部分地区种植。

十三、丹玉 202 号

【品种来源】2004 年，丹东农业科学院以 C263 为母本，S96 为父本杂交育成的玉米单交种。其中，母本 C263 来源于丹 9046×掖 478，父本 S96 来源于丹 598 与外引杂交种杂交。2007 年由辽宁省农作物品种审定委员会审定。

【特征特性】辽宁省春播生育期 130d 左右，需活动积温约 2 800℃。成株叶片数 21～24 片。幼苗叶鞘紫色，叶片深绿色，叶缘紫色。株型紧凑。株高约 292cm，穗位 122cm 左右。花柱淡紫色。花药淡紫色，颖壳绿色。果穗筒型，苞叶短，穗长 21.5cm，穗粗 5.1cm，穗行数 14～18 行，穗轴红色，籽粒黄色，粒型为半马齿型，百粒重 41.7g，出籽率 85.4%。中抗大斑病和青枯病，抗灰斑病，感弯孢菌叶斑病和丝黑穗病。

【产量和品质】2006—2007 年参加辽宁省玉米中晚熟组区域试验，11 点次增产，3 点次减产，两年平均产量 10 288.5kg/hm²，比对照增产 9.4%；2007 年参加同组生产试验，平均产量 11 140.5kg/hm²，比对照郑单 958 增产 16.4%。经农业部农产品质量监督检验测试中心（沈阳）测定，籽粒容重 730.2g/L，粗蛋白含量 9.60%，粗脂肪含量 3.40%，粗淀粉含量 76.16%，赖氨酸含量 0.36%。属高淀粉玉米。

【栽培要点】在中上等肥力地块种植，适宜密度为 52 500～57 000 株/hm²。注意防治弯孢菌叶斑病。

【适宜种植范围】适宜在辽宁沈阳、铁岭、丹东、阜新、鞍山、锦州、朝阳等中晚熟玉米区种植。弯孢菌叶斑病高发区慎用。

十四、丹玉 204 号

【品种来源】丹玉 204 号是丹东农业科学院以 W1293 为母本，以 S96 为父本组配而成的单交种。母本来源于 4112×丹 593 选系，父本来源于丹 598×外引杂交种选系。2008 年由辽宁省农作物品种审定委员会审定。

【特征特性】成株叶片数 20～21 片。幼苗叶鞘紫色，叶片绿色，叶缘紫色，苗势强。株型半紧凑。株高约 284cm，穗位约 126cm。花柱绿色。花药绿色，颖壳绿色。果穗锥型，穗柄长中，苞叶短，穗长 21.4cm，穗粗 4.7cm，穗行数 14～20 行，穗轴白色，籽粒黄色，粒型为半马齿型，百粒重 37.8g，出籽率 83.0%。抗大斑病、灰斑病、茎腐病和丝黑穗病。中抗弯孢菌叶斑病。

【产量和品质】2007—2008 年参加辽宁省玉米晚熟组区域试验，两年平均产量 10 518.0kg/hm²，比对照丹玉 39 增产 12.8%；2008 年参加同组生产试验，平均产量 9 601.5kg/hm²，比对照丹玉 39 增产 10.5%。经农业部农产品质量监督检验测试中心（沈阳）测定，容重 742.0g/L，粗蛋白含量 9.61%，粗脂肪含量 4.03%，粗淀粉含量 75.16%，赖氨酸含量 0.29%。

【栽培要点】在中等肥力以上地块种植，适宜密度为 3 200～3 500 株/亩。

【适宜种植范围】适宜辽宁沈阳、铁岭、丹东、大连、鞍山、锦州、朝阳、葫芦岛等晚熟玉米区种植。

十五、丹玉 205 号

【品种来源】2004 年，丹东农业科学院以自选系 Q3048 为母本，S96 为父本组配而成的单交种。母本来源于（沈 137×丹 3130）×丹 9048 选系，父本来源于丹 598×外引杂交种选系。2008 年由辽宁省农作物品种审定委员会审定。

【特征特性】成株叶片数 22～23 片。幼苗叶鞘紫色，叶片绿色，叶缘紫色，苗势强。株型半紧凑。株高约 300cm，穗位约 142cm。花柱淡紫色。花药绿色，颖壳绿色。果穗筒型，穗柄长中，苞叶短，穗长 23.1cm，穗行数 16～20 行，穗轴白色。籽粒黄色，粒型为半马齿型，百粒重 32.6g，出籽率 82.3%。抗大斑病和丝黑穗病，中抗灰斑病、弯孢菌叶斑病和茎腐病。

【产量和品质】2007—2008 年参加辽宁省玉米晚熟组区域试验，13 点次增产，2 点次减产，两年平均产量 10 275.0kg/hm²，比对照丹玉 39 增产 10.9%；2008 年参加同组生产试验，平均产量 9 736.5kg/hm²，比对照丹玉 39 增产 12.1%。经农业部农产品质量监督检验测试中心（沈阳）测定，容重 753.3g/L，粗蛋白含量 8.96%，粗脂肪含量 4.30%，粗淀粉含量 75.82%，赖氨酸含量 0.37%。

【栽培要点】在中等肥力以上地块种植，适宜密度为 3 200～3 500 株/亩。

【适宜种植范围】适宜辽宁沈阳、铁岭、丹东、大连、鞍山、锦州、朝阳、葫芦岛等晚熟玉米区种植。

十六、吉农大 201

【品种来源】吉农大 201 是吉林农大科茂种业有限责任公司在 2000 年以自交系 673 为母本，以 F349 为父本杂交选育而成的。2005 年 1 月由吉林省农作物品种审定委员会审定。

【特征特性】播种用种子扁硬粒型，黄色，百粒重约 42g。出苗至成熟 132d，需≥10℃积温 2 800℃。成株叶片数 21 片。幼苗浓绿色，叶鞘紫色。株型半紧凑。株高约 285cm，穗位 108cm 左右。花药黄色。果穗长锥型，穗长 27cm，穗行数 16～18 行，穗轴红色，单穗粒重 295g。籽粒橙红色，百粒重 45g，容重 768g/L。经吉林省农科院植保所人工接种鉴定，抗玉米大斑病，中抗弯孢菌叶斑病和丝黑穗病，高抗茎腐病。抗玉米螟。

【产量和品质】2002 年预备试验平均产量 10 498.4kg/hm²，比对照新铁单 10 增产 5.1%；2003—2004 年区域试验平均产量 10 003.5kg/hm²，比对照新铁单 10 增产 6.6%；2004 年生产试验平均产量 10 896.1kg/hm²，比对照新铁单 10 增产 2.3%。经农业部谷物及制品质量监督检验测试中心（哈尔滨）检测，籽粒粗蛋白质含量 11.43%，粗脂肪含量 2.85%，粗淀粉含量 74.22%，赖氨酸 0.30%。

【栽培要点】一般 4 月中下旬播种。清种保苗 4.5 万株/hm²。施足农家肥，种肥施磷酸二铵 250kg/hm²，追肥施尿素 400kg/hm²。

【适宜种植范围】吉林省晚熟区。

十七、富友 2 号

【品种来源】1999 年以 K125 为母本，以 A371 为父本杂交选育而成。由辽宁东亚种业有限公司选育。2005 年 1 月由吉林省农作物品种审定委员会审定。

【特征特性】播种用种子半硬粒型，黄色，百粒重 36.6g。出苗至成熟 133d，需≥10℃积温 2 800℃左右。全株叶片 20 片。幼苗叶色浅绿，叶片纹理清晰，叶鞘紫色，早发性好。株高 260cm 左右，穗位 110cm 左右。护颖绿色，花药黄色。花柱红色。果穗为筒型，穗长 22cm，穗粗 5.8cm，秃尖 1.5cm，穗行数 16～18 行，穗轴红色。经吉林省农业科学院植物保护研究所人工接种鉴定，高抗黑粉病和茎腐病，中抗大斑病，抗丝黑穗病，感弯孢菌叶斑病。抗玉米螟。

【产量和品质】2002 年预备试验平均产量 9 820.1kg/hm²，比对照新铁单 10 增产 17.6%；2003—2004 年区域试验平均产量 1 0785.9kg/hm²，比对照种新铁单 10 增产 10.2%；2004 年生产试验平均产量 10 787.5kg/hm²，比对照新铁单 10 增产 7.4%。经农业部谷物及制品质量监督检验测试中心（哈尔滨）检测，籽粒粗蛋白含量 7.91%，粗脂肪含量 3.17%，粗淀粉含量 75.3%，赖氨酸含量 0.24%。

【栽培要点】4 月中、下旬播种。保苗 4.5 万株/hm² 左右。施足底肥，口肥施复合肥 375～450kg/hm²，追肥施尿素 450kg/hm²。

【适宜种植范围】吉林省晚熟区。

十八、泽玉 16 号

【品种来源】2000 年，沈阳雷奥玉米研究所、长春市宏泽种业有限公司以自选系 LA17 为母本，以 LA10 为父本杂交育成。2005 年 1 月年由吉林省农作物品种审定委员会审定。

【特征特性】播种用种子半马齿型，黄色，百粒重 32g 左右。出苗至成熟 119d，需≥10℃积温 2 450℃。成株叶片数 20 片。幼苗绿色，叶鞘紫色。株高约 283cm，穗位约 129cm。花柱粉红色。花药黄色。果穗长筒型，穗长 19.8cm，穗行数 14 行，穗轴红色，单穗粒重 256g，出籽率 82.9%。籽粒半马齿型，黄色，百粒重 45.4g，容重 764g/L。经吉林省农业科学院植物保护研究所人工接种鉴定，中抗大斑病、丝黑穗病和弯孢菌叶斑病，抗黑粉病、茎腐病和灰斑病。抗玉米螟虫。

【产量和品质】2003 年区域试验平均产量 9 426.2kg/hm²，比对照四早 6 增产 13.2%；2004 年区域试验平均产量 10 259.7kg/hm²，比对照黑 301 增产 16.0%；2004 年生产试验平均产量 9 496.6kg/hm²，比对照黑 301 增产 14.4%。经农业部谷物及制品质量监督检验测试中心（哈尔滨）检测，籽粒粗蛋白含量 9.28%，粗脂肪含量 3.94%，淀粉含量 75.06%，赖氨酸含量 0.27%。

【栽培要点】4 月中下旬播种。清种保苗 5 万株/hm²。施足农家肥，口肥施磷酸二铵

200kg/hm²，尿素 50kg/hm²，硫酸钾 100kg/hm²。追肥施尿素 350kg/hm²。

【适宜种植范围】吉林省中早熟区。

十九、泽玉 11 号

【品种来源】泽玉 11 号是吉林省宏泽种业有限公司于 2000 年以自交系 H011 为母本，吉 853 为父本杂交育成。自交系 H011 通过 478×7922 选育而成。2006 年由吉林省农作物品种审定委员会审定。

【特征特性】播种用种子黄色，硬粒型，百粒重约 24g。出苗至成熟 128d，需≥10℃积温 2 750℃左右。成株叶片 19 片。幼苗绿色，叶鞘紫色，叶缘绿色。株型紧凑，叶片上举。株高约 288cm，穗位约 120cm。花柱黄色。花药黄色。果穗锥型，穗长 22.6cm，穗行数 16 行，穗轴红色，单穗粒重 238.5g，出籽率 82.0%。籽粒黄色，硬粒型，百粒重 39g，容重 752g/L。经人工接种鉴定，抗丝黑穗病，中抗茎腐病、大斑病、弯孢菌叶斑病和灰斑病。中抗玉米螟。

【产量和品质】2004—2005 年吉林省区域试验平均产量 10 531.2kg/hm²，比对照吉单 180 增产 10.35%；2005 年吉林省生产试验平均产量 10 117.5kg/hm²，比对照吉单 180 增产 17.3%。籽粒含粗蛋白质 8.71%，粗脂肪 4.42%，粗淀粉 75.85%，赖氨酸 0.25%。

【栽培要点】一般 4 月下旬至 5 月上旬播种。清种保苗 4.5 万～5.5 万株/hm²，间种保苗 5.5 万～6.0 万株/hm²。施足农家肥，种肥施磷酸二铵 200kg/hm²，追肥施尿素 400kg/hm²，或一次性玉米复合肥 500kg/hm²。

【适宜种植范围】吉林省中晚熟区。

二十、吉农大 302

【品种来源】吉林农大科茂种业有限责任公司于 2001 年以自交系 Km11 为母本，Km12 为父本杂交育成。Km11 选自辽 6107×7884-7；Km12 选自 78599×Mo17。2006 年由吉林省农作物品种审定委员会审定。

【特征特性】播种用种子籽粒硬粒型，橙红色，百粒重约 40g。出苗至成熟 124d，需≥10℃积温 2 600℃。成株叶片 21 片。幼苗浓绿色，叶鞘紫色，叶缘紫色。株高约 289cm，穗位约 116cm。株型平展，叶片平展。花药黄色。花柱粉色。果穗长筒型，穗长约 26cm，穗行数 14 行，穗轴红色，单穗粒重约 272g。籽粒橙黄色，半硬粒型，百粒重约 44g。经人工接种鉴定，抗丝黑穗病，中抗茎腐病、大斑病、弯孢菌叶斑病和灰斑病，高抗黑粉病。感玉米螟。

【产量和品质】2004—2005 年吉林省区域试验平均产量 10 725.3kg/hm²，比对照四单 19 增产 12.6%；2005 年吉林省生产试验平均产量 10 087.8kg/hm²，比对照四单 19 增产 15.1%。籽粒含粗蛋白质 8.51%，粗脂肪 4.42%，粗淀粉 74.73%，赖氨酸 0.24%。

【栽培要点】一般 4 月下旬播种，选中等以上地块。清种保苗 4.5 万株/hm²；间种保苗 5.0 万株/hm²。施足农家肥，种肥施用磷酸二铵 250kg/hm²，尿素 100kg/hm²，追硝酸铵 400kg/hm²；或一次性玉米复合肥 400kg/hm²。

【适宜种植范围】吉林省中熟区。

二十一、平安 55 号

【品种来源】2000 年以自选系 PA21 为母本，自选系 PA505 为父本杂交育成。由吉林省平安农科院玉米所育成。PA505 是以（444×853）×444 杂交后连续自交 7 代育成。2006 年由吉林省农作物品种审定委员会审定。

【特征特性】播种用种子籽粒黄色，半马齿型，百粒重约 20g。出苗至成熟 120d，需≥10℃积温 2 480℃。成株叶片 20 片。叶鞘紫色，叶片绿色。株高约 293cm，穗位约 124cm。雄穗分枝较多，花药绿色。雌穗花柱绿色。柱型果穗，穗长 19.5cm，穗行数 14～16 行，穗轴红色，单穗粒重 229.5g，出籽率 80.5%。籽粒半马齿型，黄色，百粒重 37.0g，容重 771.0g/L。经人工接种鉴定，抗丝黑穗病和茎腐病，感玉米大斑病、弯孢叶斑病和灰斑病。中抗玉米螟。

【产量和品质】2004—2005 年参加吉林省区域试验，平均产量 11 144.3kg/hm²，比对照龙单 13 平均增产 16.9%。2005 年参加吉林省生产试验，平均产量 9 962.9kg/hm²，比对照龙单 13 增产 9.4%。籽粒含粗蛋白质 10.47%；粗脂肪 4.36%；粗淀粉 74.86%；赖氨酸 0.29%。

【栽培要点】一般 4 月下旬播种。保苗 5.0 万～5.5 万株/hm²。底肥施玉米专用肥 300kg/hm²，追肥施尿素 350kg/hm²。

【适宜种植范围】吉林省中早熟区。

二十二、通单 41 号

【品种来源】2001 年，通化市农业科学研究院选育。以外引系合 344 为母本，自选系通 561 为父本杂交选育而成。2006 年由吉林省农作物品种审定委员会审定。

【特征特性】播种用种子籽粒橙黄色，硬粒型，百粒重 23.2g 左右。出苗至成熟 115d，需≥10℃的积温 2 180℃。成株叶片 17～18 片。幼苗叶鞘绿色。株高约 274cm，穗位约 107cm。花柱黄色。花药黄色。果穗长锥型，穗长 20.4cm，穗行数 14～16 行，穗轴红色，单穗粒重 179.0g，出籽率 83.0%。籽粒马齿型，橙黄色，百粒重 32.5g，容重 799g/L。出籽率 83.0%。经人工接种鉴定，抗玉米丝黑穗病，中抗茎腐病，感大斑病、弯孢菌叶斑病和灰斑病。高感玉米螟。

【产量和品质】2004—2005 年吉林省区试，平均产量 8 347.8kg/hm²，比对照牡丹 9 增产 14.7%。2005 年吉林省生产试验平均产量 8 311.3kg/hm²，比对照牡丹 9 增产 10.1%。籽粒含粗蛋白质 9.47%，粗脂肪 3.54%，粗淀粉 74.43%，赖氨酸 0.29%。

【栽培要点】一般在 4 月下旬至 5 月初播种。保苗 4.5 万～5.0 万株/hm²。施足底肥，一般种肥磷酸二铵 150～200kg/hm²，K 肥 150kg/hm²，追肥尿素 300kg/hm²。

【适宜种植范围】吉林省极早熟区。

二十三、平全 13 号

【品种来源】2002 年，四平市金硕种子科技发展有限公司以外引系朝 3253 为母本，以自选系 Bs1133 为父本杂交育成。朝 3253 通过郑 32×5003 选育而成，Bs1133 通过掖 107×先锋 BS 选育而成。2006 年由吉林省农作物品种审定委员会审定。

【特征特性】播种用种子籽粒橙黄色，半马齿型，百粒重 32.7g。中晚熟品种。出苗至成熟 128d，需≥10℃积温 2 715℃左右。成株叶片 21 片。幼苗叶片绿色，叶鞘紫色，叶缘绿色。株高约 290cm，穗位约 120cm。穗上部叶片紧凑，穗下部叶片平展。雄穗分枝 9～11 个，花药浅紫。雌穗花柱黄色。果穗圆柱型，直立生长，穗柄短，穗长 21.7cm，穗行数 14～16 行，单穗粒重 250.5g，出籽率 81.0%。籽粒黄色，背面橘黄色，马齿型，百粒重 42.5g，容重 757g/L。经人工接种鉴定，抗丝黑穗病和茎腐病，中抗灰斑病，感大斑病和弯孢菌叶斑病。抗玉米螟。

【产量和品质】2004—2005 年参加吉林省区域试验平均产量 10 949.41kg/hm²，比对照吉单 180 增产 15.6%；2005 年参加吉林省中晚熟生产试验，平均产量 10 232.4kg/hm²，比对照吉单 180 增产 18.6%。籽粒含粗蛋白 9.75%，粗脂肪 3.94%，粗淀粉 74.14%，赖氨酸 0.26%。

【栽培要点】4 月下旬至 5 月 5 日前播种。保苗 5 万株/hm² 为宜。施 N、P、K 复合肥 400kg/hm²，追肥施尿素 350kg/hm²。

【适宜种植范围】吉林省中晚熟区。

二十四、先玉 409

【品种来源】2002 年，铁岭先锋种子研究有限公司以母公司先锋国际良种公司的自交系 PH88M 为母本，PH4CV 为父本杂交育成的单交种。2006 年由吉林省农作物品种审定委员会审定。

【特征特性】播种用种子黄色，半硬粒型，百粒重约 35g，出苗至成熟 125d，需≥10℃积温 2 615℃左右。成株叶片 21 片。幼苗绿色，幼苗叶鞘浅紫色。株高 302cm 左右，穗位 120cm 左右。雄穗大小中等，分枝数 6～8 个，护颖绿色，花药深紫色。雌穗花柱浅紫色。果穗锥型，穗轴深红色，果穗长 20.4cm，穗行数 16 行，单穗粒重 241g，出籽率 81.5%。籽粒浅黄色，马齿型，百粒重 39g，容重 705g/L。经人工接种鉴定，中抗丝黑穗病，抗茎腐病，感大斑病和弯孢菌叶斑病。感玉米螟。

【产量和品质】2003 年参加吉林省预备试验，平均产量 10 527.1kg/hm²，比对照四单 19 增产 12.7%；2004—2005 年参加吉林省区域试验，平均产量 11 097.9kg/hm²，比对照四单 19 增产 16.5%；2005 年参加吉林省生产试验，平均产量 9 722.0kg/hm²，比对照四单 19 增产 11.0%。籽粒含粗蛋白质 10.12%，粗脂肪 3.63%，粗淀粉 74.57%，赖氨酸 0.28%。

【栽培要点】适宜播种期 4 月中下旬至 5 月初。清种保苗 5.25 万～6.75 万株/hm²。

瘠薄地种植时，施磷酸二铵 300kg/hm² 和硫酸钾 75kg/hm² 做种肥，追肥施尿素 525kg/hm²。

【适宜种植范围】吉林省中熟区。

二十五、龙丰 7 号

【品种来源】1997 年，长春市大龙种子有限责任公司以自选系 241 为母本，444 为父本杂交育成。自交系 241 选自 Mo17×美国杂交种。2006 年由吉林省农作物品种审定委员会审定。

【特征特性】播种用种子黄色，马齿型，百粒重 41.4g。出苗至成熟 123d，需≥10℃积温 2 570℃左右。幼苗叶色浓绿，叶鞘紫色。株高约 291cm，穗位约 124cm。花药黄色。果穗长筒型，穗长 22.5cm，穗行数 14～16 行，穗轴红色，单穗粒重 271g，出籽率 80.5%。籽粒黄色，百粒重 42.5g，容重 746g/L。经人工接种鉴定，感丝黑穗病和弯孢菌叶斑病，中抗茎腐病、大斑病和灰斑病。中抗玉米螟。

【产量和品质】2004—2005 年吉林省区域试验，平均产量 10 526.5kg/hm²，比对照四单 19 增产 13.0%；2005 年吉林省生产试验，平均产量 9 731.1kg/hm²，比对照四单 19 增产 11.1%。籽粒含粗蛋白质 8.87%，粗脂肪 5.46%，粗淀粉 76.06%，赖氨酸 0.24%。

【栽培要点】一般 5 月 1 日至 5 月 5 日播种为最佳。清种保苗 4.5 万～5 万株/hm²。底肥施农家肥 20 000～30 000kg/hm²，磷酸二铵 150kg/hm²，追肥施尿素 300kg/hm²。注意防治丝黑穗病。

【适宜种植范围】吉林省中熟区。

二十六、吉单 535

【品种来源】1999 年，吉林吉农高新技术发展股份有限公司北方农作物优良品种开发中心以自交系吉 V022 为母本，吉 V016 为父本杂交育成。吉 V022 以欧洲早熟密植杂交种自交 6 代育成；吉 V016 以承 35×丹 9046 的 F2 群体为基础材料自交 6 代育成。2006 年由吉林省农作物品种审定委员会审定。

【特征特性】播种用种子橘红色，马齿型，百粒重约 26g。出苗至成熟 124d，需≥10℃积温 2 615℃左右。成株叶片 19 片。幼苗绿色，叶鞘紫色，叶缘紫红色。株型半紧凑，叶片上举。株高约 295cm，穗位约 122cm。花药黄色。花柱绿色。果穗筒型，穗长 21.2cm，穗行数 18 行左右，穗轴红色，单穗粒重 285.5g。籽粒黄色，马齿型，百粒重 37g，容重 762g/L。经人工接种鉴定，抗丝黑穗病和茎腐病，中抗大斑病、弯孢菌叶斑病和灰斑病。中抗玉米螟。

【产量和品质】2003 年吉林省预试，平均产量 10 113.3kg/hm²，比对照四单 19 增产 8.2%；2004—2005 年吉林省区试，平均产量 10 778.7kg/hm²，比对照四单 19 增产 13.2%；2005 年吉林省生产试验，平均产量 9 268.4kg/hm²，比对照四单 19 增产 5.8%。籽粒含粗蛋白质 8.47%，粗脂肪 4.64%，粗淀粉 75.81%，赖氨酸 0.25%。

【栽培要点】一般 4 月下旬至 5 月上旬播种。清种保苗 5.0 万株/hm²，间种保苗 5.5万～6.0 万株/hm²。

【适宜种植范围】吉林省中熟区。

二十七、吉单 79 号

【品种来源】1997 年，吉农高新北方农作物优良品种开发中心以自交系 B234 为母本，西公为父本杂交育成。2003 年由吉林省农作物品种审定委员会审定。

【特征特性】播种用种子籽粒马齿型，黄色，百粒重 30.5g，出苗至成熟 130d，需≥10℃积温 2 800℃。成株叶片 21 片。幼苗绿色，叶鞘浅紫色，叶缘紫色。株高约 293cm，穗位约 121cm。花药黄色。花柱绿色。果穗长筒型，穗长 25.7cm，穗行数 14 行，穗轴白色，单穗粒重 252.4g。籽粒橘红色，半马齿型，百粒重 42.9g。在人工接种条件下，高抗大斑病和弯孢菌叶斑病，抗灰斑病和丝黑穗病。高感茎腐病。

【产量和品质】2000 年预备试验，平均产量 7 264.9kg/hm²，比对照吉 159 增产11.0%；2001—2002 年区域试验，平均产量 9 464.3kg/hm²，比对照新铁单 10 增产2.7%；2002 年生产试验，平均产量 7 832.5kg/hm²，比对照新铁单 10 减产 1.1%。籽粒含粗蛋白质 9.61%，粗脂肪 3.98%，粗淀粉 74.73%。

【栽培要点】一般 4 月中、下旬播种。清种保苗 4.5 万株/hm²，间种保苗 4.5 万～5.0 万株/hm²。施足农家肥，种肥施用磷酸二铵 200kg/hm² 及尿素 50kg/hm²，追硝酸铵400kg/hm²。或一次性施用玉米复合肥 550kg/hm²。

【适宜种植范围】吉林省西部晚熟区。

二十八、辽科 1 号

【品种来源】2000 年，吉林省吉东种业有限责任公司以 Kx 为母本，D22 为父本杂交育成。母本 Kx 是以国外杂交种为基础材料选育而成，父本 D22 是以 478×7922 为基础材料选育而成。2007 年通过吉林省农作物品种审定委员会审定。

【特征特性】播种用种子黄色，角质型，百粒重 26.7g。出苗至成熟 124d，需≥10℃积温 2 600℃左右。幼苗叶片绿色，叶鞘紫色。株型紧凑。株高约 285cm，穗位约 110cm。雄穗分枝 3～5 个，花药紫色，花粉量中等。雌穗花柱绿色。果穗筒型，穗长 20.7cm，穗行数16～18 行，单穗粒重 275.1g。籽粒黄色，半马齿型，百粒重 38.3g。经人工接种鉴定，感丝黑穗病和弯孢菌叶斑病，抗茎腐病，中抗大斑病，高抗灰斑病。中抗玉米螟。

【产量和品质】2004—2005 年区域试验，平均产量 10 568.6kg/hm²，比对照品种平均增产 11.8%。2005—2006 年生产试验，平均产量 9 932.0kg/hm²，比对照品种四单 19平均增产 11.4%。籽粒含粗蛋白 8.54%，粗脂肪 4.22%，粗淀粉 75.73%，赖氨酸 0.24%。

【栽培要点】一般 4 月下旬至 5 月上旬播种为宜。清种保苗 5.5 万株/hm²。可于播种时一次深施玉米专用肥 750kg/hm²。

【适宜种植范围】吉林省玉米中熟区。

二十九、吉农大 115

【品种来源】2002 年，吉林农业大学科茂种业有限责任公司以自选系 KM36 为母本，自选系 KM12 为父本杂交育成。其中，母本 KM36 以（287×哲 446）×四 287 为基础材料选育而成，父本 KM12 是以 78599×Mo17 为基础材料育成。2007 年通过吉林省农作物品种审定委员会审定。

【特征特性】播种用种子黄色，马齿型，百粒重约 30g。出苗至成熟 121d，需≥10℃积温 2 600℃左右。幼苗黄绿色，叶鞘紫色。株型平展。株高约 277cm，穗位约 100cm。花药黄色，花粉量一般。花柱粉色。果穗长筒型，穗长 21.3cm，穗行数 14～16 行，单穗粒重 214g，穗轴粉色。籽粒橙黄色，马齿型，百粒重约 42g。经人工接种鉴定，抗丝黑穗病，中抗茎腐病、大斑病和弯孢菌叶斑病。中抗玉米螟。

【产量和品质】2005—2006 年参加吉林省区域试验，平均产量 10 285.1kg/hm²，比对照品种四单 19 增产 13.6%；2006 年生产试验，平均产量 10 168.1kg/hm²，比对照品种四单 19 增产 20.4%。籽粒含粗蛋白 8.39%，粗脂肪 4.17%，粗淀粉 75.08%，赖氨酸 0.26%，容重 744g/L。

【栽培要点】一般 4 月中下旬播种。清种保苗 4.5 万株/hm² 左右。底肥施用磷酸二铵 150kg/hm²，追肥施用硝酸铵 500kg/hm²。

【适宜种植范围】吉林省玉米中熟区。

三十、吉单 420

【品种来源】2003 年，吉林省农业科学院玉米研究所以自选系 D387 为母本，外引系丹 598 为父本杂交育成。母本 D387 是以（Mo17×L105）×8112 为基础材料选育而成。2007 年通过吉林省农作物品种审定委员会审定。

【特征特性】播种用种子黄色，马齿型，百粒重 26.4g 左右，出苗至成熟 132d，需≥10℃积温 2 800℃左右。成株叶片 20～21 片。幼苗绿色，叶鞘紫色，叶缘绿色。株高约 286cm，穗位约 126cm。花药黄色。花柱浅粉色。果穗长锥型，穗长约 21cm，穗行数 16～18 行，穗轴红色，单穗粒重 202.9g，出籽率 78.7%。籽粒黄色，马齿型，百粒重 37.1g。经人工接种鉴定，感丝黑穗病和弯孢菌叶斑病，高抗茎腐病，中抗大斑病。感玉米螟。

【产量和品质】2005—2006 年参加吉林省区域试验，平均产量 10 258.1kg/hm²，比对照品种登海 9 增产 8.8%；2006 年生产试验，平均产量 10 442.3kg/hm²，比对照品种登海 9 增产 10.3%。籽粒含粗蛋白 9.73%，粗脂肪 4.05%，粗淀粉 74.20%，赖氨酸 0.28%，容重 725g/L。

【栽培要点】一般 4 月下旬播种。清种保苗 5.0 万株/hm² 左右。施足农家肥，一次性施用玉米复合肥 500kg/hm²。注意防治玉米丝黑穗病和玉米螟。

【适宜种植范围】吉林省玉米晚熟区。

三十一、益丰 39 号

【品种来源】2002 年，吉林省王义种业有限责任公司以 E005 为母本，以 E004 为父本杂交育成。其中，母本 E005 以外引系 78599×齐 319 为基础材料育成，父本 E004 以国外杂交种 01×丹 340 为基础材料选育而成。2007 年通过吉林省农作物品种审定委员会审定。

【特征特性】播种用种子黄色，硬粒型，百粒重 30.9g。出苗至成熟 132d，需≥10℃ 积温 2 800℃左右。成株叶片 21 片。幼苗绿色，叶鞘紫色。株形半紧凑。株高约 304cm，穗位约 124cm。花药浅粉色。花柱浅粉色。果穗长锥型，穗长 21.6cm，穗行数 18～20 行，穗轴粉色，单穗粒重 250.8g，出籽率 80.1%。籽粒黄色，马齿型，百粒重 37.4g。经人工接种鉴定，抗丝黑穗病，中抗茎腐病、大斑病和弯孢菌叶斑病。中抗玉米螟。

【产量和品质】2005—2006 年参加吉林省区域试验，平均产量 10 790.1kg/hm²，比对照品种登海 9 增产 15.4%；2006 年生产试验，平均产量 10 728.3kg/hm²，比对照品种登海 9 增产 13.3%。籽粒含粗蛋白 9.88%，粗脂肪 4.22%，粗淀粉 74.83%，赖氨酸 0.28%，容重 762g/L。

【栽培要点】一般 4 月中下旬播种。保苗 4.5 万株/hm²。底肥施 N、P、K 复合肥 300kg/hm²，追肥尿素 400kg/hm²。

【适宜种植范围】吉林省玉米晚熟区。

三十二、吉农糯 4 号

【品种来源】2002 年，吉林省农业科学院玉米研究所以外引系 JY（从长春市农业科学院引进）为母本，白糯 sss（普通玉米自交系 B73 诱变而成）为父本杂交育成。其中，母本 JY 从长春市农业科学院引进，父本白糯 sss 是由普通玉米自交系 B73 诱变选育而成。2007 年通过吉林省农作物品种审定委员会审定。

【特征特性】吉农糯 4 号为淀粉加工型糯玉米新品种。播种用种子白色，硬粒型，百粒重 30.4g。出苗至成熟 123d，需≥10℃ 积温 2 550℃左右。成株叶片 21 片。幼苗绿色，叶鞘紫色，叶缘绿色。株型半紧凑，叶片上举。株高约 265cm，穗位约 120cm。花药黄色。花柱绿色。果穗长筒型，穗长约 22cm，穗行数 14～16 行，穗轴粉色，单穗粒重约 178g。籽粒白色，硬粒型，百粒重 36.6g，容重 786g/L。经人工接种鉴定，感丝黑穗病、大斑病和弯孢菌叶斑病，抗茎腐病。中抗玉米螟。

【产量和品质】2005—2006 年参加吉林省特用玉米区域试验，平均产量 8 495.6kg/hm²，比对照品种春糯 5 号平均增产 14.2%；2006 年生产试验，平均产量 8 649.9kg/hm²，比对照品种春糯 5 号增产 11.1%。籽粒含粗淀粉 74.22%，粗淀粉中支链淀粉含量 100%。

【栽培要点】一般 4 月下旬播种。清种保苗 5.0 万株/hm²，间种保苗 5.5 万株/hm²。一般隔离区在 150～200m 以上。注意防治玉米丝黑穗病及玉米螟。

【适宜种植范围】吉林省玉米中熟区。

三十三、吉糯 5 号

【品种来源】2004 年，吉林农业大学以自选系吉 251 为母本，以自选系吉 203-6 为父本杂交选育而成。其中，母本吉 251 是从 5 个不同血缘的糯玉米单交种组成的群体中，通过轮回选择育成。父本吉 203-6 是从吉 203 的自然变异株中，通过连续自交育成。2009 年通过吉林省农作物品种审定委员会审定。

【特征特性】吉糯 5 号为淀粉加工型糯玉米新品种。播种用种子黄色，硬粒型，百粒重 21.5g。出苗至成熟 124d，需≥10℃积温 2 550℃左右。成株叶片 21 片。幼苗绿色，叶鞘紫色，叶缘绿色。株型半紧凑，叶片半收敛。株高约 262cm，穗位约 99cm。花药黄色。花柱红色。果穗筒型，穗长 20.7cm，穗行数 14～16 行，穗轴白色，单穗粒重 199.6g，秃尖 0.6cm。籽粒黄白色，硬粒型，百粒重 41.7g，容重约 782g/L。籽粒粗淀粉 67.66%，其中，支链淀粉 99.90%。抗茎腐病和丝黑穗病，高抗黑粉病。

【产量和品质】2007 年参加吉林省特用玉米区域试验，平均产 7 497.6kg/hm²，比对照品种春糯 5 增产 8.5%；2008 年区域试验，平均产量 8 396.7kg/hm²，比对照品种春糯 5 增产 10.3%；两年区域试验平均产量 7 947.2kg/hm²，比对照品种增产 9.4%。籽粒含粗淀粉 67.66%，粗淀粉中支链淀粉含量 99.9%。

【栽培要点】一般 4 月中、下旬播种。清种保苗 5.0 万株/hm²，间种保苗 5.5 万株/hm²。施足农家肥，种肥施用复合肥 250kg/hm²，追肥施用尿素 350～400kg/hm²。最好设置隔离区 150～200m 以上。

【适宜种植范围】长春、吉林、通化、辽源、四平、白城、松原等地区。